本书附有书中所使用的所有数据、Stata命令文件、输出结果文件，以及每章末尾练习部分的数据和答案。获取方法：

第一步，关注“博雅学与练”微信公众号。

第二步，刮开下方二维码涂层，扫描二维码标签，获取上述资源。

一书一码，相关资源仅供一人使用。

读者在使用过程中如遇到技术问题，可发邮件至ss@pup.cn。

本码2029年12月31日前有效

当代社会研究方法

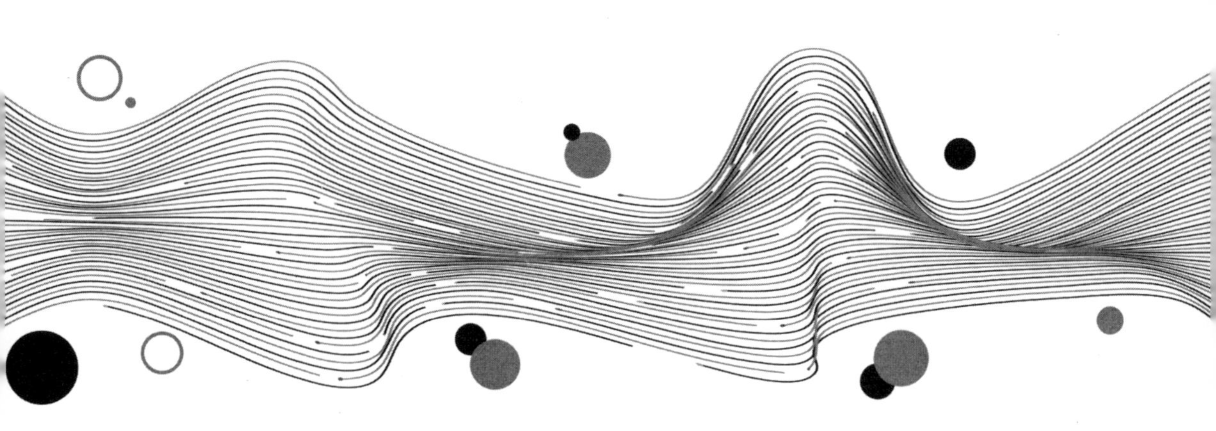

社会科学中的因果推断

陈云松　许　琪◎著

北京大学出版社
PEKING UNIVERSITY PRESS

图书在版编目(CIP)数据

社会科学中的因果推断 / 陈云松，许琪著. -- 北京：北京大学出版社，2024.10.
(当代社会研究方法). -- ISBN 978-7-301-35617-3

Ⅰ. B812.23

中国国家版本馆 CIP 数据核字第 20249CZ296 号

书　　名	社会科学中的因果推断 SHEHUI KEXUE ZHONG DE YINGUO TUIDUAN
著作责任者	陈云松　许　琪　著
责 任 编 辑	武　岳
标 准 书 号	ISBN 978-7-301-35617-3
出 版 发 行	北京大学出版社
地　　址	北京市海淀区成府路 205 号　100871
网　　址	http://www.pup.cn
新 浪 微 博	@北京大学出版社　　@未名社科－北大图书
微信公众号	北京大学出版社　　北大出版社社科图书
电 子 邮 箱	编辑部 ss@pup.cn　　总编室 zpup@pup.cn
电　　话	邮购部 010-62752015　　发行部 010-62750672 编辑部 010-62753121
印 刷 者	天津中印联印务有限公司
经 销 者	新华书店 650 毫米×980 毫米　16 开本　28.75 印张　460 千字 2024 年 10 月第 1 版　2024 年 12 月第 2 次印刷
定　　价	83.00 元

前言

党的十八大,特别是党的二十大以来,习近平总书记在多个重要场合强调调查研究在了解群众需求、制定科学决策方面的重要作用。对社会科学研究者而言,做好调查研究既要掌握科学的抽样、问卷设计和数据收集方法,也要能够使用恰当的统计分析方法从纷繁芜杂的调查数据中抽丝剥茧,了解社会现象背后的因果规律。近年来,因果推断方法无论在理论还是实践层面都有了长足发展,学生对前沿因果推断方法的学习热情也不断高涨。2014年起,我们陆续面向南京大学社会学专业的本科生和研究生开设了因果推断课程,受到了学生的广泛欢迎。随着课程的推进,我们也萌发了将课程内容集结成教材出版的想法。在我们这本教材之前,国内已经出版了几本关于因果推断的教材。但这些教材或者偏重统计原理的数学推导过程,对文科背景的学生不甚友好;或者偏重统计软件操作,对相关原理的介绍不够深入。有感于此,我们决心编写一本理论与应用并重的因果推断教材。与市面上的同类教材相比,本书有以下三个特点:

首先,内容全面且紧跟学科前沿。本书不仅介绍了线性回归、协变量匹配、倾向值匹配、倾向值细分和加权等经典因果推断方法,而且对工具变量、断点回归、面板数据、双重差分、合成控制等较为前沿的因果推断方法也有所涉猎。因此,本书既可以供社会科学相关专业的高年级本科生和研究生阅读使用,也可以作为一本参考书供科研人员在研究时随时翻阅。

其次,内容深入浅出,尽可能通过案例和通俗易懂的语言将各种因果推断方法的原理讲通讲透。考虑到本书的大部分读者缺乏相关数学背景,我们将尽可能地使用“文字”而非“数字”进行讲解。虽然这有些“不求甚解”,但在我们看来,能用数学之外的语言讲明方法背后的原理是非常重要的。例如,读者在学习本书内容的过程中将逐渐了解到,每种因果推断方法都有假定,这些假定虽然可以用严格的数学语言进行描述,但对研究者来说,更重要的是了解这些假定的实际含义。因为只有这样,我们才能根据具体问题选择最适合的方法进行分析。

最后,理论结合应用,本书在对每种因果推断方法的原理及使用条件进行介绍的同时,还将以 Stata 软件为基础介绍各种方法的软件实现过程和要点。因果推断是一门实用性很强的课程,因此只有在大量练习的情况下才能熟练掌握。除了课堂演示用的案例之外,本书在每章的结尾处都配有练习,并随书提供练习所用数据和命令文件。我们建议读者一边阅读,一边演练书中的案例,并在每章结束时,及时通过练习来巩固本章学习到的知识点。

章节安排

本书内容分三编,共十三章。

上编为基础理论,包括导论、第一章、第二章和第三章,共四章。导论部分将简明扼要地介绍因果推断的核心问题,即内生性问题的定义、主要来源和常见解决办法。然后,我们将在第一章简要回顾因果推断的发展史,并在第二章和第三章分别介绍当代因果推断方法的两大理论基石,即鲁宾(Donald B. Rubin)提出的基于反事实的潜在结果模型和珀尔(Judea Pearl)提出的因果图。

中编为基础方法,包括第四章、第五章、第六章和第七章,共四章。这些章节将依次介绍线性回归、协变量匹配、倾向值匹配以及倾向值细分与加权等常规因果推断方法。这些方法有一个共同的使用前提,即所有对因果推断有影响的混杂变量(confounding variables)都被观测到,因此,它们都旨在解决“依观测变量的选择”(selection on observables)问题。

下编为进阶方法,包括第八章、第九章、第十章、第十一章和第十二章,共五章。这些章节将依次介绍工具变量、断点回归、面板数据、双重差分和合成控制这五种较为前沿的因果推断方法。这些方法在满足一些假定的条件下,可以解决“依未观测变量的选择”(selection on unobservables)问题。考虑到基于观察数据的因果分析很难控制所有混杂变量,因此,这些方法在当代因果推断中占据非常重要的位置,并处于不断发展之中。

本书各章的分工如下:陈云松负责统筹全书,以及导论、第三章、第八章和第十章;许琪负责第一章、第二章、第四至七章、第九章、第十一章和第十二章;柳建坤、句国栋撰写了有关章节的部分内容。

课程资料

本书除了介绍因果推断的基本原理和常用方法之外,每章都配有大量案例。为了方便读者在阅读的同时演练书中的案例,本书所使用的所有数据、Stata 命令文件、输出结果文件均可通过扫描扉页上的二维码标签获取。每章末尾练习部分的数据和答案也可从中得到。

编排与体例

本书包含大量的 Stata 命令和输出结果①,这给编排工作带来了很多困难。为了保证编排质量和阅读效果,我们针对不同内容采用了不同的格式,以提高本书的可读性,方便读者学习。具体来说:

◆ 对于正文中出现的 Stata 命令、符号、变量和函数等,我们采用正文字体;对于单独成行的 Stata 命令,使用 Consolas 字体,与软件输出结果字体保持一致。

◆ 对于实际可执行的 Stata 命令,在该命令之前都有一个“.”。因此,读者只要看到某行命令前有一个“.”,则意味着可以直接将之键入 Stata 执行。

致谢

本书的写作得到了很多人的帮助和鼓励,在此一并表示感谢。特别要感谢的是我们在南京大学和其他科研单位工作的师友,感谢他们长期以来的关心和帮助。我们也要感谢曾经教授过的学生,特别是中国社会科学院社会学研究所的王金水博士和南京大学社会学院的陈茁博士,他们对全书进行了认

① 除了第十二章的少数命令之外(见具体说明),本书演示用的所有命令均可在 Stata 14 及以上版本执行。

真的校对,提出了很多有价值的修改意见。我们还要感谢北京大学出版社的武岳编辑,她在本书出版过程中付出了大量的时间和精力。最后,感谢家人。家庭是每一名教学科研工作者的港湾和永远的支持力量。

虽然我们和很多人都对书稿进行了反复校对,但书中难免会存在一些疏漏,在此也恳请各位读者不吝赐教(陈云松的邮箱是 yunsong. chen@nju. edu. cn;许琪的邮箱是 xuqi@nju. edu. cn)!

陈云松　许　琪

2024 年 8 月于南京大学仙林校区

目　录

上编　基础理论

中编　基础方法

下编　进阶方法

上编　基础理论

导论　内生性问题及其解决办法

本章重点和教学目标：

1. 了解内生性问题的定义及常见类型；
2. 了解内生性问题的常见解决办法。

在过去数十年间，社会学家们对社会学发展的现状和目标进行了激烈的讨论。其中一个具有代表性的观点是，尽管定量分析方法不断发展，但大量的社会学实证研究由于受到研究设计、数据质量和模型设置等方面的限制，仅止步于变量间相关关系的回归分析，缺乏明确厘定因果关系的能力。一方面，以谢宇、温希普（Christopher Winship）、索贝尔（Michael Sobel）、摩根（Stephen L. Morgan）和莫维（Ted Mouw）等为代表的社会学家强调社会学分析必须基于反事实框架（counterfactual framework），从回归模型的设置方面厘清因果关系；另一方面，以索伦森（Aage B. Sorensen）、布东（Raymond Boudon）、埃尔斯特（Jon Elster）和赫斯特洛姆（Peter Hedström）等为代表的社会学家则从研究设计出发，强调将社会机制、社会过程与统计推断相结合。尽管不同学者的关注点各有差异，但他们一致认为，解释性机制或者因果推断应当被作为社会学分析的核心目标。不仅如此，从政策研究的视角来看，只有找到社会现象发生的具体原因，而非相关因素，才能更好地预测社会现象的发展方向，并锁定明确的干预因素，为改良社会提供坚实可靠的依据。

本书将基于近年来主流社会科学界共同接受的因果概念:反事实框架来定义因果,以避免对因果概念进行过多哲学意义上的讨论。具体来说,反事实框架是指一个自变量或者干预(treatment)对个体 i 产生的因果效应,可以理解为在控制组(control group)和干预组(treatment group)中,个体 i 可能产生的两个结果状态之间的差异,用公式表示为 $\delta_i = Y_i^1 - Y_i^0$。其中,Y_i^1 为个体 i 在干预状态下的潜在结果,Y_i^0 为个体 i 在控制状态下的潜在结果,干预效应 δ_i 为二者之差。但问题在于,好比"人不能两次踏进同一条河流",研究者只能观测到个体 i 在某一种状态下的结果,而另一种状态下的结果则处于未知状态。为解决这一问题,量化分析中常常使用一组群体的平均干预效应(average treatment effect, ATE)来替代个体的干预效应。

谢宇曾经以大学教育为例来说明该问题。[①] 在分析大学教育是否对个体收入有因果影响时,对于一个已经上了大学的学生,我们无法知道他在没有上大学状态下的收入。因此,我们可以通过估算一组大学生(干预组)与一组非大学生(控制组)之间的平均收入差异($\bar{\delta} = \bar{Y}^1 - \bar{Y}^0$)来近似地替代因果效应。但实施这种替代必须满足一定的前提条件,那就是干预组和控制组在其他可能影响收入结果的因素上必须保持一致,即两组人的年龄、性别、家庭背景、智商、性格等方面的平均值应当相同。一旦两组在某个变量 E 的均值上存在差异(例如性格,这类变量往往难以采集数据),并且该变量同时会对解释变量产生影响,那么我们估算出来的平均收入差异($\bar{\delta}$)就是有偏差的,甚至可能产生伪相关,因果判断就无从谈起。

一般来说,满足上述前提并不容易。考虑到数据收集和相关伦理问题的限制,无论是计量经济学还是定量社会学分析,大多数实证研究都基于非实验性的调查数据,难以通过严格的实验设置来保证两组群体除了自变量外的其他条件都完全一样。因此,所有基于调查数据的实证研究都不可避免地受到内生性问题的困扰。那什么是内生性(endogeneity)问题?在进行回归分析时,我们通常需要控制一系列变量,以确保两组数据具有可比性。然而,总会存在一些未被观察到或未被考虑到的变量,这些变量可能导致两组数据难以满足

① 谢宇:《社会学方法与定量研究》,社会科学文献出版社2006年版,第44页。

严格的比较条件。对回归方程来说,内生性问题可以理解为解释变量和误差项之间存在相关性,从而导致估计的回归系数出现偏差。[①] 这些偏差主要源自一般性遗漏变量偏差(omitted variable bias)、自选择偏差(self-selection bias)、样本选择偏差(sample-selection bias)和联立性偏差(simultaneity bias)。[②] 鉴于社会学研究的旨趣在于探究某种机制或因果关系,而非仅仅关注变量之间的统计相关,那么内生性偏差就应该成为社会学定量研究必须面对和解决的重要问题。

因果推断就致力于解决回归分析中可能存在的内生性问题。本章主要分为两节:第一节将详细介绍社会科学统计推断中的内生性问题及四种主要来源,帮助读者全面理解内生性的概念;第二节将"对症下药",针对不同内生性问题的来源分别讨论相应的应对策略。本章的介绍和说明将围绕学界对社会互动的研究展开。这里的社会互动(social interaction)是一个非常宽泛的概念,具体指人们以互动/交换的方式对别人采取行动或对别人的行动做出反应的各种情况,涵盖社会资本(social capital)、社会资源(social resources)、社会网效应(network effects)、社会规范(social norm)、同侪效应(peer effects)、邻里效应(neighbourhood effects)、社会模仿(social imitation)、社会濡染(social contagion)等多领域的研究。[③] 社会学家早已认识到社会关系、社会网络、集体行为和特征对个体层面的结果有重要影响,而经济学家更加关注社会互动领域的内生性问题,因此在实证研究中广泛应用各种统计模型、精妙的研究设计和丰富的数据以帮助模型识别,解决内生性问题。[④] 其中运用最广泛的包括工具变量

---

① Jeffrey M. Wooldridge, *Introductory Econometrics: A Modern Approach*, 4th ed., South-Western Cengage Learning, 2009, p. 506.

② 实际上,还有一些导致内生性问题的来源,比如测量误差等,限于篇幅,本书不加讨论。

③ Charles F. Manski, "Identification of Endogenous Social Effects: The Reflection Problem," *The Review of Economic Studies*, Vol. 60, No. 3, 1993, pp. 531–542; Steven N. Durlauf, "On the Empirics of Social Capital," *The Economic Journal*, Vol. 112, No. 483, 2002, pp. 459–479; Ted Mouw, "Estimating the Causal Effect of Social Capital: A Review of Recent Research," *Annual Review of Sociology*, Vol. 32, No. 1, 2006, pp. 79–102.

④ 相关理论文章多由经济学家所完成,参见 Charles F. Manski, "Economic Analysis of Social Interactions," *The Journal of Economic Perspectives*, Vol. 14, No. 3, 2000, pp. 115–136; Steven N. Durlauf, "On the Empirics of Social Capital," *The Economic Journal*, Vol. 112, No. 483, 2002, pp. 459–479。

(instrumental variable)、固定效应模型(fixed effects model)、倾向值匹配(propensity score matching)、实验和准实验(experiments and quasi-experiments)等。除了社会互动之外,本章在阐释具体方法时也尽可能多方面列举不同方法应对内生性问题的典型案例和经典文献,以期给读者提供更丰富的学习素材和研究案例。由于在实证研究中内生性的概念和解决内生性问题的方法常常被滥用或误用,因此,本章的一个主要目标是帮助读者从原理、方法和操作的角度全面理解内生性概念,从而厘清应对这一问题的思路。

第一节　内生性的主要来源

内生性问题可能来源于模型设置错误,也可能源于测量误差。本章将重点关注前者,即广义的遗漏变量问题。在这一概念下,内生性问题的来源可以划分为以下四种类别:一般性遗漏变量偏差、自选择偏差、样本选择偏差和联立性偏差。

一、一般性遗漏变量偏差

遗漏变量偏差也称作未观察偏差(unobservable bias)、隐藏偏差(hidden bias)、混杂问题(confounding problem)或未观察到的异质性问题(unobserved heterogeneity)。如果模型中漏掉了一个或者几个重要的解释变量,且这些解释变量同时与模型的自变量(干预变量)相关,则会导致自变量与扰动项相关,产生遗漏变量偏差。如果用模型来表示,一个典型的回归模型可以写成

$$y = \beta_0 + \widetilde{\beta}_1 x_1 + \beta X + \varepsilon \tag{0.1}$$

其中,y 为要分析的因变量,β_0 为模型截距,x_1 为解释变量,$\widetilde{\beta}_1$ 是 x_1 的回归系数,X 为其他控制变量(可以是一个或多个,这里统一用 X 表示,其并非我们主要关注的对象),β 是 X 的回归系数,ε 为误差项。如果 ε 与 x_1 不相关,则不会产生内生性问题,我们可以利用普通最小二乘法(ordinary least squares, OLS)对方程(0.1)进行无偏估计。但是,如果此时存在一个重要的遗漏变量 x_2 随 x_1 和 y 变化,那么误差项必然包含 x_2,且与 x_1 相关。此时,对 $\widetilde{\beta}_1$ 的普通最小二乘估计是有偏的。

如果用一张图来直观地表示，那么上述变量之间存在如图 0.1 所示的关系。

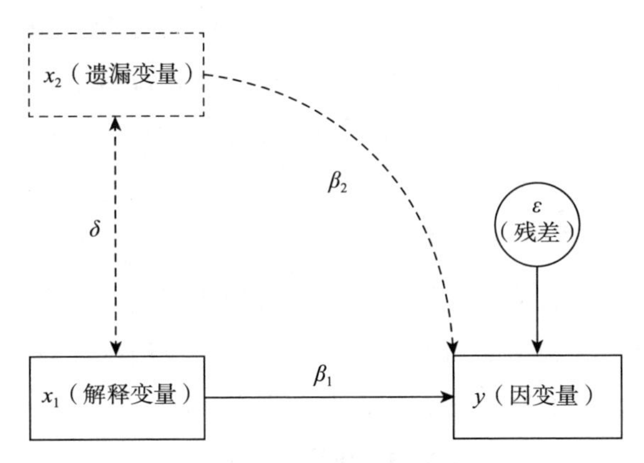

图 0.1　遗漏变量偏差的产生原理

假设真实的模型为

$$y = \beta_0 + \beta_1 x_1 + \beta_2 x_2 + \beta X + \varepsilon \tag{0.2}$$

且 x_2 与 x_1 之间存在如下关系：

$$x_2 = \delta_0 + \delta_1 x_1 + \delta X + v \tag{0.3}$$

那么可以证明，方程(0.2)中 x_1 的回归系数 β_1 与方程(0.1)中 x_1 的回归系数 $\widetilde{\beta}_1$ 之间相差 $\beta_2\delta_1$。用公式来表示，即 $\beta_1 = \widetilde{\beta}_1 + \beta_2\delta_1$。或者说，通过方程(0.1)估计 x_1 对 y 的因果影响的偏差为 $\beta_2\delta_1$。这就是遗漏变量偏差。[①]

我们通过一个研究社会资本的例子来更生动地阐述这个问题：假设我们要估计“找熟人”相对“不找熟人”对于职场成就产生的因果效应，如果在模型中没有控制个体的“口才”这一因素，那么我们估计出的使用社会关系对职场成就的影响就可能存在偏差。这是因为，口才不仅能提高“找熟人”的成功率，其本身也会对工作类型和职场成就产生影响——因为较高的语言技能本身就代表了较强的能力。再如，如果我们要分析“使用了的社会资本”（used social capital，例如熟人、帮助者的职业声望）的效应，同样我们有充分的理由假定那些具有更好口才的求职者能够找到社会地位更高的帮助者。因此，当口才这一变量从模型中遗漏，熟人的职业声望和研究对象的职场成就间的关系则可

① 本书第四章第三节将详细介绍遗漏变量偏差的推导过程。

能是虚假的。另外一个例子是分析网络资源,即“可使用的社会资本”(accessed social capital)的个体效应。如果我们要分析研究对象朋友圈的平均社会地位对于其职场成就的影响,那么我们也必须考虑研究对象的口才可能与朋友的平均社会地位相关。一旦如此,被估计的社会网的因果效应就会是有偏的。

二、自选择偏差

自选择问题实际上是一种特殊的遗漏变量偏差,具体是指主解释结果/因变量在某种程度上受到个人选择的影响。比如,我们分析学校平均成绩对学生个体成绩的影响就不能简单地进行回归分析,因为学生家长会选择学校,因此学校的质量本身就与家长的观念、智力、收入、教育背景等有关,是个人选择的结果。而这些家庭因素,通常又会影响学生的成绩。为了更好地理解“选择”,我们可以将分析的社会现象解析为两个过程:一个是解释变量发挥作用的主体过程,另一个则是个人选择的过程。与一般性遗漏变量偏差相比,自选择问题的实质在于上述两个过程的非观测因素相互关联。(如图 0.2)

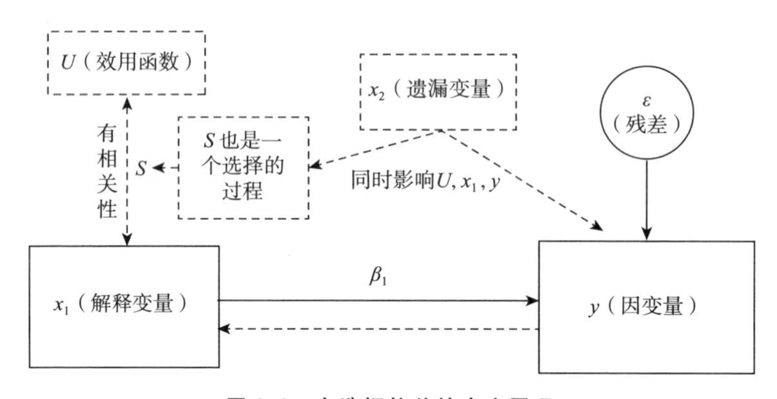

图 0.2 自选择偏差的产生原理

现在我们针对两个过程分别列出两个模型:

一是关于 y 的模型,该模型与方程(0.1)完全相同,具体如下:

$$y = \beta_0 + \beta_1 x_1 + \beta X + \varepsilon \tag{0.4}$$

二是选择模型。我们将个体进行选择的效用水平 U 定义为解释变量为 x_1、观察到的个体特征 X'(为了与 X 区别,X'这里指代个体层面的控制变量)和

个体本身知晓而不为研究者所知的误差 ε' 的函数,具体如下:

$$U = F(x_1, X', \varepsilon') + \eta \tag{0.5}$$

由方程(0.5)可知, x_1 本身的收益会影响效用 U,从而决定人们是否选择 x_1。具体而言,如果 x_1 带来的收益很高,那么通常情况下人们就会倾向选择 x_1。但个体的效用除了受 x_1 影响之外,还受到其他因素的影响。假设 x_2 是未被研究者所知的一个非观测因素,它会影响效用水平 U,但是在方程(0.5)中被遗漏。换言之, x_2 是 ε' 的一部分。与此同时,因为 x_1 与 U 相关,且 U 与 x_2 相关,所以 x_1 和 x_2 之间很可能存在关联。如果 x_2 对 y 有直接影响,那么 x_2 就是 ε 的一部分,这会导致 x_1 和 ε 也具有相关性。因此,从方程(0.4)估计出的 β_1 是有偏的。

接下来我们同样以“找熟人”为例来说明这个问题。在社会资本研究中,学者们通常关注“找熟人”与“不找熟人”对职场成就的影响。然而,研究表明,社会地位较高、受教育年限更长、社会资本更丰富的个体本身就倾向于不使用社会关系。若求职者因自身的某种特点而没有采用“找熟人”的求职方式,那么是否“找熟人”事件本身对于职场成就的影响就很难说是因果性的。其原因是:很可能是求职者自身的某一特点影响了他是否找熟人的决策,而同时这一特点对职场成就也产生了决定性作用。回到方程(0.4)中, x_1 为二分变量是否选择“找熟人”。选择 x_1 会改变个体的效用水平 U,但影响 U 的不止 x_1 这一个因素。假设“胆怯”(x_2)是一个同时影响是否“找熟人”(x_1 和 U)和职场成就(y)的遗漏变量,那么“胆怯”势必同时进入 ε 和 ε'。在这种情况下,方程(0.4)的误差项 ε 就会与 x_1 相关。因此,使用该方程进行估计就会产生偏差。

类似地,根据社会趋同(social homophily)理论,社会网络在种族、性别、社会阶层、宗教信仰和价值观等方面具有较强的个人选择性,即“物以类聚,人以群分”。[1] 如果我们想要探究个体拥有的朋友特征(可使用的社会资本)

① 在社会学文献中,对自选择的关注由来已久。参见 Otis Dudley Duncan, Archibald O. Haller and Alejandro Portes, “Peer Influences on Aspirations: A Reinterpretation,” *American Journal of Sociology*, Vol. 74, No. 2, 1968, pp. 119-137; Hubert M. Blalock, “Contextual-Effects Models: Theoretical and Methodological Issues,” *Annual Review of Sociology*, Vol. 10, 1984, pp. 353-372; Denise B. Kandel, “Homophily, Selection, and Socialization in Adolescent Friendships,” *The American Journal of Sociology*, Vol. 84, No. 2, 1978, pp. 427-436。

是否会影响个体的职场成就,就必须考虑到一个人的朋友圈子是个体选择的结果,如果我们选择的朋友具有某种特定的特点,那么被观察到的朋友特征对个体职场成就的影响可能就不再具有因果关系。这是因为社会资本与职场成就之间的相关性可能只是反映了组群内大家所共同具备的一些选择性因素。社会学家和经济学家已经对这一问题给予了高度关注。[①]

三、样本选择偏差

样本选择偏差也是一种特殊的遗漏变量偏差。在研究中,当因变量的观察局限于有限的非随机样本时,就容易产生样本选择偏差,具体表现为样本对某些观察值的非随机性排斥(exclusion)。这种偏差可能源于数据收集过程,也可能来自研究对象本身的某些固有特质。举例来说,如果我们想要研究公司员工的技术能力和社交能力之间的关系,就有可能得出两者之间存在负相关的结论。这是因为观测样本的选择仅仅在公司内部,而一个公司在选择招录员工时的标准可能是两个能力满足一个即可。在经济学领域,赫克曼详细探讨了由非随机样本导致的选择偏差问题,并将其作为一种特殊的遗漏变量偏差。[②] 在社会学文献中,伯克和雷最先介绍了样本选择偏差。[③] 样本选择偏差变量间具体的关系如图 0.3。

假设研究者想估计 x_1 对于 y 在总体样本上的影响,但是有时候,x_1 只有在 $S=1$(S 是一个要么为 0,要么为 1 的二分变量)的情况下才能被观察到。例如 x_1 表示某种对求职者有帮助的资源(如社会关系),而 x_1 只有在被使用了的情况下才能被观察到。此时,我们往往会把方程写成式(0.4),即

$$y=\beta_0+\beta_1x_1+\beta X+\varepsilon$$

---

① 社会学领域的相关研究参见 Ted Mouw, "Social Capital and Finding a Job: Do Contacts Matter?" *American Sociological Review*, Vol. 68, No. 6, 2003, pp. 868-898;经济学中的相关研究参见 Robert A. Moffitt, "Policy Interventions, Low-Level Equilibria, and Social Interactions," in Steven N. Durlauf and H. Peyton Young (eds.) *Social Dynamic*, MIT Press, 2001, pp. 45-82。

② James J. Heckman, "The Common Structure of Statistical Models of Truncation, Sample Selection and Limited Dependent Variables and a Simple Estimator for Such Models," *Annals of Economic and Social Measurement*, Vol. 5, No. 4, 1976, pp. 475-492.

③ Richard A. Berk and Subhash C. Ray, "Selection Biases in Sociological Data," *Social Science Research*, Vol. 11, No. 4, 1982, pp. 352-398.

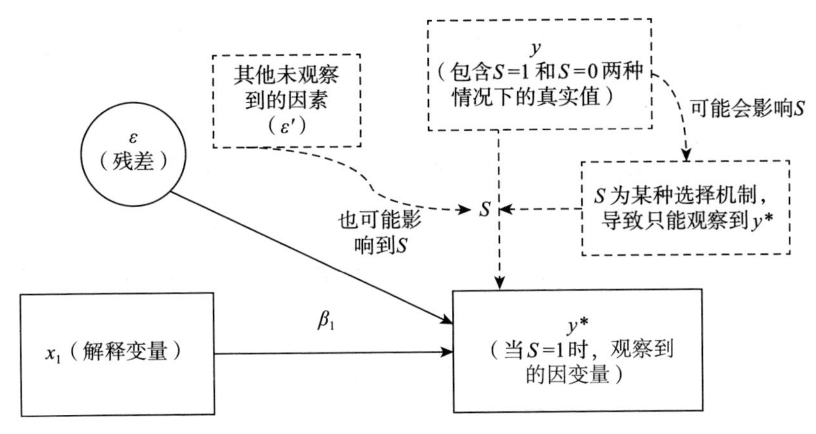

图 0.3 样本选择偏差的产生原理

但实际上,对于总体样本我们只是估计了 $S=1$ 的情况,即

$$Sy = S\beta_0 + \beta_1 Sx_1 + \beta SX + S\varepsilon \tag{0.6}$$

要从方程(0.6)获得 β_1 的无偏估计,就必须满足 $S\varepsilon$ 与 Sx_1 不相关。既然 S 是二分变量,事实上,就是必须满足 ε 与 Sx_1 不相关。

现在我们将选择因子 S 定义为

$$S = F(X', \varepsilon') + \eta \tag{0.7}$$

在方程(0.7)中,X'是可被观察到的控制变量,而 ε'为研究者无法观察到的选择因素。F 是决定选择因子 S 等于 1 或 0 的函数。显然,X'和 X 有可能部分重叠,而且 ε'和 ε 也一样。一旦有某个遗漏因子 x_2 同时进入 ε'和 ε,方程(0.4)的估计就一定是有偏的。方程(0.7)实际上与方程(0.5)类似,这也正是样本选择偏差和自选择偏差都可以被称作选择偏差的缘由。

仍然以社会资本的因果效应为例。如果想要研究那些通过找关系获得了工作的人,观察他们所动员或使用的资源量(即使用了的社会资本,例如求职协助者的职业声望)是否对职场成就产生显著影响,最直观的方法就是对那些在调查中表示自己的工作是“通过协助者找来的”的研究对象进行分析。然而,一些未被观察到的变量(比如自尊心)可能会同时影响个体的职场成就和使用社会关系求职的选择。自尊心强的人不愿意寻求他人的帮助,同时强自尊心会使他们更加努力工作并获得更高的成就。如果我们只对那些报告使用了社会关系的局部样本进行简单的线性回归分析,那么就等于是对一个自尊心不强、工作不努力的有偏样本进行估计,这可能会导致社会资本的因果效应被高估。

四、联立性偏差

内生性问题的第四个重要来源是联立性问题,它本质上是指解释变量与因变量之间存在双向因果关系,即变量之间的相互影响。(如图 0.4)

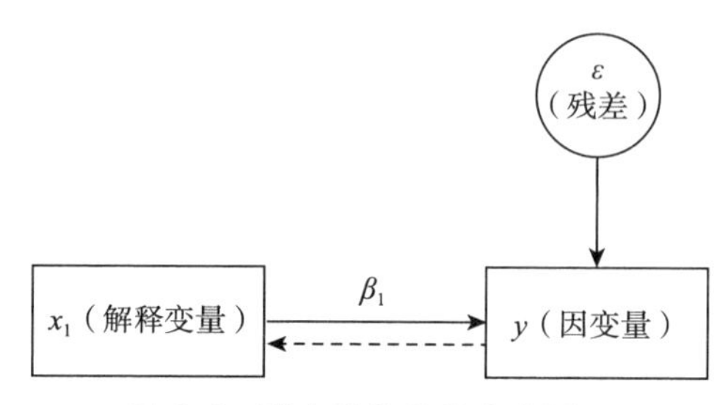

图 0.4 联立性偏差的产生原理

具体而言,在"可使用的社会资本"研究中,通常的做法是把个体当前职业声望得分对研究对象社会网络的平均职业声望进行回归。然而,由于社会网的声望均值显然同时也受到研究对象个体声望的影响,用标准的均值线性模型会产生很多问题。不失其一般性,估计"可使用的社会资本"效应的均值线性模型(linear-in-means model)可以表示为

$$y_{ig} = \beta_0 + \beta_1 \bar{y}_{-ig} + \beta_2 \bar{X}_{-ig} + \beta_3 X_{ig} + \varepsilon_{ig} \tag{0.8}$$

其中,X 代表可以观察到的个体特征(如性别、教育获得等),下标 i 代表个体,g 代表组群;需要注意的是,$\bar{y}$ 为组群结果的均值,下标 $-i$ 表示排除个体 i 自身以后用剩下的样本计算所得的均值;$\bar{X}$ 为平均组群特征;β_1 和 β_2 都可被视为社会资本效应。① 为了简明表述,假设每个组群只有 2 个($i=1,2$)个体,此时,模型(0.8)可以写为

$$y_{1g} = \beta_0 + \beta_1 y_{2g} + \beta_2 X_{2g} + \beta_3 X_{1g} + \varepsilon_{1g} \tag{0.9}$$

$$y_{2g} = \beta_0 + \beta_1 y_{1g} + \beta_2 X_{1g} + \beta_3 X_{2g} + \varepsilon_{2g} \tag{0.10}$$

① Steven N. Durlauf, "On the Empirics of Social Capital," *The Economic Journal*, Vol. 112, No. 483, 2002, pp. 459-479.

如果将方程(0.9)代入方程(0.10),我们可以得到简化形式:

$$y_{2g}=\frac{\beta_0}{1-\beta_1}+\left(\frac{\beta_1\beta_2+\beta_3}{1-\beta_1^2}\right)X_{2g}+\left(\frac{\beta_1\beta_3+\beta_2}{1-\beta_1^2}\right)X_{1g}+\frac{\beta_1\varepsilon_{1g}+\varepsilon_{2g}}{1-\beta_1^2}\quad(0.11)$$

然而,这也带来了一些问题。第一,y_{2g} 很可能与 ε_{1g} 相关,因为 y_{2g} 与 y_{1g} 相关。因此,来自方程(0.11)的估计是有偏的。这就是联立性偏差问题。第二,即使 y_{2g} 与 ε_{1g} 不相关,也只有 $\left(\frac{\beta_1\beta_2+\beta_3}{1-\beta_1^2}\right)$ 和 $\left(\frac{\beta_1\beta_3+\beta_2}{1-\beta_1^2}\right)$ 可以被识别,而且无法将 β_1 和 β_2 分离。这被曼斯基称为“映射问题”(reflection problem)。①

除此之外,联立性偏差在时间序列和面板模型中也有可能出现。尽管有些学者认为,如果能够通过对变量做滞后处理,证明变量间的相关性在同一时期不存在,就可以避免联立性偏差带来的内生性。然而,在时间序列和面板模型中,残差可能存在自相关问题,这就违背了残差项之间互不相关的重要前提假设,从而导致潜在的内生性问题。举例来说,假设有研究者试图探讨个体当前工作满意度与后续工作表现之间的关系,但在数据收集过程中却忽略了个体心态这一因素。由于个体心态作为一个稳定的因素不仅会作为残差体现在当期模型中,也会成为每一期模型中残差的一部分,这就导致每一期模型中的残差项都存在自相关。当然,学者们针对这一问题也提出了一些解决办法,我们将在后续内容中详细介绍。

第二节　处理内生性问题的方法

内生性问题和模型识别(model identification)密切相关。通常情况下,我们可以将模型识别理解为排除具有竞争性的解释的可能性,也就是控制那些无法观测或者被遗漏的且和解释变量相关的因子。但由于遗漏变量难以穷

① 如此命名的原因主要是这两者就像人和镜子里映射的影子一样同时变化和出现,让外面的观察者无法分析谁是原因,谁是结果,谁是主因,谁是次因。参见 Charles F. Manski,“Identification of Endogenous Social Effects: The Reflection Problem,” *The Review of Economic Studies*, Vol. 60, No. 3, 1993, pp. 531-542。

尽,我们也难以在模型中控制所有的因素。因此,从这个意义上说,要消除模型的内生性问题相当困难。退而求其次,我们实际上可以识别出内生性问题,并采取相应措施消除其可能带来的偏差。换言之,我们解决内生性问题的方法在于控制内生性对系数估计产生的影响,而非完全消除内生变量。本节将分别针对第一节介绍的四种内生性问题的来源,讨论相应的模型识别策略和解决办法。此外,由于模型识别需要依赖包含足够信息量的数据,本节还将简要论述如何增加调查数据的信息量。

一、解决一般性遗漏变量偏差

针对遗漏变量偏差,主要有以下几种解决办法。

最直接的办法是纳入更多的控制变量,以减少遗漏变量对结果的影响。例如,在邻里研究中,詹克斯和迈耶发现,当纳入更多关于父母特征的控制变量时,生长在贫困社区这一因素对于个体的影响趋于下降。[①] 类似地,邓肯、布鲁克斯-冈恩和克列巴诺夫在研究时纳入了家庭温暖和家庭学习氛围等控制变量。[②] 在学校效应研究中,克拉克和洛埃亚克也控制了父母是否选择社区这一变量。[③]

第二种办法是使用代理(proxy)变量作为遗漏变量的替代。在理想状态下,只要控制变量完美地测算了遗漏变量的信息,内生性问题就可以消除。然而,我们永远都无法确定是否所有未被观察到的变量都已纳入控制。由于在理论上不可能建立一个完全"穷举式"(exhaustive method)的模型,我们可以选择利用非传统数据作为遗漏变量的替代以控制潜在的遗漏变量。例如,有学者指出在一些情况下,可以将滞后因变量(lagged dependent variable)作为未被观察的个体异质性和历史因子的代表。在使用代理变量时,需注意以下几个

① Christopher Jencks and Susan E. Mayer, "The Social Consequences of Growing Up in a Poor Neighborhood," in Laurence E. Lynn and Michael G. H. McGeary (eds.) *Inner-City Poverty in the United States*, National Academy Press, 1990, pp. 111-186.

② Greg J. Duncan, Jeanne Brooks-Gunn and Pamela Kato Klebanov, "Economic Deprivation and Early Childhood Development," *Child Development*, Vol. 65, No. 2, 1994, pp. 296-318.

③ Andrew E. Clark and Youenn Lohéac, "'It Wasn't Me, It Was Them!' Social Influence in Risky Behavior by Adolescents," *Journal of Health Economics*, Vol. 26, No. 4, 2007, pp. 763-784.

方面:(1)代理变量的测量误差问题;(2)代理变量自身是否存在内生性问题;(3)是否具备充分的理论依据来支持使用代理变量。因此,寻找一个好的代理变量往往并非易事。同时,这种方法也对研究的数据条件提出了更高的要求。

第三种方法是利用变量在时间维度上的差异,使用固定效应模型去控制不随时间变化的(time-invariant)非观测因素。举例来说,在学校的同侪效应研究中,哈努谢克等人运用了得克萨斯学校的面板数据,控制了不随时间变化的个体、学校年级以及学校效应[①],从而发现了学校年级同群(school by grade)的平均成绩对个人成绩的增长具有正向影响。类似地,在社会濡染研究中,伊基诺和马吉则通过控制个体和银行分支机构的固定效应,研究了银行分支机构雇员的罢工行为是如何受到分支机构的平均罢工行为的影响的。[②] 更多固定效应模型在社会学中的应用可参见哈拉比的综述。[③]

一般情况下,固定效应模型需要依赖对同一组研究对象在不同时间段进行重复测量的面板数据。考虑到面板数据往往难以收集,在某些特殊情况下,利用非同一批研究对象在不同时间的组织管理记录,也可以进行固定效应分析。例如,霍克斯比曾利用得克萨斯学校的微观数据样本,通过构建同一班级在不同年份的变化数据,估计了班级成员构成对学生考试成绩的影响。[④] 其内在逻辑是:校内同一班级的年度变化可以被假设为随机的,因此估计参数可以被认为是无偏的。类似地,古尔德、拉维和帕塞尔曼利用同一年级里移民数量的跨年度变化,估计了本地学校中移民比例对高中学生考试成绩

① Eric A. Hanushek, John F. Kain, Jacob M. Markman and Steven G. Rivkin, "Does Peer Ability Affect Student Achievement?" *Journal of Applied Econometrics*, Vol. 18, No. 5, 2003, pp. 527-544.

② Andrea Ichino and Giovanni Maggi, "Work Environment and Individual Background: Explaining Regional Shirking Differentials in a Large Italian Firm," *The Quarterly Journal of Economics*, Vol. 115, No. 3, 2000, pp. 1057-1090.

③ Charles N. Halaby, "Panel Models in Sociological Research: Theory into Practice," *Annual Review of Sociology*, Vol. 30, No. 1, 2004, pp. 507-544.

④ Caroline Hoxby, "Peer Effects in the Classroom: Learning from Gender and Race Variation," NBER Working Paper No. 7867, 2000.

的影响。[1] 此外,拉维、帕塞尔曼和施洛瑟通过留级生-跳级生-正常生(repeaters-skippers-regulars)在班级中比例的随机变化,估计了班级结构对学生学业成绩的影响。[2]

除此之外,还可以采用组内策略(with-group strategy),利用非时间性(non-time)的组内差异来估计固定效应模型。这种方法特别适用于处理遗漏变量存在于组别水平上的情况。如果研究表明,组别水平的异质性(group-level heterogeneity)是主要的内生性问题来源,那么我们无法观测到的不同组别之间的差异就是我们所说的遗漏变量。例如,如果我们想要研究班级对学生个体学业成绩的影响,那么父母和孩子的择校问题中暗含的某些无法观察到的学校特征就会成为遗漏变量,干扰我们对班级效应(class effects)的估计。但是,如果同一学校的班级可以被假定是随机分配的,那么比较校内各班级的差异就可以把学校特征这一遗漏变量从模型中排除,从而在一定程度上消除组别上的部分异质性。阿默米勒和皮施克利用校内差异估计了欧盟国家六个小学的班级对于学生个体考试成绩的同侪效应。[3] 麦克尤恩用同样的方法分析了智利中学的年级效应。[4] 而阿西迪亚科诺和尼科尔森则阐释了医学院中的班级平均能力和班级专业选择是否影响学生个体的学业成绩以及专业选择的机会。[5]

除了研究学校效应和班级效应,这种组内策略还被运用在邻里效应和社会网络效益研究中,以解决潜在的遗漏家庭特征变量问题。其根本逻辑在于,我们可以通过比较在不同社区或朋友圈的同胞兄妹,消除家庭固定效应,

---

① Eric D. Gould, Victor Lavy and M. Daniele Paserman, "Does Immigration Affect the Long-Term Educational Outcomes of Natives? Quasi-Experimental Evidence," *The Economic Journal*, Vol. 119, No. 540, 2009, pp. 1243-1269.

② Victor Lavy, M. Daniele Paserman and Analia Schlosser, "Inside the Black Box of Ability Peer Effect: Evidence from Variation in the Proportion of Low Achievers in the Classroom," *The Economic Journal*, Vol. 122, No. 559, 2012, pp. 208-237.

③ Andreas Ammermueller and Jörn-Steffen Pischke, "Peer Effects in European Primary Schools: Evidence from PIRLS," NBER Working Paper No. 12180, 2006.

④ Patrick J. McEwan, "Peer Effects on Student Achievement: Evidence from Chile," *Economics of Education Review*, Vol. 22, No. 2, 2003, pp. 131-141.

⑤ Peter Arcidiacono and Sean Nicholson, "Peer Effects in Medical School," *Journal of Public Economics*, Vol. 89, No. 2, 2005, pp. 327-350.

从而准确地评估邻里或者朋友圈的同侪效应。因此,这种方法也称为“家庭固定效应”(family fixed effects)或“同胞固定效应”(sibling fixed effects)。利用这一方法,阿伦森发现邻里教育获得与个体完成高中学业的倾向之间存有显著的正向关系。[①] 帕洛尼等人则发现,社会资本影响墨西哥人的移民决策。[②] 类似方法在青少年社会网、风险行为等领域的社会互动研究中也得到了应用。

值得注意的是,尽管固定效应模型在解决许多内生性问题方面表现出色,但它的应用也存在一定局限性,主要体现在以下两个方面:(1)固定效应模型无法解决所有内生性问题,只适合消除那些对所有样本的影响都一样的遗漏变量,如不随时间变化的个体特征、家庭特征和学校特征。然而,对于那些随时间变化的个体、家庭、学校特征的非观测因素,固定效应模型往往无能为力,通常也会导致较大的标准误。(2)固定效应模型可以控制组别差异,但无法进一步探讨组别差异的成因。例如,利用固定效应模型,学者们可能得出班级平均成绩有助于提高个人平均成绩的结论,但却无法进一步解释为什么有些班级的平均成绩会更高。因此,在使用固定效应模型时,我们需要明确区分哪些遗漏变量是可以通过固定效应控制的,哪些不能。对于后者,则需要采取其他方法来处理。本书将在第十章继续探讨面板数据和固定效应分析方法。

第四种处理遗漏变量偏差的方法是使用工具变量。如前所述,一般意义上的内生性问题源于解释变量与误差项之间的相关性,而工具变量可以从根本上消除这种问题。如果我们能找到并使人相信某个外生因素与误差项无关,但又和解释变量高度相关,那么这个因素就可能成为一个有效的工具变量。当我们意识到可能存在某个特定的遗漏变量,但我们无法对其进行测量,因此无法将其视为控制变量,也无法为它找到合适的代理变量时,考虑使用工具变量法将成为我们下一步的策略之一。

---

① Daniel Aaronson, “Using Sibling Data to Estimate the Impact of Neighborhoods on Children’s Educational Outcomes,” *The Journal of Human Resources*, Vol. 33, No. 4, 1998, pp. 915–946.

② Alberto Palloni, Douglas S. Massey, Miguel Ceballos, Kristin Espinosa and Michael Spittel, “Social Capital and International Migration: A Test Using Information on Family Networks,” *American Journal of Sociology*, Vol. 10, No. 5, 2001, pp. 1262–1298.

在研究邻里、班级或学校同侪效应时,经常存在忽略家庭特征等遗漏变量的问题。为了解决这个问题,研究者通常采用省、市、县等地区层面的汇总数据作为解释变量的工具变量[①],其基本逻辑是:汇总层面的变量往往由个体数据产生,但不会明显地随某个个体数据变化而变化,因此汇总变量相对于个体数据而言是外生的。例如,埃文斯、奥茨和施瓦布运用大都会地区的失业率、家庭收入中位数和贫困率作为学校中贫困学生比例的工具变量。他们发现,学校中的贫困生比例并未对学生怀孕或辍学行为产生显著的同侪效应。[②] 自然现象、政策因素等也常常被用作工具变量,如卡特勒和格莱泽把地方政府辖区分隔和贯穿大都市的河流数量作为邻里区隔(segregation)的工具变量。他们发现,生活在高度集中的黑人区的黑人比住在其他地方的黑人具有更为劣势的社会经济结果。[③] 奇波洛内和罗索利亚利用地震导致的男性免于征兵的政策作为高中班级性别构成的工具变量,以分析意大利学生中班级性别构成对女生的影响。[④] 其他利用工具变量方法来估计同侪效应的研究可参见柯里和叶洛维茨的研究。[⑤]

工具变量在社会资本和劳动力市场研究中也得到了广泛应用。邦托利拉、米凯拉奇和苏亚雷斯利用两个工具变量——年长的兄姐数目和联邦就业率,来解决使用社会关系求职的内生性问题。研究发现,由于工人职业和能力的不匹配,使用社会关系反而导致较低的工资。[⑥] 孔特雷拉斯等人则采用和研究对象具有相同可观察特征者的平均邻里特征作为邻里特征的工具变量,证

---

① 参见 David Card and Alan B. Krueger, "School Resources and Student Outcomes: An Overview of the Literature and New Evidence from North and South Carolina," *The Journal of Economic Perspectives*, Vol. 10, No. 4, 1996, pp. 31-50。

② William N. Evans, Wallace E. Oates and Robert M. Schwab, "Measuring Peer Group Effects: A Study of Teenage Behavior," *The Journal of Political Economy*, Vol. 100, No. 5, 1992, pp. 966-991.

③ David M. Cutler and Edward L. Glaeser, "Are Ghettos Good or Bad?" *The Quarterly Journal of Economics*, Vol. 112, No. 3, 1997, pp. 827-872.

④ Piero Cipollone and Alfonso Rosolia, "Social Interactions in High School: Lessons from an Earthquake," *The American Economic Review*, Vol. 97, No. 3, 2007, pp. 948-965.

⑤ Janet Currie and Aaron Yelowitz, "Are Public Housing Projects Good for Kids?" *Journal of Public Economics*, Vol. 75, No. 1, 2000, pp. 99-124.

⑥ Samuel Bentolila, Claudio Michelacci and Javier Suarez, "Social Contacts and Occupational Choice," CEPR Discussion Paper No. 4308, 2004.

明了邻里的非农就业对玻利维亚妇女获得非农工作具有积极影响。[①] 莫兰和莫斯基翁在研究法国邻里的劳动力市场参与如何影响母亲入职的决定时，运用邻里平均的儿童性别混合度（sex mix）作为邻里劳动力市场参与的工具变量以解决内生性问题，证明了邻里就业和母亲个体就业息息相关。[②]

然而，工具变量并非完美无缺。首先，好的工具变量往往可遇而不可求，工具变量是否以及在多大程度上能解决内生性问题取决于我们是否能够找到好的工具变量。其次，工具变量的外生性一般难以通过数据证明，往往需要充分的理论支持或逻辑推导。再次，工具变量所推论出来的因果关系为局部平均干预效应（local average treatment effect, LATE），而非平均干预效应。最后，工具变量的估计结果通常具有更大的标准误，某些特殊的工具变量如汇总变量可能会增加遗漏变量偏差。本书第八章将继续探讨与工具变量相关的问题。

二、解决自选择偏差

在实证研究中，为了解决自选择偏差，最直观的方法就是消除选择行为。因此，随机分配（random assignment）是最佳解决途径。随机分配能够确保主解释变量和未观察因子之间不会出现任何关联性。由于实验和自然实验（natural experiment）可以设计出随机分配，它们显然是解决自选择偏差的最佳方法。

举例来说，在社会互动研究中，杜尔劳夫通过实验探究了群体信息传播对个人退休计划决定的影响。[③] 霍克斯比和魏因加特利用韦克县学区的再分配政策做自然实验，基于面板数据的分析，发现该计划确实对学生的成绩产生了影响。[④] 最著名的实验性社会互动研究是基于美国“流动机会”（moving to

---

① Dante Contreras, Diana Kruger, Marcelo Ochoa and Daniela Zapata, “The Role of Social Networks in the Economic Opportunities of Bolivian Women,” Research Network Working Paper, 2007.

② Eric Maurin and Julie Moschion, “The Social Multiplier and Labor Market Participation of Mothers,” *American Economic Journal: Applied Economics*, Vol. 1, No. 1, 2009, pp. 251-272.

③ Steven N. Durlauf, “On the Empirics of Social Capital,” *The Economic Journal*, Vol. 112, No. 483, 2002, pp. 459-479.

④ Caroline M. Hoxby and Gretchen Weingarth, “Taking Race Out of the Equation: School Reassignment and the Structure of Peer Effects,” Working Paper, Harvard University, 2005.

opportunity, MTO)计划的一系列文献。通过随机试验,邓肯、克拉克-考夫曼和斯内尔发现迁入富裕社区对于成人的社区邻里安全感和精神健康具有显著改善作用。[①] 相反,三本松等人发现,MTO 计划对迁入新社区的孩子的阅读水平和数学考试成绩没有显著性影响。[②] 路德维希、邓肯和平克斯顿指出,仅仅给家庭提供居住迁移机会对家庭的社会经济结果影响微乎其微。[③] 克林、利布曼和卡茨则发现,迁入贫困社区反而减少了女青年的暴力行为和财产犯罪。[④] 除了田野实验(field experiment),还有一些实验室实验(lab experiment),具体可参见福尔克和菲施巴赫尔以及卡森和梅等人的研究。[⑤]

除了干预效应研究,实验或自然实验同样适用于研究群体对个体的影响。例如,萨塞尔多特利用达特茅斯学院一年级新生宿舍随机分配这个自然实验,发现同辈群体对学术成就、绩点(GPA)等方面有显著影响。[⑥] 齐默尔曼利用威廉姆斯学院一年级宿舍随机分配制度,分析了室友原先的 SAT(美国大学入学考试)成绩对于个体成绩的影响。[⑦] 另外,在社会互动研究中,外生性干扰(如自然实验、政策介入或自然发生事件)可以用来建构工具变量以帮助识别模型。例如,利布曼、卡茨和克林考察了人口普查中个人结果(如风险行为、精神

① Greg J. Duncan, Elizabeth Clark-Kauffman and Emily Snell, "Residential Mobility Interventions as Treatments for the Sequelae of Neighborhood Violence," Working Paper, Northwestern University, 2004.

② Lisa Sanbonmatsu, Jeffrey R. Kling, Greg J. Duncan and Jeanne Brooks-Gunn, "Neighborhoods and Academic Achievement: Results from the Moving to Opportunity Experiment," *The Journal of Human Resources*, Vol. 41, No. 4, 2006, pp. 649-691.

③ Jens Ludwig, Greg J. Duncan and Joshua C. Pinkston, "Housing Mobility Programs and Economic Self-sufficiency: Evidence from a Randomized Experiment," *Journal of Public Economics*, Vol. 89, No. 1, 2005, pp. 131-156.

④ Jeffrey R. Kling, Jeffrey B. Liebman and Lawrence F. Katz, "Experimental Analysis of Neighborhood Effects," *Econometrica*, Vol. 75, No. 1, 2007, pp. 83-119.

⑤ Armin Falk and Urs Fischbacher, "'Crime' in the Lab-detecting Social Interaction," *European Economic Review*, Vol. 46, No. 4, 2002, pp. 859-869; Timothy N. Cason and Vai-Lam Mui, "Social Influence in the Sequential Dictator Game," *Journal of Mathematical Psychology*, Vol. 42, No. 2-3, 1998, pp. 248-265.

⑥ Bruce Sacerdote, "Peer Effects with Random Assignment: Results for Dartmouth Roommates," *The Quarterly Journal of Economics*, Vol. 116, No. 2, 2001, pp. 681-704.

⑦ David J. Zimmerman, "Peer Effects in Academic Outcomes: Evidence from a Natural Experiment," *The Review of Economics and Statistics*, Vol. 85, No. 1, 2003, pp. 9-23.

健康、基于社会性别的生理健康)的邻里效应。[①] 然而,随机分配的实验和自然实验也存在缺点,如成本高、耗时长,甚至在很多情况下并不可行。此外,诸如MTO的社会实验很可能本身就包含样本选择偏差,因为MTO项目只针对那些处于一定贫困线以下的人,结果绝大部分参与者是黑人和拉丁裔人口。

尽管实验法存在一定缺陷,但在目前,它依然是公认的评估因果效应的最佳方法。然而,在社会学研究中,大部分数据并非通过实验收集。在这种情况下,我们如何应对自选择偏差问题呢?一个可行的解决方案就是通过统计方法在数据中人为地划分出"干预组"和"控制组",从而消除自选择过程带来的影响。下面简要介绍几种基于这种思想衍生出来的方法:倾向值匹配法、断点回归法、双重差分法和合成控制法。

1. 倾向值匹配法

倾向值是个体在控制某些可观测到的混淆变量的情况下受到某种自变量影响的条件概率,倾向值相似或相近的个案通常具有类似的特征。具体来说,我们可以通过将受到某个自变量影响的个体和没有受到该自变量影响的个体进行两两配对,人为地构建"干预组"和"控制组",而配对的依据则是两组个案具有相同或者相近的倾向值。由于倾向值保证了两组样本在除自变量外的其他混淆因素上相似,因此可以减少自选择偏差带来的影响。

举例来说,为了研究邻里环境对高中辍学和未成年人怀孕的影响,哈丁采用倾向值匹配法比较了两组青春期儿童,他们具有一些相同的观察因素(即倾向值),但来自不同邻里。研究结果显示,与来自较低贫困型社区的学生相比,来自较高贫困型社区的个体更容易发生辍学和未成年怀孕。[②] 由于大量的混淆因素在倾向值配对的过程中已经被控制,因此两组在因变量上的差异就可

---

① Jeffrey B. Liebman, Lawrence F. Katz and Jeffrey R. Kling, "Beyond Treatment Effects: Estimating the Relationship Between Neighborhood Poverty and Individual Outcomes in the MTO Experiment," SSRN Working Paper No. 630803, 2004.

② David J. Harding, "Counterfactual Models of Neighborhood Effects: The Effect of Neighborhood Poverty on Dropping out and Teenage Pregnancy," *The American Journal of Sociology*, Vol. 109, No. 3, 2003, pp. 676-719.

以极大地归因于自变量本身,以降低自选择偏差的影响。

但倾向值匹配法同样也存在缺陷。第一,该方法的前提假设是自选择完全由观测到的变量所导致,但实际上总会存在一些难以观察到的干扰项使得倾向值的匹配难以完全排除混淆因素的干扰。第二,为了尽可能保证充分匹配,该方法要求干预组和控制组在倾向值上有较高的重叠程度,因此十分依赖大样本并对数据本身有较高的要求。第三,倾向值的估计依赖特定的模型,存在模型错误设定和倾向值计算偏差的风险。有关倾向值匹配法的详细内容将在本书第六章中阐述。

2. 断点回归法

断点回归(regression discontinuity design)的核心思想是在某个特定点(断点)附近,所有样本的其他特征都相似,唯一的区别在于这些样本有的是在断点的左侧,有的是在右侧。因此,断点本身可以被视为一种天然实验"干预",不同样本因变量的变化完全源于断点的影响。基于这一思想,我们可以将断点左侧和右侧的样本分别视为"干预组"和"控制组"。在假设断点附近样本的其他特征基本一致的情况下,内生性问题就可以得到有效解决。

那么,如何确定一个断点呢?我们可以通过一个简单的例子来说明。假设研究者想要了解是否读本科对社会地位获得的影响,如果不对样本进行区分,研究很可能会受到内生性问题的影响。这是因为可能某些学生自身能力较强,因此获得较高的高考分数和较高的社会地位,但高考分数并不一定是社会地位的主要原因。而一旦我们无法控制"自身能力"这个变量,内生性就产生了。断点回归可以有效解决这个问题。假设某年的本科录取分数线是550分,考了549分的考生大概率上不了本科,但从某种程度上说,他们的学习能力和那些考了550分的学生差距并不大。此时,550分就是一个断点,我们可以将考549分的考生视作控制组,考550分的考生视作干预组,"自身能力"这个遗漏变量就可以通过断点回归设计巧妙地规避掉。

在实证研究方面,安格里斯特和拉维运用断点回归分析了班级规模对学生考试成绩的因果影响。[①] 此外,断点回归还被广泛用于分析邻里选择、教育消费和决策等领域,具体可参见因本斯和勒米厄[②]以及李和勒米厄[③]等人的相关综述。同样,断点回归也存在自身局限性,如断点前后的其他协变量可能也存在中断情况,断点回归衡量的是临界值附近的局部平均效应而非整体平均效应等。本书第九章将对断点回归的原理和应用进行更加详细的介绍。

3. 双重差分法

双重差分(differences-in-differences, DID)是目前解决内生性问题的一种重要方法。其核心思想是基于两个或两个以上不同时间段的测量数据,比较干预组和控制组干预前后的结果变量在一段时间内的平均变化来模拟实验研究。举例来说,如果我们想要研究举办亚运会对杭州市旅游业的影响,直接比较2023年9月前后杭州市的旅游业发展数据是无法排除其他社会经济因素(如经济发展、常住人口变化等)对因变量的影响的,这就导致了模型的内生性问题。使用双重差分法,研究者可以根据中国近几年的经济、人口和旅游业发展状况等数据,找到一个与杭州市在地理位置、经济、人口等方面非常接近,但没有举办亚运会的城市(如南京市),构建控制组。

双重差分基于两组数据在干预前后的面板数据。其主要通过两次差分获得自变量对因变量影响的净效应:第一次差分为两组在干预前后两个时间点测量的因变量差值,第二次差分则对第一次差分的结果再作差(倍差值),以消除干预组与控制组的原生差异。双重差分法常常被用于政策评估,如莫泽和弗伊纳运用此方法评估了发展中国家针对专利的强制许可制度是否会促进本国的发明创造。[④]

---

① Joshua D. Angrist and Victor Lavy, "Using Maimonides' Rule to Estimate the Effect of Class Size on Scholastic Achievement," *The Quarterly Journal of Economics*, Vol. 114, No. 2, 1999, pp. 533-575.

② Guido W. Imbens and Thomas Lemieux, "Regression Discontinuity Designs: A Guide to Practice," *Journal of Econometrics*, Vol. 142, No. 2, 2008, pp. 615-635.

③ David S. Lee and Thomas Lemieux, "Regression Discontinuity Designs in Economics," *Journal of Economic Literature*, Vol. 48, No. 2, 2010, pp. 281-355.

④ Petra Moser and Alessandra Voena, "Compulsory Licensing: Evidence from the Trading with the Enemy Act," *The American Economic Review*, Vol. 102, No. 1, 2012, pp. 396-427.

但DID方法使用的重要前提假设是，干预组和控制组在政策实施之前需要具有共同的变化趋势，即平行趋势假定。但严格来说，共同趋势假定是无法被完全检验的。同时，政策实施前是平行趋势也并不意味着政策实施后依旧平行，如果政策可能存在较强的内生性，则需要慎重对待双重差分法的使用。本书第十一章将对双重差分法及其拓展方法进行更加详细的介绍。

4. 合成控制法

合成控制（synthetic control）是近年来备受关注的一种准实验方法，可用于解决自选择偏差带来的内生性问题。在某种程度上，该方法是双重差分法的扩展。双重差分法要求我们在现实世界中找到与干预组完全匹配的控制组个案，但这种理想情况是可遇而不可求的。当研究者无法找到合适的控制组时，双重差分的条件就得不到满足。因此，合成控制法的基本思想就是抛弃寻找真实的控制组，通过对若干可能的控制组进行适当的线性组合，选择最优权重构造出一个合成的且与干预组高度相似的虚拟对象，作为实验的控制组。

仍然以举办亚运会为例，在应用双重差分法时，我们假设南京市是杭州市的一个理想控制组个案。然而，在实际情况中，这两个城市可能在一些关键指标上不匹配，从而难以满足DID的平行趋势假定。同时，DID在如何选择控制组上也存在一定的主观随意性。为了解决这个问题，我们可以选择全国所有直辖市和省会城市，基于每个城市真实的经济、人口和旅游业发展数据，为每个城市分配不同的权重。通过加权平均，我们可以得到的一个虚拟的杭州市，使其在各项指标上都与真实的杭州市高度相似，并将其作为杭州市的反事实状态。

在实证研究方面，阿巴迪和加德亚萨瓦尔为了研究恐怖活动是否会降低地区生产总值（GDP），使用恐怖活动多发的巴斯克地区作为干预组，使用西班牙其他地区的线性组合构造合成控制组，将真实的巴斯克与“合成的巴斯克”进行对比。[①] 阿巴迪、戴蒙德和海因米勒为了评估香烟税对美国加利福尼亚州

---

① Alberto Abadie and Javier Gardeazabal, “The Economic Costs of Conflict: A Case Study of the Basque Country,” *The American Economic Review*, Vol. 93, No. 1, 2003, pp. 113-132.

香烟消费的影响，使用美国38个没有出台香烟税的州合成了一个“假想的加州”，通过对比真实的加州与假想的加州在香烟销售方面的数据，证明香烟税有效降低了加州香烟的消费量。[①]

相比DID，合成控制法不必然要求遵循平行趋势假定，且通过数据确定权重，减少了控制组选择的主观误差。但往往需要时间跨度较长的干预前信息，来确保能够很好地拟合“控制组”；在干预后同样需要较长的时间来评估政策实施的效应。本书第十二章将对合成控制法及其拓展方法进行更加详细的介绍。

最后，由于自选择问题也可以被看作一种遗漏变量偏差的特殊类型，因此，上述所有用于处理遗漏变量偏差的方法（如增加控制变量、代理变量和固定效应模型等）都可以用来解决自选择问题。

三、解决样本选择偏差

赫克曼的两阶段法被广泛地用来解决样本选择偏差。[②] 如图0.3，由于存在某种选择机制 S，我们只能观测到 S 发生（$S=1$）时 y 的取值 y^*。但实际上的总样本包含两部分：第一部分包含解释变量 x_1、控制变量 X' 和 y^* 的信息，第二部观测值只有解释变量 x_1 和控制变量 X' 的信息。如果我们仅利用第一部分观测值进行回归，而忽略第二部分，就会因为样本选择性问题产生估计误差。赫克曼两阶段法的基本思想则是首先对选择机制 S 进行回归，得到 S 的选择概率，之后将这个概率纳入对因变量的回归分析，起到控制和校正样本选择性偏差的效果。

具体来说，选择机制 S 是由 X'（可被观察的控制变量）和 ε'（无法被观察的选择因素）共同决定的，虽然我们无法观测 ε' 的信息，但利用 X' 的信息可以大致估算出每个个体 i 选择 S 的概率（即 $S=1$ 的概率）。这就构成了赫克曼两

① Alberto Abadie, Alexis Diamond and Jens Hainmueller, “Synthetic Control Methods for Comparative Case Studies: Estimating the Effect of California's Tobacco Control Program,” *Journal of the American Statistical Association*, Vol. 105, No. 490, 2010, pp. 493-505.

② James J. Heckman, “Common Structure of Statistical-Models of Truncation, Sample Selection and Limited Dependent Variables and a Simple Estimator for Such Models,” *Annals of Economic and Social Measurement*, Vol. 5, No. 4, 1976, pp. 475-492.

阶段法的第一步。赫克曼用一个类似方程(0.7)的函数来代表选择过程:

$$S = 1 \quad \text{if} \quad \gamma_0 + \gamma_1 x'_1 + \gamma_2 x'_2 + \cdots + \gamma_m x'_m + \varepsilon' > 0 \qquad (0.12)$$

对于方程(0.12),赫克曼建议针对全部样本,以 S 为被解释变量,X'为解释变量,通过 probit 模型获得方程(0.12)中各参数的估计值($\hat{\gamma}_0, \hat{\gamma}_1, \hat{\gamma}_2, \cdots, \hat{\gamma}_m$)。然后以此为基础计算每个个体的逆米尔斯比率(或风险比率)$\hat{\lambda}_i$,这个比率可以用来预测每个个体选择 S 的概率。

接下来进入赫克曼两阶段法的第二步,即针对选择样本($S=1$ 的样本)进行线性回归分析,此时的自变量包括($x_1, X', \hat{\lambda}$),即把代表样本选择的风险比率 $\hat{\lambda}_i$ 纳入方程(0.4)作为自变量,观察 $\hat{\lambda}_i$ 的系数的显著性。如果显著,说明原方程存在样本选择偏差,反之则不存在样本选择偏差。最后,再比较 x_1 的回归系数与原方程有没有区别,进而得到 β_1 的一致估计量。

赫克曼两阶段法由于简洁明了,在社会科学领域得到了广泛应用。在社会资本与劳动力市场的研究中,马斯登和赫尔伯特最先运用赫克曼两阶段法解决样本选择问题。他们首先采用 logit 模型预测个体使用社会关系的概率,然后将此作为控制变量纳入到主要工作模型。① 之后,韦格纳也使用了类似的方法。② 2000 年以后的研究,如林南和敖丹则利用 probit 模型预测使用社会关系的倾向,接着控制预测值以消除样本选择偏差。③

然而,正如伍德里奇所指出的,要真正解决样本选择问题,主体模型中的解释变量应作为选择模型的一个子集。④ 也就是说,出现在主体模型中的所有自变量都应纳入选择方程。不仅如此,选择方程还应该至少包含一个特殊的解释变量,即排他性约束变量,该变量不应出现在主体模型中。如果没有这个特殊变量,赫克曼两阶段法就很难取得成功。对于社会资本研究来说,这意味

① Peter V. Marsden and Jeanne S. Hurlbert, "Social Resources and Mobility Outcomes: A Replication and Extension," *Social Forces*, Vol. 66, No. 4, 1988, pp. 1038-1059.

② Bernd Wegener, "Job Mobility and Social Ties: Social Resources, Prior Job, and Status Attainment," *American Sociological Review*, Vol. 56, No. 1, 1991, pp. 60-71.

③ Nan Lin and Dan Ao, "The Invisible Hand of Social Capital: An Exploratory Study," in Nan Lin and Bonnie Ericson (eds.) *Social Capital: An International Research Program*, Oxford University Press, 2008, pp. 107-132.

④ Jeffrey M. Wooldridge, *Introductory Econometrics: A Modern Approach*, 4th ed., South-Western Cengage Learning, 2009, pp. 606-612.

着需要一个仅影响个人使用社会关系的倾向而不影响工作结果的变量。在马斯登和赫尔伯特的研究中,出现在选择模型而非主体模型中的变量是工作经验。在林南和敖丹的研究中,这个约束变量是工作经验和父亲工作单位的级别。然而,人们有充分的理由去怀疑,这些变量(如工作经验)应该同样出现在主体模型之中。因此,这些研究仍然存在一定缺陷。

最后,工具变量法同样可以用来解决样本选择问题。举例来说,克林等人在研究 MTO 迁移项目对于迁移人员的干预效应(如犯罪率、经济收入和身体健康状况等)时也遇到了样本选择问题。[①] 这是因为,尽管迁移凭证是随机提供的,但那些获得了迁移许可的人员中总有一部分没有迁移,这部分样本难以纳入分析。如果迁移决策是内生的,那么估计的干预效应必然有偏。因此,他们采用是否获得 MTO 迁移许可作为最终迁移决策(即主解释变量)的工具变量。这个工具变量之所以有效,是因为 MTO 凭证是随机分配的,与影响个体结果的未被观察的个体因子无关,但显然与是否使用凭证的决策正相关。

四、解决联立性偏差和映射问题

首先探讨解决映射问题的方法。曼斯基曾指出社会互动效应可分为两类:(1)内生互动效应(endogenous effects),即方程(0.8)中的 β_1,指的是组群结果 $\bar{y}$ 影响个体结果 y;(2)外生互动或情境效应(exogenous or contextual effects),即方程(0.8)中的 β_2,指的是组群特征 $\bar{X}$ 影响个体结果 y。[②] 举例来说,假设求职者拥有一个社会关系网络,在其他条件相同的情况下,若其收入受到朋友平均收入的影响,我们称之为内生互动效应;若其收入受到朋友平均受教育程度的影响,则称为外生互动效应。如前所述,由于映射问题的存在,我们往往难以区分内生互动效应和外生互动效应。

在某些情况下,映射问题可能并不会对研究目的产生影响,因此可以忽

---

① Jeffrey R. Kling, Jeffrey B. Liebman, Lawrence F. Katz and Lisa Sanbonmatsu, "Moving to Opportunity and Tranquility: Neighborhood Effects on Adult Economic Self-Sufficiency and Health from a Randomized Housing Voucher Experiment," SSRN Working Paper No. 588942, 2004.

② Charles F. Manski, "Identification of Endogenous Social Effects: The Reflection Problem," *The Review of Economic Studies*, Vol. 60, No. 3, 1993, pp. 531-542.

略。例如,阿默米勒和皮施克在分析班级对学生个体的同侪效应时,就明确说明并未区分这两种效应,而是报告了一个"复合"估计量。[①] 然而,如果研究目的是区分内生互动和外生互动,我们可以采用一些简单方法来规避映射问题,包括使用中位数而非平均数作为组群解释变量,或是利用主观数据(subjective data)作为解释变量。[②] 例如,川口大治将青少年对同侪行为的主观认知作为解释美国青年吸毒行为的解释变量。[③] 此外,引入非线性模型也有助于识别内生性效应和外生性效应。[④] 这表明,对于涉及非连续因变量(如劳动力市场参与和工作满意度)的研究,我们可以使用 logit 或者 probit 模型,从而自然地避免映射问题。最后,布拉穆莱、杰巴里和福尔坦发现,当个体的组群规模不同(如每个人朋友数量不同)时,即便使用线性均值模型,内生和外生互动效应也可以被识别。[⑤]

接下来,我们讨论解决联立性偏差的策略。首先,在某些特殊情况下,我们可以直接推测或者假定因果效应是单向的,进而直接忽略联立性问题。举例来说,奈尔、曼尚达和巴蒂亚在研究中假定,普通内科医生容易受到具有较高威望的内科医生(意见领袖)的影响,但意见领袖却不受一般内科医生行动的影响。[⑥] 类似地,索伦森在研究雇员的社会互动如何影响他们健康计划的选择时,直接假设新雇员受到老雇员的影响,反之则不然。[⑦] 在卡茨、克林和利布曼的研究中,他们认为迁入家庭数量和原有家庭数量之间的比率很小,因此社

① Andreas Ammermueller and Jörn-Steffen Pischke, "Peer Effects in European Primary Schools: Evidence from PIRLS," *Journal of Labor Economics*, Vol. 27, No. 3, 2009, pp. 315-348.

② Charles F. Manski, "Economic Analysis of Social Interactions," *The Journal of Economic Perspectives*, Vol. 14, No. 3, 2000, pp. 115-136.

③ Daiji Kawaguchi, "Peer Effects on Substance Use among American Teenagers," *Journal of Population Economics*, Vol. 17, No. 2, 2004, pp. 351-367.

④ William A. Brock and Steven N. Durlauf, "Interactions-Based Models," in James J. Heckman and Edward E. Leamer (eds.) *Handbook of Econometrics Volume 5*, Elsevier, 2001, pp. 3297-3380.

⑤ Yann Bramoullé, Habiba Djebbari and Bernard Fortin, "Identification of Peer Effects Through Social Networks," *Journal of Econometrics*, Vol. 150, No. 1, 2009, pp. 41-55.

⑥ Harikesh Nair, Puneet Manchanda and Tulikaa Bhatia, "Asymmetric Peer Effects in Physician Prescription Behavior: The Role of Opinion Leaders," SSRN Working Paper No. 937021, 2006.

⑦ Alan T. Sorensen, "Social Learning and Health Plan Choice," *RAND Journal of Economics*, Vol. 37, No. 4, 2006, pp. 929-945.

区里的老住户不受新迁入家庭的影响,进而无须考虑联立性偏差。[①]

如果确实存在双向因果关系,一个最直接且常用的方法是在自变量与因变量之间强加一个时间序列,利用方程的递归结构打破它们的联立性。具体来说,该方法假定个体在时间 $t+1$ 时的行为仅受 t 时行为的影响,即用滞后一期的解释变量对被解释变量进行回归;如果是面板模型,生成动态面板也是解决方法之一。但在基于观察数据的实证研究中,情况可能要复杂得多。比如,哈特曼等人指出,使用该方法需假设未被观察的变量不随时间变化,且行动者也不具有前瞻性[②];如果误差项序列相关,估计量就会下偏[③]。使用该方法的另一问题是,我们必须假设社会互动效应的实现遵循某个假定的时间序列模式,然而几乎没有任何实证研究能够说明这个时间有多长。

其次,寻找工具变量也是解决联立性偏差的绝佳方法。换言之,我们可以找到一个外生变量,它不出现在进行回归的互动效应方程中,却出现在代表反向因果的模型中。近年来,研究常常采用外生性政策的干预或者对部分样本的外生干扰来充当工具变量。例如,布泽和卡乔拉将班级中曾经参与过"小班实验"的同学比例作为班级平均成绩的工具变量,以分析班级平均成绩对个体学业成绩的同侪效应。[④] 这个工具变量之所以理想,是因为它源自随机对照试验:学校曾从各个班级随机抽取学生组成小班,而小班教学提高了这部分学生的成绩。因此,这个比例与学生个体或家庭的异质性无关,却影响班级平均学业成绩。类似方法还可参见波博尼斯和菲南对墨西哥教育选择的研究,他们把村庄中参与 Progresa 项目(国家给生活困难的母亲以补助)的比例作为村庄儿童平均入学的工具变量,以此来分析乡村同龄人的入学率是否影响个体的

---

① Lawrence F. Katz, Jeffrey R. Kling and Jeffrey B. Liebman, "Moving to Opportunity in Boston: Early Results of a Randomized Mobility Experiment," *The Quarterly Journal of Economics*, Vol. 116, No. 2, 2001, pp. 607-654.

② Wesley R. Hartmann et al., "Modeling Social Interactions: Identification, Empirical Methods and Policy Implications," *Marketing Letters*, Vol. 19, No. 3/4, 2008, pp. 287-304.

③ Eric A. Hanushek, John F. Kain, Jacob M. Markman and Steven G. Rivkin, "Does Peer Ability Affect Student Achievement?" *Journal of Applied Econometrics*, Vol. 18, No. 5, 2003, pp. 527-544.

④ Michael Boozer and Stephen E. Cacciola, "Inside the 'Black Box' of Project Star: Estimation of Peer Effects Using Experimental Data," SSRN Working Paper No. 277009, 2001.

入学决定。[①] 还有一些研究利用环境污染等自然现象对部分样本产生的冲击作为工具变量,如阿萨杜拉和乔杜里利用村庄中家庭水井里测出砷污染的比例作为工具变量,分析孟加拉国农村八年级学生班级数学考试对个体数学成绩的内生互动效应。[②] 他们的理由是,砷污染会影响儿童智力发育,从而外生地影响那些水井被污染家庭孩子的学习成绩。

最后,在模型识别策略中,还存在一种被称作条件方差限定(conditional variance restrictions)的方法。此方法最初由格莱泽、萨塞尔多特和沙因克曼提出[③],格雷厄姆正式对其模型化[④]。它的基本思想是:对于一个特定的社会互动现象,个人结果的跨组别方差受到三个因素,即组群异质性的方差、个体异质性的方差和组群解释变量的方差的影响。如果每个组群由不同大小的次级组群随机组成,那么对于这些次级组群而言,上级组群和个体的异质性方差是相同的,但它们的解释变量方差却不同。因此,通过比较不同次级组群的解释变量方差,就能够确定解释变量的因果效应。举例来说,为了检验幼儿园学业成绩的同侪效应,格雷厄姆利用美国田纳西州小班实验(STAR 项目),将老师和学生随机分配到两种类型的教室:小班和大班。由于每个小班平均成绩的方差大于大班的方差,因此由小班组成的次组群的平均成绩方差也要大于大班组成的次组群的方差。这样,班级大小就成了识别外生性变化的工具。从本质上讲,条件方差限定相当于寻找一个工具变量,该工具变量只通过影响组内方差的方式来影响跨组群方差。杜尔劳夫和田中久稔将这个方法称为对偏差的协方差限定(covariance restrictions on errors),以区别于一般回归分析中的排除约束。[⑤]

---

① Gustavo J. Bobonis and Frederico Finan, "Neighborhood Peer Effects in Secondary School Enrollment Decisions," *The Review of Economics and Statistics*, Vol. 91, No. 4, 2009, pp. 695-716.

② Mohammad Niaz Asadullah and Nazmul Chaudhury, "Social Interactions and Student Achievement in a Developing Country: An Instrumental Variables Approach," Policy Research Working Paper No. 4508, World Bank, 2008.

③ Edward L. Glaeser, Bruce Sacerdote and José A. Scheinkman, "Crime and Social Interactions," *The Quarterly Journal of Economics*, Vol. 111, No. 2, 1996, pp. 507-548.

④ Bryan S. Graham, "Identifying Social Interactions through Conditional Variance Restrictions," *Econometrica*, Vol. 76, No. 3, 2008, pp. 643-660.

⑤ Steven N. Durlauf and Hisatoshi Tanaka, "Understanding Regression Versus Variance Tests for Social Interactions," *Economic Inquiry*, Vol. 46, No. 1, 2008, pp. 25-28.

五、数据收集问题

由于成本和研究伦理的限制,社会实验在短期内难以成为社会科学研究的主要方式。因此,基于调查数据的定量分析将长期是社会学家解释社会现象的重要手段之一。然而,尽管用于解决内生性问题的因果推断方法有很多,但它们大多对数据的数量和形式结构有更为严苛的要求。举例来说,从数据的时间跨度看,固定效应模型依赖于构建同一批样本横跨多年的面板数据,双重差分法需要跨越时间节点的多次测量方能评估政策效应,而合成控制法则必须基于较长时间的干预前周期方能较好地合成虚拟对象;从数据的结构看,倾向值方法需要更加丰富的大样本数据来保证干预组和控制组的充分匹配,双重差分则需要尽可能找到与干预组完全匹配的控制组个案,而合适的断点数据以及充分满足相关性和外生性的理想工具变量更是可遇不可求。可以说,较高的数据质量是解决社会学定量分析中内生性问题的重要前提。因此,研究者在进行因果推断时需要有高度的数据敏感性,更加前瞻地预判数据收集的可能性,更加巧妙地运用社会学的想象力开展研究设计。

以中国综合社会调查(Chinese General Social Survey, CGSS)关于社会资本的测量为例。如果我们直接使用数据中个体社会网的属性(如熟人圈的平均社会地位、职业声望、受教育程度等)与研究对象的个人结果(如工资收入)进行简单回归,得到的估计量必然存在偏差。通过研究 CGSS 2003 问卷中有关"社会交往"和"获取当前工作"的题目,我们在借鉴前人研究和其他学科方法的基础上,提出了一些有利于解决内生性问题的数据收集策略。[①]

首先,提升数据收集的层次以构造工具变量。以 CGSS 2003 的"社会交往"问卷为例,数据收集仅涵盖两层:研究对象和研究对象的朋友(问卷采用提名法,要求研究对象提供不超过 5 个朋友或熟人的工作、教育、职业等信息)。但我们可以思考如何收集社会资本可能的工具变量。比如,如果能够进一步收集研究对象"朋友"的配偶、父母或朋友的数据,就可以形成一个三层数据体

---

① 陈云松、范晓光:《社会资本的劳动力市场效应估算——关于内生性问题的文献回溯和研究策略》,《社会学研究》2011 年第 1 期,第 167—195 页。

系，即研究对象（第一层）、研究对象的朋友（第二层）和研究对象朋友的其他社会关系（第三层），而第三层可以作为第二层的工具变量。提出该策略的理由是：朋友的社会关系显然和朋友有关，但与研究对象之间可能不存在直接的认识关系，那么第三层变量就会仅通过影响第二层变量来影响第一层变量。

其次，要关注外生性数据的收集和利用。目前，CGSS问卷已关注到某些外生性变量的数据采集，如兄弟姐妹的数量、子女性别和春节期间相互拜年交往的人数等，但诸如彩票号码、河流数目、政府外在政策干预等也属于外生性数据（这些数据在相关研究中曾被使用过），它们通常有助于解决社会资本研究中的内生性问题。尤其是工具变量，通常需要"灵感式"的逻辑推导，一些看似和研究无关的变量，反而可能成为解决内生性问题的奇兵。

因果机制的探索是包括社会学在内的社会科学所共同担负的学术责任。所有从事定量分析的研究者都应该意识到，进行统计回归时我们必须接受一些假设，并充分理解这些假设对因果推断，特别是对解决内生性问题的影响。所有基于非实验数据的定量分析研究，都应该清楚地向读者说明，研究结论究竟是一般性的统计相关描述，还是在某个假设满足条件下的因果关系。而这些假设及数据、模型识别策略对这些假设的满足程度，也都应该得到清晰的描述，以便读者有明确的判断。

从社会互动研究乃至整个社会科学领域的研究脉络来看，社会学家在发现和提出许多具有启发性及重要性的社会现象、理论概念方面早于经济学家。例如，格兰诺维特（Mark Granovetter）提出了嵌入性概念，林南提出了社会资源理论等。然而，在解决模型内生性问题和获得相对精准的因果判断方面，社会学家似乎没有像经济学家那样取得显著进展。以运用工具变量著称的经济学家安格里斯特和克鲁格（Alan B. Krueger）就认为，劳动经济学已经走在社会科学领域模型识别和内生性问题的前沿。①

值得庆幸的是，近年来社会学家也开始重新审视定量分析的应用和局限性，并越来越重视系统解决内生性问题。一旦社会学家能够把提出概念、解析

① Joshua D. Angrist and Alan B. Krueger, "Empirical Strategies in Labor Economics," in Orley C. Ashenfelter and David Card(eds.), *Handbook of Labor Economics Volume 3*, Elsevier Science Ltd, 1999, Part A, pp. 1277-1366.

现象、构建理论的灵感和提高数据质量、完善模型设置和详察因果机制有机结合起来,社会学对于整个社会科学领域的贡献必将获得新的突破。最后,需要强调的是,我们对社会学文献忽视内生性问题的质疑,以及对中国综合社会调查问卷设计的浅显解读,绝非针对过去和当前的社会学研究进行批评,而是为了引起更多社会学研究对内生性问题的重视,以进一步确认和证实早期研究者的重要理论贡献。我们希望这些讨论能够促使更多的社会学研究关注内生性问题,并为理论发展提供更深入的验证和证明。

练习

1. 什么是内生性问题?它包括哪些类型?
2. 针对不同类型的内生性问题,分别有哪些常见的处理方法?
3. 请通过一个具体的研究案例说明其中可能存在的内生性问题,以及如果要解决该问题可以采用哪种方法、需要何种类型的数据。

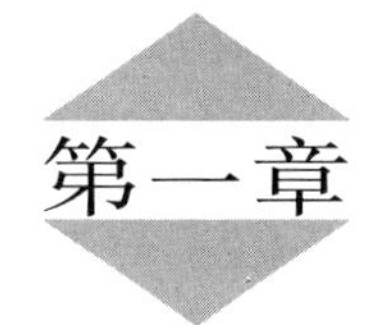

因果推断简史

本章重点和教学目标：

1. 了解休谟关于因果的定义，明白因果归纳在认识论上的困难之处；
2. 了解密尔提出的求同法和求异法以及求异法在自然科学实验中的应用；
3. 理解随机对照试验的原理以及这种方法在社会科学研究中的局限性；
4. 理解辛普森悖论和伯克森悖论产生的原因，知晓通过观察数据推断因果的困难与挑战。

第一节　因果推断的哲学起源

著名计算机科学家珀尔和科学作家麦肯齐认为，近代科学意义上的因果革命（causal revolution）开始于20世纪90年代，但人类社会对因果分析的不懈追求却可以追溯到公元前。[①] 亚里士多德提出了著名的“四因说”，即质料因、形式因、动力因和目的因。他认为，万事万物之间复杂的因果关系皆可通过以

---

① 朱迪亚·珀尔、达纳·麦肯齐：《为什么：关于因果关系的新科学》（江生、于华译），中信出版社2019年版，第Ⅺ页。

上四种原因加以解释。[①] 以“盖房子”为例：钢筋水泥是建造房子的质料因；房子特有的结构（即设计图纸）是形式因；建筑工人是建造房子的动力因；最后，目的因就是建造该房子的用途，比方说作为学生宿舍。亚里士多德的“四因说”很好理解，在哲学史上也产生了很大的影响，但它依然不能从根本上解决因果推断的问题。因为在进行因果分析的时候，我们必须首先确定事件 A 是事件 B 的因，然后才能根据亚里士多德的分类系统将之归为质料因、形式因、动力因和目的因中的一个。但问题是，我们如何才能确定 A 一定是 B 的一个因呢？这个问题困扰了人类社会几千年。学术界通常认为，18 世纪英国著名哲学家休谟（David Hume）对因果概念的定义（休谟定义）为后续学者回答上述因果分析的根本性难题奠定了认识论层面的基础，而另一位英国哲学家密尔（John Stuart Mill）则为确定因和果之间的逻辑关联（密尔逻辑）奠定了方法论层面的基础。[②] 接下来，将简要介绍休谟对因果的定义和密尔提出的因果分析逻辑，并探讨休谟定义和密尔逻辑对当代因果推断的影响。

一、休谟定义

休谟在给因果下定义时使用了两个看似相近但实则有重大差异的概念：一是恒定关联，二是必然联系。恒定关联（constant conjunction）强调经验伴随现象的重复性，也就是说，如果 A 现象总是伴随着 B 现象出现，那么就可以判定 A 和 B 之间具有恒定关联。[③] 从这一定义不难看出，恒定关联是一个经验层面的概念，或者说是人能够观察到的。但必然联系（necessary connection）则不同，它是一个超越感官经验的概念。按照休谟的说法，必然联系是人类强加给恒定关联的心理印象。因果意味着有一种神秘的力量将两种现象恒定地关联在一起，但人类只能观察到关联，永远无法直接观察到产生关联的力量本身。

休谟曾用台球相碰为例来说明：一个运动的台球撞击另一个静止的台球，后者由静变动。第一次看到这个试验，我们只看到前一个球的撞击和后一个

① 参见苗力田主编：《亚里士多德全集（第二卷）》，中国人民大学出版社 1991 年版，第 37 页。

② 彭玉生：《社会科学中的因果分析》，《社会学研究》2011 年第 3 期，第 1—32 页。

③ 同上。

球获得速度,至于动能如何传递,我们则看不到。多次重复这个试验之后,我们感到二者有某种必然联系,并能预知台球撞击的结果。休谟认为,物理学所有关于必然关系、作用力、能量的概念都来自对恒定关联的心理印象,这种心理印象能够解释人们观察到的恒定关联,但这种心理印象本身却是永远都看不到的。从本质上说,从恒定关联到必然联系的飞跃是人类思维的产物。

从上述定义不难看出,休谟认为的因果分析至少应包含两个组成部分。一是经验层面的问题,即证明现象与现象之间存在恒定关联,在现代因果科学中,这一问题常被称作因果识别(causal identification)。二是理论层面的问题,即分析现象与现象之间的关联是如何产生的,在现代因果科学中,这一问题常被称作因果机制(causal mechanism)。毫无疑问,前一个问题是后一个问题的基础,因为如果两个现象之间的关联不是恒定的,也就没有进行因果解释的必要了。但如何才能证明两个现象之间的关联是恒定的呢?这个问题实际上很难回答。

一方面,休谟强调,因果分析不是逻辑推演,它一定根植于经验;另一方面,休谟也清醒地意识到,人的经验观察是有缺陷的,无论对两个相伴出现的现象重复观察多少次,我们也无法肯定在下一次观察中,它们还会相伴出现。如何从有限的经验观察归纳出必然的因果关系?这就是困扰休谟以及后世无数哲学家和科学家的“因果问题”或“归纳问题”。

从某种程度上说,休谟所谓的恒定关联本身就是一个矛盾。事物之间是否有关联必然需要观察,但人的经验观察总有限度,因而必不可能是恒定的。在休谟看来,要给事物之间的关联增加恒定性必须借助人的主观想象,或者说,为观察到的关联强加一个心理印象(理论解释),这也是休谟在给因果下定义时,认为因果一定要从恒定关联与必然联系两个角度加以认识的原因。但是,如果说只要人们主观上认为观察到的关联具有必然性就可以确定现象之间具有因果关系,那么因果分析就太过随意了。所以,关联能否被视为因果必须满足特定方法论层面的要求。

在方法论层面,休谟提出了判断因果关系的四条准则。一是因与果之间的关系一定要紧密,或者说因要直接作用于果。二是因与果之间存在时间先后,因一定要发生在果之前。三是因与果之间具有必然关系,即因发生的时候，果必然也会发生。四是假如不同原因能导致同样的结果，那么这些原因必有某种共性。[①] 从现代因果科学的角度来看，休谟提出的上述四条准则或多或少都有些问题。第一条实际上只承认因对果的直接影响，而不承认因通过其他途径对果的间接影响。在现代因果推断中，区分变量之间的直接因果效应和间接因果效应非常重要，从某种程度上说，这是进行因果机制分析的一个必要组成部分。第二条虽然在很多情况下适用，但也有例外。例如春运先开始，春节才到来，虽然春运在先，但显然不是春节的因。正因如此，在因果推断的时候，时间先后只能作为一种参考标准，不能视为普遍法则。第三条认为因果关系是必然的，但在现实生活中，很多因果关系是概率性的。换句话说，当因发生的时候，不一定出现果，只是果出现的概率比因不发生时更大而已。例如，上大学能提高收入就是一个概率性的因果判断，因为并不是所有大学生的收入都比高中生高，按照休谟的准则，在这种情况下大学就不是收入的因，但这显然是不对的。最后，休谟提出的第四条准则在本质上是单因决定论，他认为所有因都有共性，但很多社会现象是在众多没有太多共性的原因的共同作用下产生的。举例来说，考上大学就同时受到多个因素影响，如个人的智力和努力程度、家庭的经济和心理支持、学校的教学质量、同学的相互促进，可能还有运气，这些因素在逻辑上很难归并为一个共因。很显然，休谟忽视了因果关系的复杂性，他提出的第四条准则体现了他对统一性理论的追求，但在很多社会科学研究中，这种统一性是无法实现的。

二、密尔逻辑

休谟关于因果的定义戳中了人类在认识论层面的一个软肋，即因果归纳的有限性和因果关系的必然性之间存在不可调和的矛盾。但是，休谟提出的四条方法论准则并不能帮助我们解决这对矛盾。真正在方法论层面对后世的因果推断做出卓越贡献的是另一位英国哲学家——密尔。

与休谟相同，密尔也认为，因果分析离不开经验观察，或者说任何因果分析的第一步都是要在经验层面进行因果归纳。但与此同时，密尔也意识到，人

---

① 彭玉生：《社会科学中的因果分析》，《社会学研究》2011年第3期，第1—32页。

类的归纳是有缺陷的,因此,不是所有归纳都可视为因果。所以,因果分析的关键就是确定因果归纳的限制性条件,这被后人称作密尔逻辑。

密尔提出了四种比较可靠的因果归纳方法:求同法、求异法、剩余法和共变法。对后世的因果推断来说,影响最大的是前两种,即求同法和求异法。求同法指的是如果两个个案除了 A 和 B 之外没有任何共同之处,那么 A 和 B 必有因果联系。求异法指的是如果两个个案各方面都相同,但一个个案有 A 有 B,而另一个个案无 A 无 B,那么 A 和 B 必有因果联系。[①] 求同法和求异法看似复杂,实则在日常生活中有非常广泛的应用,只是这种应用不是十分严格。举例来说,我和朋友一起出去吃饭之后都拉肚子,我们判断是餐馆的饭菜有问题,这是求同法。生病求医,在两位医生分别诊疗后收到了不同的效果,我们认定医生医术有别,这是求异法。不过,如果严格按照密尔逻辑,上述判断都有出错的可能。在与朋友一起外出吃饭的例子中,要判断餐馆的饭菜是拉肚子的因,必须保证我和朋友在其他特征上都不同,如果我和朋友在去餐馆的路上都吃了一根冰棍,那就很难说什么是导致拉肚子的因。去医院看病的例子也一样,只有当两次看病时的状态完全一样时,才能推断医生的医术是导致疗效不同的因。如果有一次看病时的病情明显比较轻,那么即便医生完全一样,也会导致不一样的康复结果。

总而言之,根据密尔逻辑,因果推断有非常严格的限制条件,这一点其实很好理解。在休谟关于因果的定义中,我们已经看到,因果推断的困难之处在于人类无法妥善解决"有限"的经验关联与"必然"的因果关系之间的根本矛盾。既然无法直接从有限推论出无限,那么任何因果判断都必然有其限制条件。在密尔看来,其他特征都不同或其他特征都相同就是两个最重要的限制条件。考虑到在现实生活中,很难严格做到其他特征都不同或其他特征都相同,密尔认为,严格的因果推断只有在实验室的条件下才能实现。正因如此,求同法和求异法也被密尔称为实验方法。由于求同法要求其他特征都不同,这在实验室条件下也很难做到,因此,近代以来的科学实验大多是沿着求异法的逻辑,即保证其他因素完全相同的情况下,人为地改变某个特征的值,观察

---

① 彭玉生:《社会科学中的因果分析》,《社会学研究》2011 年第 3 期,第 1—32 页。

这种改变是否会引起结果变量的变化。读者可以回想一下中学时期曾经做过的物理实验和化学实验,其背后的逻辑就是求异法。实际上,近代以来的自然科学就是在求异法的基础上,通过不断的科学实验逐渐发展起来的。

与自然科学类似,求异法也对社会科学中的因果推断产生了重大影响,经济学家常说的“其他条件不变”(ceteris paribus)就是求异法强调的“其他特征都相同”的同义语。[①] 但是社会科学要严格按照求异法的逻辑对所有干扰因素进行实验控制却非常困难。与自然现象相比,社会现象之间的因果关系更加复杂,这意味着研究者需要控制更多的因素,在很多情况下,研究者甚至连需要控制什么都不知道。所以,即便社会科学家能够像自然科学家那样做实验,这种实验也只能是对“其他特征都相同”的一种近似。也正因如此,社会科学常被称作“软科学”,因为它无法像自然科学那样满足其他特征都相同的“硬性”要求。在什么情况下,社会科学家能够真正做到其他特征都相同,进而像自然科学家那样进行严格的因果推断呢?要回答这一问题,就不得不提及英国著名统计学家费希尔(Ronald A. Fisher)以及他提出的随机对照试验(randomized controlled trial)。

第二节　随机对照试验

第一节我们指出,在社会科学中进行严格的因果推断极为困难,这主要是因为社会科学家难以按照求异法的要求做到“其他特征都相同”。正因如此,因果推断在很长一段时间内成为社会科学研究的禁区。近代统计学的奠基人皮尔逊(Karl Pearson)就试图用相关概念取代因果概念,一些学者甚至认为,应当将因果概念从社会科学的术语中清除出去。在那个人人避谈因果的年代,只有在一种情况下社会科学家才被允许使用因果概念,那就是随机对照试验。[②] 这一方法的提出和推广在很大程度上归功于费希尔。在其1935年出版

① 杰弗里·M. 伍德里奇:《计量经济学导论:现代观点(第六版)》(张成思译),中国人民大学出版社2018年版,第12页。

② 朱迪亚·珀尔、达纳·麦肯齐:《为什么:关于因果关系的新科学》(江生、于华译),中信出版社2019年版,第120页。

的标志性著作《实验设计》(*The Design of Experiments*)中,费希尔详细说明了该方法的原理和操作步骤。虽然这部著作出版至今已过去了近 90 年,但它仍被视为当今社会科学领域进行因果推断的“黄金标准”。而且正是因为这一方法的存在,因果分析始终在社会科学研究中占据一席之地。本节将重点介绍随机对照试验的原理、缺陷以及它对当代因果推断方法的影响。

一、费希尔的农田实验

1919 年,费希尔被聘为英国洛桑实验站的统计师,并在那里开始了他著名的农田实验。洛桑实验站是一个农业研究所,费希尔当时主持的一个重点课题是确认化肥与农作物产量之间的关系。这是一个典型的因果推断问题。在这个问题中,化肥是因,农作物产量是果。但要证明化肥与农作物产量之间确有因果关系却并不容易。原因在于农作物产量受到多种因素影响,如何才能排除其他干扰因素进而确定化肥对农作物产量的真实影响呢?

在费希尔提出随机对照试验之前,人们也试图通过一种粗糙的实验法来确定化肥对农作物生长的影响。具体来说,研究者在两块土地上分别使用两种不同的化肥,然后比较农作物产量上的差异,据此推断化肥的影响。但很显然,这种方法存在很大问题,因为土壤本身就对农作物产量具有重大影响,假如使用化肥 A 的土壤本身比较贫瘠,而使用化肥 B 的土壤比较肥沃,那么研究者就无法判断农作物产量上的差异是土壤肥力造成的,还是使用的化肥不同造成的。为了解决这个问题,费希尔一开始的想法是进行匹配。具体来说,在实验前先对土壤的肥力进行分级,然后在肥力相同的两块土地上分别使用不同的化肥,这样就可以排除土壤肥力的影响。但除了肥力之外,其他因素也会影响农作物产量,如土壤的质地、排水性、微生物等。根据匹配的逻辑,研究者需要找到在上述特征上完全相同的两块土地进行实验才行。但需要匹配的特征越多,匹配的难度越大。更何况还可能存在一些未知的因素影响农作物产量,研究者如何才能对所有已知和未知的干扰因素进行匹配呢?这个问题一直困扰着费希尔。

从对上述问题的描述不难看出,费希尔遇到了社会科学家进行因果推断时同样的问题。因为研究者无法对所有干扰因素进行实验控制,所以无法满足求异法对“其他特征都相同”的要求。在这种情况下，实验结果只能被视为经验层面的相关，而不能推论出具有必然性的因果关系。但是，费希尔并没有因此放弃因果推断的努力。大约在1923年，费希尔找到了破解上述难题的办法，即随机对照试验。费希尔指出，如果能对很多地块进行随机分组，例如将100块土地随机分为两组，一组使用化肥A，另一组使用化肥B，那么这种随机分组本身就足以消除所有已知和未知的干扰因素对实验结果的影响。

从某种程度上说，费希尔是凭直觉提出随机对照试验的，因为他并未对此给出严格的数学证明。[①] 但也有学者认为，费希尔肯定完成了证明过程，只不过在他看来，这个证明过程如此显而易见，以至于无须将之原原本本地写出来。还有学者认为，费希尔的主要目的是向洛桑实验站的工作人员说明随机对照试验的操作过程，因此省略了证明该方法的技术细节。[②] 无论出于什么原因，我们认为，理解随机对照试验的基本原理对于在实践中应用该方法以及理解本书接下来将要介绍的更加复杂的因果推断方法都是非常重要和必要的。

二、随机对照试验的原理

理解随机对照试验有两个关键要点：一是随机化，二是大样本。

首先我们来看随机化。在实施一项随机对照试验时，研究者往往要将研究对象分为两组：一是干预组，二是控制组。以费希尔的农田实验为例，研究者需要对地块分组，被分入干预组的地块将接受实验干预，如使用新型化肥A；而被分入控制组的地块则不接受实验干预，如依旧使用传统化肥B。这里的关键点在于，哪些地块使用化肥A、哪些地块使用化肥B完全通过某种随机方式决定。例如研究者可以事先为每个地块随机编号，编号为奇数的使用化肥A，编号为偶数的使用化肥B。正是在这一点上，费希尔的随机对照试验与传统的农田实验产生了重大差别。

---

① 朱迪亚·珀尔、达纳·麦肯齐：《为什么：关于因果关系的新科学》（江生、于华译），中信出版社2019年版，第120页。

② 戴维·萨尔斯伯格：《女士品茶：统计学如何变革了科学和生活》（刘清山译），江西人民出版社2016年版，第7—8页。

费希尔认为,随机分组可以带来两个明显的好处:一是量化不确定性,即计算实验结果具有统计显著性的概率(p 值);二是排除所有因素对实验结果的干扰,即实现在"其他特征都相同"的条件下比较干预组与控制组的差异。从实验研究的有效性来说,随机分组的第二个好处更加重要。因为随机化,任意一个地块进入干预组和控制组的概率都相同,因此,在平均意义上,干预组与控制组在实验干预前在所有特征(包括已知的影响农作物生长的因素和其他所有未知因素)上都不会呈现系统性差异,所以,如果两组在最终结果(农作物产量)上呈现差异,那么这种差异只能归结为实验干预(化肥)导致的。

综上所述,通过随机分组,费希尔做到了"其他特征都相同"。但需注意的是,这里的"其他特征都相同"只在平均意义上成立,就某个具体的实验设计来说,干预组与控制组可能会因为偶然因素而呈现出系统性差异。举例来说,假设有 20 个研究对象,其中 10 人是男性,10 人是女性,通过随机的方式决定谁进入干预组,谁进入控制组。显然,在理想情况下,我们希望干预组中男性和女性各 5 人,对控制组也是如此,因为只有这样,干预组和控制组在性别这个特征上才是可比的。但因为随机分组具有偶然性,可能会出现干预组被分配到 6 名男性和 4 名女性、控制组被分配到 4 名男性和 6 名女性的情况。如果运气不好,可能还会出现比这更加极端的情况,这些情况显然会对实验结果产生巨大的威胁。

为了尽可能降低随机分组中的偶然性,随机对照试验需要大样本做保障。因为在大样本条件下,大数定律(law of large numbers)可以保证平均意义上的"其他特征都相同"。大家可以想象,在上面的例子中,如果研究对象不是 20 人,而是 2000 人,那么出现极端情况的可能性就会大大降低。当然,即便是 2000 人的样本,也无法确保一次随机分组中性别比例完全平衡,但是在大样本的情况下,干预组与控制组的性别构成通常不会有太大差异。因此,在大样本情况下,通过简单的均值比较通常就可以确定实验干预是否对结果变量具有因果影响。不过,为了保险起见,研究者通常还会报告干预组与控制组在很多可观测指标(如性别、年龄等)上的差异,如果两组人在这些指标上没有明显差异,仅在结果变量上有差异,那么就可以更加确定实验干预确实是导致结果变量出现差异的原因。否则,如果两组人在可观测指标上呈现出明显差异,那么实验结果就值得怀疑。

虽然大样本的实验设计更具优势,但受成本限制,随机对照试验的样本量通常不会很大,100—200 人的实验是比较常见的。在这种情况下,平均意义上的"其他特征都相同"可能并不成立。对此,研究者通常有两种做法。一是采用更有效率的实验设计,如分层随机实验。在设计这种实验时,研究者需要事先根据可观测指标将研究对象分类(层),然后在每个类别中分别进行随机分组。还是以上面的例子来说,我们可以根据性别对研究对象分组,在 10 名男性中随机抽出 5 名进干预组,剩下的 5 名进控制组,对女性也是如此,这样就可以确保干预组与控制组中的性别结构完全相同。在实际操作时,研究者可以同时根据多个指标(如同时根据年龄和性别)对研究对象进行分层,这种实验设计的好处是可以完全消除分层变量对实验结果的干扰,但并不能消除其他变量的干扰。因此,选择那些对实验结果干扰较大的因素进行分层会产生更好的效果。

综上所述,分层随机实验是一种事前调整法,即在实验开始之前通过对关键指标分层来消除这些指标的影响。除此之外,研究者也可以进行事后调整,即在分析实验数据时对不平衡的干扰因素进行统计控制。统计控制通常分为两种:一是回归,即将可能的干扰因素作为控制变量纳入回归模型,计算经过回归调整以后的干预组与控制组在结果变量上的均值差异①;二是匹配,一种常见的匹配法是倾向值匹配,即计算出拥有不同特征的研究对象进入干预组的概率(倾向值),然后将干预组与控制组中倾向值得分相近的个体匹配起来进行分析。这些方法的好处是可以排除纳入模型分析的干扰因素对实验结果的影响,但是对那些未纳入模型的干扰因素则无能为力。因此,在应用这些方法时,研究者应当将那些对实验结果干扰较大的因素纳入模型。

三、随机对照试验的局限性

综上所述,如果研究者能够进行大样本随机对照试验,就能保证干预组与

① 本书第四章将详细介绍回归法。

控制组在平均意义上满足“其他特征都相同”的要求，进而可以根据密尔的求异法进行严格的因果推断。但需注意的是，费希尔是在农田实验的背景下提出这一方法的，农田实验的对象是地块，而社会科学实验的对象大多是人。人与地块之间的巨大差异导致如果将这种方法直接照搬到社会科学领域会出现很多问题。

首先，众所周知的一点是，人是有情感的，在实验研究中，这种情感会体现在很多方面。例如，研究对象可能会对自己被分配到干预组或控制组的结果感到不满。试验人员也可能出于同情，或者因为对试验结果产生期待而对干预组和控制组区别对待。这些都是研究者不希望看到的。为了排除这些因素的干扰，在对人进行随机对照试验时，通常要进行双盲(double-blinded)处理，即除了试验设计者之外，研究对象和试验人员都不知道谁被分入干预组、谁被分入控制组。这种设计在药物的临床试验(clinical trial)中很常见。在这种试验中，试验人员并不知道自己给病人吃的是药还是某种安慰剂(placebo)，同样，病人也不知道自己吃的是什么，只有这样才能排除各种主观因素对结果的干扰。

其次，即便做到了双盲，社会科学中的随机对照试验依然会受到其他因素干扰。一种常见的干扰因素是研究对象退出试验。例如在药物临床试验中，一些病人可能出于各种原因中途退出，如果退出者的病情相比继续参与者更加严重，或者二者在其他方面存在显著差异，那么试验结果也不能如实反映药物的真实效果。此外，研究对象之间的互动会导致干预效应溢出(spill over)，进而导致控制组受到干预组的“污染”(contamination)。例如，对失业者的职业培训进行随机对照试验，如果控制组和干预组的人相互认识，就可能通过私下交流了解到职业培训的内容，进而在一定程度上受到职业培训的影响，造成培训效果被低估。最后，实验研究还存在严重的外部效度(external validity)问题，也就是说，在实验情境下得到的结论不一定能外推到真实的自然情境中。心理学中的霍桑效应(Hawthorne effect)指出，人在知道自己被研究时会表现出与平时不一样的行为，如表现得更加顺从或刻意捣乱等，这导致实验研究的结论很难外推。正因如此，一些学者建议在真实情境下开展随机化实验，即所谓的实地实验(field experiment)。实地实验虽然能缓解霍桑效应,但依然不能解决所有问题。

例如,实地实验也必须进行随机分组,即研究对象是否接受实验干预必须完全由随机因素决定,因为只有这样才能做到“其他特征都相同”。但在真实情境下,人是否接受实验干预是经过理性选择的。以职业培训为例,正向选择假说认为,职业培训的效果会因人而异,且越可能从职业培训中获益的人将越倾向于参加培训。但在随机对照试验中,研究对象对于是否接受培训是被动的,一些不太可能从培训中获益的人会因为被随机分进干预组而被迫接受培训,而一些能从培训中获益较多的人却可能因为被随机分进控制组而没有接受培训。在这种情况下,实验法会潜在地低估职业培训项目在真实情境下的效果。

此外,无论是进行实验室实验还是实地实验,研究者关注的原因变量都必须具备可操作性。换句话说,实验法内在要求研究者通过人为改变原因变量的取值来观察这种改变的结果。但社会科学家关注的很多原因是无法改变其取值的。举例来说,人的性别是无法改变的,但是对很多研究来说,性别是一个很重要的原因变量。如果我们想知道性别对职业晋升的影响,那么很遗憾,实验法无法做到这一点,因为研究者无法改变实验参与者的性别。与之类似,出生世代、民族、基因等无法改变其取值的变量都无法通过实验法来研究它们的结果。

最后,很多原因变量的取值虽然可以通过人为方式改变,但出于研究伦理方面的限制,在现实中也无法操作。举例来说,社会科学界长期争论的一个焦点问题就是教育的收入回报。按照实验法的逻辑,我们可以在研究对象中随机分配教育机会,例如通过抽签法决定谁上大学、谁不上大学。但很显然,这种做法是不道德的,不会有人允许这么做,即便是出于纯粹科学研究的考虑。在社会科学中,类似这样的问题还有很多。例如,结婚和生育对女性工资和职业发展的影响等。因为研究者无法随机分配研究对象的婚姻状况和生育数量,所以,对这些问题进行因果分析必须通过其他方法才能实现。

第三节　对观察数据进行因果分析

第二节提到，随机对照试验通过大样本与随机分组，有效剥离了各种已知与未知的干扰因素对因果推断的影响，从而为社会科学领域的研究者进行因果推断树立了标杆。但这种方法在实际应用中也面临很多限制。其中最大的两个限制就是实验法的外部效度不高和无处不在的研究伦理问题。因为这些限制，社会科学中很多重要的因果推断问题只有通过观察数据（observational data）才能得到解答。与实验数据不同，观察数据是在真实情境下通过调查得到的。这种数据再现了人类行为的真实一面，但也为因果推断带来了困难。本节将先通过介绍著名的辛普森悖论（Simpson's paradox）和伯克森悖论（Berkson's paradox）展示用观察数据推断因果的困难之处，然后介绍这种困难的产生根源与应对之道。

一、辛普森悖论

1951 年，英国统计学家辛普森（Edward H. Simpson）提出了一个悖论，对后世的因果分析产生了极为深远的影响。辛普森声称他发现了一种对男性有害、对女性有害，但是对人类有益的药物（bad/bad/good drug，BBG 药物）。[①]从逻辑上看，既然一种药物既对男性有害也对女性有害，那怎么可能对整个人类有益呢？要明白辛普森是如何发现这个药物的，让我们来看表 1.1。

表 1.1　辛普森虚构的 BBG 药物

性别	干预组（服用 BBG 药物）			控制组（未服用 BBG 药物）		
	心脏病发作人数	心脏病未发作人数	发病率/%	心脏病发作人数	心脏病未发作人数	发病率/%
女性	3	37	7.5	1	19	5.0
男性	8	12	40.0	12	28	30.0
合计	11	49	18.3	13	47	21.7

① 朱迪亚·珀尔、达纳·麦肯齐：《为什么：关于因果关系的新科学》（江生、于华译），中信出版社 2019 年版，第 176 页。

表 1.1 实际上是一组虚构出来的数据，但这种使用虚构数据的例子就像爱因斯坦的思维实验一样，总能为拓展人类思维提供帮助。首先来看干预组。干预组中的所有人都服用了 BBG 药物，可以发现，男性心脏病发作的百分比是 40%，女性是 7.5%。接下来再看控制组，控制组没有服用 BBG 药物，可以发现，男性心脏病发作的百分比是 30%，女性是 5%。控制组的这两个百分比均比干预组低，因此，正如辛普森所言，该药物确实既对男性有害，又对女性有害。但奇怪的是，如果我们将分性别的数据合并，仅看表 1.1 中最后的合计一行，可以发现，控制组心脏病发作的百分比是 21.7%，高于干预组的 18.3%。因此，一个悖论出现了！该药物虽然对男性和女性都有害，但是对整个人类有益。

读者不必对自己的逻辑产生怀疑，世界上确实不存在 BBG 药物，但表 1.1 中的数据又该如何解释呢？首先，很多人似乎相信如果 $A/B>a/b$，且 $C/D>c/d$，那么 $(A+C)/(B+D)>(a+c)/(b+d)$ 也一定成立，但实际上这是错误的。从代数的角度上来说，根本不存在上述关系。辛普森虚构的数据为此提供了一个很好的例证，即当 $A/B>a/b$，且 $C/D>c/d$ 时，$(A+C)/(B+D)$ 有可能小于 $(a+c)/(b+d)$。但是，如果我们仅仅将辛普森悖论视作一个简单的数字游戏，那就太低估它了。事实上，辛普森悖论困扰了统计学家 60 多年，直到今天仍未彻底解决。其根本原因在于，辛普森悖论对人类是否能从观察数据中得到因果关系提出了质疑。

回到辛普森最原初的问题：BBG 药物究竟对人类是有益还是有害呢？这是一个典型的因果问题，但很显然，采用不同方法会得出完全不同的答案。如果我们使用的是汇总数据，那么 BBG 药物就是有益的，但如果使用的是分性别的数据，结论就会完全相反。珀尔和麦肯齐认为，在实际分析时，研究者应当使用哪一种数据结构取决于人们对变量之间相互关系的理论假设。①

就表 1.1 的例子来说，分性别的数据更加可靠。这个例子涉及三个变量：性别、心脏病是否发作和是否服用 BBG 药物。假设这三个变量存在如图 1.1 中的关系。

---

① 朱迪亚·珀尔、达纳·麦肯齐：《为什么：关于因果关系的新科学》（江生、于华译），中信出版社 2019 年版，第 183 页。

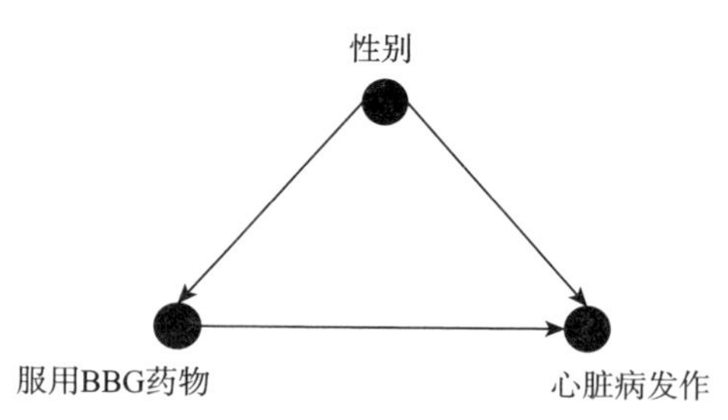

图 1.1 BBG 药物的因果图

注:此图即珀尔提出的因果图,我们将在本书第三章详细介绍因果图。

首先,从服用 BBG 药物到心脏病发作的箭头表示该药物对心脏病存在因果影响。其次,从性别分别指向服用 BBG 药物和心脏病发作的两个箭头表示性别对这两个变量均存在因果影响。从表 1.1 可以发现,无论在干预组还是控制组,男性的心脏病发病率均高于女性。因此,性别对心脏病发作具有直接的因果影响。此外,从表 1.1 还可以发现,男性在控制组中的占比明显低于干预组,因此,男性相比女性更不可能服用 BBG 药物。在类似图 1.1 的三变量关系中,性别是一个混杂因子(confounder),因为它同时对原因(是否服药)和结果(心脏病是否发作)变量产生影响。在存在混杂因子的情况下,因果分析必须对混杂因子进行统计控制。分性别来比较 BBG 药物对心脏病发病率的影响就是实现统计控制的方式之一。因此,就表 1.1 来说,分性别的比较分析更可靠。

表 1.1 所示的辛普森悖论展示了通过观察数据推断因果的一个重要方法——去混杂(de-confounder)。也就是说,研究者只有在控制所有混杂因子之后才能得到原因变量对结果变量的因果影响。在实际研究中,混杂因子可能不止一个,所以需要统计控制的变量也不止一个。基于此,一些学者认为,统计分析时控制的变量越多,研究者就越可能接近真相。但事实果真如此吗?

辛普森在他 1951 年发表的论文中展示了另外一个例子,这个例子中的数据与表 1.1 完全相同,但故事背景却不一样。在这个例子中,起干扰作用的第三个变量不是性别,而是病人的血压水平。众所周知,血压升高是导致心脏病发作的一个重要原因,因此,很多病人通过服用降压药来降低心脏病的发病率。表 1.2 展示的是一个虚拟的降压药的实验数据,该表中的数字与表 1.1 完全相同。如果我们对血压升高组和血压降低组分别进行分析,可以发现,该药物会提升心脏病的发病率;但是如果看合并数据,该药物则对病人的心脏起到了保护作用。根据表 1.1 的研究经验,研究者可能会选择相信分组后的结果,但这却是错的！因为在这个例子中,血压并不是服药和心脏病发病率之间的混杂因子。

表 1.2　服用降压药的后果

血压	干预组(服用降压药)			控制组(未服用降压药)		
	心脏病发作人数	心脏病未发作人数	发病率/%	心脏病发作人数	心脏病未发作人数	发病率/%
血压降低	3	37	7.5	1	19	5.0
血压升高	8	12	40.0	12	28	30.0
合计	11	49	18.3	13	47	21.7

我们可以通过图 1.2 展示上述三个变量之间的因果关系。在这个例子中,服用降压药对心脏病的发病率具有直接的因果影响(direct effect),这可以用服药与心脏病发作之间的箭头来表示。除此之外,服药还会通过影响血压的途径对心脏病发作产生间接影响(indirect effect)。这种间接影响通过两个首尾相连的箭头表示,其中一个箭头表示服药对血压的影响,另一个箭头表示血压对心脏病发作的影响。在这个因果图中,血压不是混杂因子,而是服药对心脏病发作产生因果影响的一个中介变量(mediator)。控制这个中介变量等价于排除服药通过降低血压的途径对心脏病发作的间接影响,而只关注其直接影响。虽然这个直接影响是负的,这可能是因为该降压药存在某种副作用,但不可忽视的是,服药的间接影响才是该药物发挥药效的主要途径。无论如何,我们都不应该因为某种药物存在副作用而忽视其真正疗效,因此,在这个例子中,分组数据的比较结果会产生严重误导,汇总数据的结果反而是正确的。

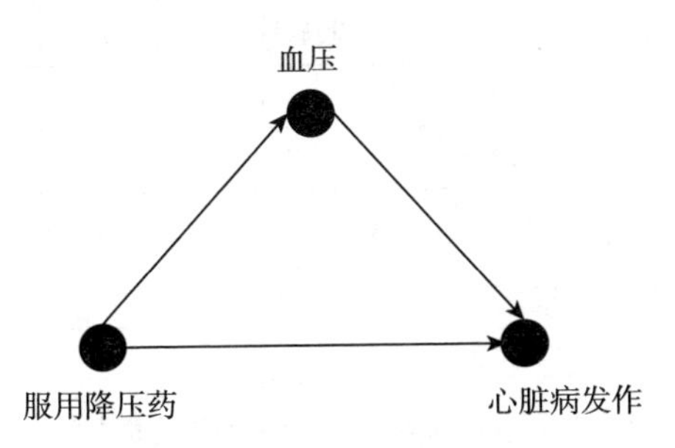

图 1.2　降压药例子的因果图

从上面这两个例子可以发现,有时候,研究者需要对变量进行统计控制才能得到因果;但有时候,控制了不该控制的变量反而会事与愿违。那么,研究者什么时候该控制,什么时候又不该控制呢?显然,数据并不能回答这个问题。上面的这两个例子使用了完全相同的数据,但却需要采用完全不同的方法。因此,因果问题不是仅仅依靠数据或方法就能回答的。珀尔和麦肯齐认为,基于观察数据推断因果必须借助理论,因为只有理论能告诉我们哪些变量是混杂因子,哪些变量是中介变量。[①] 只有混杂因子才需要控制,中介变量不能控制。除了混杂因子和中介变量,因果分析还涉及一种被称作对撞因子(collider)的特殊变量,下面将通过伯克森悖论来说明这类变量对因果推断的影响。

二、伯克森悖论

1946 年,美国生物统计学家伯克森(Joseph Berkson)发现了一个奇怪的现象:两种疾病虽然在一般人群中不存在关系,但在住院病人中却会呈现出明显的相关性。一开始,人们拒不承认这种悖论,但 1979 年,统计学家萨基特(David Sackett)为此提供了一个强有力的证据。在一个案例中,萨基特研究了两种疾病:呼吸系统疾病和骨骼疾病。他发现,在一般人群中有 7.8%的人患有骨骼疾病,且患病率与患者是否患有呼吸系统疾病无关;但是在患有呼吸系统疾病且住院治疗的病人中,骨骼疾病的患病率高达 25%。(见表 1.3)

表 1.3 萨基特使用数据阐释伯克森悖论

是否患有呼吸系统疾病	一般人群			近 6 个月住院样本		
	是否患有骨骼疾病			是否患有骨骼疾病		
	是	否	患病率/%	是	否	患病率/%
是	17	207	7.6	5	15	25.0
否	184	2376	7.2	18	219	7.6

资料来源:朱迪亚·珀尔、达纳·麦肯齐:《为什么:关于因果关系的新科学》(江生、于华译),中信出版社 2019 年版,第 173 页。

---

① 朱迪亚·珀尔、达纳·麦肯齐:《为什么:关于因果关系的新科学》(江生、于华译),中信出版社 2019 年版,第 183 页。

伯克森悖论挑战了人们关于相关关系的传统认知。传统观点认为，变量之间之所以会出现相关关系无外乎两种情形：一是当两个变量存在因果关系时；二是当两个变量不存在因果关系，但是有第三个变量共同影响这两个变量时。（见图 1.3）在第二种情况下，变量间的相关性是虚假的，因此也被称作虚假相关（spurious correlation）。但住院病人中骨骼疾病与呼吸系统疾病间的相关性却很难通过上述两种传统观点得到解释。

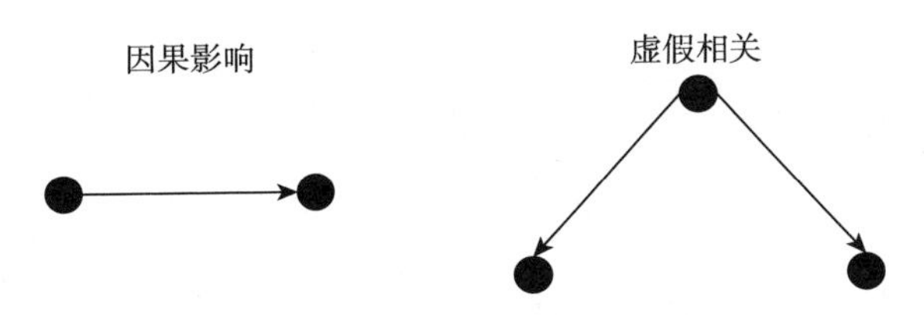

图 1.3　相关关系的两种常见类型

首先，骨骼疾病并不影响呼吸系统疾病，反过来也是如此，因此第一种观点解释不通。其次，人们无法找到一个合理的变量并说明该变量同时对骨骼疾病和呼吸系统疾病具有因果影响，因此第二种观点也解释不通。也许有人会提出反对意见，认为骨骼疾病和呼吸系统疾病之间可能真的存在某种因果关系，只是人们尚未发现。或者，真的存在某个未知变量同时对这两种疾病产生影响，只是人们还没有找到它。这种解释不无道理，因为人类的认识总有局限，现在解释不通的事情不代表未来不能得到解释。但如果真是如此，我们还得说明，为什么这种关系只在住院病人中成立，而在一般人群中不成立。这实在令人困惑！

珀尔和麦肯齐认为，之所以会出现伯克森悖论，是因为人们忽视了一种特殊的统计偏倚——对撞偏倚（collider bias）。[①] 为了说明对撞偏倚的产生过程，我们最好画出伯克森悖论的因果图（见图 1.4）。上面的例子涉及三个变量：是否患有骨骼疾病、是否患有呼吸系统疾病和是否住院。根据常识，患病是住院的因，因此这两种疾病都对住院具有因果影响。在图 1.4 中，我们用两个从疾病指向住院的箭头表示。可以发现，这两个箭头在住院处发生了交会，就像在

---

① 朱迪亚·珀尔、达纳·麦肯齐：《为什么：关于因果关系的新科学》（江生、于华译），中信出版社 2019 年版，第 173 页。

此处发生了碰撞一样，因此，是否住院被称作一个对撞变量。可以证明，控制对撞变量，会导致原本不相关的两个变量产生相关，进而导致对撞偏倚。证明过程并不复杂，如果患有呼吸系统疾病或骨骼疾病都会增加病人住院的概率，那么同时患有这两种疾病的人显然更可能住院，这就是在住院病人中更可能发现同时患有这两种疾病的原因。但在一般人群中，这两种疾病其实不存在任何相关关系。

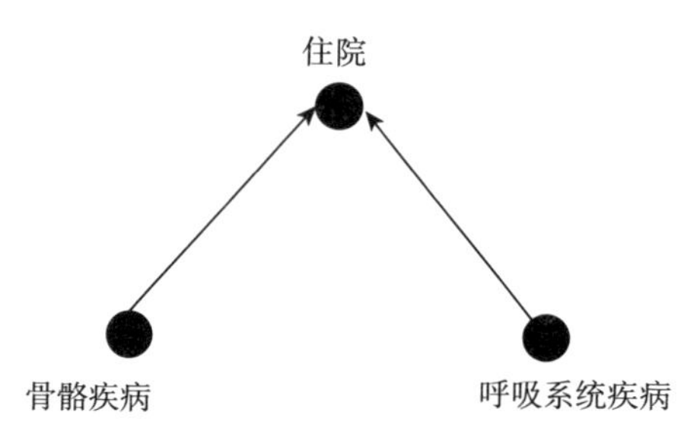

图 1.4　伯克森悖论中的对撞偏倚

伯克森悖论指出了统计分析时的一种常见错误，即样本选择偏差。如果我们仅选择住院病人进行研究，就会发现原本没有相关性的疾病之间产生了相关性，但如果对全样本进行分析就不会这样。仅对住院病人进行研究类似于对住院与否进行统计控制，因此，从伯克森悖论可以引申出一个重要结论：对撞变量不应控制，否则就会产生对撞偏倚。

我们认为，对撞偏倚并不局限于样本选择偏差这一种表现形式。例如，珀尔和麦肯齐就曾指出对撞偏倚的另一种表现形式——“M 偏倚”。[①] 从图 1.5 可以发现，X、A、B、C 和 Y 这 5 个变量形成了一个类似字母 M 的形状，这也是 M 偏倚得名的原因。在图 1.5 中，X 是研究的核心自变量，Y 是因变量。研究者在分析 X 对 Y 的影响时通常会控制 B。原因在于：首先，A 同时影响 X 和 B，这会导致 X 与 B 之间产生相关（回顾之前讨论的产生相关的第二种情形）；其次，出于同样的理由，B 与 Y 之间也存在相关性；最后，B 并不是 X 影响 Y 的中介变量。如果一个变量既与自变量相关，又与因变量相关，且不是因果中介，那么

① 朱迪亚・珀尔、达纳・麦肯齐：《为什么：关于因果关系的新科学》（江生、于华译），中信出版社 2019 年版，第 137 页。

通常会被视作混杂因子进行统计控制。但很显然,B 不是一个混杂因子,而是对撞变量,控制 B 会导致对撞偏倚,从而产生有误导性的结论。

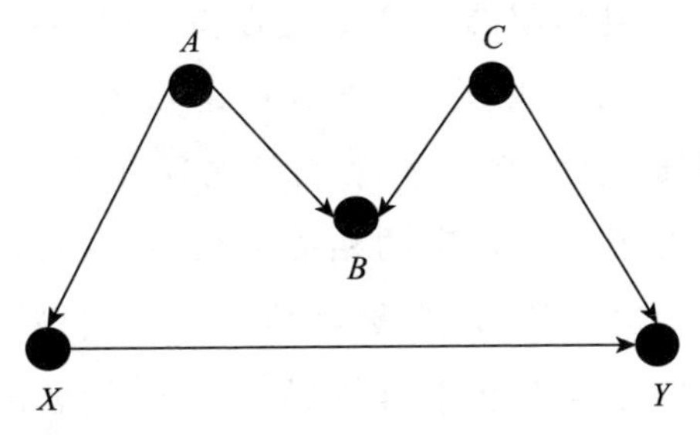

图 1.5　M 偏倚

综上所述,伯克森悖论引出了一种新型统计偏倚,即对撞偏倚。对撞偏倚告诉我们,在使用观察数据进行因果分析的时候,对撞变量不能控制。就像我们在之前讨论辛普森悖论时所指出的那样,不是所有变量都需要进行统计控制,那种认为控制越多,结论越可靠的观点是错误的。

三、挑战与应对

人类能够从观察数据中推断出因果吗?相信读者在了解了辛普森悖论和伯克森悖论之后已经对此产生了怀疑。实际上,学术界一直对从观察数据推断因果持严重怀疑甚至否定的态度。例如,回归分析的提出者、英国著名遗传学家和统计学家高尔顿(Francis Galton)就对此深感疑虑。高尔顿的疑虑在很大程度上影响了他的学生皮尔逊,后者更进一步,认为统计学家应当将因果概念从统计学中剔除出去,只关注在经验层面可计算的相关关系。作为当代统计学的奠基人,皮尔逊的观点深刻影响了数代统计学家,“相关不是因果”的观点从此深入人心。珀尔和麦肯齐直言不讳地说道,在因果革命爆发之前,因果是统计学的禁用词,即便是像“影响”“导致”“效应”等与因果沾边的词也被禁止使用。[①] 当然,有一个例外,那就是费希尔提出的随机对照试验。也就是说,只有在进行随机对照试验的情况下,统计学家才被允许使用因果概念。

① 朱迪亚・珀尔、达纳・麦肯齐:《为什么:关于因果关系的新科学》(江生、于华译),中信出版社 2019 年版,第 33—50 页。

费希尔的女儿博克斯(Joan Fisher Box)曾在为她父亲写的传记中这样描述随机对照试验:科学实验的全部艺术和实践都被一种对自然的巧妙询问囊括其中了。[①] 在她看来,自然就像一个令人捉摸不定的精灵:当你增加一个控制变量,正相关有可能变成负相关(辛普森悖论);当你更换一个研究样本,相关关系也可能彻底扭转(伯克森悖论)。自然的这种反复无常使得自皮尔逊以降的数代统计学家放弃了从不稳定的相关关系中推断因果的努力,但这并没有击倒费希尔。正如博克斯所言,自然虽然看上去摇摆不定、模棱两可,但我们想要追寻的答案实则已经存在于自然界。因此,问题的关键在于我们能否向自然精灵巧妙地提出我们关心的因果问题。在她看来,费希尔的随机对照试验就是一种向自然提问的巧妙方式。但除此之外,我们还有其他向自然提问的巧妙方式吗?与费希尔同时代的统计学家并不认为存在这种可能性,而且这种观点持续了相当长的时间,直到20世纪90年代,这种观点才逐渐发生变化。但时至今日,几乎所有统计学家都已接受这样的观点,即虽然相关不是因果,但是在某些条件下的相关却可以被视为因果。这种对相关和因果之间关系的重新认识被珀尔和麦肯齐称为因果革命。在这场因果革命中,有两位学者的贡献最为重要。

一是美国著名统计学家鲁宾,他在一系列研究中提出了基于反事实(counterfact)的潜在结果模型(potential outcome model),这被当今的统计学家称为鲁宾因果模型(Rubin causal model, RCM)。在鲁宾因果模型提出之前,统计学家只研究可观测变量之间的相关关系,但鲁宾却认为,因果效应只有借助反事实状态下的潜在结果才能得到精确定义。例如,要研究上大学对收入的因果影响,我们需要比较一个人上大学时的收入与没有上大学时的收入,二者之差就是上大学的影响。但很显然,一个人要么上大学,要么没有上大学,我们只能观察到两个潜在结果中的一个,另一个观测不到的就是反事实,因果推断的有效性取决于我们对反事实状态下潜在结果的估计。鲁宾提出了一整套理论,用以说明在什么条件下,人们可以较为准确地估计出反事实状态下的潜在结

① 朱迪亚·珀尔、达纳·麦肯齐:《为什么:关于因果关系的新科学》(江生、于华译),中信出版社2019年版,第121页。

果,本书将在第二章对此进行详细说明。

二是美国著名计算机科学家珀尔。珀尔的主要贡献是提出了结构因果模型(structural causal model, SCM)。结构因果模型的核心构件是因果有向无环图(causal directed acyclic graph),学界通常将之简称为因果图。本节在讲述辛普森悖论和伯克森悖论的时候已经使用了因果图。珀尔认为,他提出的因果图与鲁宾的潜在结果模型是等价的,但因果图更加直观。例如,使用因果图可以非常清晰地展示混杂因子、中介变量和对撞变量之间的区别。除此之外,使用因果图还可以找到从观察数据中推断因果的策略。珀尔提出了三种最常用的策略,即后门调整(backdoor adjustment)法、前门调整(frontdoor adjustment)法和工具变量法。

综上所述,自 20 世纪 90 年代以来,学术界关于因果推断的理论有了长足发展,而理论的发展又推动了因果推断方法的发展,并最终对社会科学领域的实证研究产生了极为深远的影响。在这一方面贡献最大的无疑是经济学。经济学很早就有使用计量方法开展实证研究的传统,但计量方法的可信性却饱受质疑。一些尖锐的批评者甚至认为,计量经济学的艺术就是研究者拟合许多统计模型,并从中挑选几个符合预期的估计结果进行报告。[①] 为了提高计量分析方法的可信性,自 20 世纪 90 年代开始,以赫克曼、卡德、安格里斯特和因本斯等为代表的经济学家在计量经济学界发起了一场影响深远的“可信性革命”(credibility revolution),这场革命的最终目标就是确立因果推断在经济计量分析中的核心地位。[②] 时至今日,发起可信性革命的几位核心人物都获得了诺贝尔经济学奖,他们在经济学界的影响力可见一斑。实际上,这场革命的影响早已超越了经济学范畴,包括政治学、社会学、人口学、教育学、流行病学等在内的几乎所有社会科学领域都相继开始了以因果推断为核心的范式转型。

总而言之,当今的社会科学已与半个世纪以前大不相同。毫不夸张地说,

① Edward E. Leamer, “Let's Take the Con out of Econometrics,” *The American Economic Review*, Vol. 73, No. 1, 1983, pp. 31-43.

② Joshua D. Angrist and Jörn-Steffen Pischke, “The Credibility Revolution in Empirical Economics: How Better Research Design Is Taking the Con Out of Econometrics,” *The Journal of Economic Perspectives*, Vol. 24, No. 2, 2010, pp. 3-30.

我们已经进入了一个人人都说因果的时代，因此，也比以往任何一个时代都更加需要掌握因果推断的方法。与过去相比，当今的社会科学家拥有更多的数据，也发展出了更多因果推断的实用方法，但对于推断因果，我们依然应当保持足够谨慎的态度。实际上，从休谟开始的人类对于因果答案的追寻史足以说明，人类无法脱离一定的假定条件而妄谈因果。这种假定条件或者来自独特的研究设计，或者来自理论。因此，那种认为只要使用足够高深的统计方法就足以回答所有因果问题的观点是完全错误的。2008 年，鲁宾在一篇关于因果推断的综述性论文中直言不讳地说道，对因果推断来说，设计胜于方法。[①]与之类似，珀尔与麦肯齐也毫不避讳地坦言，因果分析的思维胜于数据。[②] 因此，本书虽然是一本旨在介绍因果推断方法的书，我们还是希望读者不要过于关注方法本身与软件操作代码，而是要花更多的时间去理解每种方法背后的假定条件与统计思想。接下来，就让我们从鲁宾的潜在结果模型开始我们的因果推断之旅吧！

练习

1. 休谟所说的恒定关联和必然联系分别指什么？这两个概念对近代因果推断产生了什么影响？
2. 举例说明密尔的求同法和求异法。
3. 简述随机对照试验的原理。为什么社会科学通过随机对照试验才能较为准确地推断因果？
4. 简述随机对照试验的缺陷。为什么很多社会科学中的因果问题必须通过观察数据才能回答？
5. 解释辛普森悖论和伯克森悖论的产生原因。社会科学家能够从观察数据中推断因果吗？请简述你的理由。

---

① Donald B. Rubin, "For Objective Causal Inference, Design Trumps Analysis," *The Annals of Applied Statistics*, Vol. 2, No. 3, 2008, pp. 808-840.

② 朱迪亚·珀尔、达纳·麦肯齐：《为什么：关于因果关系的新科学》（江生、于华译），中信出版社 2019 年版，第Ⅸ-XXⅧ页。

反事实与潜在结果模型

本章重点和教学目标：

1. 理解干预和潜在结果等基本概念；
2. 理解干预变量的可操控性原则及其在社会科学中的应用；
3. 理解稳定性假定的含义，知晓违反该假定的常见情形；
4. 知道如何根据潜在结果定义个体层面的干预效应和平均干预效应；
5. 理解霍兰德所说的因果推断的根本难题；
6. 理解可忽略性假定的含义及其在因果推断中的作用；
7. 理解幼稚估计量以及这种估计量在估计 ATE 时的两种偏差。

反事实因果推断的哲学思想可以追溯至英国哲学家休谟。第一章提到，休谟认为，判定因果关系的一个必要条件是恒定关联，即 B 现象总是伴随 A 现象出现。在早期的研究中，休谟一直沿用这个定义，但是后来，休谟对这个定义产生了怀疑，因为他发现，很多经验层面相伴出现的现象并不存在因果关系。例如，公鸡打鸣之后太阳会升起，但很明显，不能把公鸡打鸣视作太阳升起的因。因此，休谟在后期著作中对因果的定义做了修改：一方面，他依然强调恒定关联的重要性，即有 A 必有 B；但另一方面，他在恒定关联的基础上增加了一个补充条件，即无 A 必无 B。乍一看来，这个补充只是之前定义的同义反复,但实则不然。珀尔和麦肯齐认为,休谟关于因果的补充定义暗含了反事实因果推断的思想,因为在这个定义中,研究者需要假想没有 A 的情况下结果会怎么样,并将这个结果与有 A 的情况做比较。① 但遗憾的是,休谟的这一思想在很大程度上被后续的研究者忽视了,直到 20 世纪 70 年代,刘易斯(David K. Lewis)才重新提出反事实的概念,反事实因果推断自此逐渐被人们所熟知。

在统计学界,最早进行反事实因果推断的学者是奈曼(Jerzy Neyman)。在 1923 年发表的一篇论文中,奈曼提出了潜在结果的概念,但由于他的这篇论文是用波兰文写的,且当时学术界还不能理解反事实因果推断的思想,奈曼的研究在当时几乎没有引起任何关注。② 1974 年,另一位统计学家鲁宾重新独立提出了潜在结果的概念。③ 但与之前奈曼的冷遇不同,鲁宾的研究很快引起了学术界的轰动。原因之一是鲁宾的论文是用英文写作的,更重要的是,受刘易斯的影响,反事实因果推断的思想在 20 世纪 70 年代已被人们所接受,所以在这一时期,人们已经能够理解鲁宾的学术贡献。也是在这一时期,奈曼那篇沉睡了半个世纪之久的波兰语论文重新被发现。为了纪念奈曼,同时表彰鲁宾在反事实因果推断方面的卓越贡献,学界通常将他们两人独立提出的因果推断模型称作奈曼-鲁宾模型(Neyman-Rubin model),或简称为鲁宾因果模型(RCM)。本章将对该模型的核心思想做一简要介绍。

第一节 干预和潜在结果

鲁宾因果模型最重要的两个概念是干预和潜在结果,根据干预可以定义潜在结果,根据潜在结果可以定义个体层面的干预效应和总体层面的平均干预效应。本节将对这两个基本概念进行介绍,以为接下来估计不同层面的干预效应奠定基础。

---

① 参见朱迪亚·珀尔、达纳·麦肯齐:《为什么:关于因果关系的新科学》(江生、于华译),中信出版社 2019 年版,第 241 页。

② Donald B. Rubin, "Causal Inference Using Potential Outcomes: Design, Modeling, Decisions," *Journal of the American Statistical Association*, Vol. 100, No. 469, 2005, pp. 322-331.

③ Donald B. Rubin, "Estimating Causal Effects of Treatments in Randomized and Nonrandomized Studies," *Journal of Educational Psychology*, Vol. 66, No. 5, 1974, pp. 688-701.

一、概念界定

干预通俗来讲就是研究的自变量，或原因变量。没有因，自然就没有果，所以，研究任何一种因果关系都必须从确定原因变量开始。鲁宾因果模型在很大程度上受到实验法的影响，因此，沿用实验法的专业术语，鲁宾将研究的自变量称作干预。干预变量可以取不同的值，或者说对应不同的干预状态。在每种干预状态下，因变量会呈现不同的结果，即潜在结果。

举例来说，如果要研究上大学（D）对收入（Y）的影响，那么是否上大学就是干预变量。对任意个体 i，它有两种可能的干预状态：上大学（$D_i=1$）和不上大学（$D_i=0$）。每种干预状态对应一个潜在结果，我们可以记 Y_i^1 为个体 i 上大学情况下的收入，Y_i^0 为个体 i 不上大学情况下的收入。

在上面这个例子中，干预变量只有两个取值，因此潜在结果也只有两种，但上述情况可以非常轻易地拓展到多种干预状态和多种潜在结果的情形。[①]下文为了叙述方便，我们将仅以二值干预变量为例介绍鲁宾因果模型的核心思想。在干预变量只有两个取值的情况下，我们通常对之进行“0-1 编码”，遵循实验法的命名传统，编码为 1 的状态通常被称作“干预”，而编码为 0 的状态通常被称作“控制”。

二、干预的可操控性

如前所述，干预这个概念来源于实验法。与其他研究方法相比，实验法的一个典型特点是研究者能够完全操控研究对象在自变量上的取值。例如，在实验研究中，研究对象是进干预组还是控制组是可以改变的，这被称作干预变量的“可操控性”（manipulation）。遵循这一传统，一些统计学家认为，只有在一个变量的取值能够被人为改变的情况下，才能起到干预的效果，也只有满足这一要求的变量才能被视作合格的干预变量。[②] 例如，霍兰德认为，研究对象

① Stephen L. Morgan and Christopher Winship, *Counterfactuals and Causal Inference: Methods and Principles for Social Research*, 2nd ed., Cambridge University Press, 2014, pp. 70-73.

② 胡安宁编著:《应用统计因果推论》,复旦大学出版社 2020 年版,第 17 页。

应当既有处于干预状态的可能,也有处于控制状态的可能,否则干预就不能称为干预。他建议,人们在定义干预变量之前需要先想象一个实验场景,在这个实验中,研究者可以按照通常的实验操作改变干预变量的值。①

综上所述,可操控性要求干预变量的取值可以在现实中发生变化。根据这个标准,是否上大学是一个合格的干预变量,因为人的受教育程度是可以改变的。但性别就不是一个合格的干预变量,因为性别在出生后就确定了。不过,在很多社会科学研究中,我们确实是以性别作为自变量,而且我们也能切实感受到,性别对很多结果变量有非常显著的影响。正因如此,一些社会科学研究者认为,性别、种族等无法改变的特征也可以作为干预变量,统计学家所说的可操控性原则在社会科学研究中并不适用。② 我们认为,社会科学研究不能完全照搬刻板的统计学原则,但不可否认的是,可操控性原则在一些情况下确实可以帮助我们更好地定义干预变量。

举例来说,在中国,进城务工的农民把子女带在身边(农村流动儿童)是否会影响子女发展是一个备受关注的问题。一些研究以城市儿童作为比较对象,发现流动儿童在学习成绩、身心健康等各方面都比城市儿童差,进而得出流动经历损害儿童发展的结论。但是,从干预变量必须具备可操控性的角度来说,城市儿童并不适合作为农村流动儿童的比较对象。对农村儿童来说,他们在父母外出务工的情况下只有两个选择,一是留在农村变成留守儿童,二是随父母外出变成流动儿童,城市儿童并不在可选择的范围之内。因此,要评价流动经历对农村儿童发展的影响,我们应当以农村留守儿童作为比较对象。以城市儿童作为比较对象反映的主要是城乡差异,而不是流动的影响。③

三、稳定个体干预值假定

要确定干预和潜在结果之间的关系,还必须引入一个假定:稳定个体干预

---

① Paul W. Holland, "Statistics and Causal Inference," *Journal of the American Statistical Association*, Vol. 81, No. 396, 1986, pp. 945-960.

② 胡安宁编著:《应用统计因果推论》,复旦大学出版社 2020 年版,第 19 页。

③ Hongwei Xu and Yu Xie, "The Causal Effects of Rural-to-Urban Migration on Children's Well-Being in China," *European Sociological Review*, Vol. 31, No. 4, 2015, pp. 502-519.

值假定(stable unit treatment value assumption, SUTVA)。接下来,我们将从两个方面来解读这个假定的含义。

首先,SUTVA 要求,研究对象的潜在结果只取决于自身的干预状态,不能同时受其他研究对象干预状态的影响。以大学对收入的影响为例,这个假定意味着一个人的收入只取决于自己的受教育程度,而不取决于其他人的受教育程度。当然,这是一种比较理想的状态,尤其对社会科学的研究者来说,假定个体之间相互独立似乎很难成立。但是从因果推断的角度说,如果假定个体之间存在交互影响,那么潜在结果和因果效应的定义都将变得异常复杂。举例来说,如果 A 的收入不仅取决于他自己有没有上过大学,而且取决于 B 有没有上过大学,那么 A 的潜在结果将有四种,分别对应于"A 上大学,B 上大学","A 上大学,B 不上大学","A 不上大学,B 上大学"和"A 不上大学,B 不上大学"。如果我们进一步假定 A 的收入还取决于很多其他人的受教育程度,那么潜在结果的数量必将呈指数级增长,在这种情况下,计算因果效应将变得几乎不可能。正是因为如此,鲁宾假定不同个体之间无交互影响,这样,每种干预状态将只对应一种潜在结果。本章接下来的部分将沿用这个假定。

其次,SUTVA 的另外一层含义是,每种干预状态内部是同质的,因为只有这样,不同干预状态之间才能相互比较。但我们知道,在社会科学研究中,异质性无处不在,因此,假定干预状态内部完全同质几乎不可能做到。还是以上大学对收入的影响来说,同质性假定意味着,同样是上大学,不同的大学之间没有明显差别,但这个假定是不符合实际情况的。以中国为例,中国的大学有本科和专科之分,且同一层次不同学校之间也存在很大差别。所以,我们在中国研究上大学对收入影响的时候,得到的只是混合不同大学以后的平均影响,它并不特指上某一类大学。如果我们要获得更加明确的大学效应,就必须对大学的类型进行细分,但这种细分只有在数据足够丰富的情况下才能做到。我们认为,研究者在定义干预变量的时候应尽可能遵循同质性假定的要求,使每种干预状态的含义足够精确,但具体精确到什么程度需要从理论和现实两个层面进行综合考量。一方面,从理论的角度说,研究者必须确定细分不同干预类型的理论重要性,只有有重大差异的类型才值得细分。另一方面,从现实的角度说,研究者也必须考虑这种细分是否有现实层面的可操作性,只有得到数据支持,细分才有实现的可能。

第二节　干预效应

一旦定义好干预变量,确定了每种干预状态下的潜在结果,我们就可以计算干预效应。根据分析的不同层次,干预效应可分为两种:一是个体层面的干预效应,二是总体层面的平均干预效应。本节将对这两种干预效应进行介绍。

一、个体层面的干预效应

以二值干预变量为例,对任意个体 i 来说,记干预状态($D_i=1$)下的潜在结果为 Y_i^1,控制状态($D_i=0$)下的潜在结果为 Y_i^0,我们可以通过二者之差来定义个体层面的干预效应,用公式表达为[①]

$$\delta_i = Y_i^1 - Y_i^0 \tag{2.1}$$

从公式(2.1)不难发现,要计算个体层面的干预效应,研究者必须知道所有干预状态下的潜在结果,而这在现实情况下是不可能的。以上大学对收入的影响为例,一个人要么上大学,要么不上大学,所以 Y_i^1 和 Y_i^0 只能观察到一个。对于上了大学的人来说,我们能观察到他上大学后的收入 Y_i^1,但无法观察到他不上大学这种反事实状态下的收入 Y_i^0。对于没有考上大学的人来说,我们能观察到他不上大学时的收入 Y_i^0,但无法观察到他上大学这种反事实状态下的收入 Y_i^1。因为研究者永远无法同时观察到 Y_i^1 和 Y_i^0,所以永远无法通过公式(2.1)直接计算上大学对每个人收入的影响,这被霍兰德称作因果推断的根本难题。[②]

表 2.1 和表 2.2 通过数据对这个根本难题进行了说明。表 2.1 列出了 5

① 流行病学等相关学科常使用潜在结果之比 Y_i^1/Y_i^0 定义个体层面的干预效应。本书主要针对社会科学领域的研究者,因此通过潜在结果之差来定义干预效应。

② Paul W. Holland, "Statistics and Causal Inference," *Journal of the American Statistical Association*, Vol. 81, No. 396, 1986, pp. 945-960.

个人上大学的收入 Y_i^1 和不上大学的收入 Y_i^0。由于这两个值都已知晓，所以可以直接根据公式（2.1）计算大学对每个人收入的影响 δ_i。但表 2.1 描述的是一种理想情况，在现实情况下，我们只能知道 Y_i^1 和 Y_i^0 中的一个。如表 2.2，张三和赵六没有考上大学，所以我们只能观察到他们不上大学的收入 Y_i^0，而他们考上大学的收入 Y_i^1 则无从知晓；李四、王五和钱七考上了大学，所以我们能观察到他们上大学的收入 Y_i^1，但无法知道他们如果没有考上大学的收入 Y_i^0。因为无法同时知道每个人的 Y_i^1 和 Y_i^0，所以也无法直接计算上大学对每个人收入的影响。

表 2.1　理想情况下计算个体层面的干预效应　　单位：元

姓名	D_i	Y_i^1	Y_i^0	δ_i
张三	0	4000	3000	1000
李四	1	3000	3000	0
王五	1	6000	4000	2000
赵六	0	5000	5600	-600
钱七	1	5600	4000	1600

表 2.2　现实情况下计算个体层面的干预效应　　单位：元

姓名	D_i	Y_i^1	Y_i^0	δ_i
张三	0	—	3000	?
李四	1	3000	—	?
王五	1	6000	—	?
赵六	0	—	5600	?
钱七	1	5600	—	?

综上所述，由于因果推断的根本难题，研究者无法直接计算个体层面的干预效应，只能在一定的假设条件下对其大小进行估计。这种估计的关键在于合理预测反事实状态下缺失的潜在结果，正是在这个意义上，鲁宾认为，因果

推断在本质上是一个缺失数据的填补问题。[1] 还以上例来说，虽然我们无法直接观察到李四在不上大学这种反事实状态下的收入 Y_i^0，但如果我们可以假定，张三和李四除了在上大学这一个特征上有所不同之外，其他特征都一样，那么就可以用张三不上大学时的收入作为李四的估计值，进而根据公式（2.1）计算出上大学对李四收入的影响。很明显，这个结果是否正确取决于我们的假定。一般来说，直接在控制组为每个干预组个案寻找合适的匹配对象是比较困难的，因此，研究者很难准确估计个体层面的干预效应。在这方面，一个可行的替代方案是，通过统计方法将一组控制组个案"合成"为一个可与干预组个案比较的对象，这就是所谓"合成控制法"，本书第十二章将对这种方法进行介绍。

除此之外，从公式（2.1）还可以发现，个体层面的干预效应 δ_i 有一个下标 i，这表示干预变量对因变量的影响会因人而异。举例来说，上大学对每个人收入的影响就很可能是不同的。从表 2.1 可以发现，有些人上大学以后收入上升了（如张三、王五和钱七），有些人没有变化（如李四），而有些人的收入则出现了明显下降（如赵六）。通过个体层面的干预效应，我们可以很好地观察上大学对收入影响的异质性，但与此同时，研究者可能也想在总体层面评估上大学对收入的平均影响。这时，我们就需要计算平均干预效应。

二、平均干预效应

平均干预效应是个体层面干预效应的平均值。在计算平均值之前，我们必须首先明确的一个问题是：对谁求平均？在具体应用中，研究者通常会计算三种不同的平均干预效应，它们分别对应三个不同的群体。

一是总体的平均干预效应（ATE）。这个指标针对所有研究对象求平均，其计算公式为

$$\delta_{ATE} = E(\delta_i) = E(Y_i^1 - Y_i^0) \quad (2.2)$$

二是干预组的平均干预效应（average treatment effect in the treated, ATT）。

---

① Donald B. Rubin, "Estimating Causal Effects of Treatments in Randomized and Nonrandomized Studies," *Journal of Educational Psychology*, Vol. 66, No. 5, 1974, pp. 688-701.

这个指标仅针对干预组个案求平均,其计算公式为

$$\delta_{\mathrm{ATT}} = E(\delta_i \mid D_i = 1) = E(Y_i^1 - Y_i^0 \mid D_i = 1) \tag{2.3}$$

三是控制组的平均干预效应(average treatment effect in the untreated, ATU)。这个指标仅针对控制组个案求平均,其计算公式为

$$\delta_{\mathrm{ATU}} = E(\delta_i \mid D_i = 0) = E(Y_i^1 - Y_i^0 \mid D_i = 0) \tag{2.4}$$

上述三个公式中的 $E(\,)$ 为数学期望的运算符,其含义是对括号中的表达式求平均值。如果期望运算符包含竖线"|",表示以竖线后的表达式为计算条件。例如,公式(2.3)表示仅针对 $D_i=1$ 的个案(即干预组)计算 δ_i 的平均值,而公式(2.4)表示仅针对 $D_i=0$ 的个案(即控制组)计算 δ_i 的平均值。

在实际应用中,研究者还可以根据需要针对其他群体定义平均干预效应,但总的来说,ATE、ATT 和 ATU 是最常用的三个,它们在实践中也有着不同的用途。以上大学对收入的影响为例:如果我们关心的问题是大学教育对所有民众的平均影响,那么应当计算 ATE;如果想知道大学教育对那些实际考上大学的人产生了多大影响,那么应当计算 ATT;最后,如果我们想知道那些仅完成高中教育的人若是考上大学其收入会变化多少,那么应当计算的则是 ATU。

如前所述,个体层面的干预效应通常存在异质性,所以 ATE、ATT 和 ATU 的值不会完全相等,而从三者的差异出发可以对一些竞争性的理论进行检验。仍以上大学对收入的影响为例,一些研究认为,越是能从大学获益的人越可能努力读书,因而越可能考上大学,这会导致 ATT 大于 ATU。但与此同时,也有学者指出,较可能考上大学的人往往是男性、来自城市或拥有较好的家庭背景,这些人即便没有大学文凭也能获得不菲的收入,因此,上大学对他们的收入影响较小。相比之下,大学对女性、来自农村和家庭背景不好的人影响很大,而这些人通常很难考上大学,所以,应当是 ATU 大于 ATT。目前,国内外学者对相关理论依然存在争议,感兴趣的读者可以参考相关研究。①

接下来,我们将演示如何根据表 2.1 中的数据计算 ATE、ATT 和 ATU。首

---

① 郭冉、周皓:《高等教育使谁获益更多?——2003—2015 年中国高等教育异质性回报模式演变》,《社会学研究》2020 年第 1 期,第 126—148 页;Jennie E. Brand and Yu Xie, "Who Benefits Most from College? Evidence for Negative Selection in Heterogeneous Economic Returns to Higher Education," *American Sociological Review*, Vol. 75, No. 2, 2010, pp. 273-302。

先,根据定义,ATE 等于所有人 δ_i 的平均值,因此,我们将表中最后一列的 5 个 δ_i 取平均,可以得到 $\delta_{ATE}=800$。其次,ATT 为考上大学的人的 δ_i 的平均值,在表 2.1 中,李四、王五和钱七考上了大学,我们将这三个人的 δ_i 取平均,可以得到 $\delta_{ATT}=1200$。最后,ATU 为没有考上大学的人的 δ_i 的平均值,表 2.1 中张三和赵六没有考上了大学,将这两个人的 δ_i 取平均,得到 $\delta_{ATU}=200$。

通过上述演示,读者可能会认为,只有先得到个体层面的干预效应 δ_i,然后才能计算各种平均干预效应。但实际上,研究者也可以跳过 δ_i 来计算 ATE、ATT 和 ATU。如果我们对公式(2.1)—公式(2.4)进行适当变换,就可以得到以下表达式:

$$\delta_{ATT} = E(Y_i^1 \mid D_i = 1) - E(Y_i^0 \mid D_i = 1) \tag{2.5}$$

$$\delta_{ATU} = E(Y_i^1 \mid D_i = 0) - E(Y_i^0 \mid D_i = 0) \tag{2.6}$$

$$\delta_{ATE} = p \times \delta_{ATT} + (1 - p) \times \delta_{ATU} \tag{2.7}$$

$$p = P(D_i = 1) \tag{2.8}$$

从公式(2.7)和公式(2.8)不难发现,ATE 实际上是 ATT 和 ATU 的加权平均,其权重分别为干预组和控制组在总体中所占的比重。因此,要计算 ATE,只要求得 ATT 和 ATU 即可。对 ATT 和 ATU 来说,它们可以分别通过两个期望值之差计算得到。因此,如果能够算出这些期望值,就可以得到 ATT 和 ATU,进而得到 ATE。既然如此,如何才能算出这些期望值呢?

为了回答这个问题,我们首先需要明确的是数据能提供什么。在数据中,我们能够观察到因变量的实际观测值 Y_i 以及干预变量 D_i,根据这些信息,我们能计算出干预组中 Y_i 的期望值 $E(Y_i \mid D_i=1)$ 和控制组中 Y_i 的期望值 $E(Y_i \mid D_i=0)$。我们知道,对那些上过大学的研究对象来说,$Y_i=Y_i^1$;而对那些没有上过大学的研究对象来说,$Y_i=Y_i^0$。因此,Y_i 可通过以下公式来表示:

$$Y_i = D_i \times Y_i^1 + (1 - D_i) \times Y_i^0 \tag{2.9}$$

根据公式(2.9),我们可以推算出:

$$E(Y_i \mid D_i = 1) = E(Y_i^1 \mid D_i = 1) \tag{2.10}$$

$$E(Y_i \mid D_i = 0) = E(Y_i^0 \mid D_i = 0) \tag{2.11}$$

将公式(2.10)代入公式(2.5)可以知道,计算 ATT 所需的两个期望值中有一个是可以直接从数据中得到的，但另一个即 $E(Y_i^0 \mid D_i=1)$ 却依然未知。同理，将公式（2.11）代入公式（2.6）可以知道，只需进一步得到 $E(Y_i^1 \mid D_i=0)$，就可算出 ATU。但遗憾的是，这两个量是无法直接从数据得到的，因此，我们必须做假定，其中最关键的一个假定就是可忽略性假定（ignorability assumption）。

第三节　可忽略性假定

可忽略性假定是通过鲁宾因果模型估计 ATE、ATT 和 ATU 的核心，本节将简要介绍该假定的内涵以及违反该假定可能导致的偏差。

一、可忽略性假定的含义

上文提到，我们只要能算出 $E(Y_i^0 \mid D_i=1)$，就可根据公式（2.10）得到 ATT，但这个值是无法直接通过数据计算得到的。还是以上大学对收入的影响为例，这个期望值的含义是实际考上大学的人在没有考上大学的情况下的平均收入。很明显，这是一个反事实结果，是无法直接从数据中观察到的。因此，我们在计算 ATT 的时候再次遇到了霍兰德所说的因果推断的根本难题。

针对这个难题，一个常见的解决办法是用 $E(Y_i \mid D_i=0)$ 作为 $E(Y_i^0 \mid D_i=1)$ 的估计值，换句话说，用没有考上大学的人的平均收入去估计考上大学的人在没有考上大学这种反事实情况下的平均收入。很明显，这种估计是否合理取决于考上大学的人和没有考上大学的人在 Y_i^0 上是否完全可比，或者说二者在 Y_i^0 上的差异是否完全可以忽略。因此，鲁宾将这个假定称作可忽略性假定。如果用公式来表示，要估计 ATT，我们需要假定：

$$Y_i^0 \perp D_i \tag{2.12}$$

其中，"⊥"表示相互独立，如果 Y_i^0 和 D_i 相互独立，那么必有

$$E(Y_i \mid D_i=0) = E(Y_i^0 \mid D_i=1) \tag{2.13}$$

将公式（2.13）和公式（2.10）代入公式（2.5），就可直接从数据求得 ATT。

同理，对于 ATU，相应的可忽略性假定为

$$Y_i^1 \perp D_i \tag{2.14}$$

如果公式(2.14)成立,那么必有

$$E(Y_i \mid D_i = 1) = E(Y_i^1 \mid D_i = 0) \tag{2.15}$$

将公式(2.15)和公式(2.11)代入公式(2.6),就可直接从数据求得ATU。

最后,在得到ATT和ATU之后,就可根据公式(2.7)得到ATE。由于计算ATE需要同时计算ATT和ATU,因此需要同时满足公式(2.12)和公式(2.14),我们可以将二者合并,得到关于求解ATE的可忽略性假定:

$$(Y_i^0, Y_i^1) \perp D_i \tag{2.16}$$

以上就是可忽略性假定的核心内容。这个假定告诉我们,如果干预组和控制组在潜在结果上的差异可以忽略,那么就可以得到ATT、ATU和ATE的无偏估计。那么,在什么情况下干预组和控制组之间的差异可以忽略呢?一个最常见的情况就是随机分配。回顾之前关于费希尔随机对照试验的介绍,如果研究对象进干预组还是控制组完全由随机因素决定,那么这两组人在任何特征上的差异都可以忽略,其中当然包括 Y_i^0 和 Y_i^1,这也是通过随机对照试验可以直接计算平均干预效应的原因。

但如前所述,在观察研究中,研究对象进干预组还是控制组的决策不是随机决定的。例如,谁上大学、谁不上大学的背后充满选择性,很多因素都对大学入学机会具有显著影响,在这种情况下,干预组和控制组在 Y_i^0 和 Y_i^1 上的差异就是不可忽略的,通过上述方法计算出来的ATT、ATU和ATE就有偏差。这种偏差究竟来自哪里?接下来,我们将详细讨论这个问题。

二、观察研究及其偏差

基于观察数据,研究者可以计算出干预组和控制组在因变量上的均值,然后通过二者之差得到平均干预效应的一个估计量。在相关文献中,这个估计量常被称作"幼稚估计量"(naive estimator)[①]。从幼稚估计量这个称呼不难看出,该估计量在一般情况下并不是平均干预效应的无偏估计。

对一个样本数据而言,幼稚估计量的表达式为公式(2.17),其中,Ave( )表

① Stephen L. Morgan and Christopher Winship, *Counterfactuals and Causal Inference: Methods and Principles for Social Research*, 2nd ed., Cambridge University Press, 2014, pp. 56-58.

示计算样本均值。幼稚估计量的总体期望为公式(2.18)。

$$\hat{\delta}_{\text{naive}} = \text{Ave}(Y_i \mid D_i = 1) - \text{Ave}(Y_i \mid D_i = 0) \tag{2.17}$$

$$E(\hat{\delta}_{\text{naive}}) = E(Y_i \mid D_i = 1) - E(Y_i \mid D_i = 0) \tag{2.18}$$

如果将公式(2.9)代入公式(2.18),并通过适当变换,可以得到如下结果:

$$E(\hat{\delta}_{\text{naive}}) = \delta_{\text{ATE}} + \underbrace{[E(Y_i^0 \mid D_i = 1) - E(Y_i^0 \mid D_i = 0)]}_{\text{干预前异质性}} + \underbrace{[(1-p)(\delta_{\text{ATT}} - \delta_{\text{ATU}})]}_{\text{异质性干预效应}} \tag{2.19}$$

公式(2.19)清楚地展示了通过幼稚估计量估计 ATE 时会产生的两种偏差。第一种偏差来源于公式(2.19)中的第一个中括号,其含义是干预组个案和控制组个案在 Y_i^0 上的平均差异,因为 Y_i^0 发生在干预之前,所以这种偏差也被称作干预前异质性(pretreatment heterogeneity)。以上大学对收入的影响为例,存在干预前异质性意味着:上了大学的人即便没有上大学,他们的收入也可能与那些原本就没上大学的人不一样。导致这种偏差的主要原因是两组人在干预前不完全可比,例如上大学的人中男性较多以及其家庭背景较好、能力更强、更加努力聪明等,这些因素导致他们即便没有大学的加持,也会比那些没有考上大学的人挣得更多。在经济学研究中,干预前异质性也被称作选择性偏差,选择性意味着不同的人进入干预组和控制组的机会是不同的,这种机会上的差异导致直接对因变量进行简单比较会系统性地高估或低估干预的真实影响。

第二种偏差来源于公式(2.19)中的第二个中括号,它是两个项的乘积。第一项是控制组个案占总体的比例,这里的 p 可通过公式(2.8)计算得到。一般而言,控制组个案在总体中所占的比例不为0,所以这一项通常也不为0。第二项是 δ_{ATT} 和 δ_{ATU} 之差,这是决定第二种偏差是否为0的关键。如果个体层面的干预效应在干预组和控制组不存在系统差异,那么这一项为0,进而第二种偏差也为0。反之,第二种偏差将不等于0。由于第二种偏差取决于干预效应本身在不同组之间的异质性,因此这种偏差也被称作异质性干预效应偏差(differential treatment effect bias)。还是以上大学对收入的影响为例,存在异质性干预效应偏差意味着大学对上大学的人的影响与对没有上大学的人的影响有所不同。经济学认为,导致这种偏差的主要原因是自选择,如果人们预估到干预对自己的积极影响较大,就有较强的动力进入干预组,反之则倾向于留在控制组。

综上所述，通过幼稚估计量来估计 ATE 会受到两种偏差的威胁。只有在既不存在干预前异质性，也不存在异质性干预效应的情况下，幼稚估计量才是 ATE 的无偏估计。回顾之前对可忽略性假定的介绍，可以发现，如果 Y_i^0、Y_i^1 和 D_i 相互独立，即当可忽略性假定成立的情况下，这两种偏差都会变为 0。首先，如果 Y_i^0 和 D_i 相互独立，可以直接推论出干预前异质性为 0。其次，如果 Y_i^0 和 Y_i^1 都与 D_i 相互独立，那么 $Y_i^1-Y_i^0$ 必然也与 D_i 相互独立，这意味着个体层面的干预效应 δ_i 与 D_i 相互独立，在这种情况下，ATT 和 ATU 必然相等，因此异质性干预效应也不存在。由此可见，满足可忽略性假定是使用幼稚估计量推断因果的前提条件，但如前所述，这个假定在观察数据中是很难得到满足的。

鲁宾认为，可忽略性假定不满足意味着 D_i 的分配不随机，这时，需要基于理论对 D_i 的分配过程建模。如果 D_i 的取值受一组可观测变量 X 的影响，且排除 X 的影响以后，D_i 中的剩余部分与 Y_i^0 和 Y_i^1 条件独立，那么可以得到一个相对较弱的可忽略性假定，具体如下：

$$(Y_i^0, Y_i^1) \perp D_i \mid X \tag{2.20}$$

这个假定意味着，通过恰当的统计控制，可以得到平均干预效应的无偏估计值。但是到现在为止，我们还有两个问题没有解决。一是控制什么？这个问题需要借助珀尔提出的因果图才能得到较为充分的回答，我们将在第三章详细介绍。二是怎么控制？这个问题涉及很多不同的统计方法，我们将在本书后续的章节中陆续展开对各种统计方法的介绍。

练习

1. 什么是干预？什么是干预变量的可操控性原则？如何理解这一原则在社会科学研究中的作用？
2. 什么是稳定个体干预值假定？指出几种常见的违反该假定的情形。
3. 霍兰德所说的因果推断的根本难题是什么？请举例说明。
4. ATE、ATT 和 ATU 有什么区别？请举例说明这三个平均干预效应的含义。
5. 什么是可忽略性假定？我们在估计 ATT、ATU 和 ATE 时，分别需要假定什么？在什么情况下这些假定能够得到满足？什么情况下会被违反？
6. 什么是幼稚估计量？举例说明使用幼稚估计量估计 ATE 时的两种偏差。

第三章

因果图

本章重点和教学目标：

1. 理解因果图的基本元素与三种基本构型；
2. 掌握变量间相关关系的三种产生方式与因果推断偏差的三种来源；
3. 理解 D 分隔法则，能运用该法则进行因果识别；
4. 能运用因果图分析常见的内生性问题并解释各种因果推断方法的原理；
5. 能结合因果图理解控制变量的选取方法。

如第二章所述，基于反事实框架来理解因果情境往往需要依赖大量的代数推导，对于相对欠缺数理训练的社会科学研究者和青年学生不甚友好。而且现实因果情境往往十分复杂，即使是经过系统训练的统计学家和计量经济学家在表达之时也不免有错漏之虞，甚至积误相因，延及后学。那么，是否有一套兼具表达直观性和论证严谨性的因果表达方法能更形象地阐述变量之间的关系和相关的因果问题呢？

因果图（causal graph）就是这样一套表达系统。因果图最初由计算机科学家、图灵奖得主珀尔提出，仅使用图像和符号即可表达不同变量间的因果关联和推断策略，且与反事实框架背后的基本规则等价。在社会科学领域，摩根与温希普合著的因果推断经典教材《反事实与因果推断：社会研究方法与准则》

一书最早尝试将因果图系统引入课堂,并结合代数表达讨论不同情境下的因果推断问题,取得了非常好的教学效果。[①] 埃尔韦特与温希普合作发表的《内生性选择偏差:控制对撞变量导致的问题》一文,借助因果图框架深入解读了对撞变量给因果推断带来的显著影响。[②] 在以上文献的基础上,本章尝试将因果图引入中文定量社会科学教材。

本章第一节将首先为读者介绍因果图的基本概念与要素,并解读链状、叉状和反叉状三种组成因果图的基础构型。第二节将区分不同构型通路对应的开启和阻断规则,阐明在因果图框架下因果推断的三大偏差来源,即过度控制中介变量、未控制混杂变量和错误控制对撞变量引起的偏差。第三节将使用因果图阐释包括遗漏变量偏差、自选择偏差、样本选择偏差及联立性偏差在内的四种内生性问题,将因果图分析框架与当前主流因果分析系统进行兼容。同时借助因果图符号,图形化地呈现包括多元回归与匹配、代理变量、实验、工具变量、面板模型等在内的因果推断方法的运行机制。第三节还将使用因果图讨论控制变量的选取规则,并澄清一些因果分析中的常见误读。希望通过对因果图这一非参因果推断(non-parametric causal inference)框架系统的引介,为广大社会科学读者提供另一种理解因果问题的有益视角,从而帮助对因果问题感兴趣的研究者和学生深入具体情境、明晰偏差来源、澄清惯有误读、培养因果思维。

第一节　因果图的概念和要素

在经验研究中,很多学者习惯在日常讨论时用点线图辅助表达分析思路,尽管这些图往往不会呈现在正式的论文里,却仍然充当着实证研究的重要一环。珀尔等学者通过定义明确的规范和逻辑,将这些规则不定、随手摹绘的示意图化为严谨稳健的因果分析利器。社会学家摩根、温希普等人较早意识到

---

① Stephen L. Morgan and Christopher Winship, *Counterfactuals and Causal Inference: Methods and Principles for Social Research*, 2nd ed., Cambridge University Press, 2014, pp. 77-104.

② Felix Elwert and Christopher Winship, "Endogenous Selection Bias: The Problem of Conditioning on a Collider Variable," *Annual Review of Sociology*, Vol. 40, No. 1, 2014, pp. 31-53.

因果图在理解因果问题中的重要价值，并致力于在社会科学领域推广这一方法。

事实上，因果图以图形方式呈现因果系统中不同变量的关联规则，这在直观上与 20 世纪 90 年代流行的配套于结构方程模型的路径图（path diagram）十分类似。然而，不同于结构方程模型中每条路径对应一个线性回归系数，因果图中不同变量间的路径关联是非参数的。换言之，因果图仅表现变量间是否存在关系，不指定这些关系的具体形式。这便赋予因果图更为自由的表达形式和更加贴近现实的预设基础，这正是因果图的妙用所在。

一、因果图的元素与基本构型

因果图由三项元素构成：节点、线段和箭头。节点代表特定的变量。本章统一使用 T 表示解释变量（干预变量），Y 表示被解释变量（效应），X 表示信息可被获取的相关变量，U 表示信息不可获取的相关变量，其他变量在具体案例中特别指定。如图 3.1 左图中的变量 C 即充当 T 和 Y 之间的中介变量。线段代表两变量之间存在因果关联，而箭头则代表由"因"及"果"的方向。如图 3.1 左图中可观察变量 X 有两条箭头线分别指向变量 T 和 Y，即代表 X 能够导致 T 和 Y。需要注意的是，当图中任意两个变量间不存在箭头线时，代表两变量之间不存在因果关联。这是一项相当强的排斥性约束，需要研究者以足够的理论信心和经验证据作为支撑，如表现在图 3.1 左图中，意味着 X 与 C，U 与 T，以及 T 与 Y 之间均不存在直接的因果关系。

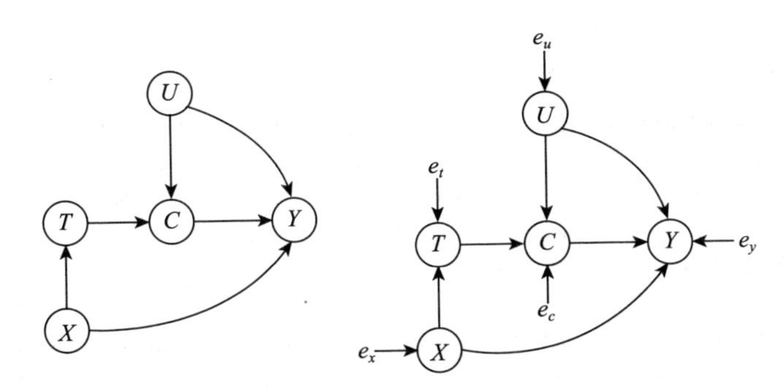

图 3.1　因果图示意

因果图也存在不同的细分类型。参考温希普等人的经验,本章的因果图专指开环有向图(directed acyclic graph, DAG)。所谓"有向",指所有存在于两变量间的连线均以箭头指明从因到果的方向。而"开环"则是说任何一条以特定变量为"因"的变量,都不会再指回到该变量。这一规则背后的逻辑在于,任何"因"与"果"之间都存在先后次序,"因"必先于"果"发生。[①] 这也意味着因果图无法直观地表现社会科学研究中常见的互为因果问题(联立性偏差),如个体的身体健康程度和收入水平之间可能存在相互促进的作用。但正如摩根和温希普所指出的,互为因果并不代表因与果真的同时发生,而是所使用的实证材料无法区分变量发生的先后,其解决有赖于改善实证材料、改进研究设计或改变问题假设。[②]

因果图中能够连接两个变量的所有方式称为通路(path),通路中不考虑箭头的方向,但每个变量最多只能出现一次。如图3.1左图中由T向Y的通路共有三条,为$T\rightarrow C\rightarrow Y$,$T\leftarrow X\rightarrow Y$,$T\rightarrow C\leftarrow U\rightarrow Y$。通路的存在表明两变量间具有相关的可能性,但具体通路是否能传导相关则依赖于下文将介绍的通路开启/阻断规则(law of unblock/block)。与之对应的是亲子变量关系,当一条通路中包含的所有箭头方向一致,则处于路径源头的变量为"亲代变量",处于路径末端的变量为"子代变量"。如通路$T\rightarrow C\rightarrow Y$中,对$T$而言,$C$和$Y$均为子代变量;对$Y$而言,$T$和$C$为亲代变量。概言之,"因"为亲,"果"为子。[③]

因果图是一种非参数估计工具。有别于在结构方程模型中指定不同变量间存在线性关联的假设,因果图中不预设变量参数的性质或变量相关性的统计推断形式。[④] 这意味着,在因果图中各个变量没有特定类型或分布的限定,可以是连续的、离散的、均质的或长尾的等。同时,变量间的关联也不存在特

① 社会学家谢宇曾与邓肯讨论过"圣诞节前疯狂购物"看似先有"果"(购物)后有"因"(圣诞节),但实质上,"因"是人们对圣诞节即将到来的预期,在时间次序上仍然先于"果"(购物)。

② Stephen L. Morgan and Christopher Winship, *Counterfactuals and Causal Inference: Methods and Principles for Social Research*, 2nd ed., Cambridge University Press, 2014, p. 80.

③ 一些研究还会具体区分"父代变量""子代变量""孙代变量"等,本章仅概括为"亲代变量"和"子代变量"。

④ 关于因果图相较于路径图的优势,可参考 Stephen L. Morgan and Christopher Winship, *Counterfactuals and Causal Inference: Methods and Principles for Social Research*, 2nd ed., Cambridge University Press, 2014, pp. 77-104。

定的形式,除线性之外,也可能是幂率、二次、异质等其他非线性相关。

无论多么复杂的因果图,均由三种最基本的构型组成。其一为链状(chain)构型,如图3.2(a),位于三个变量间的两处箭头线方向一致,即变量 A 通过中介变量 B 充当了变量 C 的“因”。对应到图3.1左图,$X \rightarrow T \rightarrow C$,$T \rightarrow C \rightarrow Y$,$U \rightarrow C \rightarrow Y$ 均是典型的链状结构。其二为叉状(fork)构型,如图3.2(b),即以同一个变量 A 为源头延伸出两条箭头线,同时指向另两个变量 B 和 C,我们将其概括为“共因”结构。在此情况下,作为另外两个变量共同之因的变量 A 被称为混杂变量。在图3.1左图中,变量 X 对于 T 和 Y 以及变量 U 对于 C 和 Y 均为混杂变量。其三为反叉状(inverted fork)构型,如图3.2(c),变量 A 与 B 分别有箭头线指向变量 C,变量 C 即 A 和 B 的“同果”。此状态下变量 C 被称为 A 和 B 的对撞变量,图3.1左图中除解释变量 Y 之外还存在一处对撞变量,即作为变量 T 和 U 同果的变量 C。

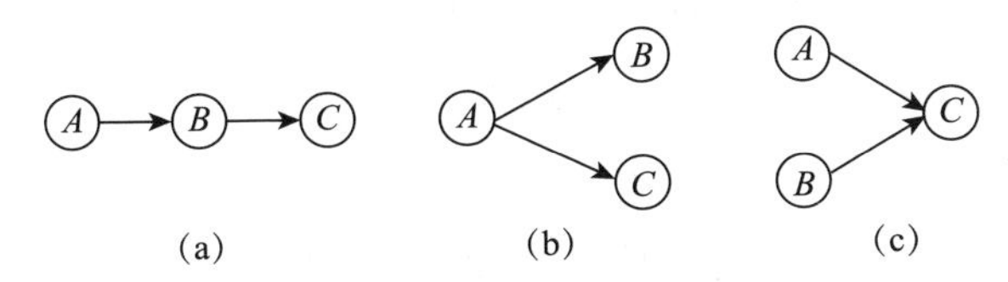

图3.2 因果图的三种基本构型

二、变量省略规则

在现实情境中,因果关系通常涉及许多相关变量。倘若将所有变量都纳入因果图,则不仅节点庞杂,而且箭头繁复,势必影响图形的可读性。事实上,所有变量并不必然需要呈现于因果图。那么,哪些变量需要被纳入,哪些变量可以被适当省略,是否存在相应的判别法则呢?

首先,需要指出的是,因果图中的某个节点可能代表多个变量组成的变量矩阵,而不仅仅是单个变量。例如,图3.1中的 X 节点,置于特定社会学问题下,就可以作为个体性别、种族、年龄等先赋性人口特征变量的统一指代,这便使得这些变量不需要再被逐个标注于因果图中。

其次,对于因果图中涉及的变量应当在何处“适可而止”,仍需回归到其背后的数学表达来看。如图3.1右图,实际上在珀尔的设计中,每个变量背后都

有一个误差项 e,对应代表由缺失其他变量所致的误差。这些缺失的变量相对于因果图中包含着的其他变量边际独立,代表在考虑因果图中相关变量信息之后该变量仍然不能被解释的部分。换言之,对因果图中包含的特定变量,图中其他与该变量相关的变量加上该变量自身对应的误差项 e 就可以完整覆盖该变量的信息。图 3.1 右图中各变量对应的数学表达式为:

$$X = f_X(e_x) \tag{3.1}$$

$$T = f_T(X, e_t) \tag{3.2}$$

$$C = f_C(X, T, U, e_c) \tag{3.3}$$

$$U = f_U(e_u) \tag{3.4}$$

$$Y = f_Y(X, T, C, U, e_y) \tag{3.5}$$

如前所述,因果图并不预设变量特征及其关联形式,这里数学表达中使用的 f 泛指存在函数关系,而不指定具体的相关形式。在一个因果图中,当其中所有变量都能被区分为因果图中的变量和与因果图中变量独立的误差项时,就可以认为该因果图中已包含了足够的变量,而不需再加入其他相关的变量了。需要注意的是,在实证场景下,是否满足这一条件仍依赖于个体研究者基于已有经验和理论做出的主观判定。当此条件得以满足,则这些变量对应的误差项 e 就可以在因果图中被省略,而展示为图 3.1 左图的形式。

第二节　因果图的理论逻辑

相关与因果是一对始终纠缠在一起的概念。而因果图的逻辑力量在于,可以借助图形的形式帮我们系统厘清变量间存在相关关系的各种可能性,进而帮助我们理解因果推断可能存在的三种偏差。本节将首先介绍变量间相关性的产生和偏差来源,之后借助 D 分隔法则和通路的开启/阻断规则阐释在实际研究中应该怎样消除这些偏差。

一、相关性及偏差来源

在探讨变量间相关性及偏差来源之前,首先需要厘清因果图对“控制”这一概念的理解。中文语境下作为量化术语的控制一词实际上对应英文中的

“control”和“condition”两个词，但英文中这两个词的所指存在一定的差别。前者多指将特定变量纳入回归模型，这也与当前中文语境里“控制”一词的使用一致；而后者则覆盖了更为广泛的含义，即控制的本质是以特定形式将某变量的信息引入分析过程，以实现针对特定群体的分析。此处，分析过程不再局限于回归模型，所用形式也不只纳入控制变量。其他控制方式包括基于个体特征进行分层、基于特定条件选择样本等，因果图中的“控制”概念即指这种“广义的控制”。在因果图中，一般使用方框“□”符号圈住特定变量来表现该变量以某种形式受到控制。

了解了因果图中“控制”的含义之后，即可讨论变量相关性与因果推断偏差的来源。具体来说，相关性与偏差的来源严格对应于因果图中的三种基本构型。根据因果图，如果两个变量之间存在相关关系，不论相关形式为线性或非线性，其来源有且仅有三种可能，而这三种相关性之源如果处理不当又会诱发三种对应的偏差。（见表 3.1）

表 3.1　三种偏差来源与解决方式

偏差来源	对应构型	产生偏差状态	消除偏差状态	对策描述	状态描述
过度控制	链状	 A→[B]→C	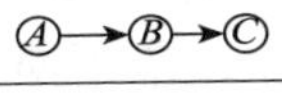 A→B→C	不控制中介变量	通路开启
混杂偏差	叉状	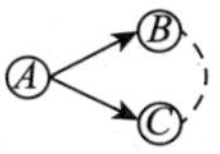 A→B；A→C；B - - - C	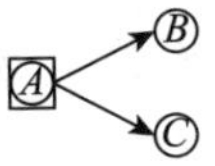 [A]→B；[A]→C	控制混杂变量	通路阻断
内生性选择偏差	反叉状	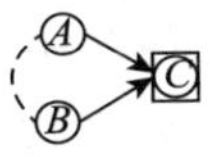 A→[C]；B→[C]；A - - - B	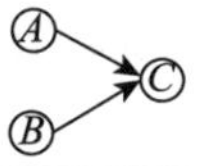 A→C；B→C	不控制对撞变量	通路阻断

1. 因果关系带来相关

当两个变量之间存在因果关系时，它们之间必然存在相关性。“T 能够导致 Y”本身就意味着两者间存在相关性，而确定这一关系也是因果推断的根本目标。需要注意的是，因果图中两个变量间的因果性可以直接由箭头连接，如图 3.1 左图中的 $T\to C$ 和 $C\to Y$；也可以是通过中介变量形成的链状构型，如 $T\to C\to Y$ 中，尽管间隔了变量 C，但 T 仍然是 Y 之“因”。这在社会科学研究中很常见，例如“学习能力→高考成绩→考入大学”之间，学生需要通过高考进入大学，由此，尽管高考成绩在学习能力和进入大学之间充当了中介变量，但较高的学习能力与进入较好大学之间的因果关联仍然清晰。

然而，如果对链状构型中的中介变量过度控制，就会带来产生偏差的可能。具体来说，由于错误地控制了中介变量，从而阻断或削弱了变量间真实的因果效应。表3.1中绘制了过度控制对应的因果图情况，由于变量 A 与 C 之间的因果效应依赖 B 传导，过度控制变量 B 会消除 A 和 C 之间本身存在的关系，从而会错误估计 A 和 C 之间不具有因果效应。

2. 混杂变量带来伪相关

对于叉状构型，当两变量间存在"共因"时，会在统计上体现出相关关系。如图3.2(b)，尽管 B、C 两变量之间本身不存在因果关系，但由于同时受到混杂变量 A 的影响而表现出统计相关性。一个典型的例子是"一打雷就下雨"，从气象成因的角度看，打雷并非下雨的原因；但如果记录打雷和下雨同时出现的频率，则无疑呈现高度的相关。这种相关性之所以存在，是因为打雷和下雨具有相同的原因（如湿度达到一定水平，形成积雨云等）。

对于希望确定变量间因果关系的实证社会科学来说，如不加分辨和处理，此类相关关系可能会误导研究者给出两变量之间存在因果关系的错误判断，因此这类相关关系又被称为伪相关。这是因果推断中最为常见的一种偏差来源。此时，如表3.1，如果控制混杂变量 A，则 B、C 两变量间的相关性被消除。其原因在于，既然变量 A 是导致变量 B、C 之间存在相关性的原因，那么将变量 A 的信息引入系统后，相当于将样本按照变量 A 的取值划分为特定数量的小组，对变量 B、C 关系的探索都发生于各小组内部。此时，B、C 之间的伪相关当然也随之不复存在，这也是定量研究中加入控制变量的原因所在。

3. 控制对撞变量诱导伪相关

对于反叉状构型，如图3.2(c)中当 A、B 两变量之间不存在因果关系，而仅有一个作为"同果"的对撞变量 C 时，A、B 两变量本身不会因变量 C 的存在而具有相关性。然而，如果我们错误地将变量 C 控制之后，在变量 A 与 B 之间会出现伪相关。不仅如此，控制对撞变量的子变量同样会诱发伪相关问题，其效果与直接控制对撞变量相同。

以埃尔韦特与温希普所举的好莱坞演员为例。[①] 为便于讨论,首先预设就人群整体而言,个人的才气和相貌间不存在关联,即两者间既无任何方向的因果关系,也不存在作为"共因"的混杂变量。其次,一项合理的预期是过人的才气和姣好的相貌都能够正向提升个体成为好莱坞演员的概率。套用图3.2(c)构型,则 A、B 两变量分别对应个体的才气和相貌,变量 C 则为是否能够成为好莱坞演员。那么,当控制作为对撞变量的 C 后,如只考虑那些成功成为好莱坞演员的个体,当已知该演员才气平庸时,那么基于此人成为演员的事实就可以推断其有极高概率相貌出众;反之,如果已知某演员相貌普通,就可以合理地推测其应当拥有过人的才华。由此,尽管个体才气和相貌这两项先赋因素本身不具任何因果关系,但在好莱坞演员这一特定人群中,两变量会呈现出反向的伪相关性。这种由于不当控制对撞变量产生的偏差被称为内生性选择偏差。在另一项研究中,摩根和温希普使用蒙特卡罗法(Monte Carlo method)模拟了大学申请者SAT成绩和面试得分情况——两项决定申请者能否被录取的主要指标,并预先赋予两者一个系数为0.035的正相关。随后,分别在模拟样本中检验录取和未获录取的两个群体内部个体SAT成绩和面试得分的关系。研究发现,对于获得录取者,SAT成绩与面试得分的相关系数为-0.64;而在未获录取者中,两变量的相关性为-0.23。[②] 这一结果直观地说明,不当控制对撞变量可能会带来严重的偏差,甚至诱导出完全错误的结论。

然而,不同于遗漏混杂变量导致的伪相关,由控制对撞变量引起的伪相关,其方向和程度均依赖于具体情境,所以对于这种伪相关我们不存在简洁通用的判断方式。根据流行病学等领域的学者针对内生性选择偏差影响的评估,当对撞变量为二分变量时,如果在系统中错误地控制对撞变量,引入的偏差幅度通常会与未能控制混杂变量而产生的影响相当。这说明在社会科学实证研究中,内生性选择偏差问题不容忽视。其解决方式是,认清系统内存在的

---

① Felix Elwert and Christopher Winship, "Endogenous Selection Bias: The Problem of Conditioning on a Collider Variable," *Annual Review of Sociology*, Vol. 40, No. 1, 2014, pp. 31-53.

② Stephen L. Morgan and Christopher Winship, *Counterfactuals and Causal Inference: Methods and Principles for Social Research*, 2nd ed., Cambridge University Press, 2014, p. 80.

对撞变量,并尽量避免控制这些变量。(见表3.1)

综上所述,链状构型代表的因果关系、叉状构型中未控制混杂变量引起的伪相关和反叉状构型中由控制对撞变量诱发的伪相关三种情形,基本覆盖了变量之间存在相关关系的所有可能。不仅如此,因果图中所有可能的偏差来源也被清晰地概括为三种类型,包括:(1)会削弱甚至消除变量真实因果效用的过度控制偏差;(2)未能控制混杂变量而引起的混杂偏差;(3)由错误控制对撞变量导致的内生性选择偏差。

二、D分隔法则

在因果推断过程中,研究者需要实现的目标是保留变量间真实的因果关系,同时避免可能存在的伪相关带来的偏差。体现在因果图中,即阻断解释变量和被解释变量间的所有非因果通路,同时保证所有因果通路均处在开启状态。单独在三种基本构型中区分偏差来源相对容易,但考虑到具体的因果图情境往往包含更多的相关变量和更为复杂的通路联结关系,要辨识出哪些通路应当被干预、哪些变量应当被控制则较为复杂。为此,珀尔总结出D分隔(D-separated)[①]法则来辅助判断。具体来说,在因果图中,当一条通路满足以下条件时,通路两端的变量之间不具有相关性:

(1)通路中存在一个被控制的混杂变量或中介变量(对应表3.1中混杂变量的消除偏差状态和过度控制的产生偏差状态)。

(2)通路中存在未被控制的对撞变量及其子变量(对应表3.1中内生性选择偏差的消除偏差状态)。

此时,称该通路被阻断,或称实现了D分隔。反之,当以上两条件均不满足时,该通路为开启状态,两端变量间存在相关性。由上可知,因为特定变量在某个通路中扮演的角色不同,控制该变量对所处通路的影响也不同。例如,当该变量为对撞变量时,控制对撞变量会开启原本被阻断的通路;反之,控制

① 字母“D”在此处表示方向(direction)。参见Judea Pearl, “Causal Diagrams for Empirical Research Rejoinder to Discussions of ‘Causal Diagrams for Empirical Research’,” *Biometrika*, Vol. 82, No. 4, 1995, pp. 702-710。

并非对撞变量的变量会关闭通路。

我们参考格林兰、珀尔和罗宾斯在一篇论文中给出的因果图案例解释运用D分隔的具体分析过程。[①] 如图3.3，假设D代表使用社会关系，E代表个体的收入，C为个人魅力，A为性格，B为相貌。要测量使用社会关系是否会影响个体收入，需要排除除了D直接到E的因果通路之外其他所有通路的干扰，即对这些通路实现D分隔。值得注意的是，图3.3中代表个人魅力的变量C本身是解释变量D与被解释变量E的混杂变量，同时是个体性格A和相貌B的对撞变量，而性格和相貌又与变量D和E相关。那么，要想估计D和E间的因果效应需要控制哪些变量呢？

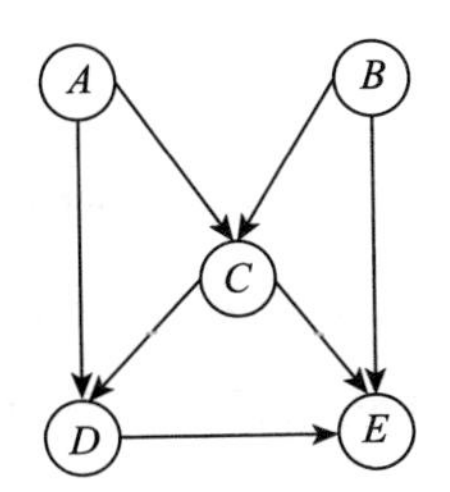

图3.3 因果图运用案例

首先罗列D和E之间的所有非因果通路，共计四条：(1) $D \leftarrow A \rightarrow C \leftarrow B \rightarrow E$；(2) $D \leftarrow A \rightarrow C \rightarrow E$；(3) $D \leftarrow C \leftarrow B \rightarrow E$；(4) $D \leftarrow C \rightarrow E$。可以发现，个人魅力$C$在通路(2)、(3)、(4)中或者为中介变量，或者为混杂变量，因而控制这一变量就能够阻断这三条通路。但问题在于，个人魅力C又是通路(1)的对撞变量，这意味着，控制个人魅力会开启通路(1)并带来新的偏差。因此，必须寻找通路(1)中的中介变量或混杂变量来阻断该通路，而个体性格A和相貌B均满足该条件。同时，由于变量D和E之间为直接因果关系，不存在被过度控制的可能。于是，就图3.3而言，需要同时控制变量C和A，或C和B，或C、A和B才能满足非因果通路的D分隔条件；而只控制变量C会带来内生性选择偏差。

---

① Sander Greenland, Judea Pearl and James M. Robins, "Causal Diagrams for Epidemiologic Research," *Epidemiology*, Vol. 10, No. 1, 1999, pp. 37-48.

第三节　因果图视野中的内生性问题

珀尔在其著作《因果论：模型、推理和推断》中证明，支撑现代因果推断最为重要的反事实框架背后的基本规则与因果图是等价的。本节，我们将从因果图视角重新审视因果推断，并尝试将因果图与现有的因果知识框架融合起来。具体来说，本节将首先讨论如何用因果图理解传统因果分析中的四类内生性问题，然后用因果图呈现主流因果推断方法的运行逻辑和适用场景，最后使用因果图厘清学界对因果推断的一些模糊认知。

一、因果图与内生性

回顾本章第一节对因果图变量省略规则的讨论，其条件为当某个变量对应的误差项与因果图中其他变量均无关时，该误差项中的因素就不必再显示于因果图中。如果我们将这一筛选条件与传统因果分析框架下的多元线性回归设定中的零条件均值假定（zero conditional mean assumption）进行比照，会发现颇为有趣的现象。具体来说，零条件均值假定要求多元线性回归在给定所有控制变量的情况下，误差项 ε 的条件期望为 0，即

$$y = \beta_0 + \beta_1 x_1 + \beta_2 x_2 + \cdots + \beta_k x_k + \varepsilon$$

$$E(\varepsilon \mid x_1, x_2, \cdots, x_k) = 0$$

如果该假定得到满足，则称相关控制变量为外生的；而一旦该假定无法得到满足，即解释变量或控制变量中存在 x_j 与误差项 ε 具有相关性时，x_j 即内生性解释变量，由此带来内生性问题。可见，外生性条件与因果图中的变量筛选条件是颇为一致的。而唯一的不同在于，因果图并不预设具体的变量特征及关联形式。也就是说，一幅完整的因果图能够在更广泛的层面上对应呈现所有内生性问题的场景。

导论中，我们将由内生性导致的相关问题汇总为四类：一般性遗漏变量偏差、自选择偏差、样本选择偏差和联立性偏差。本节将在此框架基础上，结合因果图进一步理解和讨论这些问题。

1. 一般性遗漏变量偏差

遗漏变量偏差指的是在回归模型中存在本该被控制却未被控制的变量，与因果图中混杂变量造成伪相关的情况对应。导论中我们曾举例，在探讨"找熟人"和职场成就间的因果效应时，如果未控制个体"口才"将会导致推断结果出现偏差。在因果图中，"口才"即找熟人和职场成就的混杂变量。如图3.4(a)，根据经验推断，一个人的口才会影响其对社会关系的使用情况，同时，口才本身作为能力的一个维度，也会影响个体能否在职场上取得成功，这就形成了典型的叉状构型。此时，即使假设找熟人与职场成就之间本身不存在因果关系，但如果不控制个体口才的话，也会因未能阻断解释变量和被解释变量之间的伪相关，而得出找熟人能够影响职场成就的错误结论。

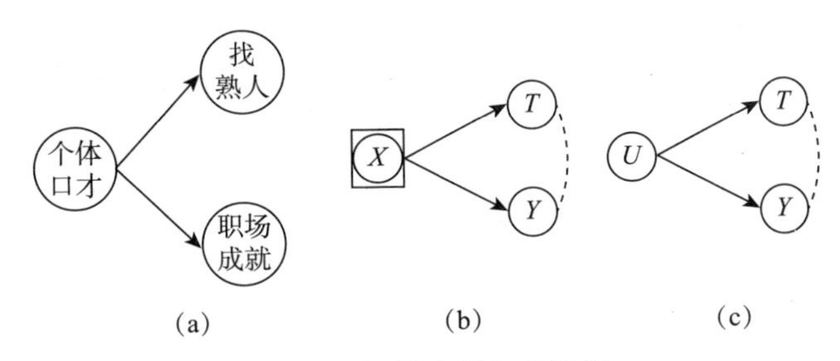

图3.4　遗漏变量与自选择

2. 自选择偏差

自选择偏差同样对应因果推断中的叉状构型。自选择指的是个体出于自身原因选择某些行为或参与到特定项目中，即干预变量并非随机分配的。此处，我们借用伍德里奇使用的两个案例来说明自选择问题。[①] 其一为在探讨个体饮酒行为对收入的作用时，可能存在一些未知的个体特征(如自控能力)，既决定了个体是否饮酒，又能影响个体的收入水平。其二为参与培训项目对学

① Jeffrey M. Wooldridge, *Introductory Econometrics: A Modern Approach*, 2nd ed., South-Western College Publication, 2002, p. 255.

生成绩的影响,学生是否参与培训项目与其家庭背景因素(如父母受教育程度、家庭收入水平等)有很大关系,而家庭背景又会影响学生成绩。两个案例同样是因果图中典型的叉状构型。

但自选择偏差相对于一般性遗漏偏差更特殊的地方在于,自选择偏差的混杂变量由于不易观测,通常难以对其直接控制而加以消除。如果我们使用 X 表示能够被观测到的变量,U 表示无法观测但会同时影响解释变量和被解释变量的因素,尽管面临的都是混杂变量干扰的问题,但相较于图 3.4(b),图 3.4(c)中的伪相关更难被消除。因此,相对于一般性的遗漏变量问题,自选择带来的偏差通常更难解决。

3. 样本选择偏差

样本选择偏差是相对更为复杂的一种情形。已有框架将这一情形解释为"因变量的观察仅仅局限于有限的非随机样本",即样本能否被观察到取决于其解释变量的取值,这一情况在计量教材中被称为内生性样本选择。伍德里奇曾举例,在讨论个体教育对收入水平的影响时,仅关注那些收入水平在特定条件下的人群,如年收入 10 万美元以上者,由此得到的教育对收入的影响与在整个人群中的实际影响程度不同。[①] 这就是典型的样本截断(sample trunction)问题。

应用因果图,考虑系统中存在一些不易被观测的因素(如个体智力等)会同时影响个体的教育水平及其未来收入。如前文所述,这些因素本身作为混杂变量,在不能被有效控制的情况下会带来偏差。但当所用样本基于因变量信息被截断后,相当于对因变量施加控制,系统中就会存在另一种由对撞变量带来的偏差。如图 3.5(a),被解释变量个体收入水平是同时受个体智力和教育水平影响的对撞变量,在以"年入 10 万"为标准对人群分层之后,实际上开启了另一层个体智力与教育水平之间的伪相关关系。由此带来的双重相关无法真实反映个体教育和收入水平间的真实关系。

---

① Jeffrey M. Wooldridge, *Introductory Econometrics: A Modern Approach*, 2nd ed., South-Western College Publication, 2002, p. 325.

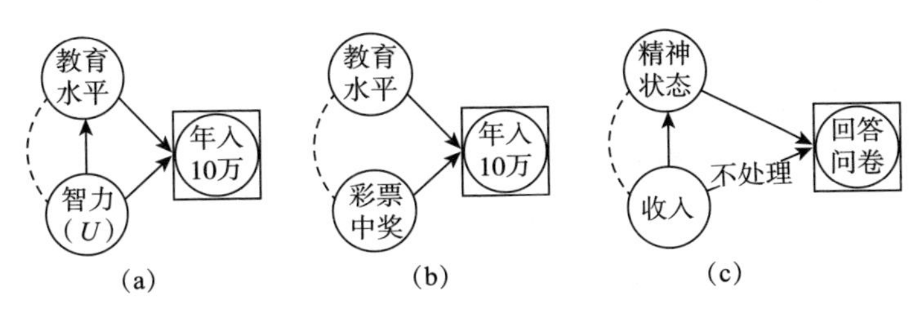

图 3.5　样本选择偏差案例

进一步而言，无论遗漏变量是否存在，基于因变量的样本截断总会给系统带来偏差。不妨将案例中的混淆变量“个体智力”换成一项与教育水平无关却会直接影响个体收入水平的因素，如彩票中奖（假设彩票的发售严格遵从随机程序）。在一般的回归分析过程中，这样的变量由于并不与自变量相关，因此可以被当作误差项而不需要被控制。然而，如图 3.5(b)，由于作为被解释变量的个体收入水平充当了教育水平和彩票中奖的对撞变量，当系统通过样本截断控制了个体收入水平后，就会导致教育水平和彩票中奖间的伪相关。此时，除了个体教育水平和收入水平之间本身存在的因果关系外，还开启了一条“教育水平→彩票中奖→收入水平”的通路。所以在此情况下，个体教育水平和收入水平间的相关程度同样不等于因果效应。推而广之，在实践分析中总会有类似“彩票中奖”这样的变量存在于与解释变量无关的误差项中，由于不可能穷尽构成误差项的所有因素并加以控制，故所有基于被解释变量的截断操作均会引入内生性选择偏差带来的伪相关。

此外，社会调查中常见的缺失值问题可以被视为内生性样本选择的一种特殊形式，进而通过因果图的内生性选择偏差视角来解读。[①] 当缺失值的出现与任何变量均无关，即完全随机缺失（missing completely at random）时，缺失值的存在并不会对该调查的效度产生任何影响。然而，当数据的缺失模式是与其他特定变量取值相关的随机缺失（missing at random），或是与自身取值相关的非随机缺失（missing at non-random）时，就可能影响到基于此项调查所得结果的有效性。借助因果图，可以清晰地理解这项工作的意义。

① Jeffrey M. Wooldridge, *Econometric Analysis of Cross Section and Panel Data*, 2nd ed., MIT Press, 2010, p. 778.

假设要使用抽样调查数据研究收入对精神状态的影响。在调查时,由于怕“丢脸”等心理,低收入群体有可能拒绝回答与收入相关的题目;同时,假设个体在精神状态不好的情况下更不愿意填写问卷。这时,问卷中数据是否缺失就成了收入和精神状态的对撞变量。如图 3.5(c),如果我们想探讨收入对个体精神状态的影响,在分析时不考虑这一对撞关系而直接使用未缺失的样本,就会开启反叉状通路,造成解释变量与被解释变量间存在额外的伪相关。在此情况下,仅考虑个体收入和精神状态间的相关程度不但不能反映两者间真实的因果效应,甚至可能得出与事实相悖的结论:收入少的群体的精神状态更好(否则不会去回答问卷),而精神状态较差的更有可能是高收入人群。其原因不难理解:精神状态差的低收入群体由于拒绝填答问卷而从分析中被排除了。尝试对缺失值进行精准预测的工作就着力于解决此类内生性选择偏差。假设在最理想的情况下,如果能通过某种方法将收入有缺失的样本值都补全,就不存在缺失值了,则图 3.5(c)中由收入到样本缺失值的箭头线就不复存在,从而提升了该项社会调查的有效性。

综上,赫克曼所说的“样本选择偏差”或伍德里奇所说的“内生性样本选择”与因果推断中讨论的“内生性选择偏差”的含义是重叠的,因果图能够以更为直观和规范的形式表达这一问题。

4. 联立性偏差

联立性或双向因果导致的偏差在社会学研究中很常见。在开环有向形式的因果图中,由于不允许两变量之间存在双向箭头,代表直观上“联立性”的图 3.6 左图与“开环”的要求不符,因而不会出现在因果图中。但前文已提及,真正的“因”与“果”之间必然存在时间的先后次序,所谓两变量 X 和 Y 互为因果,其真实含义是“X 能对随后发生的 Y 产生影响,同时 Y 也能影响到随后发生的 X”。也就是说,联立性偏差的本质是由于数据的精细程度不足而无法区分出变量发生的次序,其根本的解决方法是引入更精细的时间次序。

在因果图中,我们可以通过加入角标的方式,将同一变量细分为不同时段,进而描述变量间的联立性关系。如图 3.6 右图,尽管干预 T 和效应 Y 互有影响,但只是体现在 T_1 对 Y_2 和 Y_1 对 T_2 的作用上,而处在同一时段的 T_1 与

Y_1、T_2 与 Y_2 之间则并不具有直接的因果作用。此外,同一变量在不同时间段存在趋势延续性,因而 T_1 对 T_2 和 Y_1 对 Y_2 也存在箭头连接。需注意的是,图中仅截取了变量在两个时间段的相互作用情况,更前面的时间阶段并未在因果图中表现出来,真实的因果图状态应该是沿时间趋势以类似结构不断延伸的。加入时间角标后,因果图中通路的开闭规则仍然适用。就图 3.6 右图来看,要想评估 $T_1 \to Y_2$ 的因果效应,则需保持以下路径关闭:$T_1 \leftarrow X \to Y_2$,$T_1 \to T_2 \leftarrow Y_1 \to Y_2$,$T_1 \leftarrow Y_0 \to Y_1 \to Y_2$,$T_1 \leftarrow T_0 \to Y_1 \to Y_2$。[①] 根据 D 分隔法则,这些路径均可通过控制 X 和 Y_1 加以阻断。

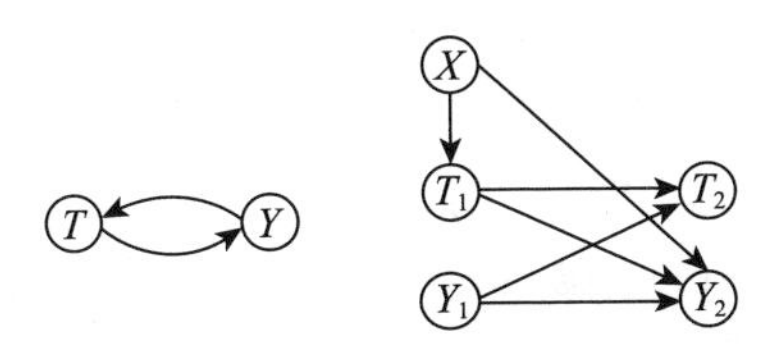

图 3.6　联立性偏差图示

基于以上讨论,表 3.2 将传统因果分析中内生性问题与因果图中偏差类型和典型构型一一对应了起来。具体来说,遗漏变量偏差与自选择偏差均对应于因果图中的混杂偏差;样本选择偏差及其特例非随机缺失值归属于不当控制对撞变量诱发的内生性选择偏差的范畴;联立性偏差本质上是数据质量问题,但在因果图中也可以用角标区分时间次序的方式表达;最后,对中介变量的过度控制多出现在机制探讨中,因而通常不被视为偏差的来源,但当研究者对变量角色的认知不甚明确时,也有可能导致过度控制问题。

表 3.2　内生性与因果图偏差类型对应表

偏差类型	对应因果图偏差	典型构型
遗漏变量偏差	混杂偏差	X→T, X→Y, T→Y
自选择偏差		U→T, U→Y, T→Y

① T_0 和 Y_0 是 T_1 和 Y_1 在之前一期的观测值。如果再上溯到更早的阶段,新增的路径仍都会经过 Y_1;Y_1 是 T_0 和 Y_0 的对撞变量,但不干扰 T_1 与 Y_2 的因果推断。

（续表）

偏差类型	对应因果图偏差	典型构型
样本选择偏差	内生性选择偏差	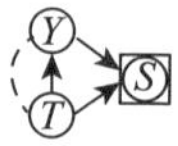
非随机缺失值		
联立性偏差		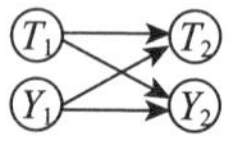
	过度控制	

二、因果图框架下的计量方法

现有因果推断框架主要解决误差项与解释变量相关导致的混杂偏差问题,而相对应的因果推断计量方法则主要围绕混杂变量展开,根据混杂变量能否被观测到需要采取不同的对策。第一种情况是,当混杂变量能够被观测到时,就可以通过在系统中控制这些混杂变量以消除或者减少偏差,常用计量方法包括多元回归和匹配;第二种情况是,当存在无法被观察和控制的混杂变量时,则需要根据情况选择寻找代理变量、实验或准实验、工具变量、面板模型、断点回归、双重差分等方法。

针对第一种情况,在多元回归中加入可能的控制变量是处理已知混杂变量的最常用方法,对应的因果图为图 3.7(a)。类似地,在倾向值匹配中,对倾向值的计算,并将其匹配或者分层的方法,实际上也是最大限度地对影响因变量的混杂因素进行控制,其逻辑和预期效用本质上来说同多元回归是一致的,因而同样可以表示为如图 3.7(a)的因果图形式。

针对第二种情况,首先,如果系统中存在无法直接观测的混杂因素,最直接的方法是寻找代理变量,在因果图中表示为图 3.7(b)的形式。如在社会科学研究中,经常使用考试成绩代理个体的认知能力,使用自评心理状况量表得分代理心理健康程度等。然而,如果代理变量不能完全反映对应变量的性质,仍会有部分混杂偏差遗留在系统中,具体如 3.7(c)。

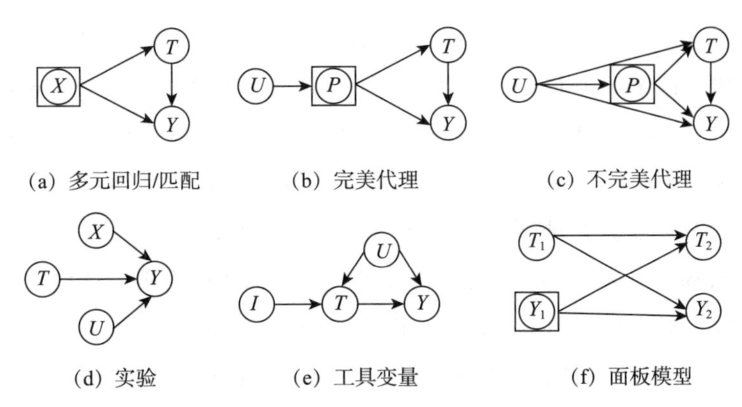

图 3.7　部分常用因果推断方法的因果图表达

其次,如果条件允许,理论上使用随机实验能够得到最为可靠的结果,如在图 3.7 (d)中,由于干预因素是随机分配的,故即使存在其他影响被解释变量的因素,也不会与自变量构成伪相关通路。此时,解释变量与被解释变量之间的相关程度直接反映了两者间的因果作用。这也是基于实验所得的结论往往被视为因果推断"黄金标准"(gold standard)的原因。

除此之外,工具变量是另一种常用的因果推断方法,它的基本逻辑如图 3.7(e),其中,I 为工具变量。作为完全外生的工具变量,I 仅能通过直接作用于解释变量 T 而影响因变量 Y,同时不与其他不可获取的变量 U 相关,进而可以估算自变量中直接受外生变量影响的部分对因变量的作用程度。不仅如此,该因果图同时反映了另一项重要信息:为什么工具变量的外生性无法用统计方法来证明。尽管工具变量 I 仅通过解释变量 T 作用于被解释变量 Y,但控制 T 后,I 与 Y 仍会存在相关性。这是由于解释变量是工具变量与混杂变量的对撞变量,控制解释变量后会开启 $I \rightarrow T \leftarrow U \rightarrow Y$ 的通路。因此,尽管工具变量与被解释变量间的通路完全由解释变量所中介,但我们不能通过控制解释变量来测试工具变量与被解释变量是否相关来判别工具变量的有效性。

面板分析也可以起到控制不随时间变化的未知混淆变量的效果。图 3.7(f)简要展示了面板模型的逻辑,参考上面关于联立性偏差的分析,通过控制所有混杂变量以及 Y_1 就能够阻断所有由 T_1 到 Y_2 的非因果通路。在实践中这种控制解释变量滞后项的做法为动态面板模型(dynamic panel model)。如果预设系统中前一阶段的被解释变量对后续阶段的被解释变量无直接影响,那么模型中不必纳入被解释变量的滞后项,此时为静态面板模型(static panel model)。

最后,当系统中存在内生性选择偏差时,赫克曼二阶段法是社会科学应用最广泛的纠偏途径。更为彻底的方法是提升数据质量或变更问题形式。但如果这种偏差不是由数据或系统本身导致(如样本截断、缺失值、特定样本群体等)时,可以基于因果图通过避免控制对撞变量或阻断伪相关通路来消除样本选择的影响。对于内生性选择偏差而言,最为重要的是准确判断是否存在对撞变量、能否避免开启伪相关以及会不会影响到因果推断的效度,这些均是因果图能够助力判断之处。

三、使用因果图厘清模糊认知

实证社会科学研究中长期存在一些广为流传却不甚准确的观点。作为一种直观严谨的图像化表达系统,因果图能够帮助研究者理清这些观点的背后原理,并进一步澄清其适用的条件和情境。这里以“控制发生在干预后的变量会低估因果效应”和“发生在干预之前的变量应当加以控制”两种流传甚广的观念为例加以说明。

1. 控制干预后变量未必带来偏差

计量课程常以图 3.8(a)为示意来讲解回归模型中控制变量的选取。其中,X 代表如人口特征变量等先赋因素,B 则为发生于解释变量后的变量。一般会建议控制 X 类变量而避免控制 B 类变量,其理由是控制 B 类变量会分散部分自变量对应的回归系数,并低估自变量与因变量之间的真实作用。

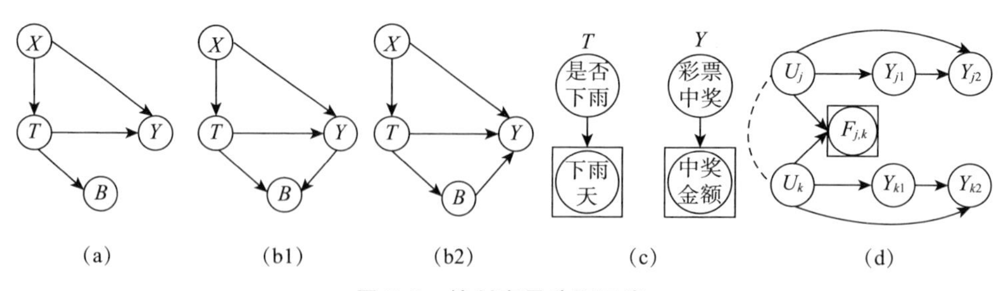

图 3.8 控制变量选取示意

然而,我们强调,如果 B 类变量与因变量 Y 之间不存在直接的因果关系,仅因同受解释变量 T 的影响而具有统计层面的相关性,则控制变量 B 对回归结果并不存在影响,解释变量与被解释变量的关联系数也不会被 B 分散。具体来说,如图 3.8(a),B 和 Y 之间不存在直接的因果关系,仅有"$B \leftarrow T \rightarrow Y$"和"$B \leftarrow T \leftarrow X \rightarrow Y$"两条通过混杂变量传导的通路诱发两者间的伪相关。而对这两条通路,控制变量 T 即可将其完全阻断。在多元线性回归的情况下,由于模型本身包含了解释变量 T,此时即使再将变量 B 作为控制变量纳入模型,B 对应被解释变量的回归系数也只会是 0,因而不会对回归结果产生任何影响。

事实上,要使纳入变量 B 确实能对 T 与 Y 间的因果效应产生影响,则在 B 与 Y 之间必须存在另外的不以 T 为中介的关系。但此时,在变量 B 不应被控制的论断背后,实际上存在着两种不同的情境。

第一种情境,如图 3.8(b1),由 Y 导致 B。这时,B 是 T 和 Y 的对撞变量,控制 B 会导致 $T \rightarrow B \leftarrow Y$ 通路开启,造成 T 和 Y 之间的伪相关,影响对两者间真实因果关系的判断。但是,这种影响的方向和程度依赖具体情境,无法一概而论。在这种情况下,变量 B 不应该被控制。

第二种情境,如图 3.8(b2),由 B 导致 Y。B 是作为中介变量中介了一部分由 T 到 Y 的因果效应,控制变量 B 后会导致对 T 与 Y 之间真实因果效应的低估。在这一情况下,变量 B 同样不应该被控制,且"控制变量 B 将分散自变量的回归系数"的说法才会成立。

此外,需要澄清的一点是,仅基于解释变量或被解释变量做出的样本选择并不会导致偏差的产生,伍德里奇称此为外生性样本选择。[①] 图 3.8(a)中控制变量 B 的做法可被视为对解释变量 T 进行了选择,但由于这种选择与变量 Y 不产生直接关系而不会影响 T 与 Y 之间的因果效应。不妨用一种理想化的极端情况进行说明:图 3.8(c)中分别以是否下雨为干预,彩票中奖为结果,而这两者本身是不存在任何关联的。控制干预为"下雨天"不会影响彩票中奖的概率;控制结果为"中奖"的条件下,当天是否下雨也与具体的彩票中奖金额无

① Jeffrey M. Wooldridge, *Introductory Econometrics: A Modern Approach*, 2nd ed., South-Western College Publication, 2002, p. 325.

关。在现实情况中,基于解释变量的自选择或被解释变量的样本选择往往会对因果推断造成偏差,其本质在于这些选择会以某种方式影响另一边,而非真正完全无关。

2. 控制干预前变量可能引起偏差

尽管流行观念认为,当特定变量发生在解释变量之前时,应当在系统中加以控制以消除偏差,但这样的操作同样存在风险。这是因为,一些对撞变量同样可能发生在解释变量之前,如果不加甄别,同样会诱导内生性选择偏差。我们援引埃尔韦特与温希普文中采用的一项社会网络案例加以说明。[①]

图 3.8(d)希望探讨个体 j 在时间 1 的社会参与是否会影响到与其熟识的个体 k 在时间 2(时间 1 之后)的社会参与程度。U 代表相关个体特性(如外向程度),这种特性显然会影响交友情况,同时会影响社会参与情况。$F_{j,k}$ 代表两个体间存在社会关系,这种关系发生在观测时间 1 和 2 之前。此时,即使假设 Y_{j1} 与 Y_{k2} 不具有直接的因果效应,但由于个体间存在社会关系是先验的,故"$Y_{j1} \leftarrow U_j \rightarrow F_{j,k} \leftarrow U_k \rightarrow Y_{k2}$"通路开启,$Y_{j1}$ 与 Y_{k2} 之间存在伪相关。这也是社会关系领域区分"物以类聚"和"近朱者赤"两种效应时面临的主要挑战。

练习

1. 请简述因果图的三种基本构型,并举例说明。
2. 因果图中哪些变量可以省略,哪些变量不可省略?请举例说明。
3. 请基于因果图的三种基本构型简述相关关系得以产生的三种方式。
4. 结合因果图简述因果推断偏差的三种常见来源。
5. 什么是 D 分隔法则?如何运用该法则进行因果推断?
6. 请使用因果图说明常见的四种内生性问题,并举例说明。
7. 请使用因果图解释各种因果推断方法的基本原理。
8. 请结合因果图说明控制变量的挑选方法。

---

① Felix Elwert and Christopher Winship, "Endogenous Selection Bias: The Problem of Conditioning on a Collider Variable," *Annual Review of Sociology*, Vol. 40, No. 1, 2014, pp. 31-53.

中编　基础方法

第四章

线性回归

本章重点和教学目标：

1. 理解线性回归的三种不同用途和与之相关的研究假定；
2. 理解条件期望函数的概念以及线性回归与条件期望函数之间的关系；
3. 理解模型误设偏差的概念及影响，知道减少模型误设偏差的方法；
4. 理解条件独立假定的含义及其对因果分析的作用；
5. 能使用两步法计算偏回归系数，理解遗漏变量偏差公式的含义；
6. 能根据具体研究问题判断哪些变量需要控制，哪些变量不能控制；
7. 理解因果效应的异质性以及在异质性条件下回归系数的加权方法；
8. 能正确使用回归调整估计量计算 ATE、ATT 和 ATU；
9. 能正确使用 Stata 软件进行回归分析。

线性回归（linear regression）是一种常见的统计分析方法，在实践中有非常广泛的应用。1886 年，英国著名统计学家高尔顿在研究父子两代人身高的遗传规律时率先提出了回归的概念。[①] 他发现，虽然平均而言，父亲的身高越高，

---

① 乔舒亚·安格里斯特、约恩-斯特芬·皮施克：《基本无害的计量经济学：实证研究者指南》（郎金焕、李井奎译），格致出版社 2021 年版，第 93—94 页。

儿子的身高也越高,但如果父亲的身高高于平均水平,那么儿子的身高不太可能比父亲高,而更可能比父亲矮;同样,如果父亲的身高低于平均水平,那么儿子的身高则不太可能比父亲矮,而更可能比父亲高。换言之,人类的身高有一种向总体均值回归(regression towards the mean)的倾向。

值得注意的是,高尔顿虽然在他的研究中将儿子的身高作为因变量,父亲的身高作为自变量,但他并不认为他发现的规律具有因果性,因为如果将因变量和自变量的位置交换,也会得到一条回归线。因此他认为,回归线只能代表一种相关关系,而不是因果关系。[①] 高尔顿的这一观点深刻影响了他的学生皮尔逊,后者提出的皮尔逊相关系数对后世的统计方法产生了极为深远的影响。与此同时,回归分析不能用来进行因果推断的思想也流传了下来,直到今天,使用线性回归进行因果推断的研究还是经常受到人们的质疑。

第一个用线性回归进行因果推断的统计学家是尤尔(George Udny Yule),他是皮尔逊的学生。在1899年发表的一篇文章中,尤尔想要研究政府对穷人的救助是否显著减少了英国贫困人口的数量,这是一个典型的因果问题。为了回答这个问题,尤尔利用数学家高斯提出的最小二乘法成功地将高尔顿的双变量回归拓展到了多变量的情形。通过纳入人口规模和人口结构这两个控制变量,尤尔发现,政府提供的救助增加了贫困人口的数量。[②] 虽然从当时来看,尤尔的方法在很多方面具有原创性,但从当代因果推断的角度说,尤尔的方法依然存在很多缺陷。首先,尤尔在回归分析时没有控制任何社会经济变量,但我们知道,社会经济状况对贫困和政府救助都有直接影响,应当进行统计控制。其次,尤尔的模型也存在反向因果的可能,从理论上看,很可能是贫困人口的增加导致政府加大了对穷人的救助,而不是相反。因此,尤尔很可能搞错了因果影响的方向,进而得出了政府救助会助长贫困的错误结论。

回顾上述历史可以发现,使用线性回归推断因果面临很多挑战,但这并不

---

① 朱迪亚·珀尔、达纳·麦肯齐:《为什么:关于因果关系的新科学》(江生、于华译),中信出版社2019年版,第38页。

② George Udny Yule, "An Investigation into the Causes of Changes in Pauperism in England, Chiefly During the Last Two Intercensal Decades," *Journal of the Royal Statistical Society*, Vol. 62, No. 2, 1899, pp. 249-295.

足以否定线性回归在因果推断中的重要地位。实际上,线性回归依然是目前应用最广泛的实证分析方法,而且,学习该方法也是掌握其他更加高深的因果推断方法的必要前提。本章主要从因果推断的角度介绍线性回归的原理与使用方法。除此之外,本章还将通过一个案例介绍使用 Stata 软件进行回归分析的技巧。

第一节　理解线性回归

线性回归是一种通过线性方程来描述一组自变量和因变量之间关系的统计分析方法。对任意个体 $i(i=1,2,\cdots,n)$,记研究的因变量为 Y_i,k 个自变量分别为 $X_{1i},X_{2i},\cdots,X_{ki}$,那么可以将其回归方程表示为

$$Y_i=\beta_0+\beta_1X_{1i}+\beta_2X_{2i}+\cdots+\beta_kX_{ki}+\varepsilon_i \tag{4.1}$$

其中,β_0 为模型截距(intercept);$\beta_1,\beta_2,\cdots,\beta_k$ 是与 k 个自变量对应的斜率系数(slope coefficient);误差项 ε_i 用来代表那些没有纳入模型的个体特征对因变量的影响。

如果我们定义矩阵:

$$\boldsymbol{Y}_{n\times1}=[Y_1,Y_2,\cdots,Y_n]^T$$

$$\boldsymbol{X}_{n\times(k+1)}=\begin{bmatrix}1 & X_{11} & X_{12} & \cdots & X_{1k}\\ \vdots & \vdots & \vdots & \vdots & \vdots\\ 1 & X_{n1} & X_{n2} & \cdots & X_{nk}\end{bmatrix}$$

$$\boldsymbol{\beta}_{k+1}=[\beta_0,\beta_1,\beta_2,\cdots,\beta_k]^T$$

$$\boldsymbol{\varepsilon}_{n\times1}=[\varepsilon_1,\varepsilon_2,\cdots,\varepsilon_n]^T$$

那么采用矩阵形式,线性回归模型(4.1)可以表示为

$$\boldsymbol{Y}_{n\times1}=\boldsymbol{X}_{n\times(k+1)}\boldsymbol{\beta}_{k+1}+\boldsymbol{\varepsilon}_{n\times1} \tag{4.2}$$

式(4.2)也常简记为 $\boldsymbol{Y}=\boldsymbol{X\beta}+\boldsymbol{\varepsilon}$。这里的 $\boldsymbol{Y}$ 表示因变量向量,$\boldsymbol{\beta}$ 表示总体参数向量,$\boldsymbol{X}$ 表示由所有自变量和一列常数 1 组成的矩阵,$\boldsymbol{\varepsilon}$ 表示随机误差向量。

从方程(4.1)和方程(4.2)不难发现,回归方程将观测到的因变量分解为两个组成部分:一是能够被自变量解释的结构部分,二是不能被自变量解释的

随机部分。但这里所说的结构部分并不一定具有因果性,因此,使用线性回归也不必然可以推断因果。实际上,现有研究通常在三种不同的意义上使用回归,而且与这三种使用方式对应的模型假定也不完全相同。[①] 因此,在介绍因果意义上的线性回归之前,有必要先了解回归的三种常见用途以及与之相关的回归假定。

一、回归的三种用途

线性回归的第一种常见用途是"描述"数据,这代表了传统统计学对回归分析的主流观点。对统计学家来说,回归分析的主要任务有两个:一是求解回归方程,即寻找一条最优回归线以尽可能好地概括数据特征;二是数据简化(data reduction),即使用最精练的模型来描述数据。针对第一个任务,统计学家提出了多种求解回归系数的方法,其中,最小二乘法(OLS)因为具有良好的统计性质受到了众多学者的青睐。针对第二个任务,统计学家提出了多种评价模型拟合程度的指标和模型筛选方法,例如通过逐步回归法(stepwise regression)在大量潜在的解释变量中寻找对模型最有解释力的变量组合。但需注意的是,通过逐步回归得到的模型只是在统计上最优或最"简约"的模型,它本身并不一定就是真实的模型。同样,通过最小二乘法求得的回归系数也不一定代表自变量对因变量的因果影响。事实上,统计学家从来没有宣称他们提出的方法可以帮助研究者找到真正的因果模型,因此,也很少对他们的模型进行因果解释。

线性回归的第二种常见用途是做"预测",这代表了工程学中非常流行的一种观点,即回归分析应当帮助人们通过已知来预测未知。举例来说,假设零件的强度与制造它时的温度和压强有关,那么通过现有数据构造出来的回归方程应当能够帮助我们预测不同温度和压强组合下零件的强度,进而为寻找强度最高的零件制造方法提供指引。与自然科学家和工程学家相比,社会科学家很少做预测,但近年来随着"机器学习"(machine learning)方法的快速发展,预测在社会科学研究中的重要性不断提升。对那些以预测为主要目标

① 谢宇:《回归分析》,社会科学文献出版社2010年版,第50页。

的回归分析来说，明确的因果关系并不是必需的，事实上，只要能够帮助提高预测的准确性，即便是那些明知没有因果关系的变量也可以纳入回归方程。而且在预测研究中，研究者也不用过于关心变量之间因果关系得以发生的具体机制，在很多情况下，得到一个有预测力的“黑箱”(black box)模型就足够了。

线性回归的第三种常见用途是做“解释”，即通过线性回归来获取自变量对因变量的因果影响。这是计量经济学对线性回归通常所持的观点。随着因果革命的爆发，这种观点对其他领域的影响正在扩大。本章主要是从因果推断的角度介绍回归，因此，我们也将秉持计量经济学家的观点来使用回归。需要注意的是，以因果解释为主要目标的回归分析与另外两种回归用法存在很大差别。举例来说，在做因果分析的时候，研究者通常不会非常在意模型的 $R^2$①，因为 R^2 的大小与回归系数是否具有因果解释力没有必然联系。大家可以想象，在一个随机对照试验中，简单的单变量回归就可以得到自变量对因变量的因果影响，但这个回归方程的 R^2 通常不会太大。相比之下，一个使用观察数据的多元回归模型可能包含很多自变量，因此有比较大的 R^2，但模型的 R^2 大并不代表该模型可以被用来进行因果解释。正如本章接下来将要展示的，如果该模型忽略了比较重要的控制变量，它依然会得到一个有偏的参数估计值。

综上所述，对因果分析来说，R^2 是大还是小并不重要，但是对于以描述和预测为主要目标的回归分析来说，R^2 却至关重要。首先，对描述性研究来说，R^2 越大意味着散点与回归线的距离越近，因此，大的 R^2 总能在更大程度上概括散点的特征。其次，对预测研究来说，R^2 也很重要，因为 R^2 在很大程度上代表了模型对因变量的预测力。不过在预测研究中，为了防止“过拟合”(over fit)，研究者通常会将数据分为两个部分：一部分用来拟合模型，称作“训练集”(training set)；另一部分用来评估模型对新数据的预测力，称作“预测集”(test set)。预测研究更加关心预测集中的 R^2，而不是训练集中的 R^2。总而言之，不

① R^2 是回归方程的判定系数(coefficient of determination)，它的值介于 0 和 1 之间。R^2 越接近 1，表示因变量的总变异中能被自变量解释的百分比越高，因此，R^2 通常被用来判定模型的拟合程度。

同的研究取向导致了不同的回归使用方法,因此,研究者在使用线性回归之前必须先明确自己的目标,然后才能找到最符合自身需求的回归方程。

二、理解回归假定

要想理解线性回归,必须首先理解回归假定。对于这些假定,不同教科书有不同的讲法。本章为了帮助读者更好地理解这些假定对回归分析的作用,我们将所有假定分成三组。

1. 方程求解假定

第一组是求解回归方程所必需的假定,因此称作方程求解假定。这组假定主要包括两条:

假定 A1:模型自变量数 k 与样本量 n 之间满足不等式 $n \geqslant k+1$。

假定 A2:模型自变量之间不存在完全共线性。

如果假定 A1 和假定 A2 同时得到满足,就可以通过最小二乘法得到回归系数的一组唯一解,如果用矩阵表示,回归系数向量的表达式为

$$\boldsymbol{\beta} = (\boldsymbol{X}'\boldsymbol{X})^{-1}\boldsymbol{X}'\boldsymbol{y} \tag{4.3}$$

通过公式(4.3)计算 $\boldsymbol{\beta}$ 的关键是矩阵 $\boldsymbol{X}'\boldsymbol{X}$ 可逆,而假定 A1 和假定 A2 就是保证 $\boldsymbol{X}'\boldsymbol{X}$ 可逆的两个必要条件。具体来说,假定 A1 要求,模型待估参数的数量不能超过样本量,否则,矩阵 $\boldsymbol{X}'\boldsymbol{X}$ 的行秩将不等于列秩,进而导致该矩阵的逆矩阵不存在。其实,假定 A1 在直观上很好理解。我们知道,根据一个样本可以建立一个线性方程,所以根据 n 个样本最多可以建立 n 个线性方程,而 n 个线性方程最多可以求解 n 个未知参数。由于回归方程包含一个截距项 β_0,所以模型自变量的数量最多有 $n-1$ 个,否则无法获得所有参数的唯一解。在社会科学研究中,数据的样本量通常很大,所以假定 A1 很容易得到满足,对那些经常与大数据打交道的研究者来说,可能根本意识不到存在这样一个假定。

接下来,我们再看假定 A2。该假定所说的完全共线性指的是某些自变量可以用其他自变量通过线性函数的形式完全表示出来。这是不被允许的,因为完全共线性会导致矩阵 $\boldsymbol{X}'\boldsymbol{X}$ 不满秩,而不满秩的矩阵无法进行求逆运算。在实际研究中,完全共线性大多是因为研究者同时纳入多个自变量及其线性

组合。举例来说,如果回归模型同时包含丈夫的收入(X_1)、妻子的收入(X_2)和夫妻收入之差(X_3),就会出现完全共线性,因为在这个例子中,$X_3 = X_1 - X_2$。除此之外,在将包含 g 个类别的分类变量以虚拟变量的形式纳入模型时,如果同时纳入 g 个虚拟变量,也会出现完全共线性,因为根据定义,这里的 g 个虚拟变量之和必等于 1。不过,只要研究者在设定回归方程的时候足够仔细,完全共线性问题是完全可以避免的。而且现在很多软件(如 Stata)在求解回归系数之前会自动对自变量之间的共线性问题进行排查,如果发现完全共线性,软件会自动删除一个变量,并在输出结果中给出提示。从这个角度来说,完全共线性对回归分析并不是一个很严重的威胁。即便研究者错误地设定了一个存在完全共线性的模型,也能及时在软件操作过程中发现并纠正这一错误。

综上所述,假定 A1 和假定 A2 在通常的回归分析中很容易得到满足,所以我们可以非常轻易地通过公式(4.3)求解回归系数。如果我们的主要目标是描述和预测,那么实现这一步在很多情况下就已经足够了。但是,如果我们想要对求解出来的回归系数赋予因果解释,那么就必须做额外的假定。

2. 因果推断假定

因果推断假定是对回归系数赋予因果解释所必需的假定,它包括两条:

假定 A3:模型的因变量 Y_i 是自变量 $X_{1i}, X_{2i}, \cdots, X_{ki}$ 的线性函数。

假定 A4:模型误差项 ε_i 与自变量 $X_{1i}, X_{2i}, \cdots, X_{ki}$ 不相关。

如果假定 A3 和假定 A4 同时得到满足,可以证明,通过最小二乘法得到的回归系数是无偏的。在这种情况下,我们可以把回归系数解释为自变量对因变量的因果影响。以 X_1 的回归系数 β_1 为例,我们可以将其解释为在控制其他变量的条件下,X_1 变化一个单位,因变量 Y 变化 β_1 个单位。

现在,我们来具体地解释这两个因果推断假定。首先来看假定 A3,它表示我们可以按照方程(4.1)将因变量设置为自变量的线性函数,因此,该假定也被称作模型设定假定或线性假定。不过,以往研究对这个假定存在很多误解。一种常见的误解是,假定 A3 使得研究者只能通过线性回归研究变量间的线性关系。实际上,通过恰当的非线性变换,线性回归也可以被用来研究变量间非常复杂的非线性关系。例如,在研究教育对收入的影响时,我们通常会对收入进行对数变换,以考虑教育对收入的非线性影响。此外,研究者也经常在回归方程中纳入自变量的二次项、三次项等高次项,以研究因变量与自变量之间各种复杂的非线性变化。微积分中的泰勒级数(Taylor series)展开定理告诉我们,任何非线性的函数关系都可以通过幂函数进行近似,而幂函数可以非常方便地纳入回归方程,从这个角度来说,通过线性回归可以研究所有非线性关系。只不过,研究者需要对这种非线性关系进行正确设定,这才是假定 A3 所要表达的核心内容。

对假定 A3 的另一种常见误解是,只有在模型设定完全正确的情况下回归分析才有意义。我们认为,在模型设定方面精益求精确实是科学研究应当采取的做法,但如果因为模型设定不完美而拒绝所有模型却是不可取的。众所周知,很多实际问题并不存在绝对正确的模型,因此,研究者能做的只是基于理论对真实模型进行某种程度的近似。如果这种近似足够好,那么研究者也能得到对实践有指导意义的结论。正如博克斯(George E. P. Box)所言:“所有模型都是错的,但有些是有用的。”因此,我们应当承认那些虽不完美但依然有实际用途的模型。关于这个问题,我们在本章第二节还会详细讨论。

再来看假定 A4,这个假定是决定回归系数是否具有因果解释力的关键。如前所述,假定 A4 要求在控制其他变量的条件下,回归模型中的所有自变量都与误差项相互独立,因此,这个假定也被称作条件独立假定。满足这一假定意味着研究者必须在模型中控制所有的混杂变量,因此,通过线性回归推断因果的关键在于解决两个问题:一是找到所有混杂变量,这可以借助珀尔提出的因果图和后门调整法进行寻找;二是将混杂变量通过恰当的方式纳入回归模型,这实际上就是要求回归方程满足假定 A3。不过与假定 A3 相比,假定 A4 对因果推断更加重要。我们将在本章第三节对这个假定进行更加详细的介绍。

3. 统计推断假定

如果回归分析使用的是样本数据,而不是总体数据,那么研究的任务就会有两个,一是求解回归系数的样本估计值 $\hat{\boldsymbol{\beta}}$,二是基于样本估计值对总体真值 $\boldsymbol{\beta}$ 进行统计推断。为了实现统计推断,研究者通常要做两个额外的假定:

假定 A5：误差项 ε_i 的方差相同，且相互独立。

假定 A6：误差项 ε_i 服从正态分布。

需要注意的是，统计推断与因果推断是两个完全不同的任务，因此，无论假定 A5 和假定 A6 在实践中是否得到满足，都不影响我们对回归系数的解释，它们影响的只是我们从样本值推断总体值的方式。

首先来看假定 A5，这个假定也被称作独立同分布假定，它包含两个组成部分：一是同方差假定，该假定意味着自变量无论取什么值，误差项 ε_i 的方差都是一个常数 σ^2；二是无自相关假定，该假定意味着对任意个体 i 和 j 而言，其误差项 ε_i 和 ε_j 之间无相关性。如果这两个假定成立，那么在大样本情况下可以证明，$\hat{\boldsymbol{\beta}}$ 的抽样分布渐进服从正态分布，其方差-协方差矩阵可以通过公式(4.4)得到。这个矩阵的主对角线元素的平方根就是回归系数的标准误，据此可以构造 t 统计量和置信区间。Stata 等统计软件默认输出的标准误、t 统计量、t 检验的 p 值以及置信区间就是根据公式(4.4)计算得到的。

$$\mathrm{Var}(\boldsymbol{b}) = \sigma^2(\boldsymbol{X}'\boldsymbol{X})^{-1} \tag{4.4}$$

需要注意的是，假定 A5 要求的独立同分布只是一种理想情况，它在实际研究中很少得到满足。不过，违反假定 A5 并不意味着无法进行统计推断。可以证明，只要样本量足够大，无论假定 A5 是否成立，$\hat{\boldsymbol{\beta}}$ 的抽样分布都渐进服从正态分布，只是其方差-协方差矩阵以及标准误不能通过公式(4.4)计算而已。对于这个问题，统计学家已经给出了多种校正方法。例如，针对异方差，研究者可以使用怀特提出的异方差稳健标准误计算公式获得正确的标准误，在 Stata 中，这可以通过在 regress 命令之后使用选项 vce(robust)得到。对于自相关，研究者也可以使用聚类稳健标准误来缓解自相关的影响，在 Stata 中，聚类稳健标准误可以通过在 regress 命令之后使用选项 vce(cluster)得到。此外，如果研究者可以较为准确地设定异方差或自相关的模式，也可以通过加权最小二乘法(weighted least squares, WLS)获得更有效率的系数估计值并进行正确的统计推断。总而言之，在大样本情况下，统计推断并不是一个难以解决的问题。

但是，如果研究者使用的样本量较小，就无法使用渐进理论获得 $\hat{\boldsymbol{\beta}}$ 的抽样分布，在这种情况下，我们必须借助假定 A6 才能进行统计推断。可以证明，如果 ε_i 服从正态分布，那么无论样本量大小，$\hat{\boldsymbol{\beta}}$ 的抽样分布都是正态分布，这样就可以按照大样本情况下的通常做法进行统计推断。需要注意的是,假定 A6 只有在小样本情况下才是必需的。① 因此,如果研究者使用的样本量较大,无须过于关注 ε_i 的分布形态。在小样本情况下,研究者可以通过绘制模型残差的分布图来检测其分布是否服从正态分布。如果不是正态分布,则可以对因变量进行适当的非线性变换。例如,对因变量进行对数变换可以缓解 ε_i 的右偏态程度,从而使其分布更加接近正态分布。读者可以参考相关的教科书以获取更多内容。

第二节 模型设定假定

第一节指出,使用线性回归推断因果的关键在于,回归方程要满足模型设定假定和条件独立假定。本节将重点介绍模型设定假定的内涵和违反该假定可能导致的偏差,与条件独立假定相关的内容将在下一节进行介绍。

一、线性回归与条件期望函数

要全面理解模型设定假定,需要引入条件期望函数(conditional expectation function, CEF)的概念。条件期望函数指的是自变量取不同值的时候,因变量的条件期望与自变量之间的函数关系,其表达式为

$$E(Y_i \mid \boldsymbol{X}_i) = f(\boldsymbol{X}_i) \tag{4.5}$$

公式(4.5)中的 $\boldsymbol{X}_i$ 是由多个自变量组成的自变量向量,我们可以穷尽 $\boldsymbol{X}_i$ 的所有取值并计算 $\boldsymbol{X}_i$ 取不同值时 Y_i 的总体均值,这就是 $E(Y_i \mid \boldsymbol{X}_i)$。一般来说,$E(Y_i \mid \boldsymbol{X}_i)$ 是 $\boldsymbol{X}_i$ 的一个函数,但函数形式未知。为了不失一般性,我们用 $f(\boldsymbol{X}_i)$ 来表示。

我们关注条件期望函数的一个重要原因是它有非常好的统计性质。而且,条件期望函数也与线性回归有着非常紧密的关联。接下来,我们将首先介绍条件期望函数的三个性质,然后介绍它与线性回归的关系。

---

① 对于什么是小样本,统计学并无严格定义。一般来说,当样本量小于 30 的时候应当被视作小样本,但如果样本量略大于 30,研究时也应当尽可能满足假定 A6。

条件期望函数的第一个性质是可分解性(CEF decomposition property),用公式表示为

$$Y_i = E(Y_i \mid \boldsymbol{X}_i) + \varepsilon_i \tag{4.6}$$

公式(4.6)中的 ε_i 与 $\boldsymbol{X}_i$ 相互独立,因此也与 $\boldsymbol{X}_i$ 的任意函数如 $E(Y_i \mid \boldsymbol{X}_i)$ 相互独立。由此可知,条件期望函数可以将随机变量 Y_i 分解为两个独立的组成部分:一是可以由 $\boldsymbol{X}_i$ 解释的部分 $E(Y_i \mid \boldsymbol{X}_i)$,二是不能由 $\boldsymbol{X}_i$ 解释的部分 ε_i。

条件期望函数的第二个性质是预测性(CEF prediction property),即使用 $E(Y_i \mid \boldsymbol{X}_i)$ 预测 Y_i 可以获得最小预测误差。具体来说,假设 $m(\boldsymbol{X}_i)$ 是关于 $\boldsymbol{X}_i$ 的任意函数,$Y_i - m(\boldsymbol{X}_i)$ 是使用 $m(\boldsymbol{X}_i)$ 预测 Y_i 的误差。可以证明,在 $m(\boldsymbol{X}_i) = E(Y_i \mid \boldsymbol{X}_i)$ 的情况下,可以使预测误差的总平方和最小。条件期望函数的这个性质表明,如果要使用 $\boldsymbol{X}_i$ 的一个函数来预测 Y_i,那么最佳预测函数就是 $E(Y_i \mid \boldsymbol{X}_i)$。

条件期望函数第三个性质是可以把 Y_i 的方差分解为独立的两部分之和:一是条件期望函数自身的方差,二是随机误差项 ε_i 的方差:

$$\mathrm{Var}(Y_i) = \mathrm{Var}(E(Y_i \mid \boldsymbol{X}_i)) + \mathrm{Var}(\varepsilon_i) \tag{4.7}$$

条件期望函数的这个性质类似于方差分析,因此,也被称作条件期望函数的方差分析定理。

通过上述介绍可知,条件期望函数具有很好的统计性质,但因为其函数形式未知,要获得它的可靠估计就比较困难。在实际研究时,研究者通常会使用线性回归估计条件期望函数,这主要有以下两个原因。

首先,根据线性条件期望函数定理(linear CEF theorem),如果条件期望函数本身是线性的,那么方程(4.1)所示的线性回归就是条件期望函数,因此可以通过线性回归得到条件期望函数的无偏估计。

其次,根据回归条件期望函数定理(regression CEF theorem),如果真实的条件期望函数不是线性的,但在回归方程中错误地设置为线性,那么通过线性回归依然可以得到条件期望函数的最佳线性近似。

结合这两个定理可以知道,无论真实的条件期望函数是不是线性的,线性回归都是估计条件期望函数的最佳方法。因此,这两个定理为我们在实践中使用线性回归提供了强有力的支撑。除此之外,结合这两个定理也能帮助我们更好地认识回归模型误设导致的偏差。

二、模型误设偏差

模型误设偏差(model misspecification bias)是因为错误地设置了自变量与因变量之间的函数关系而产生的偏差,通过上文可知,出现这种偏差的主要危害是无法通过线性回归得到条件期望函数的正确表达式,进而错误地估计 $\boldsymbol{X}_i$ 对 Y_i 的影响。

根据线性条件期望函数定理,只有当条件期望函数是 $\boldsymbol{X}_i$ 的线性函数时,使用线性回归才有可能得到条件期望函数的无偏估计。因此,消除模型误设偏差的最佳方法是尽可能地将非线性的条件期望函数变换为线性的。在这一方面,一个有用的分析策略是进行饱和回归(saturated regression)。

饱和回归指的是对 $\boldsymbol{X}_i$ 中每个变量的所有取值和取值组合都设置一个独立的虚拟变量,然后进行回归分析,这实际上是为每个可能的条件期望设置一个单独的回归系数,因而,可以最大限度地通过线性回归拟合非线性的函数关系。举例来说,如果 $\boldsymbol{X}_i$ 仅包含是否上大学这一个二分变量,那么仅需在回归方程中纳入一个虚拟变量;如果 $\boldsymbol{X}_i$ 同时包含是否上大学和性别两个二分变量,就需同时纳入这两个虚拟变量以及它们的交互项;依此类推。可以想见,在自变量数量不多且取值类别较少的情况下,饱和回归是可行的,但如果自变量很多或者包含连续取值的自变量,饱和回归就会因为待估参数过多而变得无法估计。为了避免出现这种情况,研究者时常需要对自变量与因变量之间的函数关系进行某种限制,如设置成线性、二次曲线或三次曲线关系,抑或对自变量和因变量进行对数变换等。做出这些限制可以大大减少待估参数的数量,但也会因此引入模型误设偏差。所以在实际研究时,研究者通常会面临一个两难的困境。

针对这个问题,我们的建议是,如果自变量不多且取值类别较少,可以使用饱和回归。但如果自变量较多或取值类别很多,则需要依据“简约原则”在保留变量间主要关系的基础上使用尽可能精练的模型。具体来说,研究者需要从理论和方法两个方面进行努力。一方面,研究者需要基于理论判断自变量与因变量之间的函数形态,如果理论认为是线性就设置为线性,如果理论认为是二次曲线的关系则设置为二次曲线,如此等等。另一方面,研究者也可以使用统计学家提出的各种模型筛选策略挑选对数据拟合最好的模型，如依据AIC、BIC等模型拟合指标[①]判断是选用包含更多变量的复杂模型还是更加简约的模型。

不过，无论研究者如何努力，实际研究中还是会存在模型误设的风险。对于这个问题，研究者需要时刻保持警惕，但也不必过于担心。一方面，经过前期的探索工作，研究者应当已经获得了一个对数据拟合较好的模型。另一方面，根据回归条件期望函数定理，即便回归方程的设定存在错误，线性回归也是对条件期望函数的一个最佳线性近似。因此，模型误设偏差即便存在，也已被控制在了一个最小的范围内。我们认为，在做回归分析的时候，研究者不能有绝对的完美主义倾向。无论如何，线性回归都只是一个模型，而模型之所以被称作模型是因为它是对现实的一种近似，而不是现实本身。正是在这个意义上，博克斯指出："所有模型都是错的，但有些是有用的。"我们认为，研究者应当理性看待因模型设定错误而产生的偏差。特别是对于那些以因果推断为主要目标的研究来说，模型误设偏差并不会在根本上导致回归方程失去推断因果的能力。从本质上说，一个回归方程是否可被用于推断因果的关键在于，其所致力于估计的条件期望函数本身是否具有因果解释的能力。如果条件期望函数可以推断因果，那么作为一种近似的线性回归也将在一定程度上被赋予因果性。因此，对因果推断而言，最重要的问题不是寻找完美无缺的回归方程，而是论证条件期望函数本身是否可被用于推断因果。关于这个问题，我们将在第三节详细介绍。

第三节　条件独立假定

如前所述，线性回归是估计条件期望函数的一个有效方法，且条件期望函数有很好的统计性质，如能帮助我们更好地描述数据和做预测等。但是，这些

① 与 R^2 类似，AIC 和 BIC 也是判断模型拟合程度的两个常见指标，它们的数值越小，模型拟合越好。与 R^2 相比，AIC 和 BIC 的优势在于它们会对复杂模型进行较大力度的惩罚，因此在实践中更加常用。

性质并不能保证条件期望函数可被用于因果推断,因此,也不能保证作为其线性近似的线性回归方程具有因果解释的能力。本章第一节曾经指出,为了使线性回归成为一种因果推断方法,我们必须假定在控制其他变量的情况下,回归模型中的所有自变量都与误差项相互独立,这就是条件独立假定。本节将详细介绍该假定的内涵、偏回归系数和遗漏变量偏差的定义。除此之外,本节也会结合案例介绍在回归分析时挑选控制变量的注意事项和常用技巧。

一、什么是条件独立假定

为了使读者更加清楚地理解条件独立假定,我们先来看一个简单模型,该模型仅包含一个二分自变量 D_i,$D_i=0$ 表示研究对象没有受到干预的影响,$D_i=1$ 表示研究对象受到干预的影响。在这种情况下,其回归方程可以表示为

$$Y_i = \beta_0 + \tau D_i + \varepsilon_i \tag{4.8}$$

相应的条件期望函数为

$$E(Y_i \mid D_i) = \beta_0 + \tau D_i \tag{4.9}$$

方程(4.8)是一个仅包含一个二分自变量的饱和回归,而饱和回归的回归方程就是条件期望函数,这可以从公式(4.9)得到证明。

基于公式(4.9)可以得到:

$$E(Y_i \mid D_i = 0) = \beta_0$$

$$E(Y_i \mid D_i = 1) = \beta_0 + \tau$$

因此,

$$\tau = E(Y_i \mid D_i = 1) - E(Y_i \mid D_i = 0) \tag{4.10}$$

细心的读者可能已经发现,公式(4.10)与公式(2.18)完全相同,因此线性回归方程(4.8)中 D_i 的回归系数 τ 实际上就是关于因果效应的幼稚估计量。基于第二章对鲁宾因果模型的介绍,使用幼稚估计量估计 ATE 时必须满足可忽略性假定,即$(Y_i^0, Y_i^1) \perp D_i$。这里的 Y_i^0 和 Y_i^1 是与 $D_i=0$ 和 $D_i=1$ 这两种干预状态对应的两个潜在结果。我们知道,可忽略性假定只在 D_i 随机分配的情况下才能得到满足。对于社会科学研究来说,随机分配通常仅出现在随机对照试验中,因此,实验研究可以通过线性回归得到干预变量对因变量的平均因

果影响。

但我们知道,大多数社会科学研究使用的是观察数据,而观察数据中的 D_i 通常不是随机分配的,因此不满足可忽略性假定,在这种情况下,通过线性回归得到的幼稚估计量并不能代表干预变量对因变量的因果影响。对此,一个常见的分析策略是在回归模型中增加控制变量 X_i,即使用如下回归方程:

$$Y_i = \tau' D_i + \sum \alpha_x 1(X_i = x) + \varepsilon_i' \tag{4.11}$$

其中,$1(X_i = x)$ 是一个示性函数,它表示当 $X_i = x$ 时,$1(X_i = x) = 1$;当 $X_i \neq x$ 时,$1(X_i = x) = 0$。示性函数可以针对 X_i 的每个取值生成一个单独的虚拟变量,将这些虚拟变量纳入回归方程可以实现饱和回归。如前所述,饱和回归的条件期望函数是线性的,因此方程(4.11)不存在模型误设偏差。如果在控制 X_i 以后,Y_i^0 和 Y_i^1 与 D_i 相互独立,那么可以证明,方程(4.11)中的回归系数 τ' 就是 D_i 对 Y_i 的平均因果影响。如果在控制 X_i 以后,Y_i^0 和 Y_i^1 与 D_i 仍不独立,那么 τ' 依然有偏,此时需要纳入更多的控制变量,直到 Y_i^0 和 Y_i^1 与 D_i 相互独立为止。

综上所述,通过线性回归估计平均因果效应的关键在于,找到一组控制变量 $\boldsymbol{X}_i$ 使得 $(Y_i^0, Y_i^1) \perp D_i \mid \boldsymbol{X}_i$ 成立,这就是条件独立假定(conditional independence assumption, CIA),该假定与鲁宾所说的有控制条件下的可忽略性假定具有相同的含义。[①] 在找到 $\boldsymbol{X}_i$ 以后,研究者还需通过恰当的方式将之纳入回归方程。研究者可以使用像方程(4.11)那样的饱和回归;如果饱和回归不易实现,研究者也可以使用第二节介绍的方法尽可能减少模型误设导致的偏差。

二、偏回归系数

通过上述介绍可知,线性回归是一种基于统计控制的因果推断方法。这

---

① 需要注意的是,一些教科书会使用条件均值独立(conditional mean independence, CMI)这个相对较弱的假定,该假定只要求 Y_i^0 和 Y_i^1 的总体均值在控制 $\boldsymbol{X}_i$ 后与 D_i 相互独立,至于 Y_i^0 和 Y_i^1 的其他分布特征在控制 $\boldsymbol{X}_i$ 后是否与 D_i 相互独立则没有明确要求。虽然从理论上说,条件均值独立假定较弱,且基于条件均值独立也可以得到线性回归无偏的结论,但在实际应用时,二者的差异并不大。

种统计控制可以在其回归系数的计算公式中得到更加清晰的体现。

具体来说,对于方程(4.8)所示的一元线性回归,D_i 的回归系数 τ 可以通过以下公式计算得到:

$$\tau=\frac{\mathrm{Cov}(Y_i,D_i)}{\mathrm{Var}(D_i)} \tag{4.12}$$

公式(4.12)的分子是 Y_i 和 D_i 的协方差,而分母是 D_i 的方差。

如果我们想在回归模型中控制 X_i,并采用方程(4.11)所示的回归方程,那么 D_i 的回归系数 τ'的计算公式将变为

$$\tau'=\frac{\mathrm{Cov}(Y_i,\widetilde{D}_i)}{\mathrm{Var}(\widetilde{D}_i)} \tag{4.13}$$

其中,$\widetilde{D}_i$ 是 D_i 对 X_i 进行饱和回归的模型残差。由此可知,我们可以通过两步法得到 τ'。第一步,以 D_i 为因变量,X_i 为自变量进行饱和回归,其回归方程见方程(4.14)。第二步,计算方程(4.14)的残差 $\widetilde{D}_i$,并将之代入回归方程(4.15),该方程中 $\widetilde{D}_i$ 的系数就是 τ'。

$$D_i=\sum\gamma_x 1(X_i=x)+\widetilde{D}_i \tag{4.14}$$

$$Y_i=\beta_0'+\tau'\widetilde{D}_i+\varepsilon_i' \tag{4.15}$$

综上所述,方程(4.11)通过多元线性回归控制 X_i 等价于将 D_i 中不能由 X_i 解释的残差剥离出来,并将之作为自变量进行回归分析。由于方程(4.15)所示的回归仅使用了 D_i 的部分信息,由此得到的回归系数也被称作偏回归系数(partial regression coefficient),这里的“偏”实际上就是“部分”之意。

三、遗漏变量偏差公式

从偏回归系数的计算公式不难发现,方程(4.15)中的回归系数 τ'是否具有因果解释力的关键在于方程(4.14)中的残差 $\widetilde{D}_i$ 是否像随机对照试验那样与 Y_i^0 和 Y_i^1 相互独立。为了做到这一点,我们必须在方程(4.14)中纳入所有控制变量,否则就会产生遗漏变量偏差。假设真实模型包含 k 个控制变量,但在

模型分析时我们遗漏了其中一个,那么遗漏这个变量会导致多大的偏差呢?

为了回答这个问题,不妨记模型的因变量为 Y_i,核心自变量为 D_i,被遗漏的那个控制变量为 X_{ki},其余 $k-1$ 个控制变量分别为 $X_{1i}, X_{2i}, \cdots, X_{(k-1)i}$。假设真实的回归方程为

$$Y_i = \beta_0 + \tau D_i + \sum_{k=1}^{k} \beta_k X_{ki} + \varepsilon_i \tag{4.16}$$

而实际分析使用的回归方程为

$$Y_i = \beta'_0 + \tau' D_i + \sum_{k=1}^{k-1} \beta'_k X_{ki} + \varepsilon'_i \tag{4.17}$$

那么,方程(4.16)和方程(4.17)中 D_i 的回归系数的变化量可以通过以下公式得到:

$$\tau' - \tau = \beta_k \gamma_D \tag{4.18}$$

公式(4.18)被称作遗漏变量偏差公式(omitted variable bias formula)。其中,β_k 为方程(4.16)中 X_{ki} 的回归系数,而 γ_D 则来自以下回归方程:

$$X_{ki} = \alpha_0 + \gamma_D D_i + \sum_{k=1}^{k-1} \gamma_k X_{ki} + \varepsilon_i \tag{4.19}$$

结合上述推导可知,遗漏变量造成的偏差有两个来源:一是遗漏变量对因变量的影响,如果在控制其他变量的情况下,遗漏变量对因变量没有影响,那么 β_k 将等于0,此时 β_k 与 γ_D 的乘积也将为0,遗漏该变量不会对 τ 的估计偏差产生实质影响;二是核心自变量对遗漏变量的影响,如果在控制其他变量的情况下,核心自变量对遗漏变量没有影响,那么 γ_D 将等于0,此时 β_k 与 γ_D 的乘积也将为0,遗漏该变量也不会导致模型对 τ 的估计产生偏差。

综上所述,只有在某变量同时与因变量和自变量相关的情况下,遗漏该变量才会导致偏差。这也从一个侧面说明,只有那些与自变量和因变量都相关的变量才是合格的控制变量。但是,这并不代表同时与因变量和自变量都相关的变量就是好的控制变量,接下来,我们将详细讨论这个问题。

四、好的控制与坏的控制

挑选控制变量是使用线性回归推断因果的第一步,也是最重要的一步,但现有研究关于控制变量的选择却存在很多误解。

一些研究认为,回归分析应当尽可能囊括所有对 Y_i 有解释力的自变量,因为从本质上说,线性回归是对 Y_i 建模,所以,回归方程应当仅包含对 Y_i 有显著影响的自变量。我们认为,这个观点是否正确取决于研究的目标。如果回归分析的主要目标是描述或预测,那么仅保留对 Y_i 有显著影响的自变量就是一种可行的变量筛选策略,但是,如果回归分析的主要目标是因果解释,那么这种方法就会出现问题。从上文介绍的遗漏变量偏差计算公式可以发现,如果一个自变量只与因变量 Y_i 有关,而与核心自变量 D_i 无关,那么它并不是一个合格的控制变量。将之纳入回归方程虽然会提高模型 R^2 和预测的准确性,但是对降低 τ 的估计偏差却没有任何帮助。虽然从某种程度上说,当模型整体的解释力提升时,单个回归系数的估计精度也会有所提升,具体表现就是回归系数的标准误会下降,但是对因果推断来说,最大的难题不是降低估计量的方差,而是减少其偏差。因此,我们应当以同时对因变量和核心自变量有影响作为挑选控制变量的第一准则。

此外,当我们强调控制变量需要对核心自变量有显著影响时,一个需要进一步澄清的问题是共线性。在很多与线性回归相关的教材中,共线性都被视作一个需要解决的问题,因而是研究者无法回避的。但是在因果推断的语境下,共线性却有很大的好处。因为如果变量之间没有任何共线性,统计控制就失去了应有的效果,我们做多元回归的意义也就不大了。既然如此,我们应当如何理解因果推断语境下的回归方程及其共线性问题呢?

对这个问题,我们认为,关键在于把握一个度。首先,对回归分析来说,完全共线性是不被允许的,因为这会导致方程无法求解,对此,本章第一节已有详细介绍。其次,变量间没有任何共线性的情况在社会科学中很少见,因为社会现象或多或少都有关联,所以共线性是普遍存在的,但需注意的是,不是所有的共线性都会导致问题。对因果推断来说,变量之间的适度共线性为实现统计控制创造了必要条件,因此是研究所必需的。但是如果变量间的共线性过强,如方差膨胀因子(variance inflation factor)超过 10 或容忍度(tolerance)低于0.1,因果分析也会受到影响。[①] 具体来说,这会导致回归系数的估计精度下降,一个最直观的表现就是,系数标准误上升和统计检验结果将变得不再显著。由此可知,高度共线性的主要危害是增加估计量方差,而不是偏差。在这种情况下,研究者需要结合统计检验结果来决定是否需要采取行动。如果统计检验依然显著,那么不需要做任何处理,因为在这种情况下,高度共线性对估计量方差的影响依然在可接受的范围内。但如果统计检验结果不显著,就需要进一步判断,这种不显著是因为自变量本身没有影响,还是因为高度共线性。如果在删除那些与核心自变量高度相关的控制变量以后,回归系数的估计值没有太大变化,但标准误明显下降,且统计检验也变得显著,那么基本可以判断是共线性的问题,这时最好将那些导致共线性问题的控制变量删除。如果删除这些变量以后,核心自变量的统计检验结果依旧不显著,那么可以认为自变量对因变量的影响很小,共线性不是导致核心自变量的统计检验结果不显著的主要原因。

综上所述,一个好的控制变量应当既对研究的因变量有影响,也对核心自变量有影响,但在实践中,很多研究者并不是严格按照这个标准挑选控制变量,而是选择那些同时与因变量和核心自变量相关的控制变量。需要注意的是,有影响和相关是两个不同的概念,不能混为一谈。如果仅以统计相关为标准,有可能会纳入非常糟糕的控制变量。这个问题可以借助珀尔提出的因果图进行说明。珀尔认为,通过统计控制估计因果的关键是找到所有混杂变量。混杂变量是同时对自变量和因变量有因果影响的变量。(见图4.1)我们认为,珀尔所说的混杂变量就是线性回归分析需要考虑的控制变量。从这个意义上说,线性回归与珀尔所说的通过"去混杂"来推断因果的分析思路完全一致。

---

① 方差膨胀因子和容忍度都是度量共线性的常用指标。假设某自变量与其他自变量的复相关系数的平方为 r^2,那么容忍度为 $1-r^2$,方差膨胀因子是容忍度的倒数,即 $\frac{1}{1-r^2}$。

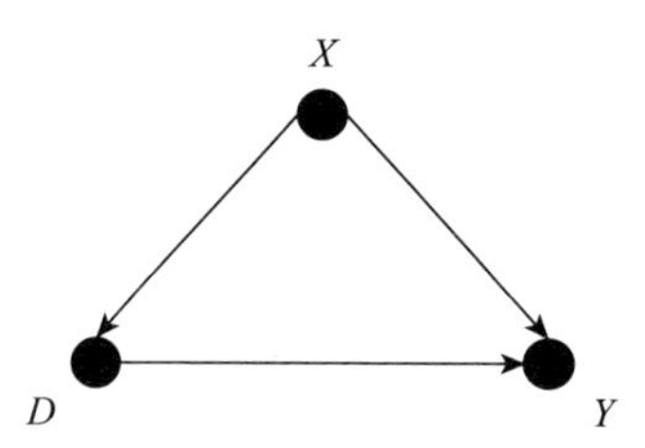

图 4.1　*X* 作为 *D* 与 *Y* 之间的一个混杂变量

但需注意的是,在混杂因子之外,珀尔还提出了另外两种同时与研究的因变量和自变量相关的变量。一是中介变量,这种变量在自变量与因变量之间发挥媒介或桥梁的作用。(见图 4.2)二是对撞变量,这种变量同时受到自变量和因变量的影响。(见图 4.3)虽然中介变量和对撞变量同时与因变量和自变量相关,但它们不是合格的控制变量,不能进行统计控制。①

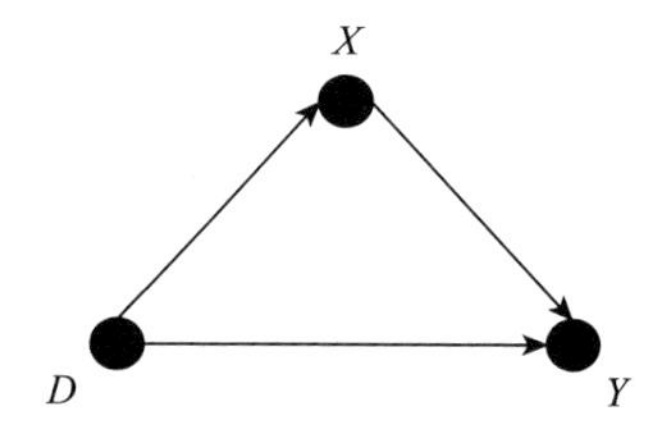

图 4.2　*X* 作为 *D* 与 *Y* 之间的一个中介变量

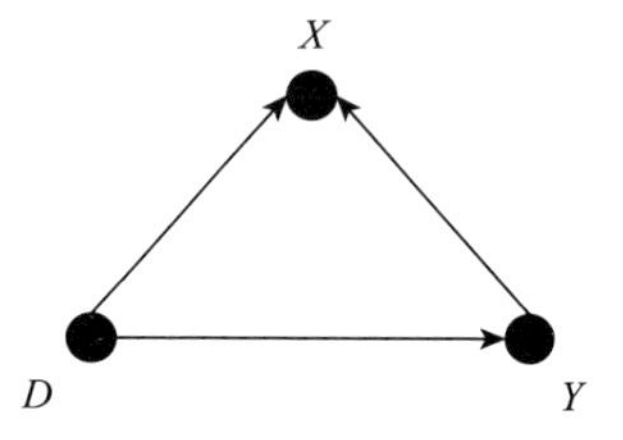

图 4.3　*X* 作为 *D* 与 *Y* 之间的一个对撞变量

为了使接下来的讨论更加具体,我们将以上大学对收入的影响为例进行说明。在这个例子中,研究对象的能力是一个混杂变量,因为能力强的人更可能考上大学,也更可能有较高的收入,所以它同时对自变量和因变量有因果影响,在研究时需要控制。但研究对象的职业却不是一个好的控制变量,因为职

---

① 具体原因请参考本书第三章。

业在很大程度上受教育水平影响,所以它是教育影响收入的一个中介变量,控制职业等价于排除了教育通过职业对收入的间接影响,这会导致我们低估教育的收入回报。最后,在这个例子中,研究对象居住在穷人区还是富人区是一个对撞变量,因为教育和收入会同时影响居住选择,控制它会引入对撞偏倚,导致研究失败。

综上所述,在回归分析时,控制变量的选择有非常严格的标准,不能想当然地认为与因变量和自变量都相关的变量就是好的控制变量。与此同时,那种认为控制越多越好的观点也是错误的,因为如果控制了不该控制的变量,反而会事与愿违。我们认为,同时与自变量和因变量相关可以作为筛选控制变量的初步判断标准,但绝不能作为唯一的判断标准。研究者需要基于理论判断各变量之间的相互关系,然后通过因果图确定哪些变量是该控制的混杂变量,哪些是不该控制的中介变量和对撞变量。只有这样,接下来的回归分析才有价值。

第四节　因果效应的异质性

本节将引入一个新的问题:因果效应的异质性。也就是说,在接下来的讨论中,我们将假定自变量对因变量的影响因人而异。与同质性假定相比,这显然是一个更加现实的假定,但在增加这个假定之后,回归分析也将变得更加复杂。本节将介绍异质性假定对线性回归的影响和针对该问题的分析方法。

一、分解回归系数

为了使接下来的讨论更加具体,我们还是从一个简单模型开始。假设我们主要关注二分自变量 D_i 对 Y_i 的影响,同时假设 X_i 是唯一的混杂变量,也就是说,在控制 X_i 之后,条件独立假定成立。根据上一节的介绍,在这种情况下,可以使用方程(4.11)得到 D_i 对 Y_i 的因果影响。但现在,我们假设 D_i 对 Y_i 的因果影响因人而异,因此真实的模型不是方程(4.11),而是方程(4.20)。

$$Y_i = \tau_i' D_i + \sum \alpha_x 1(X_i = x) + \varepsilon_i' \tag{4.20}$$

与方程(4.11)相比,方程(4.20)的唯一区别是 D_i 的回归系数多了一个下角标 i,这表示 D_i 对不同的人有不同的影响。显然,这个模型更加贴近现实,但遗憾的是,它是不可识别的,因为该模型中待估参数的数量超过了样本量,根据假定 A1,我们无法求解这个方程。正因如此,在假定因果效应存在异质性的情况下,研究者只能退而求其次,通过一个不完美的方程(4.11)去估计 D_i 对 Y_i 的平均因果影响。从这个意义上说,方程(4.11)中的 τ' 不能解释为 D_i 对任意个体的真实影响,而只能解释为所有个体层面因果影响的平均值。那么,从线性回归的角度来说,这种平均值是如何计算出来的呢?

如果按照通常的理解,τ' 应当是 τ_i' 的算术平均,即 $\tau'=E(\tau_i')$。但真实情况并非如此。研究表明,线性回归会通过一个非常复杂的公式计算 τ_i' 在控制变量 X_i 取不同值的情况下的加权平均值:

$$\tau' = \sum \frac{\mathrm{Var}(D_i \mid X_i = x)p(X_i = x)}{\sum \mathrm{Var}(D_i \mid X_i = x)p(X_i = x)}\tau_x' \tag{4.21}$$

公式(4.21)非常复杂,有必要分三步讲解。

第一步,计算 τ_x'。它是 $X_i=x$ 的情况下 τ_i' 的平均值,即 $\tau_x'=E(\tau_i' \mid X_i=x)$。这一步很容易实现,研究者只需筛选出 $X_i=x$ 的子样本,然后针对这个子样本拟合回归方程(4.8),该回归方程中 D_i 的系数就是 τ_x'。

第二步,计算权重 $\mathrm{Var}(D_i \mid X_i=x)p(X_i=x)$。这个权重包括两部分:一是在 $X_i=x$ 这个子样本中,自变量 D_i 的方差 $\mathrm{Var}(D_i \mid X_i=x)$;二是 $X_i=x$ 这个子样本占总样本的百分比 $p(X_i=x)$。这两个值均可直接从数据得到。

第三步,使用第二步得到的权重计算 τ_x' 的加权平均值,即可得到 τ'。

在以上三个步骤中,第二步计算的权重需要特别关注。尤其是,这个权重计算公式包含了自变量的条件方差,即 $\mathrm{Var}(D_i \mid X_i=x)$。如果不包含这一项,或者说仅以 $p(X_i=x)$ 作为权重,那么可以证明,公式(4.21)将等价于直接对 τ_i' 求平均。因此,公式(4.21)中特殊的加权方法是导致其计算结果与 $E(\tau_i')$ 不等的主要原因。比较这两种不同的加权方法可以发现,如果以 $p(X_i=x)$ 作为权重,那么计算结果将对那些样本占比较高的 τ_x' 赋予更高的权重。而如果以公式(4.21)所示的权重计算,那么自变量的条件方差较大的 τ_x' 将获得较大的权重。在实际研究中,这两种加权方案的优劣很难判断。虽然以 $p(X_i=x)$ 作为权重更加直观,但公式(4.21)中的权重也有其优势,这具体表现在两个方面。

首先,因为 D_i 是一个二分变量,其方差将在 $p(D_i=0.5)$ 的子样本中达到最大值。这意味着,那些干预组个案和控制组个案比较平衡的子样本在回归分析时对 τ' 的贡献更大。我们知道,干预组和控制组越平衡,估计出来的平均干预效应越准确。因此,从这个角度来说,公式(4.21)中的加权方案更有效率。

其次,权重计算公式中包含 $\text{Var}(D_i \mid X_i=x)$ 也可以将那些只有干预组个案或只有控制组个案的子样本自动过滤掉。因为在实际计算时,这些子样本的条件方差等于0,相应的权重也是0,因此,它们不会对回归模型计算 τ' 产生影响。从直观上看,将这些子样本排除出去是完全合理的,因为如果一个子样本中只有干预组个案或只有控制组个案,无法计算平均干预效应。

综上所述,在因果影响存在异质性的情况下,通过线性回归得到的是一个关于异质性因果影响的加权平均值,且这个值有别于对异质性效应的简单平均。线性回归的上述特点使其在某种程度上与第五章将要介绍的匹配估计量有很多相似之处。例如,二者都是对异质性因果效应的加权平均,且都要求干预组个案和控制组个案尽可能平衡等。关于这一点,我们将在第五章详细介绍。

二、回归调整估计量

第二章曾经提到,如果个体层面的干预效应存在异质性,那么 ATE、ATT 和 ATU 将不会完全相等,在这种情况下,有必要对它们分别进行估计。接下来,我们将介绍一种通过线性回归来估计 ATE、ATT 和 ATU 的方法,即回归调整估计量(regression adjustment estimator)。

回归调整估计量的思路并不复杂,下面将通过一个例子来说明。假设我们主要关注二分自变量 D_i 对 Y_i 的影响,但 D_i 对 Y_i 的影响存在异质性。假设 X_i 是唯一的混杂变量,在这种情况下,我们可以通过以下方法计算 ATE、ATT 和 ATU。

首先,针对干预组个案和控制组个案分别拟合回归方程。

干预组方程: $$Y_i^1 = \sum \alpha_x 1(X_i = x) + \varepsilon_i^1 \tag{4.22}$$

控制组方程: $$Y_i^0 = \sum \beta_x 1(X_i = x) + \varepsilon_i^0 \tag{4.23}$$

其次,将干预组个案的 X_i 代入方程(4.23),得到其 Y_i^0 的预测值 $\hat{Y}_i^0$。同理,将控制组个案的 X_i 代入方程(4.22),得到其 Y_i^1 的预测值 $\hat{Y}_i^1$。

再次,估计个体层面的干预效应。对于干预组个案,个体层面的干预效应可通过因变量的观测值减去第二步得到的 Y_i^0 的预测值 $\hat{Y}_i^0$ 得到;对于控制组个案,个体层面的干预效应可通过第二步得到的 Y_i^1 的预测值 $\hat{Y}_i^1$ 减去因变量的观测值得到。

最后,对全部个案计算个体层面干预效应的平均值,即可得到 ATE。如果仅对干预组个案进行计算,得到的是 ATT;而对控制组进行计算,得到的就是 ATU。

通过上述方法求解 ATE、ATT 和 ATU 的关键是满足条件独立假定。对 ATT 来说,需要保证 $Y_i^0 \perp D_i \mid X_i$ 成立;对 ATU 来说,需要保证 $Y_i^1 \perp D_i \mid X_i$ 成立;对 ATE 来说,则要同时满足这两个条件,即要保证$(Y_i^1, Y_i^0) \perp D_i \mid X_i$ 成立。

第五节　线性回归的 Stata 命令

本节主要介绍使用 Stata 软件进行回归分析的方法和技巧。我们将首先介绍几个常用的 Stata 命令,然后通过一个案例进行演示。

一、命令介绍

Stata 中实现线性回归的主要命令是 regress,其基本语法如下:

```
regress depvar [indepvars] [if] [in] [weight] [, options]
```

其中,regress 是命令名,depvar 是因变量,indepvars 是自变量,if 用来设置命令执行条件,in 用来设置观测个案的范围,weight 用来设置权重。最后,命令还包含很多选项,其中比较重要的几个选项是:

◆ beta：表示输出标准化回归系数，否则输出非标准化系数；

◆ vce(robust)：表示使用怀特异方差稳健标准误，否则使用常规标准误；

◆ vce(cluster clustvar)：表示针对变量 clustvar 计算聚类稳健标准误，否则使用常规标准误；

◆ level(#)：设置置信区间的置信度，默认为 95%，即 level(95)。

在使用 regress 命令的时候，有几个注意事项。第一，自变量若为多分类变量，可以在变量名前通过“i.”自动生成虚拟变量纳入模型。第二，若要在模型中纳入两个自变量的交互项，一个简便方法是用“#”将这两个变量相连，但需注意的是，如果其中有变量是连续变量，需要在变量名前加“c.”，否则 Stata 默认将之当作分类变量进行交互。第三，用“#”将两个变量相连只能纳入两个变量的交互项，不能同时纳入主效应项；若要将主效应项也纳入，需要用“##”将变量连接起来。第四，在执行 regress 之后，有很多附带命令可以使用，其中比较重要的一个是 predict，使用该命令可以预测出模型的拟合值和残差等。具体使用方法我们将在案例中进行介绍。

除了 regress 之外，在 Stata 中还可以通过命令 teffects ra 直接得到回归调整估计量，其基本语法如下：

```
teffects ra (ovar omvarlist [, omodel]) (tvar) [if] [in] [weight] [, options]
```

其中，teffects ra 是命令名，其后的第一个小括号用来设置结果方程。ovar 是结果方程的因变量，omvarlist 是协变量，即本章所说的需要在回归模型中加以统计控制的变量。在默认情况下，Stata 将使用线性回归拟合结果方程，但研究者也可以通过 omodel 设置其他估计方法，这取决于结果方程中因变量的类型。本章仅考虑因变量是连续变量的情况，因此，将使用软件默认的线性回归法进行估计。teffects ra 命令后的第二个小括号用来设置干预变量，tvar 是变量名，它必须是一个分类变量，通常是一个二分变量。该命令中 if、in 和 weight 与 regress 命令相同，此处不再介绍。在选项方面，比较重要的有：

◆ ate：估计 ATE，这是软件默认的输出结果；

◆ atet：估计 ATT；

◆ pomeans：估计潜在结果均值；

◆ vce(robust):使用怀特异方差稳健标准误;

◆ level(#):设置置信区间的置信度,默认为95%,即level(95);

◆ control():设置与控制组对应的干预变量的取值,默认以取值为0的那一类作为控制组;

◆ tlevel():设置与干预组对应的干预变量的取值,默认以取值为1的那一类作为干预组;

◆ aequations:汇报辅助回归结果,即方程(4.19)和方程(4.20)的估计结果。

二、案例展示

接下来将通过一个案例演示regress和teffects ra的用法。案例使用的数据来自“中国家庭追踪调查”(China Family Panel Studies, CFPS)2010年的数据,数据总共包括4137名年龄在25—55岁之间的成年人,具体如下:

```
. use "C:\Users\XuQi\Desktop\cfps2010.dta", clear

. describe

Contains data from C:\Users\XuQi\Desktop\cfps2010.dta
 Observations:          4,137
    Variables:             12                  5 Aug 2022 19:25
--------------------------------------------------------------------------------
Variable      Storage   Display    Value
    name         type    format    label      Variable label
--------------------------------------------------------------------------------
pid             double  %12.0g     pid        个人id
provcd          double  %24.0g     provcd     省国标码
gender          double  %12.0g     gender     性别
age             float   %9.0g                 年龄
age2            float   %9.0g                 年龄平方
age3            float   %9.0g                 年龄三次方
lninc           float   %9.0g                 收入对数
college         double  %9.0g      yesorno    是否上大学
hukou           double  %12.0g     hukou      3岁时户口性质
sibling         float   %9.0g      yesorno    是否独生子女
race            double  %9.0g      yesorno    是否汉族
fmedu           float   %9.0g      fmedu      父母是否上过高中
--------------------------------------------------------------------------------
Sorted by:
```

分析的因变量为收入对数(lninc),核心自变量为是否上大学(college),该变量取值为 1 表示研究对象读过大学,取值为 0 表示仅受过高中教育。基于这两个变量,我们可以进行一元线性回归,具体命令和输出结果如下:

```
. reg lninc college

      Source |       SS           df       MS      Number of obs   =     4,137
-------------+----------------------------------   F(1, 4135)      =    508.22
       Model |  671.883317         1  671.883317   Prob > F        =    0.0000
    Residual |  5466.56371     4,135  1.32202266   R-squared       =    0.1095
-------------+----------------------------------   Adj R-squared   =    0.1092
       Total |  6138.44703     4,136  1.48415063   Root MSE        =    1.1498

------------------------------------------------------------------------------
       lninc | Coefficient  Std. err.      t    P>|t|     [95% conf. interval]
-------------+----------------------------------------------------------------
     college |    .823612   .0365338    22.54   0.000     .7519861     .895238
       _cons |   9.353189   .0230235   406.25   0.000     9.308051    9.398327
------------------------------------------------------------------------------
```

从分析结果可以发现,在不控制任何变量的情况下,college 的回归系数为 0.824,其标准误为 0.037。用回归系数除以标准误即可得到 t 统计量的值,为 22.54,它的 p 值在小数点后三位都是 0,因此是非常显著的。除此之外,Stata 还报告了置信度为 95%时回归系数的置信区间。需要注意的是,上述标准误以及统计检验结果都是基于独立同分布假定计算的。在现实条件下,该假定通常不能得到满足,因此,建议使用更加稳健的标准误和统计检验。

首先,我们可以使用怀特异方差稳健标准误来调整异方差的影响,使用方法是在 regress 命令之后使用选项 vce(robust),具体如下:

```
. reg lninc college, vce(robust)    // 异方差稳健标准误

Linear regression                               Number of obs     =      4,137
                                                F(1, 4135)        =     582.05
                                                Prob > F          =     0.0000
                                                R-squared         =     0.1095
                                                Root MSE          =     1.1498

------------------------------------------------------------------------------
             |               Robust
       lninc | Coefficient  std. err.      t    P>|t|     [95% conf. interval]
-------------+----------------------------------------------------------------
     college |    .823612   .0341385    24.13   0.000     .7566823    .8905418
       _cons |   9.353189   .0256882   364.10   0.000     9.302826    9.403552
------------------------------------------------------------------------------
```

可以发现,使用怀特异方差稳健标准误之后,college 的回归系数没有发生

任何变化,但标准误相比之前略有下降。这导致软件输出的 t 值、p 值和置信区间都发生了变化。由于异方差条件下的标准误和统计检验结果更加可信,因此我们建议用户在使用 regress 命令的时候使用选项 vce(robust)。

此外,我们还可以使用选项 vce(cluster clustvar)进一步放松误差项之间相互独立的假定。CFPS 采用的是以地理区域为抽样单位的多阶段整群抽样,这会导致同一个抽样单位中的样本存在自相关。为了降低自相关的影响,我们以调查样本所在省(provcd)为聚类变量,计算聚类稳健标准误,命令和结果如下:

```
. reg lninc college, vce(cluster provcd)   //聚类稳健标准误

Linear regression                               Number of obs     =      4,137
                                                F(1, 24)          =     271.17
                                                Prob > F          =     0.0000
                                                R-squared         =     0.1095
                                                Root MSE          =     1.1498

                              (Std. err. adjusted for 25 clusters in provcd)
------------------------------------------------------------------------------
             |               Robust
       lninc | Coefficient  std. err.      t    P>|t|     [95% conf. interval]
-------------+----------------------------------------------------------------
     college |    .823612   .0500155    16.47   0.000     .7203851     .926839
       _cons |   9.353189   .1084703    86.23   0.000     9.129317    9.577061
------------------------------------------------------------------------------
```

在使用聚类稳健标准误以后,college 的回归系数依然不变,但标准误有较为明显的提升,这导致 t 值下降到 16.47,但因为这个 t 值依然很大,所以在这个例子中,统计检验结果没有受到影响。相比之前,使用聚类稳健标准误的结果最为稳健,因此,接下来我们将只报告使用此类标准误的分析结果。

上述分析都只包含 college 这一个自变量,在这种情况下进行因果推断必须满足严格的可忽略性假定,即要求大学学历在研究对象中随机分配,这个假定显然与中国的实际情况相差很远,因此,上述分析结果仅能代表上大学的人和不上大学的人在收入对数上的平均差异,不能解释为大学对收入的因果影响。

为了使回归分析结果具有因果解释的效应,我们需要在模型中纳入控制变量,以尽可能满足条件独立假定。我们认为,就这个研究问题来说,研究对

象出生时的户口性质(hukou)是一个非常重要的混杂变量。一方面,由于教育资源分布的城乡不均,城市人比农村人拥有更多考上大学的机会;另一方面,因为劳动力市场上的城乡分割,城市人也比农村人拥有更好的收入前景。综合这两个方面,有必要在模型分析时控制 hukou。具体如下:

```
. reg lninc college hukou, vce(cluster provcd)

Linear regression                               Number of obs     =      4,137
                                                F(2, 24)          =     219.69
                                                Prob > F          =     0.0000
                                                R-squared         =     0.1169
                                                Root MSE          =     1.1451

                                 (Std. err. adjusted for 25 clusters in provcd)
------------------------------------------------------------------------------
             |               Robust
       lninc | Coefficient  std. err.      t    P>|t|     [95% conf. interval]
-------------+----------------------------------------------------------------
     college |    .798281   .0451727    17.67   0.000     .7050491     .891513
       hukou |   .2155333   .0611855     3.52   0.002     .0892526    .3418141
       _cons |    9.27541   .0993474    93.36   0.000     9.070367    9.480453
------------------------------------------------------------------------------
```

从上述多元回归分析结果可以发现,在控制 hukou 之后,college 的回归系数有所下降,这说明之前使用的一元线性回归确实高估了上大学对收入的影响。在控制 hukou 之后,college 的回归系数将变为一个偏回归系数,它可以通过两步线性回归得到。具体来说,第一步回归分析以 college 为因变量,hukou 为自变量,这一步回归分析的目的是获取 college 的残差,具体如下:

```
. reg college hukou, vce(cluster provcd)

Linear regression                               Number of obs     =      4,137
                                                F(1, 24)          =      27.84
                                                Prob > F          =     0.0000
                                                R-squared         =     0.0137
                                                Root MSE          =     .48606

                                 (Std. err. adjusted for 25 clusters in provcd)
------------------------------------------------------------------------------
             |               Robust
     college | Coefficient  std. err.      t    P>|t|     [95% conf. interval]
-------------+----------------------------------------------------------------
       hukou |    .116539   .0220861     5.28   0.000     .0709555    .1621224
       _cons |   .3496532   .0161816    21.61   0.000     .3162561    .3830504
------------------------------------------------------------------------------

. predict e, residuals
```

在上述分析中,我们使用 predict 命令并结合选项 residuals 获得了回归的残差 e。接下来,可以使用 lninc 为因变量,e 为自变量再进行回归分析:

```
. reg lninc e, vce(cluster provcd)

Linear regression                               Number of obs     =      4,137
                                                F(1, 24)          =     321.05
                                                Prob > F          =     0.0000
                                                R-squared         =     0.1014
                                                Root MSE          =      1.155

                                (Std. err. adjusted for 25 clusters in provcd)
------------------------------------------------------------------------------
             |               Robust
       lninc | Coefficient  std. err.      t    P>|t|     [95% conf. interval]
-------------+----------------------------------------------------------------
           e |    .798281    .044552    17.92   0.000     .7063302    .8902318
       _cons |   9.680285   .1232655    78.53   0.000     9.425877    9.934692
------------------------------------------------------------------------------
```

从这一步回归的分析结果可以发现,e 的回归系数与之前控制 hukou 以后得到的 college 对 lninc 的回归系数完全相同。由此可知,通过两步法可以再现多元线性回归中的统计控制过程。不过,通过两步法得到的回归系数的标准误是错误的,因为第二步回归无法自动对完整模型中的参数数量进行校正,因此,我们建议读者直接使用多元线性回归进行统计控制。这里,使用两步法只是为了帮助读者更好地理解多元线性回归的统计控制和偏回归系数的含义。

接下来,我们将对遗漏变量偏差公式[方程(4.18)]进行检验。根据这个公式,纳入 hukou 之后,college 的回归系数的变化量应等于 college 对 hukou 的回归系数与 hukou 对 lninc 的回归系数的乘积。为了对上述关系进行检验,我们首先将控制 hukou 和不控制 hukou 时 college 的回归系数相减,得到二者的差异:

```
. dis .823612-.798281
.025331
```

接下来,我们以 hukou 为因变量,college 为自变量拟合回归方程,这样即可得到 college 对 hukou 的回归系数。然后,将该系数与多元线性回归中 hukou 对 lninc 的回归系数相乘。具体如下:

```
. reg hukou college, vce(cluster provcd)

Linear regression                               Number of obs     =      4,137
                                                F(1, 24)          =      33.17
                                                Prob > F          =     0.0000
                                                R-squared         =     0.0137
                                                Root MSE          =     .48812

                                 (Std. err. adjusted for 25 clusters in provcd)
------------------------------------------------------------------------------
             |               Robust
       hukou | Coefficient  std. err.      t    P>|t|     [95% conf. interval]
-------------+----------------------------------------------------------------
     college |   .1175271   .0204066     5.76   0.000     .0754099    .1596443
       _cons |   .3608661   .0559186     6.45   0.000     .2454558    .4762764
------------------------------------------------------------------------------

. dis .1175271*.2155333
.025331
```

可以发现,这个乘积与 college 的系数变化量完全相同,也是 0.025。这充分说明,遗漏变量偏差计算公式在实践中是完全正确的。

在上大学对收入的影响这个例子中,hukou 虽然是一个重要的混杂变量,但很可能不是唯一的混杂变量,因此,有必要在回归方程中纳入更多的控制变量。在回归方程包含多个控制变量的情况下,必须考虑模型的设定问题。以同时包含 hukou 和 age 两个控制变量为例,如何设定这两个变量的函数形式才能进行最充分的统计控制呢? 针对这个问题,最简单的答案是进行饱和回归,即针对 hukou 和 age 的每个取值和所有交互项均设置一个虚拟变量。具体如下:

```
. reg lninc college hukou##i.age, vce(cluster provcd)

Linear regression                               Number of obs     =      4,137
                                                F(23, 24)         =          .
                                                Prob > F          =          .
                                                R-squared         =     0.1501
                                                Root MSE          =     1.1316

                                 (Std. err. adjusted for 25 clusters in provcd)
------------------------------------------------------------------------------
             |               Robust
       lninc | Coefficient  std. err.      t    P>|t|     [95% conf. interval]
-------------+----------------------------------------------------------------
     college |   .7477749   .0544757    13.73   0.000     .6353425    .8602073
```

hukou						
城镇户口	-.0787305	.1418798	-0.55	0.584	-.3715559	.2140949
age						
26	.3980867	.1481415	2.69	0.013	.0923376	.7038358
27	.2684265	.2134622	1.26	0.221	-.1721377	.7089908
28	.4034527	.1960134	2.06	0.051	-.0010991	.8080045
29	.3063752	.2061596	1.49	0.150	-.1191172	.7318677
30	.808574	.138855	5.82	0.000	.5219914	1.095157
31	.6390432	.1597057	4.00	0.001	.3094269	.9686596
32	.3162257	.1835314	1.72	0.098	-.0625646	.6950159
33	.5423168	.1908591	2.84	0.009	.148403	.9362305
34	.4480384	.1642828	2.73	0.012	.1089753	.7871016
35	.4871379	.1332159	3.66	0.001	.2121937	.762082
36	.7649181	.1431828	5.34	0.000	.4694033	1.060433
37	.5898895	.1644897	3.59	0.001	.2503994	.9293797
38	.4446396	.1414918	3.14	0.004	.1526149	.7366642
39	.3132889	.2152405	1.46	0.158	-.1309457	.7575234
40	.6295174	.1203586	5.23	0.000	.3811094	.8779254
41	.7413657	.1649781	4.49	0.000	.4008676	1.081864
42	.6440224	.1854795	3.47	0.002	.2612115	1.026833
43	.1100458	.261421	0.42	0.678	-.4295006	.6495921
44	.3310236	.1953046	1.69	0.103	-.0720652	.7341124
45	.2092177	.2516651	0.83	0.414	-.3101935	.7286288
46	.5989884	.1833996	3.27	0.003	.2204702	.9775067
47	.2833783	.1619895	1.75	0.093	-.0509517	.6177083
48	.2354062	.1468512	1.60	0.122	-.0676798	.5384923
49	.4378188	.164764	2.66	0.014	.0977627	.7778749
50	.0167503	.1750601	0.10	0.925	-.344556	.3780566
51	-.1610867	.1851799	-0.87	0.393	-.5432792	.2211059
52	-.1302052	.286344	-0.45	0.653	-.7211901	.4607797
53	-.0033811	.2062946	-0.02	0.987	-.4291521	.42239
54	.2233507	.1566927	1.43	0.167	-.1000471	.5467486
55	.216386	.2374876	0.91	0.371	-.2737643	.7065363
hukou#age						
城镇户口#26	-.0602352	.2412837	-0.25	0.805	-.5582202	.4377497
城镇户口#27	.4551441	.2638459	1.73	0.097	-.0894072	.9996953
城镇户口#28	.3544994	.2567836	1.38	0.180	-.1754758	.8844747
城镇户口#29	.3823274	.297972	1.28	0.212	-.2326564	.9973113
城镇户口#30	-.0193147	.2555672	-0.08	0.940	-.5467794	.50815
城镇户口#31	-.0932038	.2561528	-0.36	0.719	-.6218772	.4354696
城镇户口#32	.6327651	.2259055	2.80	0.010	.166519	1.099011
城镇户口#33	.1374474	.2483846	0.55	0.585	-.3751932	.650088
城镇户口#34	.4132721	.2550715	1.62	0.118	-.1131696	.9397139
城镇户口#35	.2141665	.1854107	1.16	0.259	-.1685025	.5968354
城镇户口#36	.0205633	.2148722	0.10	0.925	-.4229113	.4640378
城镇户口#37	-.0448259	.2031256	-0.22	0.827	-.4640566	.3744048
城镇户口#38	.3187681	.1745486	1.83	0.080	-.0414825	.6790186
城镇户口#39	.4006106	.234722	1.71	0.101	-.0838317	.8850529
城镇户口#40	.0135196	.2054592	0.07	0.948	-.4105273	.4375666
城镇户口#41	-.0207122	.2451003	-0.08	0.933	-.5265743	.4851499
城镇户口#42	.0024452	.2642466	0.01	0.993	-.5429331	.5478234

```
城镇户口#43    .8893687   .3581507    2.48   0.020     .1501819    1.628555
城镇户口#44    .3810794   .2435123    1.56   0.131    -.1215052     .883664
城镇户口#45    .5548028   .3701405    1.50   0.147    -.2091297    1.318735
城镇户口#46   -.0202823   .2068561   -0.10   0.923    -.4472122    .4066477
城镇户口#47    .1388032   .3315924    0.42   0.679    -.5455699    .8231762
城镇户口#48    .4089894   .2048096    2.00   0.057    -.0137169    .8316956
城镇户口#49    .3254708   .2237488    1.45   0.159    -.1363241    .7872657
城镇户口#50      .65057   .2474684    2.63   0.015     .1398203     1.16132
城镇户口#51    .7067489   .3553651    1.99   0.058    -.0266886    1.440186
城镇户口#52    .7470444   .3445403    2.17   0.040     .0359482    1.458141
城镇户口#53     .694888   .2878366    2.41   0.024     .1008224    1.288954
城镇户口#54    .4754364   .2742435    1.73   0.096    -.0905744    1.041447
城镇户口#55    .2745935   .3227371    0.85   0.403    -.3915031    .9406901

      _cons    8.937311   .1616701   55.28   0.000      8.60364    9.270982
```

这样做的好处是不存在模型设定偏差。但如上所示，饱和回归也会出现待估参数过多的问题。特别是其中包含像 age 这样连续取值的变量时，这个问题会变得更加严重。为了避免参数过多给模型估计和解释造成的困难，一个可行的解决方案是对控制变量影响因变量的方式进行参数限定，如使用幂函数来近似 age 对 lninc 的影响，不过我们需要对这种近似的效果进行评估。为此，我们先计算饱和回归的模型拟合指标，具体如下：

```
. estat ic

Akaike's information criterion and Bayesian information criterion
```

Model	N	ll(null)	ll(model)	df	AIC	BIC
.	4,137	-6686.381	-6349.885	24	12747.77	12899.63

```
Note: BIC uses N = number of observations. See [R] IC note.
```

接下来，我们使用年龄的一次项（age）、二次项（age2）和三次项（age3）替代其虚拟变量，进行回归分析，同时计算这个模型的拟合指标：

```
. reg lninc college hukou##(c.age c.age2 c.age3), vce(cluster provcd)

Linear regression                               Number of obs     =      4,137
                                                F(8, 24)          =      88.50
                                                Prob > F          =     0.0000
                                                R-squared         =     0.1331
                                                Root MSE          =     1.1354

                               (Std. err. adjusted for 25 clusters in provcd)
```

lninc	Coefficient	Robust std. err.	t	P>|t|	[95% conf.	interval]
college	.7547539	.0501103	15.06	0.000	.6513314	.8581763
hukou						
城镇户口	-.5628695	3.164092	-0.18	0.860	-7.093234	5.967495
age	.6604027	.2081753	3.17	0.004	.23075	1.090055
age2	-.0152886	.005478	-2.79	0.010	-.0265947	-.0039824
age3	.0001114	.0000469	2.38	0.026	.0000147	.0002082
hukou#c.age						
城镇户口	.0697643	.2557794	0.27	0.787	-.4581385	.5976671
hukou#c.age2						
城镇户口	-.0023666	.0067435	-0.35	0.729	-.0162844	.0115512
hukou#c.age3						
城镇户口	.0000268	.0000577	0.46	0.646	-.0000923	.0001459
_cons	.358661	2.584047	0.14	0.891	-4.974549	5.691871

```
. estat ic
```

Akaike's information criterion and Bayesian information criterion

Model	N	ll(null)	ll(model)	df	AIC	BIC
.	4,137	-6686.381	-6390.917	9	12799.83	12856.78

Note: BIC uses N = number of observations. See [R] IC note.

可以发现,这个模型与之前的饱和回归模型相比,待估参数大为减少,但模型的 AIC 和 BIC 却比饱和模型更低,因此,从模型拟合的角度说,这个模型更加简约,所以可以使用年龄的三次函数近似其对 lninc 的影响。

最后,我们进一步删除上述模型中 age、age2 和 age3 与 hukou 的交互项后再进行回归分析,同时计算模型拟合指标:

```
. reg lninc college hukou age age2 age3, vce(cluster provcd)

Linear regression                        Number of obs     =      4,137
                                         F(5, 24)          =     130.17
                                         Prob > F          =     0.0000
                                         R-squared         =     0.1304
                                         Root MSE          =     1.1367

                                (Std. err. adjusted for 25 clusters in provcd)
```

lninc	Coefficient	Robust std. err.	t	P>|t|	[95% conf. interval]	
college	.7483616	.0474037	15.79	0.000	.6505252	.8461981
hukou	.2233219	.0657661	3.40	0.002	.0875874	.3590565
age	.6884785	.143905	4.78	0.000	.3914732	.9854837
age2	-.0162254	.0037903	-4.28	0.000	-.0240482	-.0084026
age3	.000122	.0000326	3.74	0.001	.0000546	.0001893
_cons	.0389147	1.813509	0.02	0.983	-3.703984	3.781814

```
. estat ic
```

Akaike's information criterion and Bayesian information criterion

Model	N	ll(null)	ll(model)	df	AIC	BIC
.	4,137	-6686.381	-6397.289	6	12806.58	12844.54

Note: BIC uses N = number of observations. See **[R] IC note**.

可以发现,这个模型是三个模型中最简约的,同时其 AIC 和 BIC 也是三个模型中最小的。这说明,只要在模型中纳入 hukou、age、age2 和 age3 这四个主效应项就可以很好地近似 hukou 和 age 对 lninc 的影响。而且,对比这个模型中 college 的回归系数与之前饱和回归中的系数,可以发现二者几乎不存在任何差异(若保留三位小数都是 0.748),所以,从统计控制的角度来说,这个更加简约的模型与之前的复杂模型几乎也是等价的。

接下来,我们又在模型中纳入了性别(gender)、民族(race)、是否独生子女(sibling)和父母是否读过高中(fmedu)这四个控制变量,它们都是分类变量,因此都以虚拟变量的形式纳入回归方程。具体如下:

```
. reg lninc college hukou age age2 age3 gender race sibling i.fmedu, vce(cluster
provcd)

Linear regression                               Number of obs     =      4,137
                                                F(10, 24)         =     241.99
                                                Prob > F          =     0.0000
                                                R-squared         =     0.1601
                                                Root MSE          =     1.1178

                               (Std. err. adjusted for 25 clusters in provcd)
```

lninc	Coefficient	Robust std. err.	t	P>|t|	[95% conf.	interval]
college	.7418545	.0426899	17.38	0.000	.6537468	.8299622
hukou	.2232857	.0579839	3.85	0.001	.1036129	.3429585
age	.6743558	.164432	4.10	0.000	.3349849	1.013727
age2	-.0156173	.0042856	-3.64	0.001	-.0244623	-.0067723
age3	.0001151	.0000365	3.16	0.004	.0000398	.0001904
gender	.3943385	.0417227	9.45	0.000	.3082271	.4804498
race	.1793763	.1014295	1.77	0.090	-.029964	.3887166
sibling	.1837219	.0792935	2.32	0.029	.0200681	.3473757
fmedu						
是	.025374	.0357401	0.71	0.485	-.0483899	.0991379
缺失	.0073327	.0397113	0.18	0.855	-.0746275	.0892929
_cons	-.3450864	2.094658	-0.16	0.871	-4.668247	3.978074

可以发现,在控制上述变量之后,college 的回归系数下降到了 0.742,那么我们现在是否已经得到上大学对收入的因果影响了呢?这个问题的答案取决于上述模型是否满足条件独立假定。就目前来说,研究者依然有比较充分的理由拒绝这个假定,因为上述模型并未控制能力,而在关于教育回报的研究中,能力是一个不可忽视的混杂变量。不过,因为数据中没有研究对象在大学前的能力测量,我们的分析只能到此为止。考虑到我们进行上述分析的主要目标是向读者演示使用线性回归进行因果分析的一般过程,因此,到这一步已经足够了。

接下来,我们将演示因果效应的异质性对回归分析的影响。为了使问题得以简化,我们先考虑只有 hukou 这一个控制变量的情况。我们可以分农村户口和城镇户口分别进行回归分析,具体如下:

```
. reg lninc college if hukou==0, vce(cluster provcd)

Linear regression                               Number of obs     =      2,451
                                                F(1, 24)          =     477.21
                                                Prob > F          =     0.0000
                                                R-squared         =     0.1018
                                                Root MSE          =      1.238

                                 (Std. err. adjusted for 25 clusters in provcd)
```

lninc	Coefficient	Robust std. err.	t	P>|t|	[95% conf.	interval]
college	.873513	.0399865	21.85	0.000	.7909849	.9560412
_cons	9.249105	.1050262	88.06	0.000	9.032342	9.465869

```
. reg lninc college if hukou==1, vce(cluster provcd)

Linear regression                               Number of obs     =      1,686
                                                F(1, 24)          =      63.29
                                                Prob > F          =     0.0000
                                                R-squared         =     0.1097
                                                Root MSE          =     .99279

                                 (Std. err. adjusted for 25 clusters in provcd)
```

lninc	Coefficient	Robust std. err.	t	P>|t|	[95% conf.	interval]
college	.6983452	.0877811	7.96	0.000	.5171739	.8795166
_cons	9.537533	.1003993	95.00	0.000	9.330319	9.744747

分析结果显示,农村户口中 college 的回归系数为 0.874,大于城镇户口中 college 的回归系数 0.698,因此,college 对 lninc 的影响在城镇和农村确实存在异质性。根据前文的介绍,如果因果效应存在异质性,那么线性回归会基于公式(4.21)对异质性的回归系数进行加权平均。现在我们来演示这一过程。

首先,我们描述一下样本中农村户口和城镇户口的百分比以及两个样本中 college 的分布,具体如下:

```
. tab hukou
```

3岁时户口性质	Freq.	Percent	Cum.
农村户口	2,451	59.25	59.25
城镇户口	1,686	40.75	100.00
Total	4,137	100.00	

```
. tab college if hukou==0
```

是否上大学	Freq.	Percent	Cum.
否	1,594	65.03	65.03
是	857	34.97	100.00
Total	2,451	100.00	

```
. tab college if hukou==1
```

是否上大学	Freq.	Percent	Cum.
否	900	53.38	53.38
是	786	46.62	100.00
Total	1,686	100.00	

其次，根据公式 $\text{Var}(D_i \mid X_i = x)\, p(X_i = x)$ 计算农村户口和城镇户口的样本各自的权重。对于农村户口样本，其权重为

```
. dis 34.97*65.03*59.25
134740.37
```

对于城镇户口样本，其权重为

```
. dis 53.38*46.62*40.75
101409.46
```

最后，根据公式(4.18)计算加权后的回归系数，具体命令和结果如下：

```
. dis 134740.37/(134740.37+101409.46)
.57057153

. dis 101409.46/(134740.37+101409.46)
.42942847

. dis .57057153*.873513+.6983452*.42942847
.79829096
```

可以发现，加权平均后的结果为 0.798，而之前在仅纳入 college 和 hukou 这两个自变量时得到的 college 的回归系数也为 0.798。因此，通过上述分析，我们验证了异质性因果效应情况下的回归系数分解公式。

接下来，我们将演示如何使用 teffects ra 计算回归调整估计量。使用 teffects ra 计算 ATE 的命令和输出结果如下：

```
. teffects ra (lninc hukou age age2 age3 gender race sibling i.fmedu) (college),
vce(robust)

Iteration 0:  EE criterion =  2.620e-24
Iteration 1:  EE criterion =  9.251e-30

Treatment-effects estimation                    Number of obs     =      4,137
Estimator      : regression adjustment
Outcome model  : linear
Treatment model: none
```

lninc	Coefficient	Robust std. err.	z	P>|z|	[95% conf.	interval]
ATE						
college (是 vs 否)	.7887353	.0373127	21.14	0.000	.7156038	.8618667
POmean						
college 否	9.413724	.0271812	346.33	0.000	9.36045	9.466998

分析结果显示,在控制 hukou、age、age2、age3、gender、race、sibling 和 fmedu 之后,ATE 的估计结果为 0.789。

如果要得到 ATT,只需使用选项 atet 即可,具体命令和分析结果如下:

```
. teffects ra (lninc hukou age age2 age3 gender race sibling i.fmedu) (college),
vce(robust) atet

Iteration 0:  EE criterion =  2.620e-24
Iteration 1:  EE criterion =  7.826e-30

Treatment-effects estimation                    Number of obs     =      4,137
Estimator      : regression adjustment
Outcome model  : linear
Treatment model: none
```

lninc	Coefficient	Robust std. err.	z	P>|z|	[95% conf.	interval]
ATET						
college						
(是 vs 否)	.6711883	.0416622	16.11	0.000	.589532	.7528446
POmean						
college						
否	9.505613	.0359548	264.38	0.000	9.435143	9.576083

分析结果显示,ATT 为 0.671,小于 ATE。

如果要得到 ATU,那么需要做一点小调整。具体来说,我们需要使用选项 control( ) 和 tlevel( ) 将干预组和控制组对调位置,即将 college = 0 设置为干预组,将 college = 1 设置为控制组,这样就可通过选项 atet 得到 ATU,相关命令和输出结果如下:

```
. teffects ra (lninc hukou age age2 age3 gender race sibling i.fmedu) (college),
vce(robust) control(1) tlevel(0) atet

Iteration 0:  EE criterion =  2.620e-24
Iteration 1:  EE criterion =  1.079e-29

Treatment-effects estimation                    Number of obs     =      4,137
Estimator      : regression adjustment
Outcome model  : linear
Treatment model: none
```

lninc	Coefficient	Robust std. err.	z	P>|z|	[95% conf.	interval]
ATET						
college (否 vs 是)	**-.866173**	**.0405392**	**-21.37**	**0.000**	**-.9456283**	**-.7867176**
POmean						
college 是	**10.21936**	**.0317611**	**321.76**	**0.000**	**10.15711**	**10.28161**

分析结果显示,在将干预组和控制组对调位置之后,ATT 为-0.866,这实际上表明,上大学对 college=0 的那一组人的平均影响为 0.866,即 ATU = 0.866。

最后,为了帮助读者更好地理解回归调整估计量,我们将借助 regress 命令手动演示其计算过程。

第一步,我们针对 college=0 的样本拟合回归方程,并使用这个方程预测 college=1 的样本在不上大学情况下的反事实结果,具体如下:

```
. reg lninc hukou age age2 age3 gender race sibling i.fmedu if college==0
```

Source	SS	df	MS			
				Number of obs	=	**2,494**
				F(9, 2484)	=	**21.72**
Model	**299.291704**	**9**	**33.2546338**	Prob > F	=	**0.0000**
Residual	**3803.21617**	**2,484**	**1.53108541**	R-squared	=	**0.0730**
				Adj R-squared	=	**0.0696**
Total	**4102.50787**	**2,493**	**1.64561086**	Root MSE	=	**1.2374**

lninc	Coefficient	Std. err.	t	P>|t|	[95% conf.	interval]
hukou	**.3400725**	**.0536769**	**6.34**	**0.000**	**.2348163**	**.4453286**
age	**.5876334**	**.2255975**	**2.60**	**0.009**	**.1452547**	**1.030012**
age2	**-.0140172**	**.0056768**	**-2.47**	**0.014**	**-.0251491**	**-.0028854**
age3	**.000105**	**.0000465**	**2.26**	**0.024**	**.0000138**	**.0001963**
gender	**.5032089**	**.0511487**	**9.84**	**0.000**	**.4029104**	**.6035073**
race	**.1929442**	**.1168315**	**1.65**	**0.099**	**-.0361529**	**.4220413**
sibling	**.2414546**	**.0893476**	**2.70**	**0.007**	**.0662513**	**.416658**
fmedu						
是	**.0178976**	**.0790321**	**0.23**	**0.821**	**-.137078**	**.1728732**
缺失	**.0028774**	**.0613876**	**0.05**	**0.963**	**-.1174987**	**.1232535**
_cons	**1.072145**	**2.916684**	**0.37**	**0.713**	**-4.647238**	**6.791527**

```
. predict y0hat if college==1
(option xb assumed; fitted values)
(2,494 missing values generated)
```

第二步,我们再针对 college = 1 的样本拟合同样的回归方程,并使用该方程预测 college = 0 的样本在上大学情况下的反事实结果,具体如下:

```
. reg lninc hukou age age2 age3 gender race sibling i.fmedu if college==1

      Source |       SS           df       MS      Number of obs   =     1,643
-------------+----------------------------------   F(9, 1633)      =     12.17
       Model |  85.7486412         9  9.5276268   Prob > F        =    0.0000
    Residual |  1278.30719     1,633  .782796812   R-squared       =    0.0629
-------------+----------------------------------   Adj R-squared   =    0.0577
       Total |  1364.05584     1,642  .83072828   Root MSE        =    .88476

------------------------------------------------------------------------------
       lninc | Coefficient  Std. err.      t    P>|t|     [95% conf. interval]
-------------+----------------------------------------------------------------
       hukou |   .0484465   .0485173     1.00   0.318    -.0467162    .1436091
         age |   .6205456   .1870398     3.32   0.001     .2536824    .9874087
        age2 |  -.0143115   .0049184    -2.91   0.004    -.0239586   -.0046644
        age3 |   .0001088    .000042     2.59   0.010     .0000264    .0001912
      gender |   .2153348    .044547     4.83   0.000     .1279596      .30271
        race |   .1548971   .0931465     1.66   0.097    -.0278021    .3375962
     sibling |   .2273577   .0611421     3.72   0.000     .1074325     .347283
             |
       fmedu |
          是 |    .091336   .0511668     1.79   0.074    -.0090234    .1916954
        缺失 |   .0564651   .0651018     0.87   0.386    -.0712268     .184157
             |
       _cons |    1.06923   2.310655     0.46   0.644    -3.462931     5.60139
------------------------------------------------------------------------------

. predict y1hat if college==0
(option xb assumed; fitted values)
(1,643 missing values generated)
```

第三步,计算潜在结果 y1 和 y0。对于 college = 0 的样本,其 lninc 的观测值即 y0,而 y1 可用预测值 y1hat 估计。对于 college = 1 的样本,其 lninc 的观测值即 y1,而 y0 可用预测值 y0hat 估计。具体如下:

```
. gen y0=lninc if college==0
(1,643 missing values generated)

. replace y0=y0hat if college==1
(1,643 real changes made)

. gen y1=lninc if college==1
(2,494 missing values generated)
```

```
. replace y1=y1hat if college==0
(2,494 real changes made)
```

第四步,计算个体层面的干预效应 effect,然后对不同样本求平均,即可得到 ATE、ATT 和 ATU 的估计值。具体如下:

```
. gen effect=y1-y0

. tab college, sum(effect)
```

是否上大学	Summary of effect Mean	Std. dev.	Freq.
否	.86617296	1.2711443	2,494
是	.6711883	.92538643	1,643
Total	.78873525	1.1502225	4,137

分析结果显示,ATE 为 0.789,ATT 为 0.671,ATU 为 0.866,这三个结果均与使用 teffects ra 命令计算得到的结果完全一致。

练习

1. 简述线性回归的三种常见用途以及三者的差异。
2. 简述线性回归的三类假定,举例说明在不同情况下这些假定的作用。
3. 简述线性回归与条件期望函数之间的关系。
4. 模型误设偏差对线性回归有什么影响?在实际研究中如何尽可能降低这种偏差的影响?
5. 使用线性回归推断因果的关键假定是什么?简述该假定的核心内容。
6. 为什么说多元线性回归系数是偏回归系数?如何理解遗漏变量偏差公式?
7. 什么是好的控制变量?什么是坏的控制变量?请举例说明。
8. 如果因果效应存在异质性,回归系数如何对异质性的因果效应求平均?
9. 什么是回归调整估计量?简述该估计量的计算原理。
10. 使用 Stata 软件打开数据 birthweight.dta,该数据包含 4642 名新生儿的出生体重(bweight)及其父母的基本情况。研究主要关注母亲是否吸烟这个二分变量(mbsmoke)对新生儿出生体重的影响。请完成以下分析工作:

(1) 以 bweight 为因变量,mbsmoke 为自变量进行一元回归分析,使用怀特异方差稳健标准误。
(2) 在(1)中纳入 mrace 作为控制变量,进行多元线性回归分析,观察 mbsmoke 的回归系数是否发生变化。
(3) 通过两步法计算(2)中 mbsmoke 的回归系数。
(4) 通过遗漏变量偏差公式解释(1)和(2)中 mbsmoke 的回归系数发生变化的原因。
(5) 在(2)的基础上进一步纳入 mage、medu、mhisp、fage、fedu、fhisp、frace、nprenatal、mmarried、deadkids 和 fbaby 作为控制变量进行多元线性回归。你认为该模型中 mbsmoke 的回归系数能够代表母亲吸烟对出生婴儿体重的因果影响吗?请阐述你的理由。
(6) 继续使用(2)中的模型,分析在 mrace = 0 和 mrace = 1 这两种情况下 mbsmoke 的回归系数是否存在异质性。分析第(2)步中的多元线性回归是如何对异质性的因果效应进行加权平均的。
(7) 使用 teffects ra 计算 mbsmoke 对 bweight 的 ATE、ATT 和 ATU,分析时以(5)中的所有变量作为控制变量。
(8) 手动得到(7)的计算结果。

第五章

协变量匹配

本章重点和教学目标：

1. 理解匹配法的原理以及匹配估计量和回归估计量的异同；
2. 理解精确匹配的两个研究假定和实践中经常遭遇维度诅咒的原因；
3. 了解马氏距离的概念，掌握马氏匹配的操作步骤和注意事项；
4. 能够使用偏差校正法对马氏匹配的估计偏差进行校正；
5. 理解粗化精确匹配的原理，能够对变量进行合理粗化；
6. 能正确使用 Stata 软件实施精确匹配、马氏匹配和粗化精确匹配。

匹配(matching)是一种非常古老的因果推断方法，它的原理非常简单，即先对干预组与控制组中具有相似特征的人进行配对，然后再做比较。举例来说，如果要研究大学教育对一个 1985 年出生、父亲为初中学历、家中还有一个弟弟的女大学毕业生收入的影响，那么我们需要找到一个同样于 1985 年出生、父亲为初中学历、家中还有一个弟弟的女高中毕业生，然后比较二者在收入上的差异。对干预组和控制组个案进行配对的目的是尽可能满足“其他特征都相同”的因果推断要求，但我们知道，在干预组与控制组中找到两个完全相同的研究对象是不可能做到的，因此在实际研究时，我们只能选择性地对一些特征进行匹配，同时忽略研究对象在其他特征上的差异。既然如此，那么哪些特征是应用匹配法时必须考虑的特征,哪些是可以忽略的特征呢?要回答这个问题,我们需要再次回到鲁宾提出的可忽略性假定。可以证明,如果控制 $\boldsymbol{X}_i$ 以后,潜在结果 Y_i^0 和 Y_i^1 与干预变量 D_i 相互独立,那么以 $\boldsymbol{X}_i$ 作为匹配变量即可得到 D_i 对 Y_i 的因果效应。在实际应用时,研究者可以借助珀尔提出的"后门调整法"筛选出合适的匹配变量。在与匹配法相关的文献中,这些匹配变量也称作"协变量"(covariate)。因此,通过对协变量进行匹配来估计因果效应的方法也称作协变量匹配。

本章将介绍三种常见的协变量匹配方法:精确匹配(exact matching)、马氏匹配(Mahalanobis matching)和粗化精确匹配(coarsened exact matching)。同时,我们也将通过一个案例演示在 Stata 中实现这三种匹配的命令。

第一节　精确匹配

精确匹配是一种较为理想的匹配方法,该方法要求匹配对象在协变量 $\boldsymbol{X}_i$ 上的取值完全相同。如果 $\boldsymbol{X}_i$ 中包含的变量较少且每个变量的取值类别较少,精确匹配比较容易实现,但如果 $\boldsymbol{X}_i$ 中包含的变量较多或有变量的取值类别较多,那么就会出现"维度诅咒"(curse of dimensionality)问题,这个问题使得精确匹配在实践中的用途大打折扣。不过,从精确匹配出发可以帮助读者更好地理解匹配估计量以及其他更加复杂的匹配方法。本节将介绍精确匹配的原理以及与之相伴的"维度诅咒"问题,以为接下来学习其他匹配方法奠定基础。

一、匹配估计量

为了更好地理解精确匹配,我们先来看一个案例。假设要研究上大学对收入的影响,是否上大学 D_i 是一个二分变量,$D_i=1$ 表示上大学,$D_i=0$ 表示没有上大学;收入 Y_i 是一个连续取值的变量。假设在这个例子中,家庭背景 X_i 是唯一的协变量,该变量有三个取值:$X_i=1$ 表示出身于社会底层,$X_i=2$ 表示出生于社会中层,$X_i=3$ 表示出生于社会上层。在这种情况下,我们只需分 X_i 计

算 D_i 对 Y_i 的影响,然后再对计算结果进行加权平均就可得到 ATE、ATT 和 ATU。

具体来说,假设分 X_i 对数据的描述性统计结果如表 5.1。表中第 1 行[①]显示,数据的总样本量为 2000,其中出生于社会底层($X_i=1$)的有 700 人,出生于社会中层($X_i=2$)的有 600 人,出生于社会上层($X_i=3$)的有 700 人。据此可以计算出社会底层、中层和上层的样本比例分别为 0.35、0.30 和 0.35,具体如表 5.1 中第 2 行所示。表中第 3 行和第 4 行显示的是没有上大学($D_i=0$)和上了大学($D_i=1$)这两个子样本在 X_i 上的频数分布,可以发现,不同阶层考上大学的可能性有显著差异。具体来说,社会底层考上大学的为 200 人,没有考上的为 500 人,上大学的概率为 $\frac{2}{7}$;社会中层考上大学和没有考上大学的都是 300 人,因此考上大学的概率为 $\frac{1}{2}$;社会上层考上大学的有 500 人,没有考上的有 200 人,考上大学相应的概率为 $\frac{5}{7}$。因为不同阶层考上大学的概率有显著差异,这导致在考上大学与没有考上大学这两个子样本中,X_i 的分布有明显不同。具体来说,在没有考上大学的子样本中,底层占 50%,中层占 30%,上层占 20%(第 5 行);而在考上大学的子样本中,底层占 20%,中层占 30%,上层占 50%(第 6 行)。由于在考上大学和没有考上大学这两个子样本中,阶层分布存在显著差异,所以二者不具有可比性,直接比较它们在收入均值上的差异会导致有偏差的结果。为了避免这个问题,或者说为了提高数据的可比性,我们可以在同一个阶层内部对收入均值进行比较。具体来说,对社会底层来说,考上大学的人的平均收入为 5000 元,没有考上的人的平均收入为 3000 元,二者之差为 2000 元,这就是上大学对社会底层收入的平均影响。按照同样的方法,我们还可以计算出上大学对社会中层和社会上层的影响分别为 1500 元和 500 元,具体计算过程和结果如表 5.1 中第 7—9 行数据所示。

① 该例叙述中的第 X 行表示的是行号为 X 的行。

表 5.1 分 X_i 对数据的描述性统计

行号	指标	$X_i=1$	$X_i=2$	$X_i=3$	合计
1	N	700	600	700	2000
2	p	0.35	0.30	0.35	1.00
3	$N(D_i=0)$	500	300	200	1000
4	$N(D_i=1)$	200	300	500	1000
5	$p(D_i=0)$	0.50	0.30	0.20	1.00
6	$p(D_i=1)$	0.20	0.30	0.50	1.00
7	$E(Y_i \mid D_i=0)$	3000	4000	6000	3900
8	$E(Y_i \mid D_i=1)$	5000	5500	6500	5900
9	τ_x	2000	1500	500	2000

在得到不同阶层中上大学对收入的影响 τ_x 之后,下一步工作就是选择恰当的权重来计算 ATE、ATT 和 ATU。如果我们的目标是计算 ATE,那么应当以 X_i 在总样本中的分布作为权重(表 5.1 中第 2 行),具体如下:

$$\delta_{\text{ATE}} = 0.35 \times 2000 + 0.30 \times 1500 + 0.35 \times 500 = 1325$$

如果我们的目标是计算 ATT,那么应当以 X_i 在干预组中的分布作为权重(表 5.1 中第 6 行),具体如下:

$$\delta_{\text{ATT}} = 0.20 \times 2000 + 0.30 \times 1500 + 0.50 \times 500 = 1100$$

最后,如果我们的目标是计算 ATU,那么应当以 X_i 在控制组中的分布作为权重(表 5.1 中第 5 行),具体如下:

$$\delta_{\text{ATU}} = 0.50 \times 2000 + 0.30 \times 1500 + 0.20 \times 500 = 1550$$

综上所述,通过精确匹配来计算平均干预效应要分三步进行。

第一步,针对 $\boldsymbol{X}_i$ 的每个取值将总样本分为若干子样本,在每个子样本中分别计算因变量在干预组和控制组的均值差 τ_x。

第二步,计算总样本中以及干预组和控制组这两个子样本中 $\boldsymbol{X}_i$ 的频率分布 $p(\boldsymbol{X}_i=\boldsymbol{x})$、$p(\boldsymbol{X}_i=\boldsymbol{x} \mid D_i=1)$ 和 $p(\boldsymbol{X}_i=\boldsymbol{x} \mid D_i=0)$。

第三步,以第二步得到的频率分布为权重对第一步得到的 τ_x 进行加权平

均,得到 ATE、ATT 和 ATU 的估计值。具体来说:

$$\delta_{\text{ATE}} = \sum p(\boldsymbol{X}_i = \boldsymbol{x})\tau_x \tag{5.1}$$

$$\delta_{\text{ATT}} = \sum p(\boldsymbol{X}_i = \boldsymbol{x} \mid D_i = 1)\tau_x \tag{5.2}$$

$$\delta_{\text{ATU}} = \sum p(\boldsymbol{X}_i = \boldsymbol{x} \mid D_i = 0)\tau_x \tag{5.3}$$

对比公式(5.1)和第四章介绍的回归系数分解公式(4.21)可以发现,匹配估计量与回归估计量具有相同的形式,只是二者的加权方式有所不同。匹配法以 $\boldsymbol{X}_i$ 的频率分布 $p(\boldsymbol{X}_i=\boldsymbol{x})$ 为权重,而线性回归在加权时还包含 D_i 在 $\boldsymbol{X}_i=\boldsymbol{x}$ 时的条件方差 $\text{Var}(D_i \mid X_i=\boldsymbol{x})$ 。这两种加权方法各有优劣,这一点我们在第四章已做过详细讨论,此处不再重复。我们在这里想要强调的一点是,匹配法与回归法都是基于观测指标 $\boldsymbol{X}_i$ 的统计控制方法,它们在很多方面有相似之处。除了上面提到的相似的表达式之外,匹配法与回归法也拥有相似的研究假定,具体来说,如果要使用匹配法来估计 ATE、ATT 和 ATU,我们必须做两个假定。

一是可忽略性假定。具体来说,如果要估计 ATT,那么必须假定在控制 $\boldsymbol{X}_i$ 以后,潜在结果 Y_i^0 与干预变量 D_i 相互独立,即假定

$$Y_i^0 \perp D_i \mid \boldsymbol{X}_i \tag{5.4}$$

如果要估计 ATU,那么必须假定在控制 $\boldsymbol{X}_i$ 以后,潜在结果 Y_i^1 与干预变量 D_i 相互独立,即假定

$$Y_i^1 \perp D_i \mid \boldsymbol{X}_i \tag{5.5}$$

如果估计的目标是 ATE,那么就需要将前两个假定结合起来,即假定

$$(Y_i^0, Y_i^1) \perp D_i \mid \boldsymbol{X}_i \tag{5.6}$$

可以发现,这些假定与线性回归中的条件独立假定是完全一致的。

二是共同取值范围(common support)假定。这个假定要求在 $\boldsymbol{X}_i=\boldsymbol{x}$ 的每个子样本中均同时包含干预组和控制组个案,用公式来表示,就是要保证

$$0 < p(D_i = 1 \mid \boldsymbol{X}_i = \boldsymbol{x}) < 1 \tag{5.7}$$

这个假定很好理解,因为如果在 $\boldsymbol{X}_i=\boldsymbol{x}$ 的某个子样本中只包含干预组个案或控制组个案,那么就无法计算干预组和控制组的均值差 τ_x,因而也就无法使用加权公式公式(5.1)、公式(5.2)和公式(5.3)来计算 ATE、ATT 和 ATU。对比第四章介绍的线性回归可以发现,回归分析实际上也暗含了这个假定。因

为根据回归系数分解公式公式(4.21),那些只包含干预组个案或控制组个案的子样本的权重是0,因而不会对计算回归系数产生任何影响。回归法和匹配法的差异表现在,回归法内在地将那些只有控制组个案或只有干预组个案的样本的权重赋值为0,而在应用匹配法时,研究者会非常明确地将这些研究对象排除在外。正因如此,匹配法使用的样本量有时会小于总样本量,二者的差异取决于共同取值范围假定的满足程度。如果在绝大多数子样本中,共同取值范围假定都能得到很好的满足,那么匹配法不会损失很多样本;但如果有很多子样本违反共同取值范围假定,那么样本损失会非常严重,此时匹配估计量的代表性将受到很大影响。

二、维度诅咒

综上所述,使用匹配法估计平均干预效应有两个基本要求:一是要穷尽所有混杂变量,二是要保证有共同取值范围。但是从某种程度上说,这两个要求是矛盾的。因为穷尽所有混杂变量往往意味着同时对很多协变量进行匹配,但随着匹配变量的增加,子样本的数量必将呈指数级增长,在总样本量有限的情况下,这必然导致很多子样本中的样本量过少,以至于无法满足共同取值范围假定的要求。这就是精确匹配在实践中经常会遇到的“维度诅咒”。

还以上大学对收入的影响为例,在研究这个问题的时候,仅以家庭背景为匹配变量是不够的,因为在家庭背景之外,性别、出生年、高考所在省份、是否为独生子女等其他因素也是潜在的混杂变量,需要进行统计控制。但是要对所有因素都进行精确匹配是很难做到的。假设家庭背景有3个类别,性别有2个类别,出生年有10个类别,高考所在省份有31个类别,是否为独生子女有2个类别,那么对这些协变量交叉分类会产生3720(即$3\times2\times10\times31\times2$)个子样本,如果总样本只有2000,那么可以想象,必然有很多子样本仅包含干预组或控制组个案,这会导致大量个案无法找到与之精确匹配的对象而被排除在研究之外。

总而言之,随着协变量数量的增加和变量取值类别的增加,为每个干预组个案寻找能与之精确匹配的控制组个案的难度会越来越大。在这种情况下,研究者只能退而求其次,将那些比较相似而不是完全相同的个案匹配起来,这就是所谓“非精确匹配”。非精确匹配有两种分析思路。一是基于协变量确定个案之间的相似性,然后将那些最相似的干预组个案和控制组个案匹配起来,这种匹配方法也被称作“近邻匹配”(nearest neighbor matching)。在实践中,一种常见的近邻匹配是“马氏匹配”,即以“马氏距离”(Mahalanobis distance)作为个案间相似性程度测量指标的匹配方法①,与马氏匹配相关的内容将在本章第二节进行介绍。二是对原始的协变量进行调整,以使其类别数量减少到适合进行精确匹配的程度,然后按照本章介绍的精确匹配步骤实施匹配。在这一方面,最常用的方法是“粗化精确匹配”,与该方法相关的内容将在本章第三节进行介绍。

第二节　马氏匹配

如前所述,马氏匹配是以马氏距离作为相似性测量指标的匹配方法。作为一种非精确匹配,使用马氏匹配估计平均干预效应通常会有偏差。本节将介绍马氏距离的定义、马氏匹配的实施步骤以及对马氏匹配的偏差校正方法。

一、马氏距离

假设协变量 $\boldsymbol{X}_i$ 是一个包含 K 个协变量的 K 维向量,即

$$\boldsymbol{X}_i = [X_{1i}, X_{2i}, \cdots, X_{Ki}]'$$

那么,K 维空间中任意两点 $\boldsymbol{X}_i$ 和 $\boldsymbol{X}_j(i \neq j)$ 之间的距离可以被视作这两个点相似性的一个测量指标,但问题是如何才能得到 $\boldsymbol{X}_i$ 和 $\boldsymbol{X}_j$ 之间的距离呢?

对于这个问题,最简单的方法是使用“欧氏距离”(Euclidean distance)。具体来说,K 维空间中任意两点 $\boldsymbol{X}_i$ 和 $\boldsymbol{X}_j$ 间的欧氏距离可通过以下公式得到:

$$d(\boldsymbol{X}_i, \boldsymbol{X}_j) = \sqrt{(\boldsymbol{X}_i - \boldsymbol{X}_j)'(\boldsymbol{X}_i - \boldsymbol{X}_j)} = \sqrt{\sum_{k=1}^{K} (X_{ki} - X_{kj})^2} \tag{5.8}$$

从公式(5.8)可知,欧氏距离是通过将两个点对应协变量上的取值作差再计算平方和得到的。这种计算方法有一个巨大的缺陷,即如果不同协变量的

① 另一个常用的相似性指标是倾向值,与倾向值匹配的相关内容将在本书第六章进行介绍。

测量单位不统一，那么直接相加无法得到有意义的结果。举例来说，如果需要匹配的变量包含年龄和收入，个案 i 与个案 j 年龄相差 1 岁，收入相差 1000 元，而个案 i 与个案 j' 年龄相差 5 岁，收入相差 100 元。根据公式(5.8)，可以得到 i 与 j 的欧氏距离约为 1000，而 i 与 j' 的欧氏距离约为 100，因此 j' 与 i 更相似，应当将之与 i 匹配。但如果我们将收入的测量单位改为千元，那么再计算欧氏距离可以发现，i 与 j 的欧氏距离约为 1.4，而 i 与 j' 的欧氏距离约为 5，此时 j 与 i 更相似，应当将之与 i 匹配。但需注意的是，这种变化完全是收入的测量单位改变导致的。为了消除测量单位对计算结果的影响，我们可以先对协变量进行标准化，然后再计算欧氏距离，得到的就是标准化后的欧氏距离，其计算公式为

$$d(\boldsymbol{X}_i,\boldsymbol{X}_j)=\sqrt{(\boldsymbol{X}_i-\boldsymbol{X}_j)'\boldsymbol{\Lambda}^{-1}(\boldsymbol{X}_i-\boldsymbol{X}_j)}=\sqrt{\sum_{k=1}^{K}\frac{(X_{ki}-X_{kj})^2}{\sigma_k^2}} \tag{5.9}$$

其中，$\boldsymbol{\Lambda}^{-1}$ 是一个对角线矩阵，其对角线元素为各协变量方差的倒数。我们可以将 $\boldsymbol{\Lambda}^{-1}$ 视作一个加权矩阵，它的加权效果等价于使用各协变量的方差做分母来消除测量单位对距离计算结果的影响。因此，使用公式(5.9)不会遇到上面因年龄和收入的测量单位不统一而出现的问题。

不过，公式(5.9)依然存在一个缺陷，即它没有考虑各协变量之间的相关性。在实际研究中，协变量之间相互关联是一种普遍现象，因此，更好的距离计算方法是使用协变量的方差-协方差矩阵的逆矩阵 $\sum_X^{-1}$ 对欧氏距离的计算公式进行加权调整，即马氏距离，其计算公式为

$$d(\boldsymbol{X}_i,X_j)=\sqrt{(\boldsymbol{X}_i-\boldsymbol{X}_j)'\sum_X^{-1}(\boldsymbol{X}_i-\boldsymbol{X}_j)} \tag{5.10}$$

由于马氏距离不仅消除了测量单位的影响，而且考虑了变量间的相关性，所以它是一个在实践中更加常用的距离测量指标。也正是这个原因，马氏距离常常被作为判定样本点之间相似性的测量指标而应用于匹配法之中。

二、匹配步骤

应用马氏距离实施匹配需要分四步进行。

第一步，确定协变量 $\boldsymbol{X}_i$，研究者需要基于理论绘制因果图，然后使用珀尔

提出的“后门调整法”确定需要控制的协变量 $\boldsymbol{X}_i$。

第二步，基于 $\boldsymbol{X}_i$ 计算干预组和控制组中任意两个个案的马氏距离。

第三步，针对干预组中的每个个案，将控制组中与之马氏距离最近的一个或多个个案匹配过来。同理，针对控制组中的每个个案，我们也可以按照同样的方法将一个或多个干预组个案与之进行匹配。

第四步，计算个体层面的干预效应和平均干预效应。

对于干预组个案，其因变量的观测值 Y_i 即干预状态下的潜在结果 Y_i^1，其控制状态下的反事实结果可以通过匹配对象的因变量均值估计得到。具体来说，假设匹配对象有 k 个，对这 k 个匹配对象的因变量取均值即可得到 $\hat{Y}_i^0$。然后，通过公式(5.11)即可得到 ATT，该式中的 N_1 为干预组个案数量。

$$\hat{\tau}_{\mathrm{ATT}}=\frac{1}{N_1}\sum_{i:D_i=1}(Y_i-\hat{Y}_i^0) \tag{5.11}$$

对于控制组个案，其因变量的观测值 Y_i 即控制状态下的潜在结果 Y_i^0，其干预状态下的反事实结果可以通过匹配对象的因变量均值估计得到。具体来说，假设匹配对象有 k 个，对这 k 个匹配对象的因变量取均值即可得到 $\hat{Y}_i^1$。然后，通过公式(5.12)即可得到 ATU，该式中的 N_0 为控制组个案数量。

$$\hat{\tau}_{\mathrm{ATU}}=\frac{1}{N_0}\sum_{i:D_i=0}(\hat{Y}_i^1-Y_i) \tag{5.12}$$

最后，对全部样本计算个体层面干预效应的平均值即可得到 ATE，其计算公式为

$$\hat{\tau}_{\mathrm{ATE}}=\frac{1}{N_0+N_1}\sum(\hat{Y}_i^1-\hat{Y}_i^0) \tag{5.13}$$

对于干预组个案，式(5.13)中的 $\hat{Y}_i^1=Y_i$，$\hat{Y}_i^0$ 的定义与之前计算 ATT 相同；对于控制组个案，该式中的 $\hat{Y}_i^0=Y_i$，$\hat{Y}_i^1$ 的定义与之前计算 ATU 相同。

使用马氏匹配估计平均干预效应有三个注意事项。一是协变量 $\boldsymbol{X}_i$ 必须穷尽所有混杂因素，否则可忽略性假定无法得到满足，在这种情况下，马氏匹配也会像线性回归一样产生遗漏变量偏差。不过与线性回归相比，马氏匹配是一种非参数的(nonparametric)统计控制方法，它不需要研究者人为设定协变量与因

变量之间的函数关系形态,因此可以在很大程度上避免模型误设偏差。

二是研究者需要设定匹配个案的数量,即需要事先决定做“1 对 1 匹配”还是“1 对多匹配”。在实际应用时,这两种方法各有优劣。1 对 1 匹配的好处是估计偏差较小,因为这种匹配方法可以将马氏距离最接近的两个个案匹配起来。但因为匹配对象只有 1 个,在估计反事实状态下的潜在结果时,也只能使用 1 个对象的信息,这导致它的估计方差较大。与之相比,1 对多匹配可以通过对多个匹配对象的因变量求平均来估计反事实状态下的潜在结果,因此它的估计方差较小。但随着匹配数量的增加,后续匹配过来的个案与研究对象的距离会越来越远,估计偏差也会随之增大。一般来说,在样本量较大的情况下,1 对多匹配的效果好于 1 对 1 匹配,因为在大样本情况下,为每个个案找到多个相似的匹配对象的可能性会大大增加。不过,在实践中究竟使用几个匹配对象仍然没有统一标准。阿巴迪和因本斯的模拟研究发现,从最小化“均方误差”(mean squared error)的角度说,采用 1 对 4 匹配的效果往往是最好的。[①] 但在实践中,研究者最好尝试多种匹配数量,并观察研究结论在不同情况下的稳健性。

三是马氏匹配在本质上是一种非精确匹配,因此,它只能将那些比较相似但不完全相同的个案匹配起来,这导致其估计结果或多或少存在偏差。为了减少估计偏差,研究者有四种应对措施。一是使用 1 对 1 匹配,如前所述,1 对 1 匹配相比 1 对多匹配的估计偏差较小。二是采用有放回的匹配,这种匹配方法允许一个控制组(干预组)个案同时与多个干预组(控制组)个案匹配,这样可以最大限度地为每个个案找到最相似的匹配对象。三是仅对部分变量实施马氏匹配。在实际研究时,我们可以对那些取值较少的分类变量进行精确匹配,而仅对连续变量采用马氏匹配,这样可以消除分类变量上的不匹配导致的估计偏差。四是尽可能使用大样本。一般来说,匹配的精确程度会随样本量的增加而上升。如果样本无穷无尽,理论上可以为每个个案找到完全相同的匹配对象。但遗憾的是,实际研究中的样本量总是有限的,在有限样本的情况

① 转引自 Shenyang Guo and Mark W. Fraser, *Propensity Score Analysis: Statistical Methods and Applications*, 2nd ed., SAGE Publications, 2015, p. 113。

下,即便我们采用有放回的 1 对 1 匹配,也可能将实际差异很大的两个个案匹配在一起。为了评估这个问题的严重性,研究者需要在实施马氏匹配之后对匹配样本进行平衡性检验。如果检验结果显示,匹配后的干预组个案和控制组个案在协变量 $\boldsymbol{X}_i$ 上仍有较大差异,那么最好使用阿巴迪和因本斯提出的方法对估计结果进行偏差校正。①

三、偏差校正

为了更好地理解偏差校正的思想,我们将从一个简单案例开始。假设有 8 名研究对象,其中 4 名在干预组,4 名在控制组,变量 X_i 是唯一的混杂变量,数据的具体情况如表 5.2 中的前 4 列所示。

表 5.2　演示数据的基本情况

编号	Y_i	D_i	X_i	Y_i^1	Y_i^0	$\hat{Y}_i^0(X_i)$
1	5	1	11	5	**4**	2.88
2	2	1	7	2	**0**	2.59
3	10	1	5	10	**5**	2.45
4	6	1	2	6	**1**	2.23
5	4	0	10	**5**	4	2.81
6	0	0	8	**2**	0	2.66
7	5	0	4	**10**	5	2.37
8	1	0	1	**6**	1	2.16

注:加粗的数据为根据匹配个案估计得到的潜在结果。

如果基于 X_i 对干预组和控制组个案实施 1 对 1 马氏匹配,那么匹配结果为:个案 1 与个案 5 匹配,个案 2 与个案 6 匹配,个案 3 与个案 7 匹配,个案 4 与个案 8 匹配。根据马氏匹配的分析步骤,将匹配对象在因变量上的观测值作为潜在结果的预测值,可以得到表 5.2 中的第 5 列和第 6 列。据此可以得到

① Alberto Abadie and Guido W. Imbens, "Bias-corrected Matching Estimators for Average Treatment Effects," *Journal of Business & Economic Statistics*, Vol. 29, No. 1, 2011, pp. 1-11.

ATT、ATU 和 ATE 的估计结果均为 3.25。以 ATT 为例，其计算过程为

$$\hat{\tau}_{ATT} = \frac{1}{N_1}\sum_{i:D_i=1}(Y_i - \hat{Y}_i^0) = \frac{5-4}{4} + \frac{2-0}{4} + \frac{10-5}{4} + \frac{6-1}{4} = 3.25$$

但是，通过上述方法得到的 ATT 是有偏的，原因在于马氏匹配并没有完全消除干预组个案和控制组个案在 X_i 上的差异。举例来说，个案 1 的 $X_i=11$，与之匹配的个案 5 的 $X_i=10$，虽然二者比较接近，但依然存在一些差异。类似的差异也存在于个案 2 与个案 6、个案 3 与个案 7 以及个案 4 与个案 8 之间。那么，如何才能进一步消除这些差异对估计结果的影响呢？

阿巴迪和因本斯认为，可以通过三步法校正匹配个案在协变量上的差异。

第一步，以 Y_i 为因变量，X_i 为自变量，对控制组个案（$D_i=0$）建立线性回归模型。在这个例子中，通过线性回归可以得到以下回归方程：

$$Y_i^0 = 2.09 + 0.07X_i$$

这个回归方程可以代表协变量 X_i 对潜在结果 Y_i^0 的影响。

第二步，将每个研究对象的 X_i 代入上述方程，得到 Y_i^0 的预测值 $\hat{Y}_i^0(X_i)$，具体结果如表 5.2 中的第 7 列所示。

第三步，对匹配个案在 $\hat{Y}_i^0(X_i)$ 上的差异进行校正。举例来说，个案 1 与个案 5 在 $\hat{Y}_i^0(X_i)$ 上相差 0.07（即 2.88−2.81），这个差异完全是二者在 X_i 上的取值不同导致的。在计算匹配估计量的时候，我们应当将之从因果效应的估计值中排除出去。如果我们对所有匹配对象都进行类似的偏差校正，即可得到偏差校正后的平均干预效应。以 ATT 为例，偏差校正后的 ATT 为

$$\hat{\tau}_{ATT}^{BC} = \frac{5-4-0.07}{4} + \frac{2-0+0.07}{4} + \frac{10-5-0.07^{①}}{4} + \frac{6-1-0.07}{4} = 3.22$$

可以发现，这个结果与偏差校正前的 ATT 差异不大，这主要是因为在这个例子中，所有匹配个案在 X_i 上的差异较小，且 X_i 对 Y_i 的影响也较小。如果匹配个案在 X_i 上的差异较大，且 X_i 对 Y_i 有很强的影响，那么偏差校正会使得估计值发生较为明显的变化。总的来说，阿巴迪和因本斯提出的偏差校正是一

① 因为四舍五入的问题，这里直接根据表里的数字计算出来是 0.08，但其实应该是 0.07。

种较为稳妥的估计方法。如果马氏匹配的效果很好,那么偏差校正可以再现马氏匹配的估计结果;如果马氏匹配的效果不好,偏差校正则可以在很大程度上减少估计偏差。因此,我们建议研究者在使用马氏匹配的时候总是使用偏差校正法。

第三节　粗化精确匹配

第二节介绍的马氏匹配将一个涉及多个协变量的多维匹配问题转换为在马氏距离上的一维匹配,即通过"降维"的方法成功解决了多维匹配中的维度诅咒问题。本节介绍的粗化精确匹配没有减少匹配变量的维度,而是通过削减变量取值类型的方法实现了同样的目标。接下来,我们将通过一个案例帮助读者理解这种匹配方法的分析思路与注意事项。

一、变量粗化

假设我们要研究上大学对收入的影响。数据共包含 12 名个案,其中 6 名上了大学($D_i=1$),6 名没有上大学($D_i=0$)。调查询问了这 12 名个案当前的月收入(Y_i)以及智力水平(X_{1i})和家庭背景(X_{2i}),数据的基本情况见表 5.3。为简单起见,我们假设控制家庭背景和智力水平以后,可忽略性假定成立,即假定$(Y_i^0, Y_i^1) \perp D_i \mid (X_{1i}, X_{2i})$。在这种情况下,我们可以通过匹配法来估计平均干预效应。但是,如果我们想要对 X_{1i} 和 X_{2i} 进行精确匹配,那么只有个案 1 和个案 7 可以找到符合要求的匹配对象,其他个案只能从研究中舍弃。因此,在这个演示数据中,我们遇到了精确匹配法在实践中经常遇到的维度诅咒问题。

表 5.3　演示数据的基本情况

编号	Y_i/元	D_i	X_{1i}	X_{2i}
1	**5000**	**1**	**80**	**1**
2	4000	1	75	2
3	3000	1	74	3
4	3500	1	70	4

（续表）

编号	Y_i/元	D_i	X_{1i}	X_{2i}
5	4500	1	72	1
6	5000	1	79	2
7	**4500**	**0**	**80**	**1**
8	5500	0	82	4
9	3200	0	71	1
10	2500	0	68	2
11	4000	0	73	3
12	3000	0	76	4

注:加粗的个案表示可以实施精确匹配。

仔细观察数据可以发现,导致维度诅咒的主要原因是 X_{1i} 的取值过多。实际上,X_{1i} 是一个连续变量,在样本量有限的情况下,对连续变量进行精确匹配几乎是不可能的。针对这个问题,最简单的解决办法是将 X_{1i} 转换为一个有序多分类变量,即所谓变量"粗化"。在这个例子中,我们可以将智力水平粗化为3个层次,60—69为智力水平一般,70—79为智力水平较高,80—89为智力水平很高,然后再进行精确匹配。由于智力水平现在有3个层次,家庭背景有4个层次,二者交叉分类会产生12种不同的类型。表5.4展示了对 X_{1i} 粗化后的匹配情况。可以发现,此时有8名个案(即5和9,3和11,4和12,1和7)可以实施精确匹配,与粗化前只有2名个案可以进行精确匹配相比,这一次保留的样本量有明显增加。

表5.4　对 X_{1i} 粗化后的匹配结果

X_{1i}^*	X_{2i}			
	1	2	3	4
1		10		
2	**5**, 9	**2**, **6**	**3**, 11	**4**, 12
3	**1**, 7			8

注:单元格中的数字为个案编号,加粗的编号是干预组个案,不加粗的是控制组个案。

为了保留更多样本进行后续分析，我们还可以对 X_{2i} 进行粗化。例如将该变量取值为 1 和 2 的合并，表示家庭背景较差；取值为 3 和 4 的合并，表示家庭背景较好。同时对 X_{1i} 和 X_{2i} 进行粗化之后再实施精确匹配的结果见表 5.5。可以发现，此时有 10 名个案可以找到与之精确匹配的对象。

表 5.5　同时对 X_{1i} 和 X_{2i} 进行粗化之后的匹配结果

X_{1i}^*	X_{2i}^*	
	1	2
1	10	
2	**2**, **5**, **6**, 9	**3**, **4**, 11, 12
3	**1**, 7	8

注：单元格中的数字为个案编号，加粗的编号是干预组个案，不加粗的是控制组个案。

综上所述，通过不断合并或削减变量的取值类型，实施精确匹配的难度会大大降低。但是，将所有变量都合并为仅包含少数类别的分类变量也会损失很多信息。因此，研究者在实施变量粗化的过程中常常面临一个两难的困境。针对这个问题，布莱克韦尔等学者提出了一种对协变量进行自动粗化的算法，但这个算法并不能保证将干预组和控制组间的不平衡性降到最低。[①] 因此，他们建议研究者结合理论对变量进行粗化。例如，对于连续取值的教育年限变量，他们建议根据学制将之转换为文盲、小学、初中、高中、大专及以上 5 个类别。但是，相同变量在不同的研究中的粗化方法并不唯一。因此，研究者需要根据情况做多次尝试，以使得：第一，匹配之后能保留尽可能多的样本；第二，匹配样本在原始协变量上的不平衡程度有较大幅度下降。

针对第二个目标，布莱克韦尔等提出了一个测量变量不平衡性的指标 L_1，它的取值在 0 到 1 之间。[②] 如果干预组和控制组在粗化前的协变量上的联合概率分布完全相同，L_1 将取最小值 0；如果这两个分布完全不同，L_1 将取最大值 1。数据匹配的目标是提高干预组和控制组的平衡性，因此，匹配之后干预组

① Matthew Blackwell, Stefano Iacus, Gary King and Giuseppe Porro, "Cem: Coarsened Exact Matching in Stata," *The Stata Journal*, Vol. 9, No. 4, 2009, pp. 524-546.

② Ibid.

和控制组的 L_1 通常小于匹配之前的 L_1,且 L_1 的下降幅度越大表示匹配效果越好。在对变量进行粗化的时候,研究者应当选择能使 L_1 下降幅度最大的粗化方法。与此同时,尽可能保证匹配后的样本量不至于损失太多。

二、计算权重

实施粗化精确匹配之后,经常会出现干预组个案和控制组个案在同一层内数量不一致的情况。例如在表 5.5 中,对于 $X_{1i}^{*}=2$ 且 $X_{2i}^{*}=1$ 这个层,匹配后有 3 个干预组个案和 1 个控制组个案,干预组和控制组个案数量之比为 3∶1,不是 1∶1。如果同一层内的干预组和控制组个案数量不一致,那么匹配样本在粗化后的协变量上也会出现不一致。具体来说,在表 5.5 所示的这个例子中,我们可以计算匹配成功的 6 名干预组个案在 X_{1i}^{*} 和 X_{2i}^{*} 上的均值:

$$E(X_{1i}^{*} \mid D_i = 1) = \frac{2+2+2+2+2+3}{6} = 2.17$$

$$E(X_{2i}^{*} \mid D_i = 1) = \frac{1+1+1+1+2+2}{6} = 1.33$$

按照同样的方法,我们还可以计算匹配成功的 4 名控制组个案在 X_{1i}^{*} 和 X_{2i}^{*} 上的均值,具体如下:

$$E(X_{1i}^{*} \mid D_i = 0) = \frac{2+2+2+3}{4} = 2.25$$

$$E(X_{2i}^{*} \mid D_i = 0) = \frac{1+1+2+2}{4} = 1.50$$

可以发现,在匹配样本中,干预组个案与控制组个案在 X_{1i}^{*} 和 X_{2i}^{*} 上的均值并不相等,因此,二者在粗化后的变量上没有实现完全平衡。针对这个问题,通常有两种处理方法。一是在数量不均衡的层中随机删除多余的干预组个案或控制组个案。对于表 5.5 所示的这个例子,我们可以随机删除 $X_{1i}^{*}=2$ 且 $X_{2i}^{*}=1$ 这个层中的 2 名干预组个案,仅保留 1 名干预组个案进行分析。这样做虽然可以保证最终的匹配样本在 X_{1i}^{*} 和 X_{2i}^{*} 上完全平衡,但损失了 2 名个案。如果要在不损失个案的情况下使得 X_{1i}^{*} 和 X_{2i}^{*} 完全平衡,一个可行的方法是加权。

具体来说,我们可以使用如下方法对原始数据加权:

◆ 对于没有匹配上的个案，$w_i = 0$。

◆ 对于匹配上的干预组个案，$w_i = 1$。

◆ 对于匹配上的控制组个案，$w_i = \frac{m_0}{m_1} \times \frac{m_1^s}{m_0^s}$。其中，$m_0$ 为匹配上的控制组个案总数，m_1 为匹配上的干预组个案总数，m_0^s 为第 s 层中匹配上的控制组个案数，m_1^s 为第 s 层中匹配上的干预组个案数。根据上述公式，我们可以计算表 5.5 中个案 9 的权重：

$$w_9 = \frac{m_0}{m_1} \times \frac{m_1^s}{m_0^s} = \frac{4}{6} \times \frac{3}{1} = 2$$

同理，我们还可以计算出其他个案的权重，具体结果见表 5.6。据此我们可以计算加权后干预组和控制组个案在 X_{1i}^* 和 X_{2i}^* 上的均值。

表 5.6 变量粗化后的数据与权重

编号	Y_i/元	D_i	X_{1i}	X_{2i}	X_{1i}^*	X_{2i}^*	w_i
1	5000	1	80	1	3	1	1
2	4000	1	75	2	2	1	1
3	3000	1	74	3	2	2	1
4	3500	1	70	4	2	2	1
5	4500	1	72	1	2	1	1
6	5000	1	79	2	2	1	1
7	4500	0	80	1	3	1	$\frac{2}{3}$
8	5500	0	82	4	3	2	0
9	3200	0	71	1	2	1	2
10	2500	0	68	2	1	1	0
11	4000	0	73	3	2	2	$\frac{2}{3}$
12	3000	0	76	4	2	2	$\frac{2}{3}$

首先,对于 6 名匹配成功的干预组个案,由于其权重都为 1,加权结果与不加权时完全一致:

$$E(X_{1i}^* \mid D_i = 1) = \frac{2 + 2 + 2 + 2 + 2 + 3}{6} = 2.17$$

$$E(X_{2i}^* \mid D_i = 1) = \frac{1 + 1 + 1 + 1 + 2 + 2}{6} = 1.33$$

其次,对于 4 名匹配成功的控制组个案,其加权以后 X_{1i}^* 和 X_{2i}^* 的均值为

$$E(X_{1i}^* \mid D_i = 0) = \frac{3 \times \frac{2}{3} + 2 \times 2 + 2 \times \frac{2}{3} + 2 \times \frac{2}{3}}{4} = 2.17$$

$$E(X_{2i}^* \mid D_i = 0) = \frac{1 \times \frac{2}{3} + 1 \times 2 + 2 \times \frac{2}{3} + 2 \times \frac{2}{3}}{4} = 1.33$$

可以发现,上述计算结果与干预组中完全相同。正是在这个意义上,我们说加权可以消除匹配样本在 X_{1i}^* 和 X_{2i}^* 上的差异。但需注意的是,加权只能使匹配样本在粗化后的协变量上维持平衡,这不意味着匹配样本在 X_{1i} 和 X_{2i} 这两个原始协变量上也能做到完全平衡。如果要评估匹配样本在原始协变量上的平衡性,我们可以使用布莱克韦尔等学者提出的指标 L_1。

三、统计分析

在得到权重以后,我们就可以使用该权重对匹配样本进行统计分析。对于表 5.6 所示的数据,我们可以分干预组和控制组计算匹配样本在因变量 Y_i 上的加权平均数,二者之差即粗化精确匹配之后的 ATT,具体如下:

$$E(Y_i \mid D_i = 1) = \frac{5000 + 4000 + 3000 + 3500 + 4500 + 5000}{6} = 4166.7$$

$$E(Y_i \mid D_i = 0) = \frac{4500 \times \frac{2}{3} + 3200 \times 2 + 4000 \times \frac{2}{3} + 3000 \times \frac{2}{3}}{4} = 3516.7$$

$$\tau_{\text{ATT}}^{\text{cem}} = E(Y_i \mid D_i = 1) - E(Y_i \mid D_i = 0) = 4166.7 - 3516.7 = 650$$

可以发现,通过上述方法得到的 ATT 为 650。不过,上述匹配过程只能消

除干预组和控制组在 X_{1i}^* 和 X_{2i}^* 上的差异,而不能完全消除其在原始协变量 X_{1i} 和 X_{2i} 上的差异。为了进一步控制匹配样本在 X_{1i} 和 X_{2i} 上的差异,我们可以对匹配样本进行加权线性回归,回归的因变量为 Y_i,自变量为 D_i、X_{1i} 和 X_{2i},权重为表 5.6 中的 w_i,这样可以得到如下回归方程:

$$Y_i = -4358.55 + 578.60D_i + 112.80X_{1i} - 237.01X_{2i} + \varepsilon_i$$

该方程中 D_i 的回归系数 578.60 即在粗化精确匹配的基础上进一步控制原始协变量之后的 ATT。与直接对原始数据进行线性回归相比,先粗化精确匹配再使用线性回归有一个明显的好处,即它较少受到模型误设偏差的影响。[①] 第四章曾经提到,使用线性回归估计因果效应的一个内在假定是,回归方程的设定是完全正确的。在上述回归方程中,我们将 X_{1i} 和 X_{2i} 对 Y_i 的影响设置为线性,如果真实的影响也是线性的,那么上述方程不存在模型误设偏差,但如果真实的影响是非线性的,那么估计到的 D_i 的回归系数仍是有偏差的。在很多研究中,研究者并不知道协变量与因变量之间的函数形态,因此,回归分析始终存在模型误设的风险。但是,对匹配后的数据进行线性回归却可以在很大程度上降低这种风险。其原因在于,匹配是一种非参数的统计控制方法,它的有效性不依赖研究者对模型的设定。例如,在上述匹配过程中,我们通过精确匹配完全消除了干预组和控制组在 X_{1i}^* 和 X_{2i}^* 上的线性差异和所有非线性差异。由于 X_{1i}^* 和 X_{2i}^* 是由 X_{1i} 和 X_{2i} 经过粗化得到的,所以,我们在消除干预组和控制组在 X_{1i}^* 和 X_{2i}^* 上的非线性差异的同时,也将其原始变量的很多非线性差异一并消除了。在这种情况下,仅在回归方程中纳入 X_{1i} 和 X_{2i} 的一次项也不会遭遇严重的模型误设偏差。

四、小结

综上所述,使用粗化精确匹配估计因果效应有四个步骤。

第一步,确定协变量 $\boldsymbol{X}_i$。这一步的要求与之前介绍的线性回归和其他匹配方法完全相同,此处不再赘述。

① Matthew Blackwell, Stefano Iacus, Gary King and Giuseppe Porro, "Cem: Coarsened Exact Matching in Stata," *The Stata Journal*, Vol. 9, No. 4, 2009, pp. 524-546.

第二步,变量粗化。研究者可以基于理论或一些自动化的算法将原始协变量粗化为仅包含少数类别的协变量 $\boldsymbol{X}_i^*$,这是使用该方法的关键。

第三步,对粗化后的协变量 $\boldsymbol{X}_i^*$ 实施精确匹配,并计算权重。

第四步,将权重代入原始数据并结合常规统计方法计算平均干预效应。

与线性回归和其他匹配方法相比,粗化精确匹配有五个明显优势。一是原理简单,操作方便。二是有很好的统计性质,其中最重要的一点是"单调不平衡边界"(monotonic imbalance bounding),这意味着使用该方法以后,协变量上的平衡性一定会提升,其提升幅度取决于研究者对变量的粗化决策。三是对模型的依赖度低,与线性回归和第六章将要介绍的倾向值匹配不同,该方法不需要研究者做任何模型设定假定,因此在很大程度上避免了模型误设偏差。四是应用领域广阔,通过该方法生成权重可以应用到几乎所有统计分析模块中。五是运算速度很快,即便在样本量很大的情况下,该方法也能很快给出匹配结果。

不过,与其他方法相比,粗化精确匹配也有一个明显缺陷,即这种方法高度依赖变量的粗化过程。研究发现,变量的粗化决策不仅决定了匹配样本在协变量上的不平衡性,而且会在一定程度上影响干预效应的估计结果。因此,我们建议研究者尝试多种不同的粗化方法,并对估计结果的稳健性进行评估。此外,我们建议研究者在对变量粗化的时候,不要过于依赖自动化算法,而是要有意识地将理论和已有的知识融入变量粗化的过程。最后,我们建议研究者在分析因果效应的时候,一定要在模型中对粗化前的原始协变量进行统计控制,因为这种匹配方法并不能完全消除原始协变量对因果分析的影响。

第四节　协变量匹配的 Stata 命令

本节主要介绍使用 Stata 软件实施精确匹配、马氏匹配和粗化精确匹配的方法。我们将首先介绍几个常用的命令,然后通过一个案例进行演示。

一、命令介绍

Stata 中实现精确匹配和马氏匹配的命令是 teffects nnmatch,它的语法结构如下:

```
teffects nnmatch (ovar omvarlist) (tvar) [if] [in] [weight] [, options]
```

其中,teffects nnmatch 是命令名;其后第一个小括号中的 ovar 是研究的因变量,omvarlist 是需要匹配的协变量;第二个小括号中的 tvar 是干预变量。if、in 和 weight 的用法与其他命令相同,此处不再赘述。

该命令有以下几个常用选项:

◆ ate:估计 ATE,这是软件默认的输出结果。

◆ atet:估计 ATT。

◆ ematch(varlist):对 varlist 中列出的变量实施精确匹配,默认对所有协变量实施马氏匹配。

◆ biasadj(varlist):在马氏匹配之后对 varlist 中列出的变量进行偏差校正。

◆ nneighbor(#):采用 1 对 # 匹配,默认为 1 对 1 匹配,即 nneighbor(1)。

◆ vce(vcetype):设置标准误计算方式。建议使用 vce(robust, nn(#)),该选项表示采用阿巴迪和因本斯提出的 1 对 # 马氏匹配的稳健标准误,其中 nn(#)的设定与选项 nneighbor(#)保持一致。

◆ osample(newvar):对那些不满足匹配要求的个案进行标记,标记结果保存在变量 newvar 之中。

◆ generate(stub):生成变量 stub,以标记匹配个案的编号。

◆ metric(metric):设置距离计算方式,默认为马氏距离。若要使用欧氏距离,使用选项 metric(euclidean);若要使用标准化后的欧氏距离,使用选项 metric(ivariance)。

◆ level(#):设置置信区间的置信度,默认为 95%,即 level(95)。

◆ control():设置与控制组对应的干预变量的取值,默认以取值为 0 的那一类作为控制组。

◆ tlevel():设置与干预组对应的干预变量的取值,默认以取值为 1 的那一类作为干预组。

对于粗化精确匹配,目前还没有可供使用的官方命令。用户可通过以下命令下载程序包 cem,然后使用该程序包执行粗化精确匹配:

```
. ssc install cem, replace
```

cem 程序包中有两个命令。一是 cem,使用它可以实现粗化精确匹配,其语法结构如下：

```
cem varname1 [(cutpoints1)] [varname2 [(cutpoints2)]] ... [if] [in] [, options]
```

其中,cem 是命令名,其后的 varname1、varname2 等是协变量,用户可以在协变量之后的括号中设定针对该变量进行粗化所需的分割点,如 age(10 20 30 40 50)表示将 age 粗化为 6 类:10 以下为第 1 类,10—20 为第 2 类,20—30 为第 3 类,30—40 为第 4 类,40—50 为第 5 类,50 以上为第 6 类。如果要将变量粗化为规模相等的 g 个类别,可以在括号中使用#g,如 age(#6)表示将 age 粗化为规模相等的 6 类。如果不希望对该变量进行粗化,可以使用 #0,如 age(#0)表示保留 age 的原始取值实施精确匹配。需要注意的是,用户可以通过上文所示的方式自己定义对协变量的粗化方法,也可以让软件基于算法对变量进行自动粗化。如果用户选择了后者,那么只需列出变量名即可。

cem 有以下几个常用的选项：

◆ treatment(varname):设置干预变量,其变量名为 varname。

◆ showbreaks:显示对每个变量进行粗化时使用的分割点。

◆ autocuts(string):设置自动粗化的算法,默认为 autocuts(sturges),此外还有 autocuts(fd)、autocuts(scott)和 autocuts(ss)这三个选项可选。

◆ k2k:表示在每个匹配层中干预组个案与控制组个案数量不等的情况下随机删除部分个案以使其数量相等,采用这种方法的好处是在后续分析过程中不需要加权,但会因此损失样本量。建议用户使用 cem 输出的权重以保留最大样本量进行分析。

在使用 cem 命令执行粗化精确匹配之后,Stata 会自动生成以下三个变量：

◆ cem_matched:标识个案是否得到匹配。

◆ cem_strata:标识个案所在的匹配层号。

◆ cem_weights:权重,该权重可以直接应用到 regress 等命令中执行加权后的统计分析。

cem 程序包中的另一个命令是 imb,使用它可以计算布莱克韦尔等学者提出的测量干预组和控制组在协变量上不平衡程度的 L_1,其语法结构如下:

```
imb varlist [if] [in] [, options]
```

其中,imb 是命令名,varlist 是协变量的名称,它主要有两个选项:

◆ treatment(varname):设置干预变量,其变量名为 varname。

◆ useweights:使用 cem 生成的权重 cem_weights 评估匹配后干预组和控制组在原始协变量上的不平衡性。

二、案例展示

接下来,我们将使用 cfps2010. dta 这个数据演示上述命令的使用方法。对该数据基本情况的介绍请参见第四章第五节。与第四章演示线性回归时相同,本章分析的因变量仍为 lninc,干预变量为 college。

一元线性回归结果显示,在不控制任何变量的情况下,college 对 lninc 的回归系数为 0. 824,这意味着,考上大学的样本和没有考上大学的样本在 lninc 上的均值差为 0. 824。不过,考虑到这两个子样本在 hukou、age、gender、race、sibling 和 fmedu 这几个协变量上存在很大差异,上述结果很可能是有偏的。下面,我们将通过匹配法来校正干预组和控制组在这些协变量上的差异。

```
. use "C:\Users\XuQi\Desktop\cfps2010.dta", clear

. reg lninc college, vce(cluster provcd)

Linear regression                               Number of obs     =      4,137
                                                F(1, 24)          =     271.17
                                                Prob > F          =     0.0000
                                                R-squared         =     0.1095
                                                Root MSE          =     1.1498

                                 (Std. err. adjusted for 25 clusters in provcd)
------------------------------------------------------------------------------
             |               Robust
       lninc | Coefficient  std. err.      t    P>|t|     [95% conf. interval]
-------------+----------------------------------------------------------------
     college |    .823612   .0500155    16.47   0.000     .7203851     .926839
       _cons |   9.353189   .1084703    86.23   0.000     9.129317    9.577061
------------------------------------------------------------------------------
```

我们使用的第一种方法是精确匹配。首先,我们仅对 hukou 这一个变量实施精确匹配,具体如下:

```
. teffects nnmatch (lninc) (college), ematch(hukou)

Treatment-effects estimation                   Number of obs      =      4,137
Estimator      : nearest-neighbor matching     Matches: requested =          1
Outcome model  : matching                                     min =        786
Distance metric: Mahalanobis                                  max =       1594
```

lninc	Coefficient	AI robust std. err.	z	P>|z|	[95% conf. interval]	
ATE						
college (是 vs 否)	.8021249	.0337823	23.74	0.000	.7359127	.868337

可以发现,在对 hukou 实施精确匹配之后,college 对 lninc 的平均干预效应下降到了 0.802。如果我们同时对 hukou、age、gender、race、sibling 和 fmedu 实施精确匹配,其结果又会如何呢?

```
. teffects nnmatch (lninc) (college), ematch(hukou age gender race sibling fmedu)
no exact matches for observation 4; use option osample() to identify all
observations with deficient matches
r(459);
```

从输出结果可以发现,Stata 给出了一个错误提示,提示内容为无法为所有个案找到在所有协变量上取值都相同的匹配对象。与此同时,Stata 还给出了一个建议,即使用选项 osample( )去标记那些匹配失败的个案。参照这个建议,我们在增加选项 osample( )后重新执行了上述命令。输出结果显示,有 593 名个案无法按照我们设定的要求实施精确匹配。对标识变量 overlap 进行统计描述也可以发现,有 593 名个案违反了共同取值范围假定。

```
. teffects nnmatch (lninc) (college), ematch(hukou age gender race sibling fmedu)
osample(overlap)
593 observations have no exact matches; they are identified in the osample() variable
r(459);
. tab overlap
```

overlap violation indicator	Freq.	Percent	Cum.
0	3,544	85.67	85.67
1	593	14.33	100.00
Total	4,137	100.00	

正如前文所述，在同时对多个变量实施精确匹配，且变量中包含像 age 这样的连续变量的时候，精确匹配必然会遭遇维度诅咒，其最直接的表现就是匹配后的样本量大为下降。为了避免损失过多样本，我们尝试对 age、race 和 sibling 这三个变量实施马氏匹配，其余变量依然采用精确匹配。具体如下：

```
. teffects nnmatch (lninc age race sibling) (college), ematch(hukou gender fmedu)

Treatment-effects estimation                   Number of obs      =      4,137
Estimator      : nearest-neighbor matching     Matches: requested =          1
Outcome model  : matching                                     min =          1
Distance metric: Mahalanobis                                  max =         50
```

lninc	Coefficient	AI robust std. err.	z	P>|z|	[95% conf. interval]	
ATE						
college (是 vs 否)	**.7699847**	**.041446**	**18.58**	**0.000**	**.6887521**	**.8512174**

可以发现，在对 age、race 和 sibling 这三个变量实施马氏匹配以后，软件不再提示有匹配失败的问题，且给出了 ATE 的估计值为 0.770。

上面演示的马氏匹配采用的是默认的 1 对 1 匹配，若要采用 1 对多匹配，需要使用选项 nneighbor( )。具体来说，我们可以参照阿巴迪和因本斯的建议采用 1 对 4 匹配，同时使用 1 对 4 匹配下的稳健标准误，具体如下：

```
. teffects nnmatch (lninc age race sibling) (college), ematch(hukou gender fmedu)
  nneighbor(4) vce(robust, nn(4))

Treatment-effects estimation                   Number of obs      =      4,137
Estimator      : nearest-neighbor matching     Matches: requested =          4
Outcome model  : matching                                     min =          4
Distance metric: Mahalanobis                                  max =         50
```

lninc	Coefficient	AI robust std. err.	z	P>|z|	[95% conf. interval]	
ATE						
college (是 vs 否)	**.7936157**	**.0392848**	**20.20**	**0.000**	**.7166189**	**.8706125**

可以发现，1 对 4 匹配时的 ATE 为 0.794，与 1 对 1 匹配时很接近，因此分析结果总体来说是稳健的。不过，根据前文的介绍，马氏匹配并不能完全消除干预组和控制组在协变量上的差异。为了解决这个问题，研究者最好使用阿

巴迪和因本斯提出的方法对估计结果进行偏差校正。对 age、race 和 sibling 这三个变量实施偏差校正后的 1 对 4 匹配估计结果如下：

```
. teffects nnmatch (lninc age race sibling)(college),ematch(hukou gender fmedu)
nneighbor(4) vce(robust, nn(4))biasadj(age race sibling)

Treatment-effects estimation                   Number of obs      =      4,137
Estimator      : nearest-neighbor matching     Matches: requested =          4
Outcome model  : matching                                     min =          4
Distance metric: Mahalanobis                                  max =         50
```

lninc	Coefficient	AI robust std. err.	z	P>|z|	[95% conf.	interval]
ATE						
college (是 vs 否)	**.7949957**	**.0392914**	**20.23**	**0.000**	**.717986**	**.8720054**

分析结果显示，偏差校正后的估计值为 0.795，与偏差校正前的结果几乎没有差异，这说明在这个例子中，马氏匹配的偏差很小，可以忽略不计。

最后，对上述命令使用选项 atet，即可得到偏差校正后的 ATT。分析结果显示，其估计值为 0.699，小于 ATE：

```
. teffects nnmatch (lninc age race sibling)(college),ematch(hukou gender fmedu)
nneighbor(4) vce(robust, nn(4)) biasadj(age race sibling) atet

Treatment-effects estimation                   Number of obs      =      4,137
Estimator      : nearest-neighbor matching     Matches: requested =          4
Outcome model  : matching                                     min =          4
Distance metric: Mahalanobis                                  max =         50
```

lninc	Coefficient	AI robust std. err.	z	P>|z|	[95% conf.	interval]
ATET						
college (是 vs 否)	**.6993424**	**.0475923**	**14.69**	**0.000**	**.6060633**	**.7926215**

接下来，我们将演示粗化精确匹配。在使用这种方法之前，我们可以先用命令 imb 计算干预组和控制组在所有协变量上的不平衡性：

```
. imb hukou age gender race sibling fmedu, treatment(college)

Multivariate L1 distance: .42932057

Univariate imbalance:
```

```
              L1      mean      min      25%      50%      75%      max
  hukou  .11753    .11753        0        0        0        0        0
    age  .32978   -6.5436        0       -6       -9       -9        0
 gender  .04055   -.04055        0        0        0        0        0
   race  .01072   -.01072        0        0        0        0        0
sibling  .13284    .13284        0        0        0        0        0
  fmedu  .22349    .01915        0        0        1       -1        0
```

分析结果显示,干预组和控制组在所有6个协变量上的总体不平衡指数 L_1 为0.429。此外,Stata还汇报了干预组和控制组在每个协变量上的不平衡指数以及两组人在每个协变量的均值、最小值、25%分位数、50%分位数、75%分位数和最大值上的差异。一般来说,在比较数据不平衡程度的时候,总体不平衡指数最重要,因此,接下来我们主要根据这个指标来评估匹配效果。

现在,我们尝试对数据进行粗化精确匹配。首先,我们以30、35、40、45和50为分割点,将年龄粗化为一个6分类变量;而其他变量则使用软件默认的方法进行粗化。需要注意的是,fmedu有3个取值:初中及以下、高中及以上和数据缺失。考虑到这3个类别不宜合并,因此,我们在其变量名后的括号中使用#0表示不对该变量进行粗化。采用上述设置的命令和结果如下:

```
. cem hukou age (30 35 40 45 50) gender race sibling fmedu(#0), treatment(college)
(using the scott break method for imbalance)

Matching Summary:
-----------------
Number of strata: 206
Number of matched strata: 133

              0      1
      All  2494   1643
  Matched  2409   1583
Unmatched    85     60


Multivariate L1 distance: .20630897

Univariate imbalance:

              L1      mean      min      25%      50%      75%      max
  hukou  8.3e-16   1.1e-16        0        0        0        0        0
    age   .07527    -.1677        0        0        1        0        0
 gender  1.4e-15   6.7e-16        0        0        0        0        0
   race  9.0e-16   1.8e-15        0        0        0        0        0
sibling  2.4e-15  -1.9e-16        0        0        0        0        0
  fmedu  3.7e-16   2.8e-15        0        0        0        0        0
```

输出结果显示,按照上述方法进行粗化精确匹配之后,大多数干预组个案和控制组个案找到了与之精确匹配的对象,匹配失败的个案只有 145 个,其中干预组个案 60 个,控制组个案 85 个。匹配之后,干预组和控制组在所有 6 个协变量上的总体不平衡指数下降到了 0.206,且单个协变量的不平衡指数都非常接近 0。这说明与匹配前相比,匹配后的样本在平衡性上有很大提升。

以上所示的命令将 age 粗化为一个等间距的 6 分类变量。此外,我们也可以根据分位数将 age 粗化为等规模的 6 分类变量。具体命令和结果如下:

```
. cem hukou age (#6) gender race sibling fmedu (#0), treatment(college)
(using the scott break method for imbalance)

Matching Summary:
-----------------
Number of strata: 179
Number of matched strata: 118

              0      1
      All  2494   1643
  Matched  2421   1579
Unmatched    73     64


Multivariate L1 distance: .22223609

Univariate imbalance:

               L1      mean       min       25%       50%       75%       max
   hukou  5.3e-15   4.6e-15         0         0         0         0         0
     age   .08636   -.24076         0         0         0         0         0
  gender  6.0e-15   7.2e-15         0         0         0         0         0
    race  1.2e-15   2.1e-15         0         0         0         0         0
 sibling  4.1e-15   1.7e-15         0         0         0         0         0
   fmedu  7.4e-15   5.3e-15         0         0         0         0         0
```

分析结果显示,通过上述方法保留的匹配样本略多于前一种方法,但平衡性指数却比之前略高。所以综合来看,匹配效果与之前相当。

最后,我们演示根据 cem 的自动粗化算法得到的匹配结果:

```
. cem hukou age gender race sibling fmedu (#0), treatment(college)
(using the scott break method for imbalance)

Matching Summary:
-----------------
Number of strata: 369
Number of matched strata: 214
```

```
              0      1
      All  2494   1643
  Matched  2330   1523
Unmatched   164    120


Multivariate L1 distance: .09076546

Univariate imbalance:

              L1      mean      min      25%      50%      75%      max
  hukou  1.1e-15  -6.7e-16        0        0        0        0        0
    age   .02518   -.02531        0        0        0        0        0
 gender  1.8e-15  -2.3e-15        0        0        0        0        0
   race  8.7e-18         0        0        0        0        0        0
sibling  1.3e-15  -3.1e-16        0        0        0        0        0
  fmedu  1.6e-15   1.2e-15        0        0        0        0        0
```

可以发现,使用这种方法损失的样本量最多,但不平衡指数却比之前两种方法有较大幅度的下降。这体现了在粗化精确匹配过程中经常出现的一个现象,即排除在外的极端样本越多,匹配样本的平衡性通常越能够得到保证。考虑到第三种方法的平衡性指数最小,且样本损失依然在可接受的范围内,我们接下来将使用该方法生成的权重 cem_weights 进行后续分析。

首先,我们可以使用该权重进行加权后的一元线性回归:

```
. reg lninc college [iw=cem_weights]

      Source |       SS           df       MS      Number of obs   =     3,852
-------------+----------------------------------   F(1, 3850)      =    333.41
       Model |  450.866614         1  450.866614   Prob > F        =    0.0000
    Residual |  5207.69062     3,850  1.35264691   R-squared       =    0.0797
-------------+----------------------------------   Adj R-squared   =    0.0797
       Total |  5658.55723     3,851  1.46937347   Root MSE        =    1.1629

------------------------------------------------------------------------------
       lninc | Coefficient  Std. err.      t    P>|t|     [95% conf. interval]
-------------+----------------------------------------------------------------
     college |   .6996738   .0383184    18.26   0.000     .6245475    .7748001
       _cons |    9.47577   .0240912   393.33   0.000     9.428537    9.523003
------------------------------------------------------------------------------
```

分析结果显示,通过这种方法得到的 college 的回归系数为 0.700,或者说 ATT 为 0.700。这与之前偏差校正以后得到的 1 对 4 马氏匹配的估计结果非常接近。

接下来,我们可以在回归方程中纳入原始的协变量,以进一步消除匹配样本在这些变量上的不平衡性。分析结果显示，纳入更多控制变量以后，college 的回归系数只发生了非常细微的变化。这主要是因为，粗化精确匹配已经在很大程度上消除了干预组和控制组在原始协变量上的不平衡性（匹配后 L_1 从 0.429 下降到了 0.091），此时，在回归方程中纳入更多控制变量的意义已经不大。不过，在统计分析时控制这些协变量是一种更加稳健的做法，因此，我们建议研究者在回归分析时始终对原始协变量进行统计控制。

```
. reg lninc college hukou age gender race sibling i.fmedu [iw=cem_weights]

      Source |       SS           df       MS      Number of obs   =     3,853
-------------+----------------------------------   F(8, 3844)      =     59.25
       Model |  621.146148         8  77.6432685   Prob > F        =    0.0000
    Residual |  5037.41109     3,844  1.31046074   R-squared       =    0.1098
-------------+----------------------------------   Adj R-squared   =    0.1079
       Total |  5658.55723     3,852  1.46899201   Root MSE        =    1.1448

------------------------------------------------------------------------------
       lninc | Coefficient  Std. err.      t    P>|t|     [95% conf. interval]
-------------+----------------------------------------------------------------
     college |    .699765   .0377211    18.55   0.000     .6258097    .7737203
       hukou |   .1384669   .0417004     3.32   0.001     .0567099    .2202238
         age |   .0036032    .002706     1.33   0.183    -.0017021    .0089086
      gender |   .3631285   .0378722     9.59   0.000     .2888771    .4373799
        race |   .1562387   .1279194     1.22   0.222    -.0945576    .4070351
     sibling |   .1464629   .0537444     2.73   0.006     .0410927    .2518332
             |
       fmedu |
          是 |   .0025106    .043347     0.06   0.954    -.0824748     .087496
        缺失 |   .0241171   .0565652     0.43   0.670    -.0867836    .1350179
             |
       _cons |   8.892506    .162912    54.58   0.000     8.573104    9.211908
------------------------------------------------------------------------------
```

练习

1. 简述匹配法的原理及其研究假定。
2. 简述匹配估计量和回归估计量的异同点。
3. 什么是维度诅咒？简述精确匹配在实践中经常遭遇维度诅咒的原因。
4. 什么是马氏距离？如何根据马氏距离对变量实施匹配？
5. 为什么要对马氏匹配的估计结果进行偏差校正？简述偏差校正的基本过程。

6. 简述粗化精确匹配的原理和优缺点。如何才能对变量进行合理粗化？

7. 使用 Stata 软件打开数据 birthweight. dta，完成以下分析工作：

（1）以 bweight 为因变量，mbsmoke 为自变量，mrace 为协变量实施精确匹配，计算 ATE 和 ATT。

（2）以 bweight 为因变量，mbsmoke 为自变量，以 mage、medu、mrace、nprenatal、mmarried、deadkids 和 fbaby 为协变量实施精确匹配，计算 ATE。此时会遭遇什么问题？为什么？

（3）以 bweight 为因变量，mbsmoke 为自变量，以 mage、medu、mrace、nprenatal、mmarried、deadkids 和 fbaby 为协变量实施马氏匹配，计算 ATE 和 ATT。

（4）在（3）的基础上实施 1 对 4 马氏匹配，计算 ATE 和 ATT，同时对所有协变量进行偏差校正。

（5）计算干预组和控制组在 mage、medu、mrace、nprenatal、mmarried、deadkids 和 fbaby 这几个协变量上的不平衡指数 L_1。

（6）以 bweight 为因变量，mbsmoke 为自变量，采用软件默认的粗化算法对 mage、medu、mrace、nprenatal、mmarried、deadkids 和 fbaby 进行粗化精确匹配。

（7）重新执行粗化精确匹配，以 9 和 12 为分割点对 medu 进行粗化，其余协变量仍采用软件默认的粗化算法。比较两次匹配结果，你觉得哪一次匹配的效果更好？为什么？

（8）基于（7）生成的权重计算 mbsmoke 对 bweight 的因果影响。

第六章

倾向值匹配

本章重点和教学目标：

1. 掌握倾向值的概念与估计倾向值的常用方法；
2. 了解倾向值匹配与线性回归和马氏匹配相比的优势与缺陷；
3. 掌握倾向值匹配的分析步骤,知道如何在各种匹配方法间做出选择；
4. 掌握敏感性分析的原理,能正确使用和解读敏感性分析的结果；
5. 能正确使用 Stata 软件实施倾向值匹配并进行敏感性分析。

自 1983 年罗森鲍姆(Paul R. Rosenbaum)和鲁宾共同提出倾向值的概念以来,基于倾向值的匹配方法逐渐流行起来,并在社会学、经济学、流行病学等领域得到了非常广泛的应用。[①] 以社会学为例,在罗森鲍姆和鲁宾的论文发表后不久,就有多项使用该方法的实证研究问世[②]。1997 年,史密斯在《社会学

---

① Paul R. Rosenbaum and Donald B. Rubin, "The Central Role of the Propensity Score in Observational Studies for Causal Effects," *Biometrika*, Vol. 70, No. 1, pp. 41–55.

② Richard A. Berk and Phyllis J. Newton, "Does Arrest Really Deter Wife Battery? An Effort to Replicate the Findings of the Minneapolis Spouse Abuse Experiment," *American Sociological Review*, Vol. 50, No. 2, 1985, pp. 253–262; Richard A. Berk, Phyllis J. Newton and Sarah F. Berk, "What a Difference a Day Makes: An Empirical Study of the Impact of Shelters for Battered Women," *Journal of Marriage and Family*, Vol. 48, No. 3, 1986, pp. 481–490.

方法论》中系统介绍了这种方法。[①] 两年之后，温希普和摩根在美国《社会学年鉴》中梳理了因果推断的发展历程，其中专门谈到了倾向值匹配。[②] 2000年以后，随着倾向值匹配法逐渐被学界所熟知以及相应的统计软件被开发出来（如Stata中的psmatch2），使用该方法的实证研究越来越多。据安卫华统计，截至2009年，《美国社会学评论》（*American Sociological Review*）和《美国社会学杂志》（*American Journal of Sociology*）这两本社会学顶级期刊就发表了超过200篇使用该方法的论文。[③] 在国内，有关倾向值匹配的方法论文章和实证研究也在2010年以后呈不断上升之势。[④]

本章将详细介绍倾向值匹配的原理，比较它与线性回归、马氏匹配等其他统计控制方法的优势与缺陷。除此之外，本章还将介绍罗森鲍姆提出的"敏感性分析"（sensitivity analysis）法，这种方法可以对倾向值匹配的偏差进行评估。[⑤] 最后，我们将通过一个案例演示在Stata中实现倾向值匹配的命令。

第一节　基本原理

倾向值匹配的原理与第五章介绍的马氏匹配非常相似。从本质上讲，这两种匹配方法都是通过"降维"的策略将一个涉及多个协变量的复杂匹配问题转化为一个指标上的简单匹配，只不过马氏匹配使用的是马氏距离，而倾向值匹配使用的是倾向值。因此，要理解倾向值匹配，首先要理解倾向值。本节将系统介绍倾向值的概念、估计方法以及根据倾向值实施匹配的优缺点。

---

① Herbert L. Smith, "Matching with Multiple Controls to Estimate Treatment Effects in Observational Studies," *Sociological Methodology*, Vol. 27, No. 1, 1997, pp. 325-353.

② Christopher Winship and Stephen L. Morgan, "The Estimation of Causal Effects from Observational Data," *Annual Review of Sociology*, Vol. 25, No. 1, 1999, pp. 659-706.

③ Weihua An, "Bayesian Propensity Score Estimators: Incorporating Uncertainties in Propensity Scores into Causal Inference," *Sociological Methodology*, Vol. 40, No. 1, 2010, pp. 151-189.

④ 胡安宁：《倾向值匹配与因果推论：方法论述评》，《社会学研究》2012年第1期，第221—246页。

⑤ Paul R. Rosenbaum, *Observational Studies*, 2nd ed., Springer, 2002, pp. 105-170.

一、倾向值及其估计方法

倾向值指的是个体处于任意一种干预状态的概率。对于二分干预变量来说,我们可以把倾向值简单定义为个体进入干预组的概率:

$$p_i = P(D_i = 1) \tag{6.1}$$

相应地,个体进入控制组的概率可以通过 $1-p_i$ 得到:

$$1 - p_i = P(D_i = 0) \tag{6.2}$$

以上大学对收入的影响为例。在这个例子中,是否上大学 D_i 是一个二分干预变量,倾向值 p_i 就是这个干预变量取值为 1 的概率,或者说是个体考上大学的概率。显然,p_i 是因人而异的,而不同个体在 p_i 上的差异体现了他们的"可比性"(comparability)。假设个体 i 和个体 j 在 p_i 上的取值完全相同,但 i 最终考上了大学,而 j 没有考上,那么可以认为,i 和 j 在 D_i 上的差异完全是一些偶然因素导致的。这就像我们重复抛同一枚硬币,总会有一些时候硬币正面朝上,有一些时候反面朝上,这种差异完全是随机的。因此,只要保证 p_i 取值相同,干预组和控制组就是完全可以比较的,在这种情况下,我们能够像随机对照试验那样通过直接比较干预组和控制组在因变量上的差异来估计因果效应。

但是对一项经验研究来说,p_i 的真实值是未知的。在大多数情况下,研究者能做的只是基于一组观测变量 $\boldsymbol{X}_i$ 对 p_i 的取值进行预测。如果我们能够得到一个关于 D_i 的真实模型,就能较为准确地预测出 p_i 的值,相应的因果推断问题也就迎刃而解。但在实际研究中,预测 p_i 存在两个难点。

一是研究者很难穷尽所有对 D_i 有影响的协变量 $\boldsymbol{X}_i$。针对这个问题,鲁宾提出的可忽略性假定认为,研究者只需考虑那些同时对 D_i 和 Y_i 有显著影响的混杂变量即可保证因果推断的有效性。换句话说,那些只对 D_i 有影响而对 Y_i 无影响的协变量可以忽略掉。但即便如此,穷尽所有可忽略性假定所必需的协变量也是一项很难完成的任务。我们建议研究者基于理论绘制因果图,然后基于珀尔提出的"后门调整法"筛选研究所需考虑的协变量。如果估计倾向值的时候遗漏了某个重要的混杂变量,倾向值匹配也会像线性回归一样出现遗漏变量偏差。

二是研究者很难明确协变量 $\boldsymbol{X}_i$ 与 D_i 之间的函数形态。在确定估计倾向值所必需的协变量之后，研究者还必须明确基于协变量估计倾向值的方法。目前主流的估计方法是参数方法。例如，通过 logit 模型或 probit 模型来估计倾向值，但即便我们有充分的理由认为使用 logit 模型或 probit 模型是合适的，研究者也需要做很多关于 $\boldsymbol{X}_i$ 函数形态的设定，例如是否要纳入 $\boldsymbol{X}_i$ 的二次项、三次项甚至更高次项，是否要纳入交互项等。在理想情况下，上述所有关于模型设定方面的决策都需要有明确的理论做支撑，但是对绝大多数研究而言，这种理论是不存在的。因此，预测倾向值的模型就像线性回归一样总是存在模型误设的风险。针对这个问题，我们建议研究者尝试多种模型设定方案，并通过 BIC 等指标来评估不同模型的拟合效果。除此之外，研究者也要对倾向值匹配后干预组样本和控制组样本在协变量上的平衡性进行检验[①]，如果没有通过平衡性检验，就需要调整模型设定，直到匹配结果通过平衡性检验为止。最后，针对参数方法在估计倾向值方面的缺陷，近年来一些学者提出可以使用“机器学习”方法来估计倾向值，如回归树（regression tree）、支持向量机（support vector machine）等，这些方法可以在很大程度上摆脱倾向值的预测结果对具体模型的依赖。[②] 但考虑到这些机器学习方法仍在发展之中，目前大多数软件还没有植入这些方法，本书主要介绍以 logit 或 probit 模型为代表的参数预测方法。

二、倾向值匹配的优缺点

在通过某种方法得到倾向值的估计值 $\hat{p}_i$ 以后，就可以把干预组和控制组中 $\hat{p}_i$ 取值相似甚至相同的个案匹配起来进行分析，这就是倾向值匹配。这种匹配方法在因果分析中扮演着非常重要的角色。罗森鲍姆和鲁宾证明，如果控制协变量 $\boldsymbol{X}_i$ 之后满足可忽略性假定，那么控制基于 $\boldsymbol{X}_i$ 预测得到的倾向值 $p(\boldsymbol{X}_i)$ 也可以满足可忽略性假定。[③] 用公式表示为

---

① 与平衡性检验相关的内容将在本章第二节介绍。

② 胡安宁编著:《应用统计因果推论》,复旦大学出版社 2020 年版,第 94 页。

③ Paul R. Rosenbaum and Donald B. Rubin, “The Central Role of the Propensity Score in Observational Studies for Causal Effects,” *Biometrika*, Vol. 70, No. 1, 1983, pp. 41-55.

$$(Y_i^0, Y_i^1) \perp D_i \mid \boldsymbol{X}_i \Rightarrow (Y_i^0, Y_i^1) \perp D_i \mid p(\boldsymbol{X}_i) \tag{6.3}$$

公式(6.3)告诉我们,在估计 D_i 对 Y_i 的因果影响时,控制协变量 $\boldsymbol{X}_i$ 与控制倾向值 $p(\boldsymbol{X}_i)$ 的效果是完全一致的。但是,与直接控制 $\boldsymbol{X}_i$ 相比,控制 $p(\boldsymbol{X}_i)$ 要容易操作得多。以匹配法为例,直接控制 $\boldsymbol{X}_i$ 意味着要实施一个涉及多个协变量的多维匹配,而控制 $p(\boldsymbol{X}_i)$ 只需进行一维匹配即可。正是在这个意义上,我们说倾向值匹配具有"降维"的效果,这与第五章介绍的马氏匹配有异曲同工之妙。但是与马氏匹配使用的马氏距离相比,通过倾向值实施匹配有两方面的优势。

第一,倾向值的定义比马氏距离更直观,也更容易理解。如前所述,倾向值是个体进入干预组的概率,而概率本身具有比较明确的理论含义。因此,基于倾向值,我们不仅可以评估个案之间的相对距离,也可以评估其绝对距离,进而对匹配本身进行更加精确的操作化定义。举例来说,我们可以根据理论将倾向值得分相差 0.05 以内的个案定义为潜在的匹配对象。根据这个定义,个案 i 和个案 j 如果在倾向值得分上相差 0.06,则不能匹配在一起,即便个案 j 是所有个案中与个案 i 倾向值得分最接近的个案也不行。但是在实施马氏匹配的时候,我们却很难进行这样的设定,因为马氏距离相差多少才算"近"没有明确的定义,因此,我们只能将距离最近的个案匹配起来,但是在有些情况下,距离最近的个案之间也可能相距很远,这会损害马氏匹配的效果。而在实施倾向值匹配的时候,研究者可以限定匹配的范围①,进而将那些在定义范围内无法找到匹配对象的极端个案排除在外,因此,倾向值匹配的效果往往好于马氏匹配。

第二,基于倾向值,数据分析也可以更好地满足匹配法所要求的共同取值范围假定。在实际研究时,研究者可以分别计算干预组和控制组中倾向值的取值范围,比如说干预组的倾向值介于 0.2—0.9 之间,而控制组的介于 0.1—0.8 之间,那么二者的共同取值范围就是 0.2—0.8,那些倾向值在 0.8—0.9 之间的干预组个案和倾向值在 0.1—0.2 之间的控制组个案则位于共同取值范围之外,在分析时应当排除出去。从理论上说,倾向值在共同取值范围之外的个

① 在与倾向值匹配相关的文献中,这个范围也被称作卡尺(caliper)。

案是比较极端的个案,很难为之找到合适的匹配对象,因此,将它们排除在分析过程之外可以提高数据的可比性,进而提高因果推断的可信度。但是,在实施马氏匹配的时候,研究者却很难将这些极端个案排除出去,因为在马氏匹配的过程中,无论多么极端的个案,都能找到与之马氏距离最近的匹配对象。正因如此,马氏匹配的效果通常不如倾向值匹配,基于马氏匹配得到的因果效应也没有倾向值匹配那么可信。

不过,与马氏匹配相比,倾向值匹配也存在一个明显的劣势,即倾向值的估计结果依赖研究者所使用的模型,例如在实践中,研究者通常会使用 logit 模型或 probit 模型预测倾向值。而马氏距离的计算则不依赖任何模型,因此,马氏匹配是一种非参数匹配法,而倾向值匹配则是一种参数方法。[①] 为了避免这个缺陷,研究者需要尝试不同的倾向值估计方法,并对匹配后的数据平衡性进行评估。这一点我们在之前已有介绍,此处不再重复。

现在,我们可以比较一下倾向值匹配与线性回归的异同。通过前面的介绍可以发现,倾向值匹配与线性回归有很多相似之处。首先,二者都是基于协变量的统计控制方法,使用它们推断因果的前提都是可忽略性假定。其次,二者都使用了参数模型,因而都存在模型误设的风险。不过,倾向值匹配在因果推断方面相比线性回归有一个明显的优势,即这种方法较少受到极端个案的影响。如前所述,在实施倾向值匹配的过程中,研究者通常会设定共同取值范围,这可以将那些倾向值得分过高或过低的个案排除在分析过程之外。相比之下,线性回归会使用所有个案进行分析,对于那些共同取值范围之外的个案,线性回归会基于模型设定通过线性外推的方法估计其反事实状态下的潜在结果,但是,外推的有效性取决于模型的参数假定,这导致线性回归对模型设定的要求更高。

除此之外,倾向值匹配相比线性回归还有两个小优势。[②] 一是倾向值匹配

① 也有研究认为,倾向值匹配是一种“半参数”(semi-parametric)方法,因为这种方法只在估计倾向值的过程中需要使用参数模型,在后续计算因果效应的时候却不需要使用参数模型。

② David J. Harding, “Counterfactual Models of Neighborhood Effects: The Effect of Neighborhood Poverty on Dropping Out and Teenage Pregnancy,” *The American Journal of Sociology*, Vol. 109, No. 3, 2003, pp. 676-719.

完成之后,即可直接基于匹配样本得到因果效应的估计值,而线性回归必须在估计因果效应的同时纳入其他控制变量,因此,相比倾向值匹配来说,线性回归的估计效率偏低。二是对倾向值建模的难度比线性回归对因变量建模低。这主要是因为研究者对干预变量的了解往往多于对因变量的了解。以上大学对收入的影响为例,大学的录取过程是有章可循的,而收入的影响因素却错综复杂,所以,对是否上大学建模显然比对收入建模来得容易。而且,对干预变量建模的限制也比对因变量建模少。这主要是因为对干预变量建模的主要目的是预测倾向值,当以预测为目的的时候,研究者可以不考虑自变量之间的共线性问题,而且可以使用更加复杂的甚至一个“黑箱”模型(如各种机器学习方法)进行预测,这使得对干预变量的建模方法更加灵活,选择也更多。总而言之,倾向值匹配是一种比线性回归更加稳健的因果推断方法,这也是该方法近年来得到越来越多重视的原因。

第二节　分析步骤

使用倾向值匹配估计平均干预效应要分五步进行:一是挑选协变量,二是基于协变量预测倾向值,三是实施倾向值匹配,四是评估匹配结果,五是估计平均干预效应。第一节介绍了前两个步骤,本节将对后三步进行介绍。

一、匹配方法

倾向值匹配不是一种单一的匹配方法,而是众多匹配方法的集合。研究者在实施倾向值匹配之前需要做很多决策。

1. 定义个案间的距离

研究者要做的第一个决策是定义个案 i 与个案 j 之间的距离。对此,最简单的方法是用个案 i 与个案 j 在倾向值上的差值来定义,即 p_i-p_j。但这个定义有一个问题。如前所述,倾向值是个体进入干预组的概率,我们知道,概率的取值范围在[0,1]之间,这导致 p_i-p_j 的取值范围必然在[-1,1]之间。由

于 p_i-p_j 的取值范围比较窄，匹配时出错的可能性就会比较大。例如，两名在倾向值上相差 0.1 的个案能匹配吗？这个问题很难回答。因为 0.1 的概率差异在不同情境下的含义是不一样的。举例来说，0.1 与 0.2 之间相差 0.1，0.5 与 0.6 之间也相差 0.1，但对于前者来说，从 0.1 到 0.2 概率提高了 1 倍，而对于后者来说，概率只提高了 25%。因此，我们很难对 0.1 的概率差异是大还是小给出明确的答案，出于同样的理由，我们也很难根据 p_i-p_j 的大小做出个案能否匹配的决定。

为了避免出现上述问题，罗森鲍姆和鲁宾建议采用线性化的倾向值进行匹配[①]，线性化的倾向值即对数优势比（log odds ratio），其数学定义如下：

$$l_i = \ln \frac{p_i}{1-p_i} \tag{6.4}$$

通过公式（6.4）对 p_i 进行变换之后，l_i 可以取任意实数，因此 l_i-l_j 的取值范围也将扩大到 $(-\infty,+\infty)$。而且，如果研究者使用 logit 模型预测倾向值，可以发现，l_i 实际上是协变量 $\boldsymbol{X}_i$ 的线性函数，具体如下：

$$l_i = \ln \frac{p_i(\boldsymbol{X}_i)}{1-p_i(\boldsymbol{X}_i)} = \boldsymbol{\beta X}_i \tag{6.5}$$

由于 l_i 相比 p_i 有更好的统计性质，因此实践中通常使用 l_i-l_j 来定义个案 i 与个案 j 的距离，并根据这个距离的大小实施匹配。

2. 匹配对象重复使用

研究者要做的第二个决策是能否重复使用匹配对象。为了帮助读者更好地理解这个问题，我们来看一个例子。

假设有 8 名研究对象，其中 4 名在干预组，4 名在控制组，他们的倾向值如表 6.1 所示。

---

① Paul R. Rosenbaum and Donald B. Rubin, "Constructing a Control Group Using Multivariate Matched Sampling Methods that Incorporate the Propensity Score," *The American Statistician*, Vol. 39, No. 1, 1985, pp. 33-38.

表 6.1　有放回与无放回情况下的匹配结果

干预组		控制组		无放回匹配		有放回匹配
编号	p_i	编号	p_i	贪婪匹配	最优匹配	
1	0.35	5	0.40	**5**	**7**	**5**
2	0.42	6	0.51	**6**	**5**	**5**
3	0.56	7	0.23	**8**	**6**	**6**
4	0.60	8	0.63	**7**	**8**	**8**
匹配个案在倾向值上的平均差异				0.145	0.055	0.038

注:加粗的数字是根据不同方法匹配上的控制组个案的编号。

现在,我们将根据这 8 名个案的倾向值大小实施匹配。首先看个案 1,它的倾向值是 0.35,在所有 4 名控制组个案中,与之倾向值最接近的是个案 5,因此,将个案 1 与个案 5 匹配。如果匹配对象不能重复使用,那么在为个案 2 挑选匹配对象时,我们只能在除个案 5 以外的 3 名控制组个案中挑选,可以发现,与个案 2 倾向值最接近的是个案 6,因此将个案 2 与个案 6 匹配。按照同样的方法,我们能为表 6.1 中所有干预组个案找到相应的匹配对象。

上述匹配法被称作"贪婪匹配"(greedy matching),这是一种"无放回"匹配。它的特点是"一夫一妻制",且"先到先得"。这种匹配法的好处是匹配过程非常简单直接,但缺陷是匹配结果在很大程度上受匹配顺序的影响。在上面这个例子中,我们先对个案 1 匹配,所以个案 1 可以在所有 4 名控制组个案中"贪婪地"挑选与之倾向值最接近的对象,而个案 2 只能在个案 1 挑剩下的 3 名个案中挑选,依此类推,到个案 4 的时候,其已经没有选择的余地,只能被迫与个案 7 匹配在一起。如果我们将个案 1 与个案 2 对调位置,匹配结果就会发生变化,读者可以尝试得到个案 2 与个案 1 互换位置以后的贪婪匹配结果。

除此以外,从表 6.1 还可以发现贪婪匹配的另一个缺陷,即虽然每名个案在每次匹配时都做出了对之最优的匹配决策,但从整体来看,匹配效果却不是最优的。例如,在表 6.1 中,个案 4 与个案 7 之间的倾向值差异很大,但根据贪婪匹配的原则,我们只能将二者强行匹配在一起。由此导致的一个问题是,匹配个案在倾向值上的平均差异达到了 0.145,这是一个在实践中不能忽视的差异。

对于贪婪匹配的上述缺陷,目前有两种常见的应对策略。一是使用罗森鲍姆提出的“最优匹配”(optimal matching)算法。[①] 这种算法可以将匹配对象在倾向值上的平均差异降到最低,因此可以最大限度地提高整体的匹配效果。而且,以整体最优作为匹配目标也可以避免贪婪匹配中的匹配顺序问题。换句话说,在最优匹配中,谁先匹配、谁后匹配对匹配结果没有影响。最优匹配在操作时也更加灵活多变。例如,研究者可以实施 1 对 1 最优匹配、1 对多最优匹配、全匹配等,此处不逐一进行介绍。而在执行贪婪匹配的时候,通常只能做 1 对 1 匹配,因为如果执行 1 对多匹配,在无放回匹配的条件下,排在后面的样本可选择的匹配对象会大大减少,甚至没有可以匹配的对象。表 6.1 给出了使用最优匹配算法对 4 名干预组个案进行 1 对 1 匹配的结果。可以发现,这个结果与之前的贪婪匹配存在明显不同。在使用最优匹配后,匹配个案在倾向值上的平均差异降到了 0.055,这与贪婪匹配中的 0.145 相比有非常明显的改善。

针对贪婪匹配的另一个改进策略是使用“有放回”匹配。这种匹配方法允许重复使用匹配对象,这意味着,每名干预组个案都可以从所有控制组个案中挑选与之倾向值最接近的对象,对控制组个案来说,也是如此。采用这种匹配方法有三个明显的好处:一是不受匹配顺序的影响,二是可以最大幅度地降低匹配样本在倾向值上的平均差异[②],三是可以实施更加复杂的 1 对多匹配。但是,采用有放回匹配也会带来一个问题,即匹配样本之间不再相互独立,而常规的统计方法在估计标准误的时候都会假定无自相关。不过,阿巴迪和因本斯的研究解决了标准误的计算问题[③],所以有放回匹配的主要缺陷已经得到弥补,因此我们建议读者使用有放回匹配。表 6.1 给出了对 4 名干预组个案实施有放回 1 对 1 匹配的结果,可以发现,这个结果与最优匹配比较接近,但在个案 1 上有所不同。导致这种不同的主要原因是,在有放回匹配中,个案 5 被个案 1

① Paul R. Rosenbaum, “Optimal Matching of an Optimally Chosen Subset in Observational Studies,” *Journal of Computational and Graphical Statistics*, Vol. 21, No. 1, 2012, pp. 57-71.

② 从理论上看,有放回匹配的整体匹配效果会比最优匹配还要好,因为最优匹配还是一种无放回的匹配方法,而无放回匹配的限制总是比有放回匹配多。

③ Alberto Abadie and Guido W. Imbens, “Matching on the Estimated Propensity Score,” *Econometrica*, Vol. 84, No. 2, 2016, pp. 781-807.

和个案 2 重复使用,而最优匹配是一种无放回匹配,无法对个案 5 进行重复使用。重复使用个案 5 的好处是可以进一步提升整体匹配的效果。可以发现,在使用有放回匹配后,匹配个案在倾向值上的平均差异为 0.038,是三种匹配方式中最小的。

3. 匹配对象数量

在实施倾向值匹配的时候,研究者还要提前设定匹配对象的数量,即要提前决定做 1 对 1 匹配还是 1 对多匹配。我们在第五章提到,1 对 1 匹配和 1 对多匹配各有优缺点。1 对 1 匹配的优势是估计偏差较小,因为使用这种匹配方法可以为每名个案找到与之倾向值最接近的匹配对象,它的缺陷是,只能基于一名匹配对象估计反事实状态下的潜在结果,所以,估计的方差较大。相比之下,使用 1 对多匹配可以基于多名匹配对象来估计反事实状态下的潜在结果,因此,估计方差较小。但在寻找多名匹配对象的过程中,有可能会将倾向值差异较大的个案匹配过来,因此,估计的偏差较大。实际上,这个两难选择在马氏匹配中也存在,只不过在倾向值匹配中,这种选择要更加复杂一些。

具体来说,这种复杂性表现在两个方面。第一,在倾向值匹配中,不是所有匹配方法都适合采用 1 对多匹配。例如,上面提到的贪婪匹配就只能使用 1 对 1 匹配。这主要是因为,贪婪匹配不能重复使用匹配对象,如果强制执行 1 对多匹配,很有可能出现匹配对象不足的尴尬局面。第二,部分倾向值匹配方法(如最优匹配)允许采用数量不固定的 1 对多匹配。举例来说,如果我们可以为个案 i 找到 2 个很好的匹配对象,那么就对之实施 1 对 2 匹配;对于个案 j,如果只能找到 1 个符合要求的匹配对象,那么就实施 1 对 1 匹配;如此等等。采用这种设定的好处是,可以根据每名个案的实际情况量身定制匹配对象的数量,因而在较大程度上兼顾了估计量的偏差和方差。

4. 设定卡尺

研究者在实施倾向值匹配的时候还可以设定“卡尺”,即设定匹配个案在倾向值上所能容忍的最大差异。举例来说,将卡尺设定为 0.05 意味着最多可以将倾向值差异在 0.05 以内的个案匹配在一起,如果两名个案(个案 i 与个案 j)

在倾向值上相差 0.06，根据 0.05 的卡尺设定是无法实施匹配的，即便个案 j 是与个案 i 在倾向值上差异最小的个案也不行。

由此可见，在匹配时设定卡尺可以有效降低将倾向值差异过大的个案匹配起来的风险。因此，我们建议研究者尽可能采用带卡尺的倾向值匹配。但是，在具体研究中将卡尺设定为多少仍是一个难以解决的问题。一般来说，卡尺设定得越小，匹配的精度越高。但如果将卡尺设定过小也会大大增加匹配的难度，以至于很多个案无法找到与之匹配的对象。针对这个问题，有学者建议使用倾向值标准差的 0.25 倍作为卡尺。① 不过我们认为，研究者最好尝试多种不同的卡尺，以评估研究结论在不同情况下的稳健性。

值得一提的是，带卡尺的倾向值匹配有一种特殊类型，即所谓“半径匹配”（radius matching）。这种匹配方法以每名个案的倾向值为“圆心”，以研究者设定的卡尺为“半径”，将半径范围内的所有个案都作为匹配对象。举例来说，干预组中某个案 i 的倾向值为 0.5，卡尺设定为 0.05，那么可以将倾向值位于（0.45，0.55）范围内的所有控制组个案都与个案 i 匹配起来。很显然，这种匹配方法是一种数量不固定的 1 对多匹配，因为对于每名个案来说，落在匹配半径之内的匹配对象数量是变化的，而每名个案具体能匹配多少名个案以及匹配效果的好坏在很大程度上取决于研究者设定的卡尺。与之前的建议相同，我们建议研究者在实施半径匹配的时候尝试多种不同的卡尺，以评估研究结论是否稳健。

5. 共同取值范围

在实施倾向值匹配的时候，研究者还需要决定是否基于共同取值范围进行匹配。一般来说，将共同取值范围之外的干预组个案和控制组个案排除在匹配过程之外可以提高匹配样本的平衡性，并降低极端个案对因果推断的影响。因此，我们建议研究者在共同取值范围内实施匹配。不过在有些时候，干预组和控制组的共同取值范围比较窄，基于共同取值范围实施匹配会损失很多样本。举例来说，假设干预组的倾向值取值区间为（0.4，0.9），而控制组为

① 陈强编著：《高级计量经济学及 Stata 应用（第二版）》，高等教育出版社 2014 年版，第 544 页。

(0.2, 0.6),二者共同覆盖的部分仅为(0.4, 0.6),如果基于共同取值范围实施匹配,就会将倾向值位于(0.6, 0.9)之间的干预组个案和倾向值位于(0.2, 0.4)之间的控制组个案全部排除出去。如果这部分样本占总样本的比例很大,研究结论就容易遭到质疑。在这种情况下,研究者需要做额外的假定。例如,假定干预效应不存在异质性,基于这个假定,对共同取值范围内的分析结果可以推到共同取值范围之外。但这个假定是否成立需要强有力的理论做支撑。除此之外,研究者也可以使用回归法对共同取值范围之外的反事实结果进行线性外推,但线性外推高度依赖模型设定,因此这种方法的有效性也容易遭到质疑。总而言之,在干预组和控制组的共同取值范围比较窄的情况下,目前没有特别完善的处理办法。

6. 数据平分

倾向值匹配经常会遇到数据"平分"(ties)的情况,即多名个案的倾向值得分完全相同。举例来说,假设干预组中某个案 i 的倾向值为 0.5,在控制组中与之最接近的倾向值是 0.55,但倾向值为 0.55 的控制组个案有很多个,在这种情况下实施 1 对 1 匹配,就会出现选择困难[①],因为软件没有办法区分倾向值为 0.55 的控制组个案中哪个与 i 的匹配效果更好,这就是数据平分问题,这个问题在协变量数量较少或协变量都为分类变量的情况下会非常普遍。

对于数据平分问题,通常有两种处理方案。一是在多名平分个案中随机选择 1 名或若干名实施匹配。这种处理方法非常简单直接,其缺陷在于,如果软件使用的随机数发生变化,匹配结果也会跟着变化,因此,使用这种方法无法保证每次分析都能得到相同的结果。二是对所有平分个案计算均值,然后将平均化后的个案作为一个整体实施匹配,这种方法不需要随机抽样,因而较为稳健。我们推荐读者使用第二种方法处理数据平分的问题。

7. 局部匹配与全局匹配

倾向值匹配还涉及局部匹配和全局匹配之间的选择问题。局部匹配指的

① 实施 1 对多匹配也会出现这个问题,因为平分个案的数量有可能大于研究者设定的匹配数量。

是针对每名干预组(控制组)个案,在控制组(干预组)中挑选 1 名或多名倾向值与之接近的个案实施匹配。按照这个定义,上文介绍的所有匹配方法都是局部匹配。与之相对的另一类匹配方法是全局匹配,这类匹配方法将所有个案都作为匹配对象,然后通过权重来调整每名匹配对象的相对重要性。实际上,局部匹配也可视作一种特殊的全局匹配,例如,1 对 1 局部匹配等价于将匹配上的那名个案的权重赋值为 1,其余个案的权重赋值为 0。局部匹配与全局匹配的主要差异在于,在全局匹配中,权重通常是通过“核函数”(kernel function)来分配的,因此,全局匹配也被称作“核匹配”(kernel matching)。

表 6.2 给出了一个案例。假设有 8 名个案,其中 4 名在干预组,4 名在控制组。现在,我们要根据倾向值实施匹配。一种匹配思路是局部匹配,例如,采用有放回的 1 对 1 匹配法为干预组中的每名个案寻找控制组中与之倾向值最接近的 1 名个案,其结果是:个案 1 与个案 5 匹配,个案 2 也与个案 5 匹配,个案 3 与个案 6 匹配,个案 4 与个案 8 匹配。按照上文的介绍,这等价于将匹配上的个案的权重赋值为 1,其余个案的权重赋值为 0。

另一种匹配思路是全局匹配,根据这种匹配法,所有控制组个案均可参与匹配,只不过被分配到的权重有所不同。一般来说,控制组个案的倾向值与干预组个案越接近,权重越大;反之权重越小。以干预组中的个案 1 为例,如果实施全局匹配,那么根据 4 名控制组个案与它的倾向值之差,我们应对个案 5 赋予最大的权重,其次是个案 7,再次是个案 6,最后是个案 8。按照类似的方法,我们也可以为其他干预组个案实施全局匹配。

表 6.2 局部匹配与全局匹配中的权重分配示例

干预组		控制组		有放回的 1 对 1 局部匹配权重	全局匹配权重
编号	p_i	编号	p_i		
1	0.35	5	0.40	1	0.57
		6	0.51	0	0.11
		7	0.23	0	0.32
		8	0.63	0	0.00

（续表）

干预组		控制组		有放回的 1 对 1 局部匹配权重	全局匹配权重
编号	p_i	编号	p_i		
2	0.42	5	0.40	1	0.68
		6	0.51	0	0.23
		7	0.23	0	0.09
		8	0.63	0	0.00
3	0.56	5	0.40	0	0.17
		6	0.51	1	0.52
		7	0.23	0	0.00
		8	0.63	0	0.31
4	0.60	5	0.40	0	0.05
		6	0.51	0	0.18
		7	0.23	0	0.00
		8	0.63	1	0.77

在实施全局匹配的过程中，权重的计算至关重要。一般来说，我们可以根据以下公式计算权重：

$$\omega_{ij}=\frac{\kappa\left(\frac{\theta_{ij}}{h}\right)}{\sum_{j}\kappa\left(\frac{\theta_{ij}}{h}\right)} \tag{6.6}$$

公式（6.6）中的 i 为干预组个案下标，j 为控制组个案下标，ω_{ij} 为个案 j 在与个案 i 匹配时被分配到的权重。分子为 $\kappa\left(\frac{\theta_{ij}}{h}\right)$，分母则是对 $\kappa\left(\frac{\theta_{ij}}{h}\right)$ 求和，这样做的好处是，可以使所有匹配对象的权重介于 0 和 1 之间，且所有权重之和为 1，用公式表示为 $0\leqslant\omega_{ij}\leqslant1$，且 $\sum_{j}\omega_{ij}=1$。

接下来，我们重点看公式（6.6）的分子 $\kappa\left(\frac{\theta_{ij}}{h}\right)$。它是$\frac{\theta_{ij}}{h}$的函数，其中，$\theta_{ij}$ 是个案 i 与个案 j 在倾向值上的差异，即 $\theta_{ij}=p_i-p_j$。而 h 是研究者选定的一个介

于0和1之间的“带宽参数”(bandwidth parameter),通过它可以调节 θ_{ij} 的相对大小。如果记 $\mu_{ij}=\frac{|\theta_{ij}|}{h}$,那么在 $|\theta_{ij}|>h$ 的情况下,μ_{ij} 将大于1。对于 $\mu_{ij}>1$ 的个案,$\kappa\left(\frac{\theta_{ij}}{h}\right)$ 通常被赋值为0,这等价于将这些个案的权重 ω_{ij} 赋值为0。从这个角度来说,h 类似于我们之前介绍的卡尺,$|\theta_{ij}|$ 在卡尺范围以外的个案不应被视作匹配对象,因此,分析时将这些个案的权重赋值为0。对于那些 $|\theta_{ij}|$ 位于卡尺范围以内的个案,研究者可以根据某种概率分布的核函数来定义 $\kappa(\cdot)$,然后将 $\frac{\theta_{ij}}{h}$ 代入该函数以获得 $\kappa\left(\frac{\theta_{ij}}{h}\right)$ 的值,进而获得 ω_{ij} 的值。

综上可知,使用合适的带宽与核函数是实施全局匹配的两个关键。首先,就带宽来说,不同的带宽会影响匹配个案的数量和匹配的精准度。如果我们将带宽设置得比较窄,那么匹配的精准度会比较高,但这时候,可供匹配的对象会大大减少。如果将带宽设置得比较宽,那么可供匹配的个案数会大幅增加,但匹配的偏差也会随之增大。其次,就核函数来说,研究者也面临很多选择,如正态分布核函数、均匀分布核函数等。虽然从理论上说,使用不同的带宽与核函数会产生截然不同的匹配权重,但一些研究发现,带宽与核函数对实际研究结论的影响并不大。[①] 因此,研究者不必过于纠结这些技术细节。不过稳妥起见,我们建议研究者尝试不同的带宽与核函数,以检验研究结论的稳健性。

二、平衡性检验

综上所述,倾向值匹配包含多种不同的匹配方法,每种匹配方法又有其优势和缺陷,那么在实践中,研究者该如何选择呢?对于这个问题,最好的评判标准是平衡性检验。如前所述,实施倾向值匹配的主要原因是干预组和控制组在协变量上的差异很大,或者说数据不平衡。在这种情况下,直接对干预组

① Jeffrey A. Smith and Petra E. Todd, “Does Matching Overcome LaLonde's Critique of Nonexperimental Estimators?” *Journal of Econometrics*, Vol. 125, No. 1, 2005, pp. 305-353.

和控制组的因变量均值进行比较无法得到 ATE、ATT 和 ATU 的无偏估计。实施倾向值匹配的主要目标是提高数据的平衡性，以使得匹配样本中干预组和控制组在协变量上的差异有所减少。不过，倾向值匹配并不是精确匹配，通过这种方法无法将干预组和控制组在协变量上的差异减少到 0。因此，有必要对匹配样本在协变量上的差异进行检验，这就是平衡性检验。只有通过该检验的匹配结果才可进行因果分析，且匹配样本的平衡性越好，因果分析的结论越可靠。

最简单的一种平衡性检验是对干预组和控制组在协变量上的均值差进行 t 检验，相关的 t 统计量的计算公式为

$$t = \frac{\bar{X}_1 - \bar{X}_0}{\sqrt{\frac{s_1^2}{N_1} + \frac{s_0^2}{N_0}}} \tag{6.7}$$

公式(6.7)中的 $\bar{X}_1$ 为干预组中协变量的样本均值，s_1^2 为干预组中协变量的样本方差，N_1 为干预组的样本量。相应地，$\bar{X}_0$、s_0^2 和 N_0 分别是控制组中协变量的样本均值、样本方差和样本量。研究者可以将公式(6.7)的计算结果代入 t 分布，进而判断干预组和控制组在协变量的均值上是否存在显著差异。

上述 t 检验实施起来非常方便，但有两个明显的缺陷。第一，这个检验比较的是干预组和控制组在协变量上的均值，而不是分布本身。我们知道，在均值上没有显著差异的两个分布可能在其他特征上存在差异，因此，更好的检验应当能直接对干预组和控制组在协变量上的分布进行比较。第二，上述 t 检验受样本量的影响比较大。在样本量比较小的情况下，该检验很可能得到没有统计显著性的结果，但这并不代表协变量的均值差异不值得关注。在样本量比较大的情况下，上述 t 检验又会变得过于敏感，即便干预组和控制组在协变量的均值上只存在非常细微的差异，也很容易得到统计显著的结果。

针对上述 t 检验的第一个缺陷，一些学者建议使用 Kolmogorov-Smirnov 检

验（K-S 检验），这个检验可以对两个分布是否有显著差异进行评估。[①] 但 K-S 检验同样在很大程度上受样本量的影响。例如，在大样本情况，K-S 检验与 t 检验一样非常敏感，因而很容易夸大干预组和控制组在协变量上的真实差异。

针对 t 检验和 K-S 检验的上述缺陷，近年来的一些研究认为，我们不应过分关注干预组和控制组在协变量上的统计差异，而应对其实质差异进行评估。具体来说，统计学家提出了多个评估干预组和控制组数据平衡性的指标。其中，最常用的是标准化后的均值差，其计算公式如下：

$$B = \frac{\bar{X}_1 - \bar{X}_0}{\sqrt{\frac{s_1^2}{2} + \frac{s_0^2}{2}}} \tag{6.8}$$

公式（6.8）中 $\bar{X}_1$、$\bar{X}_0$、s_1^2 和 s_0^2 的定义与公式（6.7）完全相同，二者的差异在于公式（6.8）中没有出现干预组和控制组的样本量，因而 B 统计量的计算结果不受样本量影响。从公式（6.8）可以发现，B 统计量实际上是使用样本标准差对协变量的均值差进行标准化，因此，它可以在一定程度上反映协变量均值差的真实大小。一般认为，B 统计量的值小于 0.05 表示数据平衡，否则，可以认为干预组和控制组在协变量的均值上存在不可忽视的差异。

除了标准化的均值差，在实践中另一个比较常见的衡量数据平衡性的指标是方差比（variance ratio），这个指标可以用来衡量干预组和控制组在协变量的离散趋势上的差异，其计算公式如下：

$$R = \frac{s_1^2}{s_0^2} \tag{6.9}$$

从公式（6.9）可以发现，R 统计量的定义非常简单，即干预组和控制组的样本方差之比。这个比值越接近 1，表示数据的平衡性越好。

上文介绍了几种常见的平衡性检验方法和统计指标，在实际研究时，我们通常会对匹配前的原始样本（raw data）和匹配后的样本（matched data）分别进行分析，以评估匹配方法是否以及在多大程度上改善了数据的平衡性。如果

---

① 苏毓淞：《倾向值匹配法的概述与应用：从统计关联到因果推论》，重庆大学出版社 2017 年版，第 53 页。

研究发现，匹配后的样本在数据平衡性上相比匹配前有明显改善，且匹配后的 B 统计量和 R 统计量的取值均在合理范围内，那么说明匹配的效果比较好，我们可以使用该数据进行后续分析。但在实践中，这种理想情况并非每次都会出现。在很多时候，研究者会发现匹配后的样本仅在某些协变量上的平衡性较好，而在另一些协变量上的平衡性依然比较差。这时，研究者需要尝试其他匹配方法，甚至改变倾向值的估计方法，以提高匹配后的样本在协变量上的平衡性。在实践中，这一过程可能非常烦琐，且会出现反复。例如，在调整倾向值的估计方法或匹配方法以后，有些协变量的平衡性会得到改善，但有些协变量的平衡性又会出现恶化。对于这个问题，目前还没有特别好的解决办法，研究者只有通过不断尝试才能找到符合平衡性检验要求的倾向值估计方法和匹配方法。

三、估计因果效应

如果匹配后的样本通过了平衡性检验，就可使用该样本进行因果分析。具体来说，首先定义个体层面干预效应的估计值 $\hat{\tau}_i$。

对于干预组个案，其因变量的观测值 Y_i 即干预状态下的潜在结果 Y_i^1，其控制状态下的反事实结果 Y_i^0 可以通过匹配对象因变量的加权平均得到。假设第 j 名匹配对象被分配到的权重为 ω_{ij}，那么个体层面干预效应的估计值为

$$\hat{\tau}_i = Y_i - \sum_j \omega_{ij} Y_{ij} \tag{6.10}$$

在公式（6.10）中，Y_{ij} 为与干预组个案 i 匹配的第 j 名控制组个案的因变量观测值，ω_{ij} 为其权重。如果采用 1 对 1 局部匹配，那么 ω_{ij} 仅在匹配上的那名个案上取值为 1，其他个案取值为 0。如果采用 1 对 k 局部匹配，那么 ω_{ij} 将在匹配上的 k 名个案中平分，即每名个案的权重为 $\frac{1}{k}$，其余个案取值为 0。如果采用全局匹配，那么 ω_{ij} 可以通过公式（6.6）得到。

对于控制组个案，其因变量的观测值 Y_i 即控制状态下的潜在结果 Y_i^0，其干预状态下的反事实结果 Y_i^1 可以通过匹配对象因变量的加权平均得到。假设第 j 名匹配对象被分配到的权重为 ω_{ij}，那么个体层面干预效应的估计值为

$$\hat{\tau}_i = \sum_j \omega_{ij} Y_{ij} - Y_i \tag{6.11}$$

公式(6.11)中 Y_{ij} 与 ω_{ij} 的定义方式与公式(6.10)类似,此处不再赘述。

在得到所有个案的 $\hat{\tau}_i$ 以后,即可对之在不同样本中求平均来计算不同的平均干预效应。例如,对干预组个案求平均可以得到 ATT,对控制组个案求平均可以得到 ATU,而对所有个案求平均可以得到 ATE:

$$\hat{\tau}_{\text{ATE}} = \frac{\sum_i \hat{\tau}_i}{N_0 + N_1} \tag{6.12}$$

$$\hat{\tau}_{\text{ATT}} = \frac{\sum_{i:D_i=1} \hat{\tau}_i}{N_1} \tag{6.13}$$

$$\hat{\tau}_{\text{ATU}} = \frac{\sum_{i:D_i=0} \hat{\tau}_i}{N_0} \tag{6.14}$$

上述三个公式中的 N_1 为干预组个案数量,N_0 为控制组个案数量,$\hat{\tau}_i$ 的计算结果可根据公式(6.10)和公式(6.11)得到。

第三节　敏感性分析

使用前两节介绍的倾向值匹配法估计平均干预效应的一个必要前提是满足可忽略性假定,这个假定要求研究者在估计倾向值的时候纳入所有混杂变量。否则,倾向值匹配的研究结果就会像线性回归一样存在遗漏变量偏差。为了评估这种偏差对研究结论的影响,罗森鲍姆提出了一种“敏感性分析”法。[①] 本节将详细介绍该方法的原理与使用该方法时的注意事项。

一、隐藏偏差及其影响

罗森鲍姆认为,基于观察数据的因果分析始终受到选择性偏差的影响。导致选择性偏差的主要原因是干预变量的分配不随机,因此,研究者必须对干

① Paul R. Rosenbaum, *Observational Studies*, 2nd ed., Springer, 2002, pp. 105-170.

预变量的分配过程建模。例如,基于一组可观测到的协变量 $\boldsymbol{X}_i$ 来预测每名个案的倾向值,然后以倾向值为基础实施匹配。这种方法虽能排除协变量 $\boldsymbol{X}_i$ 对因果分析的影响,但是对那些未包含在 $\boldsymbol{X}_i$ 之内的混杂因素却依然无能为力。因此,基于倾向值匹配法估计到的平均干预效应依然会有偏差,罗森鲍姆将这种偏差称作"隐藏偏差"(hidden bias)。他认为,在遗漏变量不可观测的情况下,隐藏偏差无法消除,但在一定程度上,研究者仍可对其影响大小进行评估。

具体来说,假设要研究上大学(D_i)对收入(Y_i)的影响。数据中包含一组可观测的协变量 $\boldsymbol{X}_i$,如研究对象的性别、出生年、家庭背景等,已知这些变量同时对 D_i 和 Y_i 有显著影响,因此,应当纳入倾向值的预测方程。不过,我们怀疑 $\boldsymbol{X}_i$ 遗漏了某些变量,如研究对象的能力 μ_i。根据理论,μ_i 既会影响上大学的概率,也会影响收入,因此,也应作为协变量纳入倾向值的预测方程。假设真实的倾向值预测方程可通过以下 logit 模型来表示:

$$\text{logit}(p_i) = \ln \frac{p_i}{1 - p_i} = \boldsymbol{\beta X}_i + \gamma \mu_i \tag{6.15}$$

不过,因为 μ_i 无法观测,实际使用的模型为

$$\text{logit}(p_i) = \ln \frac{p_i}{1 - p_i} = \boldsymbol{\beta' X}_i \tag{6.16}$$

由于方程(6.16)遗漏了 μ_i,通过该方程估计到的倾向值以及相应的匹配结果必然存在偏差。举例来说,假设个案 i 与个案 j 在可观测到的协变量上取值相同,即 $\boldsymbol{X}_i = \boldsymbol{X}_j$,但二者的能力有所不同,即 $\mu_i \neq \mu_j$。如果采用方程(6.16)来估计倾向值,那么我们会误以为个案 i 与个案 j 的倾向值相同,进而将二者匹配起来。但实际上,如果二者的能力 μ_i 与 μ_j 差异很大,那么即便在 $\boldsymbol{X}_i = \boldsymbol{X}_j$ 的情况下,二者的倾向值也会存在很大差异,因此,将二者错误地匹配起来必然会导致有偏的因果效应估计值,这就是罗森鲍姆所说的隐藏偏差。由于在实际研究时,研究者很难在倾向值的预测方程中穷尽所有混杂变量,因此,隐藏偏差是非常普遍的。既然如此,这种偏差对研究结论的影响究竟有多大呢?

罗森鲍姆认为,这个问题的答案取决于遗漏变量对倾向值的影响大小。在上面这个例子中,如果遗漏的能力因素 μ_i 对上大学的影响很弱,那么在倾向值的估计方程中忽略这个变量不会导致 p_i 的预测值发生明显变化。在这种情

况下，只要个案 i 与个案 j 在可观测的协变量上取值接近，就有比较充分的理由将二者匹配起来。反之，如果 μ_i 对上大学的影响很强，那么将个案 i 与个案 j 匹配起来就要冒很大的风险。在这种情况下，因果分析出现偏差的可能性也会增加。

二、分析思路与注意事项

基于以上分析，罗森鲍姆提出了一种敏感性分析的思路。具体来说，罗森鲍姆提出了以下问题：如果遗漏变量会影响研究结论，那么这种影响需要强到什么程度，最初的研究结论才会被推翻呢？很显然，如果在遗漏变量的影响很弱的情况下，最初的结论就会被推翻，那么说明这个结论对隐藏偏差非常敏感，是不稳健的，研究者需要慎之又慎。反之，如果在遗漏变量的影响非常强的情况下，最初的研究结论依然成立，那么说明这个结论很稳健，可以采纳。

到此为止，我们介绍了敏感性分析的基本原理，但这里还有几个技术细节需要介绍。首先，在做敏感性分析的时候，我们需要调节遗漏变量对倾向值估计结果的影响大小，但考虑到倾向值与遗漏变量之间的关系很难量化，罗森鲍姆建议使用“优势比”来定义遗漏变量对倾向值的影响。具体来说，根据方程(6.15)，个案 i 与个案 j 的优势比为

$$\mathrm{OR}=\frac{\dfrac{p_i}{1-p_i}}{\dfrac{p_j}{1-p_j}}=\frac{\exp^{\boldsymbol{\beta}\boldsymbol{X}_i+\gamma\mu_i}}{\exp^{\boldsymbol{\beta}\boldsymbol{X}_j+\gamma\mu_j}}=\exp^{[\boldsymbol{\beta}(\boldsymbol{X}_i-\boldsymbol{X}_j)+\gamma(\mu_i-\mu_j)]} \tag{6.17}$$

由公式(6.17)可知，这个优势比不仅受可观测到的协变量 $\boldsymbol{X}_i$ 与 $\boldsymbol{X}_j$ 之间差异的影响，而且受遗漏变量 μ_i 与 μ_j 之间差异的影响。如果个案 i 与个案 j 在可观测变量上的取值完全相同，那么其优势比将完全由遗漏变量决定，用公式表示为 $\exp^{\gamma(\mu_i-\mu_j)}$。为不失一般性，我们假定 $\mu_i>\mu_j$，并将 $\exp^{\gamma(\mu_i-\mu_j)}$ 简记为 Γ。根据定义，Γ 的取值将大于等于 1。如果 $\Gamma=1$，意味着遗漏变量对个案 i 与个案 j 的优势比没有影响，此时不存在隐藏偏差。如果 $\Gamma>1$，意味着遗漏变量对个案 i 与个案 j 的优势比有影响，且 Γ 取值越大，这种影响越强。

其次，为了实现敏感性分析，罗森鲍姆提出了多种检验方法，如 McNemar

检验、Wilcoxon 符号秩检验,以及 Hodges-Lehmann 点估计和区间估计等。[①] 借助这些方法,研究者可以观察最初的研究结论如何随 Γ 取值的上升发生变化。一旦研究者发现,当 Γ 上升到某个值的时候,最初的研究结论会从统计显著变得不显著,或者说置信区间从不包括 0 变得包括 0,那么意味着找到了足以扭转最初结论的临界点。这时候,研究者需要做的就是判断位于这个临界点上的 Γ 是否足够大。一般来说,当 Γ 的临界值达到 2 以上的时候,说明分析结果比较稳健。反之,如果在 Γ 略大于 1 的情况下,统计检验结果就会发生变化,那么说明最初的结论对隐藏偏差非常敏感,研究者需要谨慎对待。

最后,需要注意的一点是,敏感性分析只是一种评估方法,而不是一种估计方法,使用它无法获得因果效应的无偏估计值。还以上大学对收入的影响为例,使用敏感性分析可以帮助我们判断被遗漏掉的能力因素需要强到什么程度才足以推翻上大学有助于提高收入的结论,但是,如果我们想要获得接受大学教育对收入的真实影响,那么敏感性分析则无能为力。因此,敏感性分析并不是万能的,使用该方法只能对因果分析下一个定性的结论(如上大学对收入有无影响),而无法回答因果效应的真实大小问题(如上大学对收入有多大影响)。研究者需要注意这种方法的缺陷,并对它的分析结果给予正确的解释。

第四节　倾向值匹配的 Stata 命令

本节主要介绍使用 Stata 软件实施倾向值匹配的方法。我们将首先介绍几个常用的命令,然后通过一个案例进行演示。

一、命令介绍

Stata 中实现倾向值匹配的官方命令是 teffects psmatch,该命令的语法结构如下:

```
teffects psmatch (ovar) (tvar tmvarlist [, tmodel]) [if] [in] [weight] [, stat options]
```

① 关于这些方法的技术细节,感兴趣的读者可以参考 Paul R. Rosenbaum, *Observational Studies*, 2nd ed., Springer, 2002, pp. 105-170。

其中,teffects psmatch 是命令名,其后第一个小括号中的 ovar 是因变量,第二个小括号中的 tvar 是二分干预变量,tmvarlist 是预测倾向值的协变量。选项 tmodel 用来设置预测倾向值的模型,默认使用 logit 模型,若要使用 probit 模型,可设置选项 probit。if、in 和 weight 的用法与其他命令相同,此处不再赘述。

该命令有以下几个常用选项:

◆ ate:估计 ATE,这是软件默认的输出结果。

◆ atet:估计 ATT。

◆ nneighbor(#):采用 1 对 # 匹配,默认为 1 对 1 匹配,即 nneighbor(1)。

◆ caliper(#):设定卡尺,即将倾向值差异在 # 以内的个案视作匹配对象。

◆ vce(vcetype):设置标准误计算方式。建议使用 vce(robust, nn(#)),该选项表示采用阿巴迪和因本斯提出的 1 对 # 匹配的稳健标准误,其中 nn(#)的设定与选项 nneighbor(#)保持一致。

◆ osample(newvar):对那些不满足匹配要求的个案进行标记,标记结果保存在变量 newvar 中。

◆ generate(stub):生成变量 stub,以标记匹配个案的编号。

◆ level(#):设置置信区间的置信度,默认为 95%,即 level(95)。

◆ control():设置与控制组对应的干预变量的取值,默认以取值为 0 的那一类作为控制组。

◆ tlevel():设置与干预组对应的干预变量的取值,默认以取值为 1 的那一类作为干预组。

需要注意的是,Stata 为 teffects psmatch 配备了几个"后估计命令",用于评估匹配样本的平衡性、检查共同取值范围等。具体来说,如果要检查匹配样本的平衡性,用户可以使用以下三个命令:

```
tebalance summarize
tebalance density
tebalance box
```

其中,tebalance summarize 命令可以描述匹配前和匹配后的样本在所有协变量上的标准化均值差和方差比,tebalance density 命令可以绘制协变量的密度函数图,而 tebalance box 命令可以绘制协变量的盒形图。如果匹配后的干预组和控制组在协变量上的标准化均值差很小,方差比接近 1,且二者的密度函数图与盒形图高度重合,说明数据的平衡性比较好。

此外,用户可以使用命令 teffects overlap 检查倾向值的共同取值范围。该命令会分干预组和控制组绘制倾向值的分布图,如果二者重叠的部分比较大,说明共同取值范围假定得到了比较好的满足。

综上所述,teffects psmatch 可以实施带卡尺的 1 对 1 匹配和 1 对多匹配,且配有非常丰富的后估计命令。但这个命令只能实施有放回匹配,无法实施无放回匹配。此外,前文介绍的半径匹配、核匹配等也无法通过该命令实现。如果用户想要执行更加多样化的匹配,可以使用命令 psmatch2。不过,psmatch2 是一个用户自编的命令,使用前需要先安装,具体命令如下:

```
. ssc install psmatch2, replace
```

安装成功之后,用户即可通过 psmatch2 实施各种倾向值匹配,其语法结构如下:

```
psmatch2 depvar [indepvars] [if] [in] [,options]
```

其中,psmatch2 是命令名,depvar 是二分干预变量,indepvars 是预测倾向值所需用到的协变量。该命令的选项非常丰富,其中比较重要的有:

- outcome(varlist):设置研究的因变量。
- logit:使用 logit 模型预测倾向值,默认是 probit 模型。
- odds:使用线性化的倾向值 l_i 作为距离指标,默认使用倾向值。
- ate:同时汇报 ATE、ATT 和 ATU,默认仅汇报 ATT。
- common:仅在共同取值范围内匹配。
- ties:采用取均值的方法处理数据平分问题。
- noreplacement:实施无放回匹配,默认实施有放回匹配。
- quietly:不汇报倾向值得分的预测方程。
- neighbor(k):采用 1 对 k 匹配,k 默认为 1。
- caliper(real):设置卡尺。
- radius:实施半径匹配,需要结合 caliper(real)使用。

◆ kernel:实施核匹配。

◆ kerneltype(type):设定核函数类型。

◆ bwidth(real):设置核匹配的带宽。

在执行 psmatch2 以后,用户可以使用 pstest 命令检查数据的平衡性。该命令有两个常用选项:一是 both,使用该选项可以同时汇报匹配前的原始样本和匹配后样本中的数据平衡情况;二是 graph,使用该选项可以绘制一个反映数据平衡性在匹配前后的变化图。除此之外,与 psmatch2 配套的另一个后估计命令是 psgraph,该命令可以通过直方图的方式展示倾向值的共同取值范围,用户可以使用选项 bin(#)来设置直方图中直方的数量。

最后,对于本章第三节介绍的敏感性分析,目前尚没有官方命令,用户可以通过以下命令安装非官方的 rbounds 命令:

```
. ssc install rbounds, replace
```

需要注意的是,使用该命令只能对 1 对 1 匹配下的 ATT 进行敏感性分析。

rbounds 命令的语法结构如下:

```
rbounds varname [if exp], gamma(numlist)
```

其中,rbounds 是命令名,varname 是干预组个案与其匹配上的控制组个案在因变量上的差异,这个变量可以通过 psmatch2 命令执行以后软件自动生成的变量计算得到。在使用 rbounds 命令时候,用户需要通过选项 gamma(numlist)设置 Γ 的数值及其变动方式。举例来说,gamma(1 (0.1) 2)表示 Γ 从 1 增加到 2,每次增加 0.1,gamma(1 2 3 4)表示 Γ 可取四个值,分别是 1、2、3、4。在实际研究时,用户需要不断修改 Γ 的取值范围和变动幅度,以得到使得研究结论发生逆转的 Γ 的临界值。下面,我们将通过一个案例来演示。

二、案例展示

本章演示用的数据来自 cfps2010.dta。与之前各章相同,分析使用的因变量为 lninc,干预变量为 college。

首先,使用 use 命令打开该数据,然后做一个一元线性回归,回归的因变量为 lninc,自变量为 college。具体如下:

```
. use "C:\Users\XuQi\Desktop\cfps2010.dta", clear

. reg lninc college, vce(cluster provcd)

Linear regression                               Number of obs     =      4,137
                                                F(1, 24)          =     271.17
                                                Prob > F          =     0.0000
                                                R-squared         =     0.1095
                                                Root MSE          =     1.1498

                                   (Std. err. adjusted for 25 clusters in provcd)
```

lninc	Coefficient	Robust std. err.	t	P>|t|	[95% conf.	interval]
college	.823612	.0500155	16.47	0.000	.7203851	.926839
_cons	9.353189	.1084703	86.23	0.000	9.129317	9.577061

可以发现,在不控制任何变量的情况下,上大学的人与没有上大学的人在 lninc 上的均值相差 0.824。现在,我们尝试以 hukou、age、gender、race、sibling 和 fmedu 为协变量实施倾向值匹配。首先,我们演示用官方命令 teffects psmatch 实施有放回的 1 对 1 匹配,具体命令和分析结果如下:

```
. teffects psmatch (lninc) (college hukou age gender race sibling i.fmedu)

Treatment-effects estimation                   Number of obs      =      4,137
Estimator      : propensity-score matching     Matches: requested =          1
Outcome model  : matching                                     min =          1
Treatment model: logit                                        max =         50
```

lninc	Coefficient	AI robust std. err.	z	P>|z|	[95% conf.	interval]
ATE						
college (是 vs 否)	.7867998	.0411656	19.11	0.000	.7061167	.8674829

可以发现,1 对 1 匹配后的 ATE 为 0.787,与不做任何统计控制时的 0.824 相比有所下降。不过,上述匹配并未设置卡尺,因此,存在将倾向值差异较大的个案错误地匹配起来的风险。为了避免这个缺陷,我们可以使用选项 caliper( ) 设置卡尺。下面给出了将卡尺设定为 0.02 时的分析结果:

```
. teffects psmatch (lninc) (college hukou age gender race sibling i.fmedu),
caliper(0.02)
no propensity-score matches for observation 2607 within caliper 0.02; use option
osample() to identify all observations with deficient matches
```

可以发现,设置卡尺以后,Stata 给出了一个错误提示:有个案在 0.02 的卡尺范围内找不到符合要求的匹配对象。与此同时,Stata 给出了一个建议,即使用选项 osample( )来标记那些匹配失败的个案。参照这个建议,我们在使用选项 osample(flag)以后重新执行命令,可以发现,只有 1 名个案不符合匹配要求。对标识变量 flag 的描述性统计结果再次验证了这一点:

```
. teffects psmatch (lninc) (college hukou age gender race sibling i.fmedu),
caliper(0.02) osample(flag)
1 observation has no propensity-score matches within caliper .02; it is identified
in the osample() variable
r(459);

. tab flag

   overlap
 violation
 indicator |      Freq.     Percent        Cum.
-----------+-----------------------------------
         0 |      4,136       99.98       99.98
         1 |          1        0.02      100.00
-----------+-----------------------------------
     Total |      4,137      100.00
```

考虑到不符合卡尺要求的个案数只有一个,我们直接使用 if flag == 0 将这名个案排除在外,这样就可以得到以下分析结果:

```
. teffects psmatch (lninc) (college hukou age gender race sibling i.fmedu) if
flag==0, caliper(0.02)

Treatment-effects estimation                   Number of obs      =      4,136
Estimator      : propensity-score matching     Matches: requested =          1
Outcome model  : matching                                     min =          1
Treatment model: logit                                        max =         50
------------------------------------------------------------------------------
             |              AI robust
       lninc | Coefficient  std. err.      z    P>|z|     [95% conf. interval]
-------------+----------------------------------------------------------------
ATE          |
     college |
 (是 vs 否)  |   .7823973   .0411119    19.03   0.000     .7018194    .8629751
------------------------------------------------------------------------------
```

结果显示,在排除无法匹配的个案之后,使用带卡尺的 1 对 1 匹配估计到的 ATE 为 0.782,这与之前不带卡尺的结果非常接近。

接下来,我们可以在上述命令的基础上使用选项 nneighbor(4),这样可以实施带卡尺的 1 对 4 匹配。需要注意的是,在使用 1 对多匹配时,需要通过选项 vce(vcetype)设置正确的标准误,具体如下:

```
. teffects psmatch (lninc) (college hukou age gender race sibling i.fmedu) if
flag==0, caliper(0.02) nneighbor(4) vce(robust, nn(4))

Treatment-effects estimation                  Number of obs      =      4,136
Estimator      : propensity-score matching    Matches: requested =          4
Outcome model  : matching                                    min =          4
Treatment model: logit                                       max =         50
```

lninc	Coefficient	AI robust std. err.	z	P>|z|	[95% conf. interval]	
ATE						
college (是 vs 否)	**.7981312**	**.0398814**	**20.01**	**0.000**	**.7199651**	**.8762974**

可以发现,带卡尺的 1 对 4 匹配结果为 0.798。与之前带卡尺的 1 对 1 匹配结果相比,略有上升。那么,哪个结果更可信呢?

为了回答这个问题,我们需要对两次匹配后样本的平衡性进行检验。需要注意的是,与平衡性检验相关的 tebalance 命令是后估计命令,最好紧跟着相应的 teffects psmatch 命令执行。因此,我们重新执行了上述倾向值匹配命令①,然后使用 tebalance summarize 检验其平衡性,具体如下:

```
. qui teffects psmatch (lninc) (college hukou age gender race sibling i.fmedu)
if flag==0, caliper(0.02)

. tebalance summarize
(refitting the model using the generate() option)

Covariate balance summary
```

	Raw	Matched
Number of obs =	**4,136**	**8,272**
Treated obs =	**1,642**	**4,136**
Control obs =	**2,494**	**4,136**

① 命令前使用 qui 表示只执行命令,不输出结果,这样可以使输出结果得到简化。

	Standardized differences Raw	Matched	Variance ratio Raw	Matched
hukou	.2391517	-.0014774	1.082073	.9994289
age	-.7809001	-.0058524	.8161995	.9835917
gender	-.0813989	.0357897	1.025221	.9881189
race	-.0453557	-.0203342	1.199887	1.096473
sibling	.3632311	.0106027	2.008184	1.022875
fmedu				
是	.5411217	-.0152094	2.038229	.9794947
缺失	-.2525403	0	.6932101	1

```
. qui teffects psmatch (lninc) (college hukou age gender race sibling i.fmedu)
if flag==0, caliper(0.02) nneighbor(4) vce(robust,nn(4))

. tebalance summarize
(refitting the model using the generate() option)

Covariate balance summary
```

	Raw	Matched
Number of obs =	4,136	8,272
Treated obs =	1,642	4,136
Control obs =	2,494	4,136

	Standardized differences Raw	Matched	Variance ratio Raw	Matched
hukou	.2391517	-.0031644	1.082073	.9986757
age	-.7809001	-.000016	.8161995	.9710056
gender	-.0813989	.0745308	1.025221	.971546
race	-.0453557	.0349928	1.199887	.8487141
sibling	.3632311	.050172	2.008184	1.1103
fmedu				
是	.5411217	-.0048144	2.038229	.993381
缺失	-.2525403	.0173444	.6932101	1.025388

从上述两组平衡性检验结果可以发现,实施倾向值匹配之后,干预组和控制组在所有协变量上的均值差都更趋近0,方差比都更趋近1,因此,无论是1对1匹配还是1对4匹配,数据的平衡性在匹配后都变好了。但相比之下,1对1匹配的效果要更好一点。可以发现,在实施1对1匹配之后,协变量的均值差都降到了0.05以内。而1对4匹配之后,gender和sibling的均值差仍在

0.05 以上。因此,1 对 1 匹配的效果更好,我们应当采纳 1 对 1 匹配后的 ATE。

接下来,我们将演示 tebalance density 和 tebalance box 的用法。与之前演示的 tebalance summarize 相同,这两个命令也是后估计命令,最好紧跟着相应的 teffects psmatch 命令使用。

第一,来看 tebalance density 命令的用法。在执行 tebalance density age 命令之后,Stata 会分匹配前与匹配后分别绘制 age 在干预组和控制组中的概率密度函数图。(见图 6.1)可以发现,匹配之前,变量 age 在干预组和控制组中的概率密度函数差异很大,而在匹配之后,二者高度重合。这充分说明,匹配之后干预组和控制组在 age 上的平衡性得到了非常明显的改善:

```
. qui teffects psmatch (lninc) (college hukou age gender race sibling i.fmedu)
if flag==0, caliper(0.02)
. tebalance density age
```

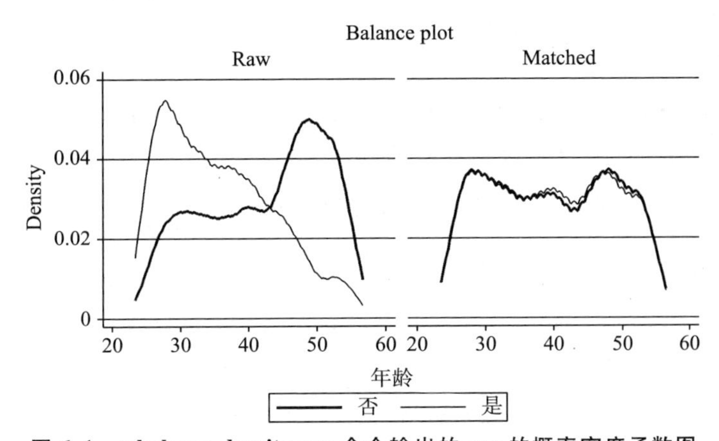

图 6.1　tebalance density age 命令输出的 age 的概率密度函数图

第二,来看 tebalance box 的用法。在执行 tebalance box age 命令之后,Stata 会分匹配前与匹配后分别绘制 age 在干预组和控制组中的盒形图。(见图 6.2)可以发现,匹配之前,age 在干预组和控制组中的盒形图差异很大,而在匹配之后,二者的差异明显缩小。这再次说明,倾向值匹配在很大程度上提高了 age 的平衡性。

```
. qui teffects psmatch (lninc)(college hukou age gender race sibling i.fmedu)
if flag==0, caliper(0.02)
. tebalance box age
```

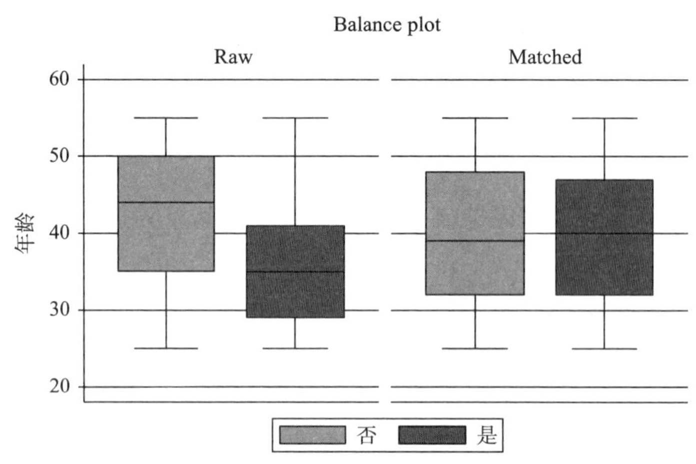

图 6.2　tebalance box age 命令输出的 age 的盒形图

第三,我们将演示 teffects overlap 的用法,使用这个命令可以检查倾向值的共同取值范围。与之前介绍的 tebalance 命令相同,这个命令也是一个后估计命令,最好在相应的 teffects psmatch 命令之后使用。下面给出了一个案例。从软件输出的图形(见图 6.3)可以发现,干预组和控制组在倾向值上的重叠范围很大,因此,本章演示用的案例满足共同取值范围假定。

```
. qui teffects psmatch (lninc) (college hukou age gender race sibling i.fmedu)
if flag==0, caliper(0.02)

. teffects overlap
```

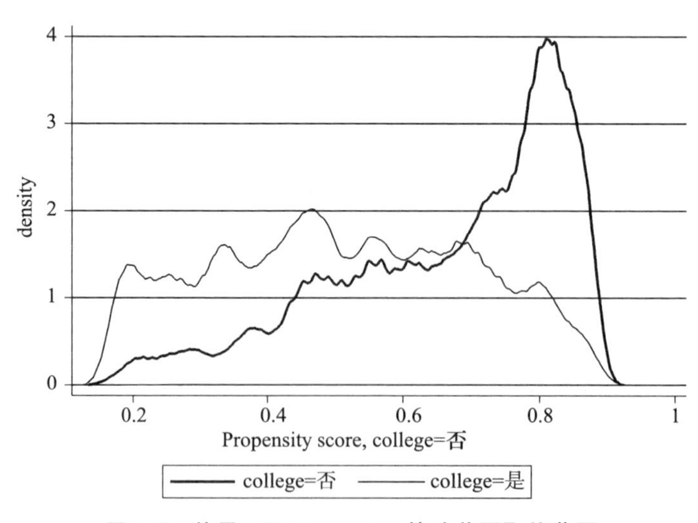

图 6.3　使用 teffects overlap 检验共同取值范围

第四,我们将演示 psmatch2 命令的用法。如前所述,使用这个命令可以实施更加多样化的倾向值匹配。首先,我们演示如何使用 psmatch2 命令实施带卡尺的 1 对 1 匹配。为了与之前 teffects psmatch 的结果尽可能保持一致,我们使用 if flag==0 删除极端样本,将卡尺设置为 0.02,使用 logit 模型预测倾向值,使用线性化的倾向值进行匹配,并采用取均值的方法处理数据平分问题。不过,与 teffects psmatch 命令不同的是,psmatch2 命令允许使用选项 common 将匹配样本限定在共同取值范围之内。相关命令和输出结果如下:

```
. psmatch2 college hukou age gender race sibling i.fmedu if flag==0, outcome
(lninc) caliper(0.02) common ate logit ties odds    //带卡尺的1对1匹配

Logistic regression                                     Number of obs =  4,136
                                                        LR chi2(7)    = 690.80
                                                        Prob > chi2   = 0.0000
Log likelihood = -2433.071                              Pseudo R2     = 0.1243
```

college	Coefficient	Std. err.	z	P>|z|	[95% conf.	interval]
hukou	.3691967	.0750768	4.92	0.000	.2220487	.5163446
age	-.0778884	.004612	-16.89	0.000	-.0869278	-.068849
gender	-.0052387	.0707322	-0.07	0.941	-.1438713	.1333939
race	-.178265	.155782	-1.14	0.252	-.4835921	.1270622
sibling	.1541583	.1050904	1.47	0.142	-.0518152	.3601318
fmedu						
是	.8091184	.0889782	9.09	0.000	.6347243	.9835126
缺失	.1444773	.093519	1.54	0.122	-.0388166	.3277713
_cons	2.400111	.2338113	10.27	0.000	1.941849	2.858373

```
There are observations with identical propensity score values.
The sort order of the data could affect your results.
Make sure that the sort order is random before calling psmatch2.
```

Variable	Sample	Treated	Controls	Difference	S.E.	T-stat
lninc	Unmatched	10.1775256	9.35318907	.824336518	.036540222	22.56
	ATT	10.1784556	9.47407844	.704377162	.054015335	13.04
	ATU	9.35371331	10.18839	.834676643	.	.
	ATE			.783030667	.	.

Note: S.E. does not take into account that the propensity score is estimated.

psmatch2: Treatment assignment	psmatch2: Common support Off suppo	On suppor	Total
Untreated	4	2,490	2,494
Treated	7	1,635	1,642
Total	11	4,125	4,136

可以发现,psmatch2 的输出结果非常丰富。首先,Stata 报告了估计倾向值所使用的 logit 模型的输出结果,从中我们可以看到模型的整体拟合情况以及各个协变量对是否上大学的影响。其次,软件汇报了倾向值匹配后的因果效应估计值。因为我们使用了选项 ate,所以,Stata 同时给出了 ATT、ATU 和 ATE 的估计值。可以发现,ATE 的估计值为 0.783,与之前使用 teffects psmatch 的结果仅在小数点 3 位以后存在非常细微的差异。最后,软件还报告了干预组和控制组在倾向值上的共同取值范围,可以发现,在全部 4136 名个案中有 4125 名在共同取值范围之内,落在共同取值范围之外的个案只有 11 名,其中干预组 7 名,控制组 4 名。由于我们使用了选项 common,所以上面给出的 ATE、ATT 和 ATU 都是基于在共同取值范围之内的个案计算得到的。

第五,我们将演示使用 psmatch2 命令实施带卡尺的 1 对 4 匹配,为了简化输出结果,我们使用了选项 quietly。可以发现,1 对 4 匹配之后估计得到的 ATE 为 0.796,与之前使用 teffects psmatch 的计算结果非常接近。

```
. psmatch2 college hukou age gender race sibling i.fmedu if flag==0,
 outcome(lninc) caliper(0.02) neighbor(4) common ate logit ties odds quietly
// 带卡尺的1对4匹配
```

Variable	Sample	Treated	Controls	Difference	S.E.	T-stat
lninc	Unmatched	10.1775256	9.35318907	.824336518	.036540222	22.56
	ATT	10.1784556	9.47589894	.702556661	.050086699	14.03
	ATU	9.35371331	10.2115772	.857863905	.	.
	ATE			.796305761	.	.

Note: S.E. does not take into account that the propensity score is estimated.

psmatch2: Treatment assignment	psmatch2: Common support		
	Off suppo	On suppor	Total
Untreated	4	2,490	2,494
Treated	7	1,635	1,642
Total	11	4,125	4,136

第六,我们演示使用 psmatch2 命令实施半径匹配。可以发现,在卡尺依然为 0.02 的情况下,通过半径匹配得到的 ATE 为 0.803。

```
. psmatch2 college hukou age gender race sibling i.fmedu if flag==0,
 outcome(lninc) caliper(0.02) radius common ate logit quietly // 半径匹配
```

Variable	Sample	Treated	Controls	Difference	S.E.	T-stat
lninc	Unmatched	10.1775256	9.35318907	.824336518	.036540222	22.56
	ATT	10.1778062	9.48062537	.697180782	.042803897	16.29
	ATU	9.35318907	10.2249628	.8717737	.	.
	ATE			.80256189	.	.

Note: S.E. does not take into account that the propensity score is estimated.

psmatch2: Treatment assignment	psmatch2: Common support Off suppo	On suppor	Total
Untreated	0	2,494	2,494
Treated	4	1,638	1,642
Total	4	4,132	4,136

第七,我们演示使用 psmatch2 命令实施核匹配。可以发现,采用软件默认的核函数与带宽进行核匹配之后得到的 ATE 为 0.803。

```
. psmatch2 college hukou age gender race sibling i.fmedu if flag==0,
 outcome(lninc) kernel common ate logit quietly   //核匹配
```

Variable	Sample	Treated	Controls	Difference	S.E.	T-stat
lninc	Unmatched	10.1775256	9.35318907	.824336518	.036540222	22.56
	ATT	10.1778062	9.47873591	.699070244	.042010122	16.64
	ATU	9.35318907	10.2248952	.871706092	.	.
	ATE			.8032701	.	.

Note: S.E. does not take into account that the propensity score is estimated.

psmatch2: Treatment assignment	psmatch2: Common support Off suppo	On suppor	Total
Untreated	0	2,494	2,494
Treated	4	1,638	1,642
Total	4	4,132	4,136

在使用 psmatch2 命令实施倾向值匹配之后，我们也需要对数据的平衡性进行检验。以核匹配为例，我们可以使用以下命令实施平衡性检验：

```
. qui psmatch2 college hukou age gender race sibling i.fmedu if flag==0,
outcome(lninc) kernel common ate logit quietly
. pstest, both graph
```

Variable	Unmatched Matched	Mean Treated	Mean Control	%bias	%reduct |bias|	t-test t	t-test p>|t|	V(T)/ V(C)
hukou	U	.47808	.36087	23.9		7.56	0.000	.
	M	.4768	.45253	5.0	79.3	1.39	0.164	.
age	U	35.745	42.282	-78.1		-24.32	0.000	0.82*
	M	35.769	35.67	1.2	98.5	0.35	0.725	0.94
gender	U	.55481	.59503	-8.1		-2.56	0.010	.
	M	.55617	.56359	-1.5	81.5	-0.43	0.669	.
race	U	.94214	.95229	-4.5		-1.44	0.150	.
	M	.94444	.93873	2.6	43.6	0.70	0.486	.
sibling	U	.23021	.09783	36.3		11.85	0.000	.
	M	.22955	.2036	7.1	80.4	1.80	0.071	.
1.fmedu	U	.3514	.12831	54.1		17.66	0.000	.
	M	.34982	.33667	3.2	94.1	0.79	0.428	.
2.fmedu	U	.15895	.26103	-25.3		-7.80	0.000	.
	M	.15934	.15411	1.3	94.9	0.41	0.681	.

* if variance ratio outside [0.91; 1.10] for U and [0.91; 1.10] for M

Sample	Ps R2	LR chi2	p>chi2	MeanBias	MedBias	B	R	%Var
Unmatched	0.125	692.69	0.000	32.9	25.3	88.4*	1.13	100
Matched	0.001	6.07	0.531	3.1	2.6	8.6	1.01	0

* if B>25%, R outside [0.5; 2]

可以发现，在倾向值匹配之后，数据的平衡性相比匹配之前有明显改善。这主要表现在：首先，匹配之前，针对各协变量均值差的 t 检验结果大多非常显著，而在匹配之后，t 检验在 0.05 的显著性水平下都变得不再显著；其次，匹配之后所有协变量的标准化均值差都出现了非常明显的下降，这从图 6.4 得到非常清晰的体现；再次，age 的方差比在匹配之后变得更加接近 1，且落在合理范

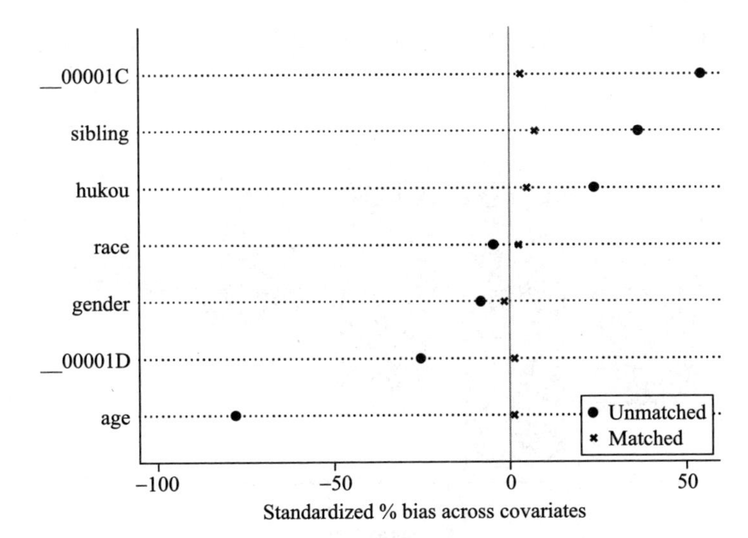

图 6.4　匹配前后协变量的标准化均值差

围之内①；最后，综合所有协变量的一些汇总性指标也显示，匹配后的数据平衡性有明显改善。例如，在匹配后的样本中以 college 为因变量拟合 logit 模型，伪 R^2 非常接近 0，模型整体卡方检验结果也不显著，这说明匹配之后，协变量对是否上大学几乎没有任何解释力。此外，协变量的标准化均值差的均值和中位值在匹配之后均发生了非常明显的下降，反映数据总体平衡性的 B 指数与 R 指数在匹配后也出现了下降，且都落在合理范围之内。

接下来，我们演示在 psmatch2 之后检验数据共同取值范围的方法。还是以核匹配为例，我们可以通过以下命令检查共同取值范围：

```
. qui psmatch2 college hukou age gender race sibling i.fmedu if flag==0,
outcome(lninc) kernel common ate logit quietly
. psgraph, bin(5)
```

执行上述命令之后，Stata 会绘制一个描述倾向值分布的直方图，图中直方的数量可通过选项 bin( ) 设定。例如，使用选项 bin(5) 表示有 5 条直方（见图 6.5）。在直方图中，Stata 会用不同的颜色标记在共同取值范围之内和之外的干预组个案与控制组个案。在这个例子中，仅有干预组包含在共同取值范

① 通常将方差比在 0.91 和 1.10 之间视作合理。

围之外的个案,但因为这些个案的数量很少,图中基本显示不出来。

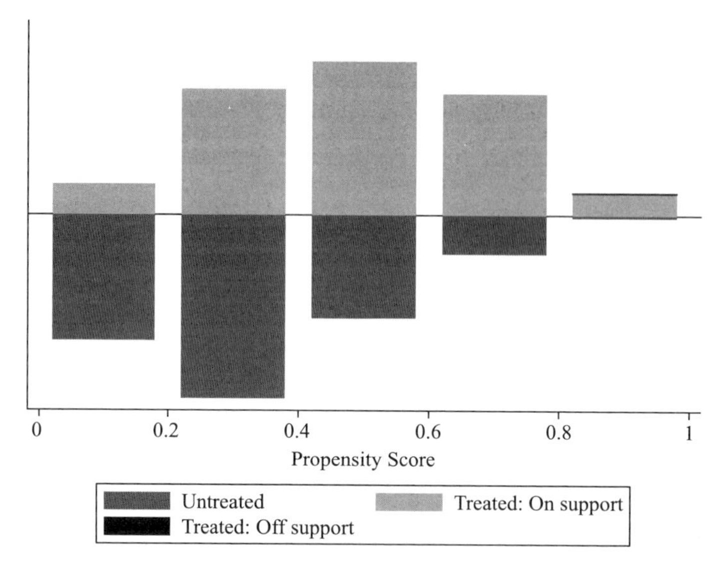

图 6.5 检查共同取值范围的直方图

最后,我们演示通过 rbounds 命令进行敏感性分析的方法。由于该命令仅针对 1 对 1 匹配后的 ATT,所以在使用 rbounds 之前,我们先使用以下 psmatch2 命令,执行一次带卡尺的 1 对 1 匹配:

```
. psmatch2 college hukou age gender race sibling i.fmedu if flag==0,
outcome(lninc) caliper(0.02) common logit ties odds quietly //带卡尺的1对1匹配
```

Variable	Sample	Treated	Controls	Difference	S.E.	T-stat
lninc	Unmatched	10.1775256	9.35318907	.824336518	.036540222	22.56
	ATT	10.1784556	9.47407844	.704377162	.054015335	13.04

Note: S.E. does not take into account that the propensity score is estimated.

psmatch2: Treatment assignment	psmatch2: Common support Off suppo	On suppor	Total
Untreated	0	2,494	2,494
Treated	7	1,635	1,642
Total	7	4,129	4,136

可以发现,ATT 的估计值为 0.704。与此同时,在执行 psmatch2 之后,软件自动生成了一组以“_”开头的变量。接下来的敏感性分析将要用到其中三个变量。一是_treated,它是一个标识是否在干预组的二分变量,_treated = 1 表示在干预组,_treated = 0 表示在控制组。二是_support,它是一个标识是否在共同取值范围的二分变量,_support = 1 表示在共同取值范围之内,_support = 0 表示在共同取值范围之外。三是_lninc,它记录了与每个干预组个案相匹配的控制组个案在因变量上的观测值。基于上述三个变量,我们可以计算干预组个案与其匹配上的控制组个案在因变量上的差异,具体如下:

```
. gen diff=lninc-_lninc if _treated==1 & _support==1 & flag==0
(2,502 missing values generated)
```

现在,我们就可以进行敏感性分析了。首先执行以下命令:

```
. rbounds diff, gamma(1 (1) 5)

Rosenbaum bounds for diff (N = 1635 matched pairs)

Gamma          sig+      sig-    t-hat+    t-hat-       CI+       CI-
---------------------------------------------------------------------
    1             0         0   .679028   .679028   .630224   .728463
    2             0         0   .380941   .985865   .329637    1.0398
    3       8.1e-12         0   .210826   1.16725     .1551   1.22661
    4       .001779         0     .0917   1.29513   .031636   1.35918
    5       .501555         0  -3.4e-07   1.39373  -.065069    1.4644

* gamma  - log odds of differential assignment due to unobserved factors
  sig+   - upper bound significance level
  sig-   - lower bound significance level
  t-hat+ - upper bound Hodges-Lehmann point estimate
  t-hat- - lower bound Hodges-Lehmann point estimate
  CI+    - upper bound confidence interval (a=  .95)
  CI-    - lower bound confidence interval (a=  .95)
```

上述输出结果的第一列(Gamma)是 Γ 的数值,根据设定,Γ 的取值从 1 逐渐增加到 5,每次增幅为 1。第二列(sig+)和第三列(sig-)是通过 Wilcoxon 符号秩检验得到的 p 值的上限和下限。一般来说,随着 Gamma 的增加,由上限和下限定义的 p 值区间会越来越宽,当区间宽到包括某显著性水平(如 0.05)的时候,就意味着最初的结论在考虑隐藏偏差的影响后会被推翻。在上面这个例子中,p 值对应的取值区间在 $\Gamma = 4$ 的情况下依然整体位于 0.05 以下,但在

Γ 上升到 5 的时候则包含 0.05。由此可知,推翻最初结论所需的 Γ 的临界值位于 4 和 5 之间。接下来看输出结果的后四列,这四列数分别对应 Hodges-Lehmann 点估计值的上限(t-hat+)、下限(t-hat-)和 95%置信度下的置信区间的上限(CI+)和下限(CI-)。一般来说,我们会以置信区间是否包含 0 为标准,判断最初的研究结论在考虑隐藏偏差以后是否会被推翻。根据这个标准,在上文所示的例子中,我们依然会得到 Γ 的临界值在 4 和 5 之间的结论。

接下来,我们可以在 4 和 5 之间进一步搜寻更加精确的 Γ 的临界值,具体命令如下:

```
. rbounds diff, gamma(4 (0.1) 5)

Rosenbaum bounds for diff (N = 1635 matched pairs)

Gamma          sig+      sig-    t-hat+    t-hat-       CI+       CI-
----------------------------------------------------------------------
    1             0         0   .679028   .679028   .630224   .728463
    4       .001779         0     .0917   1.29513   .031636   1.35918
  4.1       .004789         0   .081498   1.30569   .020604   1.37133
  4.2       .011459         0   .071757   1.31663   .010318   1.38245
  4.3       .024612         0   .061753   1.32688   3.4e-07   1.39327
  4.4       .047872         0    .05268   1.33685  -.009798   1.40459
  4.5       .085031         0    .04293   1.34712  -.019613    1.4148
  4.6       .139007         0   .033641   1.35616  -.029213   1.42535
  4.7       .210731         0   .025061   1.36639  -.038481   1.43508
  4.8       .298408         0   .016951   1.37553  -.047947   1.44519
  4.9       .397505         0   .008004   1.38522  -.056148   1.45504
    5       .501555         0  -3.4e-07   1.39373  -.065069    1.4644

* gamma   - log odds of differential assignment due to unobserved factors
  sig+    - upper bound significance level
  sig-    - lower bound significance level
  t-hat+  - upper bound Hodges-Lehmann point estimate
  t-hat-  - lower bound Hodges-Lehmann point estimate
  CI+     - upper bound confidence interval (a=  .95)
  CI-     - lower bound confidence interval (a=  .95)
```

从输出结果可以发现,根据 Wilcoxon 符号秩检验得到的 Γ 的临界值在 4.4 和 4.5 之间。而根据 Hodges-Lehmann 点估计值得到的 Γ 的临界值在 4.3 和 4.4 之间。无论使用哪种方法,Γ 的临界值都远大于 2。因此,可以认为基于倾向值匹配得到的 ATT 对隐藏偏差并不敏感。换句话说,即便在存在隐藏偏差的情况下,也可认为接受大学教育对考上大学的人的收入具有显著的积极影响。

练习

1. 简述倾向值的概念以及估计倾向值的常用方法和相关注意事项。
2. 倾向值匹配与线性回归和马氏匹配相比有哪些优势？又有哪些缺陷？
3. 在实施倾向值匹配的过程中，研究者有哪些选择？该如何进行选择？
4. 什么是平衡性检验？常见的检验方法和统计指标有哪些？
5. 什么是隐藏偏差？如何评估隐藏偏差对研究结论的影响？
6. 使用 Stata 软件打开数据 birthweight. dta，完成以下分析工作：

(1) 以 bweight 为因变量，mbsmoke 为自变量，以 mage、medu、mrace、nprenatal、mmarried、deadkids 和 fbaby 为协变量，实施有放回的 1 对 1 倾向值匹配。

(2) 保持因变量、自变量和协变量不变，以 0.02 为卡尺实施有放回的 1 对 1 匹配，此时会遇到什么问题？该如何解决这个问题？

(3) 保持因变量、自变量和协变量不变，以 0.02 为卡尺实施有放回的 1 对 4 匹配，此时会遇到什么问题？该如何解决这个问题？

(4) 对(2)和(3)的数据平衡性进行检验。

(5) 检查(2)和(3)匹配中倾向值的共同取值范围。

(6) 保持因变量、自变量和协变量不变，使用 psmatch2 命令实施半径为 0.02 的半径匹配与核匹配。

(7) 对(6)中的两种匹配结果进行平衡性检验。

(8) 保持因变量、自变量和协变量不变，使用 psmatch2 命令实施带卡尺的 1 对 1 匹配，卡尺为 0.02，对估计得到的 ATT 进行敏感性分析。

倾向值细分与加权

本章重点和教学目标：

1. 掌握倾向值细分和倾向值加权的原理与分析步骤；
2. 能正确使用倾向值细分法研究干预效应的异质性；
3. 掌握双重稳健估计量的构造原理、分析步骤和优缺点；
4. 能正确使用 Stata 软件实施倾向值细分和倾向值加权。

第六章详细介绍了基于倾向值的匹配法，本章我们将重点介绍与倾向值相关的另外两种分析方法：细分（subclassification）与加权（weighting）。与匹配法相比，细分法与加权法不仅使用起来更加方便，而且有其独特的功能。例如，通过倾向值细分可以更好地研究干预效应的异质性，将倾向值加权与线性回归结合起来可以构造双重稳健估计量等。本章将对这些方法进行详细介绍，并通过一个案例演示在 Stata 中实现这些方法的命令。

第一节　倾向值细分

细分法是一种非常传统的因果推断方法。它的原理很简单，即先将样本分为多个同质性的类别，然后在每个类别内部分别做比较，最后再进行汇总。

1968年,统计学家科克伦率先使用该方法分析了吸烟对肺癌的因果影响。[①] 此后,这种方法也被广泛应用于其他因果问题的分析之中。不过,与之前各章介绍的匹配法相同,在协变量很多或协变量取值类型很多的情况下,细分法也会遭遇"维度诅咒"。而要解决这个问题,唯一的办法就是"降维"。考虑到倾向值在降维方面具有独到用途,罗森鲍姆和鲁宾提出了基于倾向值的细分法。[②] 本节将详细介绍该方法的原理、实施步骤以及近年来对倾向值细分的一个拓展,即使用该方法研究干预效应的异质性(heterogeneous treatment effect)问题。

一、细分法

为了帮助读者更好地理解细分法,我们将简要回顾1968年科克伦的一项经典研究。[③] 科克伦在比较不同国家不同类型吸烟者的死亡率时发现了一个很奇怪的现象:无论在哪个国家,抽雪茄/烟斗的人的死亡率都最高,而抽卷烟的人的死亡率则与不吸烟者大致相当。(见表7.1)

表7.1　不同国家不同类型吸烟者的死亡率　　单位:‰

吸烟类型	国家		
	加拿大	英国	美国
不吸烟	20.2	11.3	13.5
抽卷烟	20.5	14.1	13.5
抽雪茄/烟斗	35.5	20.7	17.4

这一现象与人们对吸烟的通常看法不符。一般认为,抽雪茄/烟斗时吸入的焦油远低于卷烟,因此,雪茄/烟斗对健康的危害理应小于卷烟。而实际的死亡率数据却显示,抽雪茄/烟斗的死亡率更高,这该如何解释呢?

科克伦认为,导致上述结果的主要原因是我们忽视了年龄的影响。从

---

① W. G. Cochran, "The Effectiveness of Adjustment by Subclassification in Removing Bias in Observational Studies," *Biometrics*, Vol. 24, No. 2, 1968, pp. 295-313.

② Paul R. Rosenbaum and Donald B. Rubin, "The Central Role of the Propensity Score in Observational Studies for Causal Effects," *Biometrika*, Vol. 70, No. 1, 1983, pp. 41-55.

③ W. G. Cochran, "The Effectiveness of Adjustment by Subclassification in Removing Bias in Observational Studies," *Biometrics*, Vol. 24, No. 2, 1968, pp. 295-313.

表7.2可以发现，无论在哪个国家，抽雪茄/烟斗的人的平均年龄都是最大的。而我们知道，研究对象的年龄越大，死亡率越高。因此，在不控制年龄的情况下，我们会高估抽雪茄/烟斗的人的死亡率并低估抽卷烟的人的死亡率，进而得出雪茄/烟斗比卷烟对健康危害更大的错误结论。

表7.2　不同国家不同类型吸烟者的平均年龄 单位：岁

吸烟类型	国家		
	加拿大	英国	美国
不吸烟	54.9	49.1	57.0
抽卷烟	50.5	49.8	53.2
抽雪茄/烟斗	65.9	55.7	59.7

为了避免出现上述错误，科克伦提出了一种对年龄分组的统计控制方法。具体来说，科克伦根据不同国家的数据情况，在加拿大将年龄分为组规模相等的12个组，在英国将年龄分为组规模相等的9个组，在美国将年龄分为组规模相等的11个组。然后在同一个年龄组内比较不同类型吸烟者的死亡率。最后再将分组比较的结果汇总。表7.3给出了科克伦计算得到的对年龄分组调整以后的不同国家不同类型吸烟者的死亡率。可以发现，调整以后抽卷烟的人的死亡率最高，而抽雪茄/烟斗的人的死亡率则与不吸烟者相当。这与表7.1中没有对年龄进行分组控制时的分析结果差异很大。

表7.3　对年龄分组调整以后不同国家不同类型吸烟者的死亡率 单位：‰

吸烟类型	国家		
	加拿大	英国	美国
不吸烟	20.2	11.3	13.5
抽卷烟	29.5	14.8	21.2
抽雪茄/烟斗	19.8	11.0	13.7

科克伦将上述分组控制方法称作细分法，他认为，该方法是比线性回归更加稳健的一种非参数的统计控制方法，因为在使用该方法时，研究者不需要对协变量和因变量之间的函数关系做线性可加的参数假定。但是，细分法在实

际操作过程中依然会遇到问题。首先,研究者需要提前确定分组的数量。一般来说,组分得越细,变量细分的效果越好,但如果组分得过细,也会导致同一个组内的观察样本太少,甚至某些组中只有干预组个案或只有控制组个案。为了避免出现这种情况,科克伦建议组数不宜过多。他发现,将年龄分为 5 组即可排除 90%以上的估计偏差,因此,在样本量有限的情况下,分 5 组是一个比较合适的选择。我们认为,研究者可以参照科克伦的建议,将组数设定为 5,但是在样本量允许的情况下,也可以使用更加精细的分组。其次,在确定组数之后,研究者还要确定以哪些数值作为分割点。科克伦在研究中使用的是分位数,使用分位数的好处是可以避免出现某些组中样本过少的情况。不过,研究者也可以基于理论选择其他分割点。但无论如何选择,分组的原则都是使分到同一组的样本尽可能相似。因为只有这样,分组后的比较结果才具有因果解释的效力。

最后需要注意的是,细分法在混杂变量比较少的情况下比较容易实现,但随着混杂变量的增加,细分法也会像之前介绍的匹配法一样遭遇"维度诅咒"。在吸烟的例子中,仅对年龄一个变量进行细分是比较容易实现的,但如果要同时对年龄、性别、教育、收入、家庭背景等多个变量采用细分法就会变得非常困难。针对这个问题,罗森鲍姆和鲁宾认为,可以先基于一组可观测的协变量 $\boldsymbol{X}_i$ 预测倾向值,然后基于倾向值实施细分法,这就是倾向值细分。[1] 下面,我们将详细介绍倾向值细分的步骤和注意事项。

二、倾向值细分

倾向值细分需要分五步进行:一是确定协变量 $\boldsymbol{X}_i$,二是基于协变量 $\boldsymbol{X}_i$ 预测倾向值 p_i,三是将倾向值 p_i 细分为若干个取值区间,四是在倾向值的每个取值区间内部分别进行统计分析,五是将每个区间的分析结果汇总。在这五个步骤中,前两步的要求与第六章介绍的倾向值匹配完全相同,此处不再赘述。下面,我们将主要围绕倾向值细分的后三个步骤展开介绍。

---

① Paul R. Rosenbaum and Donald B. Rubin, "The Central Role of the Propensity Score in Observational Studies for Causal Effects," *Biometrika*, Vol. 70, No. 1, 1983, pp. 41-55.

首先来看第三步,即将倾向值 p_i 细分为若干个取值区间。假设 $0<c_1<c_2<\cdots<c_{K-1}<1$,那么以 $c_1,c_2,\cdots,c_{K-1}$ 为分割点可以将倾向值 p_i 分为 K 个取值区间,$0<p_i\leqslant c_1$ 为第一个,$c_1<p_i\leqslant c_2$ 为第二个,依此类推。那么现在的问题是:K 取几比较合适?以及 $c_1,c_2,\cdots,c_{K-1}$ 该如何选择?对于这两个问题,从理论上说当然是 K 越大越好,$c_1,c_2,\cdots,c_{K-1}$ 分得越细越好,但在实践中,受样本量限制,我们无法将倾向值分得过细。因此,研究者在实施倾向值细分的时候必须兼顾两方面的问题。一方面,研究者要力求在 p_i 的每个取值区间内保证数据的平衡性。另一方面,研究者也要保证每个区间都有足够多的样本进行统计分析。为了同时实现这两个目标,有学者提出了一种自动化算法,通过这种算法可以找到最优的 K 及相应的分割点。① 但使用该算法并不能保证协变量在每个区间内的平衡性。例如在使用该算法后,有时依然会发现部分协变量在某些区间中的均值差存在显著差异。对此,研究者可以采取两种应对措施。一是将样本限定在共同取值范围之内,或是删除 p_i 取值较为极端的个案。例如,克伦普等学者建议,将 p_i 小于 0.1 和大于 0.9 的个案删除,然后再实施细分法。② 一般来说,删除极端样本以后实施细分法更容易通过平衡性检验。二是重新估计倾向值,例如在倾向值的估计方程中纳入 $\boldsymbol{X}_i$ 的高次项和交互项等,然后对更新后的倾向值进行细分,并评估细分后的结果是否通过平衡性检验。

如果研究者找到了一个比较理想的细分方案,那么接下来的工作就是在倾向值的每个区间内分别进行统计分析。在这一步,最常见的做法是计算干预组与控制组在因变量上的均值差。记第 k 个取值区间中干预组个案与控制组个案在因变量上的均值分别为 $\overline{Y}_{1k}$ 和 $\overline{Y}_{0k}$,那么第 k 个取值区间的平均干预效应可通过以下公式计算得到:

$$\hat{\tau}_k = \overline{Y}_{1k} - \overline{Y}_{0k} \tag{7.1}$$

除了计算均值差,研究者还可以使用其他指标。郭申阳和弗雷泽认为,研

① Stata 中的 pscore 命令可以执行这种算法。

② Richard K. Crump, V. Joseph Hotz, Guido W. Imbens and Oscar A. Mitnik, "Dealing with Limited Overlap in Estimation of Average Treatment Effects," *Biometrika*, Vol. 96, No. 1, 2009, pp. 187-199.

究者可以在细分后的子样本中进行任何统计分析，如线性回归、logistic 回归、Cox 比例风险模型、结构方程模型等。[①] 由此可见，倾向值细分可以与任意统计方法结合使用，这大大拓展了该方法的应用范围。

最后，在针对每个区间进行统计分析之后，研究者还需通过恰当的方式将分析结果汇总，并对汇总后的结果进行统计检验。以均值差为例，假设第 k 个区间的样本量为 n_k，总样本量为 n，那么可以通过公式(7.2)汇总公式(7.1)的分析结果。公式(7.2)中 $\hat{\tau}$ 的估计量方差可以通过公式(7.3)得到。在得到 $\hat{\tau}$ 的估计值和估计量方差之后，我们可以通过公式(7.4)构造 Z 统计量，将之代入标准正态分布即可进行相应的统计检验。如果研究者使用了其他统计指标，也可参照上述方法对分析结果进行汇总，此处不再赘述。[②]

$$\hat{\tau} = \sum_{k=1}^{K} \frac{n_k}{n}(\overline{Y}_{1k} - \overline{Y}_{0k}) \tag{7.2}$$

$$\mathrm{Var}(\hat{\tau}) = \sum_{k=1}^{K} \left(\frac{n_k}{n}\right)^2 \mathrm{Var}(\overline{Y}_{1k} - \overline{Y}_{0k}) \tag{7.3}$$

$$Z = \frac{\hat{\tau}}{\sqrt{\mathrm{Var}(\hat{\tau})}} \tag{7.4}$$

三、干预效应的异质性

通过倾向值细分不仅可以分析总体层面的平均干预效应，而且可以分析干预效应的异质性。具体来说，假设我们将倾向值细分为 K 个取值区间，那么在每个区间内部都可计算一个平均干预效应 $\hat{\tau}_k$，这样就有 K 个平均干预效应。如果干预效应没有异质性，那么这 K 个平均干预效应应该大致相等，但如果干预效应存在异质性，那么这 K 个平均干预效应就会出现差异。

布兰德和谢宇认为，可以使用分层线性模型分析这 K 个平均干预效应随倾向值的变动趋势，如随倾向值线性上升还是线性下降等，这被称作关于异质

① Shenyang Guo and Mark W. Fraser, *Propensity Score Analysis: Statistical Methods and Applications*, 2nd ed., SAGE Publications, 2015, p. 247.

② 郭申阳和弗雷泽给出了一个一般性的计算公式，详见 Shenyang Guo and Mark W. Fraser, *Propensity Score Analysis: Statistical Methods and Applications*, 2nd ed., SAGE Publications, 2015, pp. 250-251。

性干预效应的“细分-多层次法”(stratification-multilevel method, SM 法)。通过使用该方法,他们发现,在美国,大学教育的收入回报随倾向值的提高不断下降,换句话说,越不可能获得大学教育的人反而越可能从大学教育中获益。他们认为,这主要是因为在美国,家庭背景较好的白人更可能获得大学教育,这些人即便没有接受大学教育也能获得比较可观的收入,因此,上大学对他们收入的影响较小。相比之下,家庭背景较差的黑人很难获得接受大学教育的机会,但他们一旦获得接受大学教育的机会,人生轨迹就会发生翻天覆地的变化,因此,上大学对他们收入的影响较大。[1]

值得关注的是,除了 SM 法之外,通过倾向值来研究干预效应异质性的方法还包括“匹配-平滑法”(matching-smoothing method, MS 法)和“平滑-差分法”(smoothing-differencing method, SD 法)。MS 法的原理是先实施倾向值匹配,然后将匹配样本的因变量相减得到个体层面干预效应的估计值,最后通过非参数的平滑法描述个体层面的干预效应随倾向值的变动趋势。SD 法的原理与之类似,二者的区别在于,SD 法先对干预组和控制组数据进行平滑,然后再对平滑后的结果作差。与 SM 法相比,使用 MS 法和 SD 法可以更加精细地描绘干预效应随倾向值的变动趋势,但是,这两种方法也对倾向值的估计结果和匹配结果更加敏感,因此,我们更加推荐读者使用较为稳健的 SM 法。

第二节　倾向值加权

基于倾向值进行因果推断的最后一种分析方法是加权。顾名思义,加权就是通过权重来调整样本在分析时的相对重要性。这种方法起源于概率抽样,但也被广泛用于因果推断之中。本节将从加权法的原理开始,介绍倾向值加权以及在此基础上发展出来的“双重稳健估计量”(double robust estimator)。

---

① Jennie E. Brand and Yu Xie, “Who Benefits Most from College? Evidence for Negative Selection in Heterogeneous Economic Returns to Higher Education,” *American Sociological Review*, Vol. 75, No. 2, 2010, pp. 273-302.

一、加权法

加权是一个抽样调查中的常用概念。举例来说,假设总体有 100 个人,通过简单随机抽样的方法从中抽取 50 个人,现在想根据这 50 个人的样本推断 100 个人的总体,那么每个样本的权重就是 2,换句话说,我们必须把每个抽中的人当 2 个人用,才能推断出 100 个人的情况。

相似的原理也适用于因果推断。假设有 100 个人参加实验,通过随机分配的方法将 50 个人分配到干预组,另外 50 个人分配到控制组,那么基于反事实因果推断的逻辑,平均干预效应(ATE)$=E(Y_i^1)-E(Y_i^0)$。这里的 $E(Y_i^1)$ 指的是参加实验的 100 个人如果都进入干预组时在因变量上的均值。但我们知道,实际上只有 50 个人进入了干预组,因此,我们需要基于这 50 个人的信息来推断所有 100 个人的情况。考虑到实验分配的过程是完全随机的,这个问题类似于简单随机抽样,参照简单随机抽样的分析方法,我们只需把每名干预组个案的权重调整为 2,就能推断出 100 名研究对象都进入干预组时的情况。同理,在基于 50 名控制组个案推断 $E(Y_i^0)$ 时,也需要把每名控制组个案的权重调整为 2。

综上所述,随机对照试验遵循与简单随机抽样相似的逻辑,因此,加权法可直接应用于实验数据的分析。具体来说,假设有 n 名研究对象,其中 n_1 名被随机分配到干预组,那么只需将干预组个案的权重 w_i 设置为$\frac{n}{n_1}$,即可基于 n_1 名干预组个案推断所有 n 名研究对象全部进入干预组时因变量的均值$E(Y_i^1)$。同理,如果分析的目标是 $E(Y_i^0)$,那么只需将控制组个案的权重设置为$\frac{n}{n-n_1}$即可。

如果令 p_i 为研究对象被分配到干预组的概率,即 $p_i=\frac{n_1}{n}$,那么可以发现,在上述分析过程中,干预组个案的权重实际上是 p_i 的倒数,即 $w_i=\frac{1}{p_i}$;而控制组个案的权重为 $1-p_i$ 的倒数,即 $w_i=\frac{1}{1-p_i}$。在随机对照试验中,每名个案被分配到干预组的概率完全相同,因此,p_i 是个常数。但是对一项基于观察数据的实证研究来说,干预变量的分配过程不随机,相应的 p_i 的取值也会因人而异。在这种情况下,研究者需要首先估计研究对象进入干预组的概率,即倾向值,然后才能使用加权法对原始数据进行加权调整,这就是倾向值加权法。

二、倾向值加权的步骤

应用倾向值加权法估计平均干预效应要分四步进行:一是挑选协变量,二是基于协变量预测倾向值,三是计算权重,四是将权重代入原始数据进行加权的统计分析。在这四个步骤中,前两步的要求与之前介绍的方法完全相同,此处不再赘述,下面将主要围绕倾向值加权的后两个步骤展开介绍。

首先来看权重的计算。如果估计的目标是 ATE,那么可以证明,干预组个案与控制组个案的权重计算公式分别为

$$\text{干预组}:w_i = \frac{1}{p_i} \tag{7.5}$$

$$\text{控制组}:w_i = \frac{1}{1 - p_i} \tag{7.6}$$

如果估计的目标是 ATT,那么权重计算公式为

$$\text{干预组}:w_i = 1 \tag{7.7}$$

$$\text{控制组}:w_i = \frac{p_i}{1 - p_i} \tag{7.8}$$

如果估计的目标是 ATU,那么权重计算公式为

$$\text{干预组}:w_i = \frac{1 - p_i}{p_i} \tag{7.9}$$

$$\text{控制组}:w_i = 1 \tag{7.10}$$

在得到权重以后,即可按照通常的加权方法进行统计分析,如计算加权后的均值差,拟合带权重的线性回归、logistic 回归等。由此可见,基于倾向值生成的权重可以与很多统计方法结合使用,这使得该方法的应用前景极为广阔。但在使用该方法进行因果推断的时候,我们仍需注意以下两点。

首先,在使用倾向值加权法时,那些倾向值过大或过小的个案需要给予特别关注。因为根据上述权重计算公式,这些个案的权重会非常大,而权重越大,对分析结果的影响也越大,因此,将那些倾向值过大或过小的个案纳入研究会使得研究结论在很大程度上被极端样本所左右,这是我们不希望看到的。针对这个问题,有学者建议在使用倾向值加权法时删除权重超过 20 的样本。①我们认为,研究者可以采用这个标准,除此之外,另一个可行的分析策略是将样本限定在共同取值范围之内,这样可以在很大程度上降低极端个案的影响。

其次,在使用倾向值加权法时也需要时刻关注数据的平衡性问题。倾向值加权的原理是通过权重来调整不同个案在数据分析过程中的相对重要性,进而提升干预组与控制组在协变量上的平衡性。因此,我们在使用该方法进行因果推断之前,需要对加权后的数据进行平衡性检验。如果加权以后,协变量在干预组和控制组不存在显著差异,那么加权后的分析结果比较可信。否则,就需要重新调整倾向值的估计方法和权重,直到通过平衡性检验为止。

三、双重稳健估计量

本部分将介绍倾向值加权的一个拓展应用——双重稳健估计量。通俗来讲,双重稳健估计量是倾向值加权法与线性回归的结合。与单纯使用倾向值加权或单纯使用线性回归相比,双重稳健估计的好处是可以更好地消除模型误设偏差。如前所述,我们在使用线性回归估计因果效应或使用基于倾向值的各种分析方法时都要用到模型,而只要用到模型,就必须做参数假定。例如在线性回归中,我们需要假定因变量与自变量之间的函数关系为线性,在使用 logit 模型或 porbit 模型预测倾向值的时候,我们也需要做类似的假定。如果这些假定不合理,那么估计到的因果效应就会出现偏差,这就是模型误设偏差。

降低模型误设偏差的一个有效办法是使用双重稳健估计,具体来说,它有两种实现方式。一是倾向值加权后的线性回归法,其分析步骤为:

第一,设定一个倾向值的预测模型,估计倾向值;

① 胡安宁编著:《应用统计因果推论》,复旦大学出版社 2020 年版,第 54 页。

第二,根据本节第二部分介绍的权重计算公式获得权重;

第三,设定一个线性回归模型并结合第二步的权重进行加权回归,计算平均干预效应。

二是线性回归后的倾向值加权法,其分析步骤为:

第一,针对干预组个案和控制组个案分别拟合回归方程,基于回归方程的预测值得到潜在结果的估计值 $\hat{Y}_i^0$ 和 $\hat{Y}_i^1$;

第二,设定一个倾向值的预测模型,估计倾向值;

第三,根据本节第二部分介绍的权重计算公式获得权重;

第四,计算 $\hat{Y}_i^0$ 和 $\hat{Y}_i^1$ 在加权后的均值差,获得平均干预效应的估计值。

上述两种方法的共同之处在于,研究者需要同时设定一个线性回归方程(结果方程)和一个倾向值的估计方程(选择方程)。研究发现,这两个方程中只要有一个设定正确就可以消除模型误设偏差。因此,使用该方法比单纯使用线性回归或倾向值加权更加保险。不过需要注意的是,如果结果方程和选择方程都有设定错误,那么即便使用双重稳健估计也会存在偏差。此外,使用双重稳健估计量只能降低模型误设偏差的影响,但无法消除遗漏变量偏差的影响。实际上,截至目前介绍的各种因果推断方法(包括线性回归、协变量匹配与基于倾向值的各种分析方法)都是基于观测变量的统计控制方法,这些方法在实现统计控制的方式上有所不同,但在需要穷尽混杂变量这一点上是相同的。总之,再精妙的统计控制方法都无法解决遗漏变量的问题,读者需要始终牢记这一点。

第三节　倾向值细分与加权的 Stata 命令

本节主要介绍使用 Stata 软件实施倾向值细分与加权的方法。我们将首先介绍几个常用的命令,然后通过一个案例进行演示。

一、命令介绍

在 Stata 中实现倾向值细分的命令是 pscore。这是一个用户自编的命令,

使用前需要先安装程序包 st0026_2. pkg,具体如下:

```
. net install st0026_2.pkg, from(http://www.stata-journal.com/software/sj5-3)
replace
```

该程序包中包含多个命令,其中 pscore 命令的语法结构如下:

```
pscore treatment varlist [weight] [if exp] [in range], options
```

其中,pscore 是命令名,treatment 是二分干预变量的变量名,varlist 是用来预测倾向值的协变量,weight、if 和 in 的用法与其他命令相同。

该命令的常用选项包括:

◆ pscore(newvar):将预测出的倾向值保存到变量 newvar 中;

◆ blockid(newvar):将细分后的分组结果保存到变量 newvar 中;

◆ logit:使用 logit 模型预测倾向值,默认使用 probit 模型;

◆ comsup:基于共同取值范围实施倾向值细分;

◆ level(#):设置平衡性检验的显著性水平,默认是 0.01;

◆ detail:汇报平衡性检验的计算细节。

使用 pscore 命令可以将倾向值细分为若干个取值区间,若要在此基础上计算平均干预效应,则需要使用 st0026_2. pkg 程序包中的 atts 命令,该命令可以通过倾向值细分法计算 ATT,其语法结构如下:

```
atts outcome treatment [if exp] [in range], options
```

其中,atts 是命令名,outcome 是因变量的变量名,treatment 是二分干预变量的变量名,if 和 in 的用法与其他命令相同。该命令的常用选项包括:

◆ pscore(scorevar):设置倾向值的估计结果,通常该选项与 pscore 命令中的 pscore(newvar)保持一致;

◆ blockid(blockvar):设置倾向值细分后的分组变量,通常该选项与 pscore 命令中的 blockid(newvar)保持一致;

◆ comsup:基于共同取值范围计算;

◆ detail:显示计算细节。

若要使用倾向值细分法分析干预效应的异质性,可以使用命令 hte,这也是

一个用户自编的命令,使用前需要先通过以下命令安装:

```
. ssc install hte
```

需要注意的是,hte 在执行过程中需要调用 pscore 命令,因此,必须先安装 pscore 命令,然后才能使用 hte。hte 命令的语法结构如下:

```
hte sm depvar treatvar indepvars [if] [in] [weight] [, options]
```

其中,hte 是命令名,sm 表示采用 SM 法分析干预效应的异质性①,depvar 是因变量的变量名,treatvar 是二分干预变量的变量名,indepvars 是估计倾向值所需用到的协变量,if、in 和 weight 的用法与其他命令相同。

该命令的常用选项包括:

◆ logit:使用 logit 模型预测倾向值,默认使用 probit 模型;

◆ comsup:基于共同取值范围实施倾向值细分;

◆ alpha(#):设置平衡性检验的显著性水平;

◆ autojoin:将个案数较少的层自动合并;

◆ by(groupvar):分组显示计算结果;

◆ separate:与 by(groupvar) 连用,表示分组进行倾向值分层;

◆ controls(clist):在计算每个层的干预效应时需控制的变量;

◆ noisily:显示倾向值分层的分析结果。

在 Stata 中,实施倾向值加权法的官方命令是 teffects ipw,它的语法结构如下:

```
teffects ipw (ovar) (tvar tmvarlist [, tmodel]) [if] [in] [weight] [, stat options]
```

其中,teffects ipw 是命令名,其后第一个括号中的 ovar 是因变量,第二个括号中的 tvar 是二分干预变量,tmvarlist 是预测倾向值的协变量。选项 tmodel 用来设置预测倾向值的模型,默认使用 logit 模型,若要使用 probit 模型,可设置选项 probit。if、in 和 weight 的用法与其他命令相同,此处不再赘述。

① 如果要使用 MS 法或 SD 法,只需将这里的 sm 改为 ms 或 sd 即可,下面我们会给出具体案例。

该命令有以下几个常用选项：

- ◆ ate：估计 ATE，这是软件默认的输出结果；
- ◆ atet：估计 ATT；
- ◆ pomeans：估计潜在结果均值；
- ◆ level(#)：设置置信区间的置信度，默认为 95%，即 level(95)；
- ◆ vce(vcetype)：设置标准误类型；
- ◆ aequations：报告倾向值估计方程；
- ◆ pstolerance(#)：设定可容忍的倾向值的最小值；
- ◆ osample(newvar)：生成新变量 newvar 标记倾向值小于容忍度的个案。

在使用 teffects ipw 命令之后，需要对倾向值加权后协变量的平衡性进行检验。具体来说，用户可以使用以下三个 tebalance 命令：

```
tebalance summarize
tebalance density
tebalance overid
```

其中，tebalance summarize 命令可以描述加权之前和加权之后的样本在所有协变量上的标准化均值差和方差比。tebalance density 命令可以绘制协变量的密度函数图。tebalance overid 命令可以对加权后协变量的平衡性进行正式的统计检验。如果检验结果显著，说明加权以后协变量上存在明显差异，而检验结果不显著则说明在加权后，协变量在干预组和控制组实现了平衡。

最后，使用 Stata 还可以获得双重稳健估计量。如前所述，双重稳健估计可以通过两种方式实现：一是倾向值加权后的线性回归法，与之对应的 Stata 命令为 teffects ipwra；二是线性回归后的倾向值加权法，与之对应的 Stata 命令为 teffects aipw。这两个命令的语法结构如下：

```
teffects ipwra (ovar omvarlist [, omodel]) (tvar tmvarlist [, tmodel]) [if]
[in] [weight] [, stat options]
teffects aipw (ovar omvarlist [, omodel]) (tvar tmvarlist [, tmodel]) [if]
[in] [weight] [, stat options]
```

在这两个命令中,teffects ipwra 和 teffects aipw 是命令名。命令名后的第一个小括号用来设置结果方程,ovar 是结果方程的因变量,omvarlist 是结果方程的自变量,omodel 是结果方程的估计方法,默认是线性回归。命令名后的第二个小括号用来设置选择方程,tvar 是选择方程的因变量即二分干预变量,tmvarlist 是选择方程中的自变量,tmodel 是选择方程的估计方法,默认采用 logit 模型。该命令的选项与之前介绍的 teffects ipw 命令相似,此处不再赘述。

需要注意的是,在使用 teffects ipwra 命令或 teffects aipw 命令进行双重稳健估计之后,也需要对协变量在干预组和控制组的平衡性进行检验。具体检验方法与上文介绍的 teffects ipw 命令完全相同,此处不再重复。

二、案例展示

本章演示用的数据来自 cfps2010. dta。与之前各章相同,分析使用的因变量为 lninc,干预变量为 college。

首先,使用 use 命令打开该数据,然后做一个一元线性回归,回归的因变量为 lninc,自变量为 college。具体如下:

```
. use "C:\Users\XuQi\Desktop\cfps2010.dta", clear

. reg lninc college, vce(cluster provcd)

Linear regression                               Number of obs     =      4,137
                                                F(1, 24)          =     271.17
                                                Prob > F          =     0.0000
                                                R-squared         =     0.1095
                                                Root MSE          =     1.1498

                                (Std. err. adjusted for 25 clusters in provcd)
------------------------------------------------------------------------------
             |               Robust
       lninc | Coefficient  std. err.      t    P>|t|     [95% conf. interval]
-------------+----------------------------------------------------------------
     college |    .823612   .0500155    16.47   0.000     .7203851     .926839
       _cons |   9.353189   .1084703    86.23   0.000     9.129317    9.577061
------------------------------------------------------------------------------
```

可以发现,在不控制任何变量的情况下,上大学的人与没有上大学的人在 lninc 上的均值相差 0. 824。现在,我们尝试以 hukou、age、gender、race、sibling

和 fmedu 为协变量实施倾向值细分。需要注意的是,pscore 命令无法使用“i.”自动生成虚拟变量,因此,我们先用 tabulate 命令生成 fmedu 的虚拟变量,然后再使用 pscore 命令。具体命令和输出结果如下:

```
. tabulate fmedu, gen(fmedu)
```

父母是否上过高中	Freq.	Percent	Cum.
否	2,327	56.25	56.25
是	898	21.71	77.96
缺失	912	22.04	100.00
Total	4,137	100.00	

```
. pscore college hukou age gender race sibling fmedu2 fmedu3, pscore(ps) blockid
(strata) logit comsup

****************************************************
Algorithm to estimate the propensity score
****************************************************

The treatment is college
```

是否上大学	Freq.	Percent	Cum.
否	2,494	60.29	60.29
是	1,643	39.71	100.00
Total	4,137	100.00	

```
Estimation of the propensity score

Iteration 0:   Log likelihood = -2779.3946
Iteration 1:   Log likelihood = -2437.5718
Iteration 2:   Log likelihood = -2433.2339
Iteration 3:   Log likelihood = -2433.2257
Iteration 4:   Log likelihood = -2433.2257

Logistic regression                             Number of obs   =      4137
                                                LR chi2(7)      =    692.34
                                                Prob > chi2     =    0.0000
Log likelihood = -2433.2257                     Pseudo R2       =    0.1245
```

```
     college | Coefficient  Std. err.      z    P>|z|     [95% conf. interval]
-------------+----------------------------------------------------------------
       hukou |   .3694308   .0750791     4.92   0.000     .2222784    .5165832
         age |  -.0779021   .0046121   -16.89   0.000    -.0869417   -.0688625
      gender |  -.0055885   .0707311    -0.08   0.937    -.1442189    .1330418
        race |  -.1815893   .1555612    -1.17   0.243    -.4864837     .123305
     sibling |   .1551052   .1050747     1.48   0.140    -.0508374    .3610478
      fmedu2 |   .8096408   .0889766     9.10   0.000     .6352498    .9840318
      fmedu3 |   .1445431   .0935233     1.55   0.122    -.0387591    .3278453
       _cons |   2.403783   .2336584    10.29   0.000     1.945821    2.861745
------------------------------------------------------------------------------


Note: the common support option has been selected
The region of common support is [.11224518, .85697725]


Description of the estimated propensity score
in region of common support

                 Estimated propensity score
-------------------------------------------------------------
      Percentiles      Smallest
 1%     .1202454       .1122452
 5%     .1458332       .1122452
10%     .1663307       .1122452       Obs                4,137
25%     .2160295       .1122452       Sum of wgt.        4,137

50%     .3705058                      Mean            .3971477
                        Largest       Std. dev.         .19613
75%     .5462371       .8367993
90%     .6952771       .8368947       Variance         .038467
95%     .7616237       .8368947       Skewness        .4634977
99%     .8213217       .8569773       Kurtosis         2.12405

******************************************************
Step 1: Identification of the optimal number of blocks
Use option detail if you want more detailed output
******************************************************


The final number of blocks is 8

This number of blocks ensures that the mean propensity score
is not different for treated and controls in each blocks


**********************************************************
Step 2: Test of balancing property of the propensity score
Use option detail if you want more detailed output
**********************************************************
```

```
Variable hukou is not balanced in block 2
Variable age is not balanced in block 2
Variable age is not balanced in block 3
Variable age is not balanced in block 5
Variable fmedu2 is not balanced in block 6
Variable hukou is not balanced in block 7
Variable sibling is not balanced in block 7
The balancing property is not satisfied
Try a different specification of the propensity score
```

Inferior of block of pscore	是否上大学 否	是	Total
0	692	112	804
.2	370	86	456
.25	263	111	374
.3	374	258	632
.4	314	247	561
.5	252	307	559
.6	213	439	652
.8	16	83	99
Total	2,494	1,643	4,137

```
Note: the common support option has been selected

*******************************************
End of the algorithm to estimate the pscore
*******************************************
```

可以发现，pscore 命令的输出结果非常丰富。首先，该命令对 college 进行了描述性统计分析。然后，该命令使用 logit 模型分析了各协变量对 college 的影响，并基于该模型预测每名研究对象的倾向值，倾向值的预测结果被保存在变量 ps 中。接下来，该命令对 ps 进行了描述性统计分析，并通过一种自动分组算法对 ps 进行细分。结果显示，最佳组数为 8，具体的分组结果被保存在变量 strata 中，对 strata 的统计描述见输出结果最后的表格。为了检验上述倾向值细分的结果是否满足数据平衡的要求，该命令还在每个组对协变量进行了平衡性检验。分析结果显示，有一些协变量在部分组没有通过平衡性检验[①]，因此，上述倾向值细分的结果并不满足数据平衡的要求。对此，Stata 建议重新设定倾向值的估计方程。遵循上述建议，我们在倾向值的估计方程中纳入了 age 的平方项以及 age 与 hukou 的交互项。具体命令和输出结果如下：

```
. drop ps strata comsup

. gen hukouage=hukou*age

. pscore college hukou hukouage age age2 gender race sibling fmedu2 fmedu3,
pscore(ps) blockid(strata) logit comsup
```

```
****************************************************
Algorithm to estimate the propensity score
****************************************************


The treatment is college

   是否上
     大学 |      Freq.     Percent        Cum.
----------+-----------------------------------
       否 |      2,494       60.29       60.29
       是 |      1,643       39.71      100.00
----------+-----------------------------------
    Total |      4,137      100.00


Estimation of the propensity score

Iteration 0:   Log likelihood = -2779.3946
Iteration 1:   Log likelihood = -2429.5513
Iteration 2:   Log likelihood =  -2422.173
Iteration 3:   Log likelihood = -2422.1088
Iteration 4:   Log likelihood = -2422.1087

Logistic regression                             Number of obs     =       4137
                                                LR chi2(9)        =     714.57
                                                Prob > chi2       =     0.0000
Log likelihood = -2422.1087                     Pseudo R2         =     0.1285
```

① 可以使用 detail 选项查阅详细的统计检验结果。

college	Coefficient	Std. err.	z	P>|z|	[95% conf.	interval]
hukou	.7612414	.3489558	2.18	0.029	.0773006	1.445182
hukouage	-.010548	.0087546	-1.20	0.228	-.0277067	.0066107
age	.1150714	.0429697	2.68	0.007	.0308523	.1992905
age2	-.0024131	.000549	-4.40	0.000	-.0034892	-.001337
gender	-.0093303	.0708578	-0.13	0.895	-.148209	.1295483
race	-.1836443	.1558151	-1.18	0.239	-.4890363	.1217476
sibling	.2137055	.1100417	1.94	0.052	-.0019724	.4293833
fmedu2	.8039633	.0889304	9.04	0.000	.6296628	.9782638
fmedu3	.198138	.095117	2.08	0.037	.0117121	.3845639
_cons	-1.281155	.8326789	-1.54	0.124	-2.913175	.350866

Note: the common support option has been selected
The region of common support is [.07981392, .83238747]

Description of the estimated propensity score
in region of common support

Estimated propensity score

	Percentiles	Smallest		
1%	.0913784	.0798139		
5%	.1134165	.0798139		
10%	.1397529	.0798139	Obs	4,137
25%	.2179474	.0798139	Sum of wgt.	4,137
50%	.4006644		Mean	.3971477
		Largest	Std. dev.	.1977145
75%	.530137	.8223759		
90%	.6705877	.8264575	Variance	.039091
95%	.7619456	.8264575	Skewness	.2716646
99%	.8007715	.8323875	Kurtosis	2.080826

****
Step 1: Identification of the optimal number of blocks
Use option detail if you want more detailed output
****

The final number of blocks is 9

This number of blocks ensures that the mean propensity score
is not different for treated and controls in each blocks

****
Step 2: Test of balancing property of the propensity score
Use option detail if you want more detailed output
****

```
The balancing property is satisfied

This table shows the inferior bound, the number of treated
and the number of controls for each block
```

Inferior of block of pscore	是否上大学 否	是	Total
.0798139	775	121	896
.2	252	55	307
.25	215	85	300
.3	334	220	554
.4	480	393	873
.5	194	213	407
.6	168	285	453
.7	69	223	292
.8	7	48	55
Total	2,494	1,643	4,137

```
Note: the common support option has been selected

*******************************************
End of the algorithm to estimate the pscore
*******************************************
```

可以发现,在调整倾向值的估计方程以后,倾向值细分的结果通过了平衡性检验[①]。最终,pscore 命令根据调整后的倾向值将样本分为 9 个组,每个组的分割点及对分组结果的描述性统计见输出结果最后的表格。

在得到理想的倾向值细分结果之后,就可以使用 atts 命令计算 ATT:

```
. atts lninc college, pscore(ps) blockid(strata) comsup

ATT estimation with the Stratification method
Analytical standard errors
```

n. treat.	n. contr.	ATT	Std. Err.	t
1643	2494	0.691	0.043	15.984

从以上命令的输出结果可以发现,倾向值细分后的 ATT 为 0.691,标准误为 0.043。用 ATT 的估计值除以标准误,即可得到 t 值为 15.984。将之代入 t 分布表,可以发现上述结果在 0.001 的显著性水平上具有统计显著性。

① 这一调整过程可能非常烦琐,需要反复尝试才能找到满足平衡性要求的倾向值估计方法。

接下来，我们将演示如何使用倾向值细分法（SM 法）分析干预效应的异质性。从以下命令的输出结果可以发现，Stata 在倾向值细分后产生的 9 个组中分别计算了 college 对 lninc 的平均干预效应，并检验了这 9 个效应随倾向值的变动趋势。分析结果显示，随着倾向值的增加，college 对 lninc 的影响不断下降，这可以从软件自动生成的图 7.1 中得到非常直观的体现。

```
. hte sm lninc college hukou hukouage age age2 gender race sibling fmedu2 fmedu3,
logit comsup
```

Number of obs = 4137

lninc	Coef.	Std. Err.	z	P>|z|	[95% Conf.	Interval]
TE by strata						
1	1.127695	.1261502	8.94	0.000	.8804449	1.374945
2	1.022366	.1455883	7.02	0.000	.737018	1.307714
3	1.060989	.1569723	6.76	0.000	.7533288	1.368649
4	.7679974	.0852362	9.01	0.000	.6009374	.9350574
5	.5875918	.0806062	7.29	0.000	.4296066	.745577
6	.5250521	.112322	4.67	0.000	.304905	.7451992
7	.6410306	.0995247	6.44	0.000	.4459658	.8360953
8	.6611019	.1463207	4.52	0.000	.3743187	.9478852
9	.216667	.3767465	0.58	0.565	-.5217426	.9550766
Linear trend						
_slope	-.0853021	.0192192	-4.44	0.000	-.122971	-.0476333
_cons	1.141173	.0992395	11.50	0.000	.9466673	1.335679

TE = treatment effect

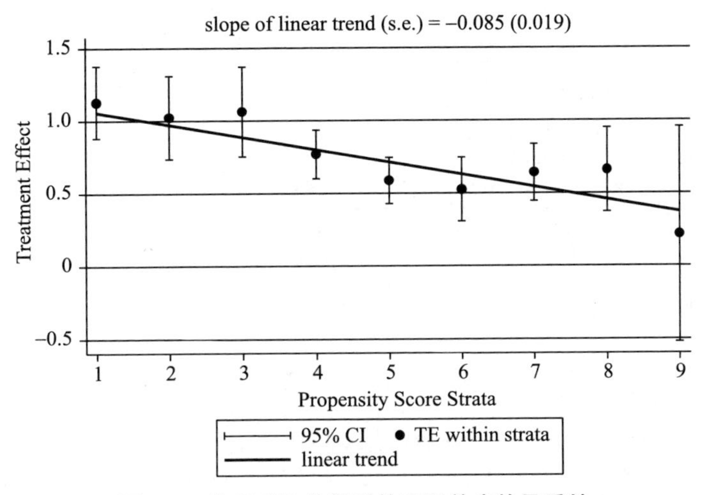

图 7.1　使用 SM 法得到的干预效应的异质性

除了使用 SM 法之外，hte 命令还可以使用 MS 法和 SD 法研究干预效应的异质性。使用 MS 法的 Stata 命令和分析结果如下：

```
. hte ms lninc college hukou hukouage age age2 gender race sibling fmedu2 fmedu3,
logit common noscatter lpolyci①
(running psmatch2 ...)

Logistic regression                                     Number of obs =  4,137
                                                        LR chi2(9)    = 714.57
                                                        Prob > chi2   = 0.0000
Log likelihood = -2422.1087                             Pseudo R2     = 0.1285
```

college	Coefficient	Std. err.	z	P>|z|	[95% conf.	interval]
hukou	.7612414	.3489558	2.18	0.029	.0773006	1.445182
hukouage	-.010548	.0087546	-1.20	0.228	-.0277067	.0066107
age	.1150714	.0429697	2.68	0.007	.0308523	.1992905
age2	-.0024131	.000549	-4.40	0.000	-.0034892	-.001337
gender	-.0093303	.0708578	-0.13	0.895	-.148209	.1295484
race	-.1836443	.1558151	-1.18	0.239	-.4890363	.1217476
sibling	.2137055	.1100417	1.94	0.052	-.0019724	.4293833
fmedu2	.8039633	.0889304	9.04	0.000	.6296628	.9782638
fmedu3	.198138	.095117	2.08	0.037	.0117121	.3845639
_cons	-1.281155	.8326789	-1.54	0.124	-2.913175	.350866

Variable	Sample	Treated	Controls	Difference	S.E.	T-stat
lninc	Unmatched	10.1768011	9.35318907	.823612033	.03653383	22.54
	ATT	10.1782293	9.42346546	.75476386	.0881435	8.56
	ATU	9.35318907	10.1910798	.837890778	.	.
	ATE			.804937755	.	.

Note: S.E. does not take into account that the propensity score is estimated.

psmatch2: Treatment assignment	psmatch2: Common support Off suppo	On suppor	Total
Untreated	0	2,494	2,494
Treated	5	1,638	1,643
Total	5	4,132	4,137

① 选项 logit 表示用 logit 模型估计倾向值，common 表示在共同取值范围内实施倾向值匹配，noscatter 表示不输出个体层面干预效应的散点图，lpolyci 表示用图形展示局部多项式平滑后的点估计及其置信区间。

可以发现，该命令将首先调用 psmatch2 执行倾向值匹配，然后通过图形展示个体层面干预效应在平滑后的变动趋势。[①] 从图 7.2 可以发现，college 对 lninc 的影响随倾向值的上升大体呈下降趋势，这与通过 SM 法得到的结果基本一致。

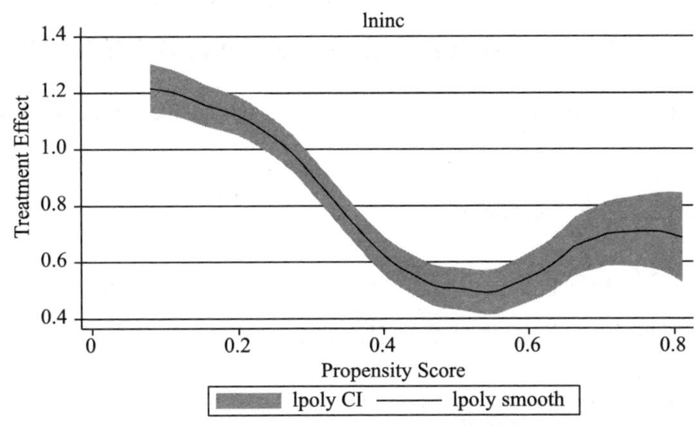

图 7.2　使用 MS 法得到的干预效应的异质性

接下来，我们将演示如何通过 SD 法分析干预效应的异质性。从图 7.3 可以发现，通过 SD 法也可以得到一条向下倾斜的曲线，这再次说明 college 对 lninc 的影响随倾向值的上升呈下降趋势。

```
. hte sd lninc college hukou hukouage age age2 gender race sibling fmedu2 fmedu3,
logit comsup
```

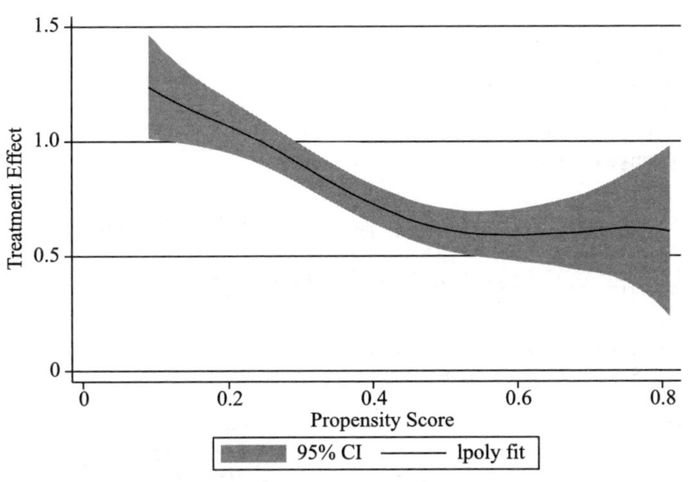

图 7.3　使用 SD 法得到的干预效应的异质性

① 使用 hte ms 命令之前必须先安装 psmatch2 命令，安装方法详见本书第六章。

下面,我们将演示倾向值加权的方法。为了帮助读者更好地掌握倾向值加权的原理,我们将首先演示手动实现倾向值加权的方法,然后再使用 Stata 自带的 teffects ipw 命令。手动实现倾向值加权需要分三步进行。

第一步,预测倾向值。我们将通过如下的 logit 模型实现这一目标:

```
. qui logit college hukou hukou##c.age c.age##c.age gender race sibling fmedu2
fmedu3

. predict p
(option pr assumed; Pr(college))
```

第二步,基于倾向值计算权重。我们根据本章第二节介绍的权重计算公式生成了三套权重,分别用来计算 ATE、ATT 和 ATU,具体如下:

```
. gen w_ate=1/p if college==1
(2,494 missing values generated)

. replace w_ate=1/(1-p) if college==0
(2,494 real changes made)

. gen w_att=1 if college==1
(2,494 missing values generated)

. replace w_att=p/(1-p) if college==0
(2,494 real changes made)

. gen w_atu=(1-p)/p if college==1
(2,494 missing values generated)

. replace w_atu=1 if college==0
(2,494 real changes made)
```

第三步,进行加权后回归分析。输入如下命令后的结果显示,倾向值加权后的 ATE、ATT 和 ATU 分别为 0.802、0.693 和 0.874。

```
. reg lninc college [pw=w_ate], vce(cluster provcd)
(sum of wgt is 8,296.73905217648)

Linear regression                               Number of obs     =      4,137
                                                F(1, 24)          =     238.29
                                                Prob > F          =     0.0000
                                                R-squared         =     0.1157
                                                Root MSE          =     1.1086

                               (Std. err. adjusted for 25 clusters in provcd)
```

```
------------------------------------------------------------------------------
             |               Robust
       lninc | Coefficient  std. err.      t    P>|t|     [95% conf. interval]
-------------+----------------------------------------------------------------
     college |    .801988   .0519531    15.44   0.000      .694762    .9092139
       _cons |   9.405058   .1124885    83.61   0.000     9.172893    9.637223
------------------------------------------------------------------------------

. reg lninc college [pw=w_att], vce(cluster provcd)
(sum of wgt is 3,285.49713142961)

Linear regression                               Number of obs     =      4,137
                                                F(1, 24)          =     184.39
                                                Prob > F          =     0.0000
                                                R-squared         =     0.0890
                                                Root MSE          =     1.1085

                                 (Std. err. adjusted for 25 clusters in provcd)
------------------------------------------------------------------------------
             |               Robust
       lninc | Coefficient  std. err.      t    P>|t|     [95% conf. interval]
-------------+----------------------------------------------------------------
     college |   .6929841   .0510332    13.58   0.000     .5876567    .7983114
       _cons |   9.483817   .1180324    80.35   0.000      9.24021    9.727424
------------------------------------------------------------------------------

. reg lninc college [pw=w_atu], vce(cluster provcd)
(sum of wgt is 5,011.24193204939)

Linear regression                               Number of obs     =      4,137
                                                F(1, 24)          =     237.54
                                                Prob > F          =     0.0000
                                                R-squared         =     0.1348
                                                Root MSE          =      1.107

                                 (Std. err. adjusted for 25 clusters in provcd)
------------------------------------------------------------------------------
             |               Robust
       lninc | Coefficient  std. err.      t    P>|t|     [95% conf. interval]
-------------+----------------------------------------------------------------
     college |   .8735978   .0566819    15.41   0.000     .7566121    .9905836
       _cons |   9.353189   .1084703    86.23   0.000     9.129317    9.577061
------------------------------------------------------------------------------
```

接下来,我们将使用 Stata 自带的 teffects ipw 命令实现倾向值加权:

```
. teffects ipw (lninc) (college hukou hukou##c.age c.age##c.age gender race
sibling fmedu2 fmedu3)
note: 1.hukou omitted because of collinearity.
note: age omitted because of collinearity.

Iteration 0:   EE criterion =  3.679e-21
Iteration 1:   EE criterion =  5.271e-31
```

```
Treatment-effects estimation                    Number of obs     =      4,137
Estimator      : inverse-probability weights
Outcome model  : weighted mean
Treatment model: logit
```

lninc	Coefficient	Robust std. err.	z	P>|z|	[95% conf.	interval]
ATE						
college						
(是 vs 否)	**.801988**	**.0379528**	**21.13**	**0.000**	**.7276019**	**.8763741**
POmean						
college						
否	**9.405058**	**.0271151**	**346.86**	**0.000**	**9.351913**	**9.458203**

```
. teffects ipw (lninc) (college hukou hukou##c.age c. age##c. age gender race
sibling fmedu2 fmedu3), atet
note: 1.hukou omitted because of collinearity.
note: age omitted because of collinearity.

Iteration 0:   EE criterion =  3.679e-21
Iteration 1:   EE criterion =  1.176e-31

Treatment-effects estimation                    Number of obs     =      4,137
Estimator      : inverse-probability weights
Outcome model  : weighted mean
Treatment model: logit
```

lninc	Coefficient	Robust std. err.	z	P>|z|	[95% conf.	interval]
ATET						
college						
(是 vs 否)	**.6929841**	**.0417058**	**16.62**	**0.000**	**.6112421**	**.774726**
POmean						
college						
否	**9.483817**	**.0358907**	**264.24**	**0.000**	**9.413472**	**9.554162**

可以发现,通过该命令得到的 ATE 为 0.802,ATT 为 0.693,与之前手动计算结果完全相同。这充分说明,我们手动计算的结果是完全正确的。

我们建议读者掌握手动实现倾向值加权的方法。这主要是因为 Stata 自带的 teffects ipw 命令功能比较单一,如果读者想要进行较为复杂的模型分析,如进行倾向值加权后的结构方程模型分析,就只有通过手动方式才能实现。此外,手动加权不仅可以计算 ATE 和 ATT,而且可以非常方便地计算出 ATU。最后，通过手动方式实现加权也能使用更加稳健的标准误。例如，在 regress 命令中可以使用聚类稳健标准误，而 teffects ipw 命令则无法使用这一标准误。

使用倾向值加权以后需要对协变量的平衡性进行检验。具体来说，如果使用手动方式实现倾向值加权，那么需要以协变量为因变量，干预变量为自变量进行加权后的回归分析。以 age 为例，从以下命令的输出结果可以发现，在加权后的回归模型中，college 对 age 没有显著影响，这说明通过倾向值加权，age 满足了数据平衡的要求。读者可以尝试对其他协变量进行类似的回归分析，以检验其他协变量在加权后的数据平衡性。

```
. reg age college [pw=w_ate], vce(cluster provcd)
(sum of wgt is 8,296.73905217648)

Linear regression                               Number of obs     =      4,137
                                                F(1, 24)          =       0.08
                                                Prob > F          =     0.7796
                                                R-squared         =     0.0001
                                                Root MSE          =     9.1311

                                  (Std. err. adjusted for 25 clusters in provcd)
------------------------------------------------------------------------------
             |               Robust
         age | Coefficient  std. err.      t    P>|t|     [95% conf. interval]
-------------+----------------------------------------------------------------
     college |   .1454856   .5140792     0.28   0.780    -.9155217    1.206493
       _cons |   39.65485   .4101642    96.68   0.000     38.80831    40.50138
------------------------------------------------------------------------------
```

如果使用 teffects ipw 命令实施倾向值加权，那么可以在该命令执行之后通过 tebalance 命令检查数据的平衡性。例如，通过 tebalance summarize 命令可以描述协变量的平衡性在加权后的变化：

```
. qui teffects ipw (lninc) (college hukou hukou##c.age c.age##c.age gender race
sibling fmedu2 fmedu3)

. tebalance summarize

Covariate balance summary

                         Raw      Weighted
-----------------------------------------
Number of obs =        4,137       4,137.0
Treated obs   =        1,643       2,074.4
Control obs   =        2,494       2,062.6
-----------------------------------------
```

	Standardized differences		Variance ratio	
	Raw	Weighted	Raw	Weighted
hukou	.2397965	.01079	1.082133	1.004144
age	-.7815923	.0159334	.816613	1.034943
hukou# age 城镇户口	.0759021	.0149513	.7676175	1.022716
age# age	-.7903714	.0196792	.7091451	1.050748
gender	-.0820793	.0237794	1.025374	.9914028
race	-.0477992	-.0021336	1.211041	1.008475
sibling	.3643434	.0024262	2.011046	1.004868
fmedu2	.5419858	-.0040888	2.039276	.9943991
fmedu3	-.2528053	-.0025766	.6928676	.9964834

分析结果显示,加权以后各协变量的标准化均值差都比加权之前更加接近 0,且方差比在加权后也更加接近 1,因此,倾向值加权确实显著提升了各协变量在干预组和控制组的平衡性。

除了 tebalance summarize 命令之外,我们也可以使用 tebalance density 命令检查加权之后协变量在干预组和控制组的分布。从图 7.4 可以发现,干预组和控制组中 age 的分布在加权以前差异很大,但加权之后则变得高度重合,这说明倾向值加权显著提升了 age 的平衡性。

```
. tebalance density age
```

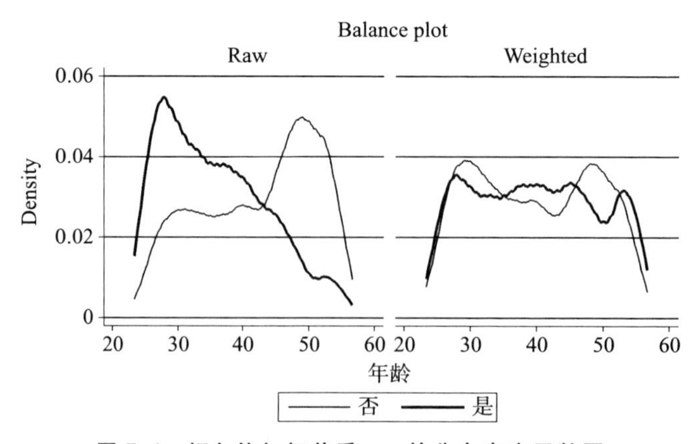

图 7.4　倾向值加权前后 age 的分布密度函数图

最后,我们还可以使用 tebalance overid 命令对加权后的平衡性进行正式的统计检验:

```
. tebalance overid, nolog

Overidentification test for covariate balance
H0: Covariates are balanced

         chi2(10)     =  24.7885
         Prob > chi2  =   0.0058
```

可以发现,该命令给出的卡方检验结果在 0.01 的水平下统计显著,这说明倾向值加权以后协变量在干预组和控制组依然存在显著差异。

不过,上述检验是针对倾向值预测模型中的所有协变量进行的,其中包括了 age 的平方项和 age 与 hukou 的交互项。如果我们只想对协变量的初始测量进行平衡性检验,那么可以使用选项 bconly:

```
. tebalance overid, bconly nolog

Overidentification test for covariate balance
H0: Covariates are balanced

         chi2(8)      =  15.0045
         Prob > chi2  =   0.0591
```

从以上输出结果可以发现,使用该选项之后,卡方检验在 0.05 的水平上不具有统计显著性。从这个角度说,可以认为加权后各协变量在干预组和控制组之间是平衡的。

最后,我们将演示通过 teffects ipwra 命令和 teffects aipw 命令实施双重稳健估计的方法。如下所示,我们在结果方程中仅纳入了协变量的一次项,而在选择方程中不仅纳入了协变量的一次项,还纳入了 age 的平方以及 age 与 hukou 的交互项:

```
. teffects ipwra (lninc hukou age gender race sibling fmedu2 fmedu3) (college
hukou hukou##c.age c.age##c.age gender race sibling fmedu2 fmedu3)
note: 1.hukou omitted because of collinearity.
note: age omitted because of collinearity.

Iteration 0:   EE criterion =  3.679e-21
Iteration 1:   EE criterion =  8.189e-31
```

```
Treatment-effects estimation                    Number of obs     =      4,137
Estimator      : IPW regression adjustment
Outcome model  : linear
Treatment model: logit
```

lninc	Coefficient	Robust std. err.	z	P>|z|	[95% conf.	interval]
ATE						
college (是 vs 否)	.7980164	.0377585	21.13	0.000	.724011	.8720217
POmean						
college 否	9.404692	.0271286	346.67	0.000	9.351521	9.457863

```
. teffects aipw (lninc hukou age gender race sibling fmedu2 fmedu3) (college hukou
hukou##c.age c.age##c.age gender race sibling fmedu2 fmedu3)
note: 1.hukou omitted because of collinearity.
note: age omitted because of collinearity.

Iteration 0:   EE criterion =  3.679e-21
Iteration 1:   EE criterion =  4.434e-31

Treatment-effects estimation                    Number of obs     =      4,137
Estimator      : augmented IPW
Outcome model  : linear by ML
Treatment model: logit
```

lninc	Coefficient	Robust std. err.	z	P>|z|	[95% conf.	interval]
ATE						
college (是 vs 否)	.7972419	.0378972	21.04	0.000	.7229646	.8715191
POmean						
college 否	9.405056	.027155	346.35	0.000	9.351833	9.458279

分析结果显示,通过 teffects ipwra 命令估计得到的 ATE 为 0.798,通过 teffects aipw 命令估计得到的 ATE 为 0.797,二者非常接近。

通常来说,在执行 teffects ipwra 命令或 teffects aipw 命令之后,也要进行平衡性检验。具体方法与上文展示的 teffects ipw 命令相同,此处不再重复。

练习

1. 简述细分法的原理。在协变量较多时,细分法在实践中会遇到什么问题,以及如何解决这个问题?
2. 简述倾向值细分的分析步骤和注意事项。
3. 如何通过倾向值细分法分析干预效应的异质性?请举例说明。
4. 简述倾向值加权的原理和通过倾向值加权法估计因果效应的注意事项。
5. 什么是双重稳健估计量?简述实现双重稳健估计的方法以及双重稳健估计的优势和缺陷。
6. 使用 Stata 软件打开数据 birthweight. dta,完成以下分析工作:

(1) 以 mbsmoke 为二分干预变量,以 mage、medu、mrace、nprenatal、mmarried、deadkids 和 fbaby 为协变量,实施倾向值细分;

(2) 检查(1)中的倾向值细分结果是否通过平衡性检验,尝试调整倾向值的估计方法,以使得倾向值细分后的结果通过平衡性检验;

(3) 以 bweight 为因变量,根据调整后的倾向值细分结果估计 ATT;

(4) 使用 SM 法、MS 法和 SD 法分析干预效应的异质性;

(5) 保持因变量、干预变量和协变量不变,通过倾向值加权法估计 ATE 和 ATT,对倾向值加权后的数据平衡性进行检验;

(6) 保持因变量、干预变量和协变量不变,通过两种双重稳健估计方法估计 mbsmoke 对 bweight 的平均干预效应。

下编　进阶方法

第八章

工具变量

本章重点和教学目标：

1. 理解工具变量法的原理，能正确使用两阶段最小二乘法进行估计；
2. 了解获取工具变量的常见途径，正确理解工具变量的外生性假定；
3. 理解局部平均干预效应的含义，能正确解读工具变量法的分析结果；
4. 能正确使用 Stata 软件进行工具变量分析并实施相关检验。

回顾前文，倾向值匹配方法使用的前提假设是“所有的混杂变量”都可以被观察和测量。但大多时候这只是一种理想状态，实证分析中，很多时候存在一些我们未知的混杂变量，或者难以测量的混杂变量。在这种情况下，解决内生性问题的一种常见方法是利用本章将要介绍的工具变量（instrumental variable, IV），该方法通过寻找一项完全外生的因素仅通过作用于自变量而影响因变量，进而估算自变量中受到工具变量影响的部分对因变量的作用程度。这种方法起源于计量经济学，并在经济学、政治学等学科的定量分析中得到了非常广泛的应用。

相比之下，社会学对工具变量的使用较晚，但对工具变量的态度正在由不熟悉、犹豫不决向着逐步接纳转型。2002 年，美国康奈尔大学的社会学教授摩根有感于工具变量法得不到社会学家的青睐而专门写了一篇《社会学家该不该用工具变量》的文章。[1] 在这篇文章问世后的十几年间,美国社会学界陆续出现一批使用工具变量进行因果推断的经典文献。2012 年,美国《社会学年鉴》专门刊出了博伦关于工具变量在社会学分析中应用的综述。[2] 这篇论文从技术角度详细回顾了 2000—2009 年在美国三大顶级社会学刊物(*American Sociological Review*、*American Journal of Sociology* 和 *Social Forces*)刊发的 57 篇采用工具变量的论文。毫无疑问,工具变量逐步被社会学界关注和接纳的过程,充分展示了社会学定量分析方法的演进以及与其他学科在方法论上的进一步融合。

不过,好的工具变量非常难寻觅,寻找它的逻辑和数据挖掘过程充满艰辛且难以驾驭,往往需要研究者的灵感。但它在模型上的简洁性,它对社会科学想象力、逻辑力和解释力的要求,既为定量分析提供了因果推断的重要武器,也让分析的过程充满趣味和奇思妙想。本章第一节将阐述工具变量法的基本原理、计量分析方法以及需要满足的假定和检验。第二节将结合国内外使用工具变量的经典文献梳理工具变量的几大主要来源,以期为研究者寻找工具变量提供灵感。第三节将针对工具变量常被质疑的"局部平均干预效应",结合具体案例详细阐述工具变量为何分析的是局部平均干预效应,并给出解读工具变量分析的技巧。第四节将详细介绍工具变量的 Stata 命令和实际应用过程。

第一节 工具变量法的原理

本节将首先重点介绍何为工具变量,以及为什么使用工具变量可以应对内生性问题。其次,本节将简要介绍最常见的工具变量估计方法,即"两阶段最小二乘法"(two-stage least-squares, 2SLS),并讨论该方法的优势和缺陷。最后,本节还将讨论使用工具变量进行统计计量时需要进行的常见检验。

---

① Stephen L. Morgan, "Should Sociologists Use Instrumental Variables?" Working Paper, Cornell University, 2002.

② Kenneth A. Bollen, "Instrumental Variables in Sociology and the Social Sciences," *Annual Review of Sociology*, Vol. 38, No. 1, 2012, pp. 37-72.

一、工具变量的定义和基本原理

工具变量法最早由赖特(Philip Wright)在20世纪20年代末提出,本节将对其原理做扼要介绍。我们先用一个直观的示意图来做简要说明。在图8.1中,模型的范围用虚线框来表示,假定我们想要研究 x_1 对 y 的因果关系,但由于误差项 ε 与 x_1 相关,因此存在内生性问题。我们可以寻找一个处于模型之外的工具变量 Z(即在虚线框之外,与误差项不相关,因此完全外生),Z 只能通过影响自变量 x_1 而间接影响因变量 y。如果工具变量 Z 和自变量 x_1 相关,那么,当工具变量 Z 有了增量变化,就必然会对自变量 x_1 产生一个来自模型之外的冲击。此时,如果自变量 x_1 和因变量 y 之间真的存在因果关系,那么,Z 对 x_1 的冲击也就势必传递到 y。这样,在一系列的假定之下,只要 Z 对 y 的间接冲击能够被证明是统计显著的,我们就可以推断出 x_1 对 y 必然有因果影响。

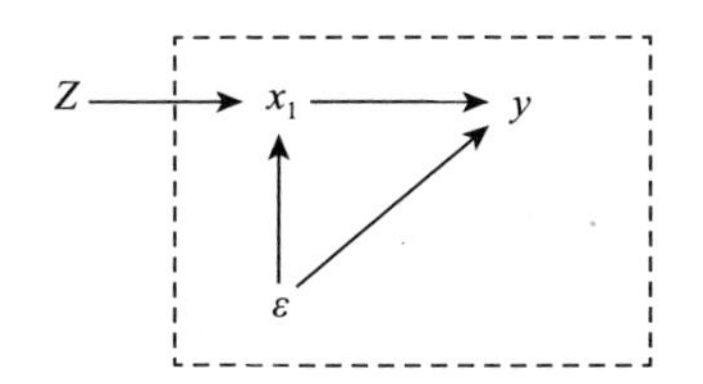

图8.1　模型之外的力量:工具变量原理

我们进一步在数理层面梳理工具变量的基本原理。

首先,我们给出一个典型的线性回归模型:

$$y = \beta_0 + \beta_1 x_1 + \varepsilon \tag{8.1}$$

这里 y 为因变量,即“果”;x_1 为自变量或解释变量,即“因”;ε 为误差项。如果 ε 与 x_1 不相关,那么我们可以利用OLS得到方程(8.1)中 β_1 的无偏估计值。然而,如果一个重要变量 x_2 被方程(8.1)遗漏了,且 x_1 和 x_2 也相关,那么使用OLS估计得到的 β_1 将是有偏的。此时,x_1 被称作“内生”的解释变量。这也就是所谓内生性问题。

要解决这个内生性问题,我们需要引入更多信息,如将 x_2 作为控制变量纳入方程(8.1),但如果 x_2 不可观测,那么这种方法会失效。此时,可以考虑引入一个外生工具变量 Z,这个 Z 必须满足两个条件:第一,Z 与 ε 不相关;第二,Z

与 x_1 相关,即 Z 仅通过影响 x_1 来影响 y。如果找到这样一个 Z,那么根据定义,可以得到:

$$\mathrm{Cov}(Z, x_1) \neq 0 \tag{8.2}$$

$$\mathrm{Cov}(Z, \varepsilon) = 0 \tag{8.3}$$

由方程(8.1)可以推导出

$$\mathrm{Cov}(Z, y) = \beta_1 \mathrm{Cov}(Z, x_1) + \mathrm{Cov}(Z, \varepsilon)$$

再根据方程(8.3),可以得到

$$\mathrm{Cov}(Z, y) = \beta_1 \mathrm{Cov}(Z, x_1)$$

即

$$\beta_1 = \frac{\mathrm{Cov}(Z, y)}{\mathrm{Cov}(Z, x_1)}$$

故此,我们可以对 β_1 进行无偏估计:

$$\hat{\beta}_1 = \frac{\sum_{i=1}^{n} (Z_i - \bar{Z})(y_i - \bar{y})}{\sum_{i=1}^{n} (Z_i - \bar{Z})(x_{1i} - \bar{x}_1)} \tag{8.4}$$

方程(8.4)里的 $\hat{\beta}_1$,也就是工具变量估计量。

二、工具变量的估计方法:两阶段最小二乘法

估算工具变量的常见方法是两阶段最小二乘法。顾名思义,该方法将分两个阶段进行。

在分析的第一阶段,以内生自变量 x_1 为因变量,工具变量 Z 为自变量进行回归分析,获得 x_1 的预测值 $\hat{x}_1$。

在分析的第二阶段,以 y 为因变量,第一阶段回归得到的 x_1 的预测值 $\hat{x}_1$ 为自变量进行回归分析。该回归模型中 $\hat{x}_1$ 的系数即方程(8.1)中 β_1 的两阶段最小二乘估计量。

可以证明,通过两阶段最小二乘法可以得到 β_1 的一致估计量,即在样本容量趋向无穷大时,2SLS 的估计偏差趋近于 0,或者说 2SLS 的估计值收敛于参数真值。不过,与普通最小二乘法(OLS)相比,2SLS 法的估计量方差通常比较大,这是使用该方法的一个缺陷。在 2SLS 中,估计量方差不仅取决于样本容

量,还取决于工具变量 Z 与自变量 x_1 之间的关系强度。为尽可能避免该缺陷,研究者需要寻找与自变量 x_1 关系较强的工具变量,因为 Z 与 x_1 关系越紧密,2SLS 的估计量方差越小。

三、工具变量的检验

为了确保工具变量分析结果的稳健性和可信度,研究者必须检验工具变量的合法性,即从统计层面保证工具变量与自变量的相关性以及外生性。同时,还应观察工具变量法和一般的线性回归模型(如 OLS)的分析结果是否有显著的系统差异。通常,研究者需要进行以下三个检验。

一是检验工具变量 Z 和内生解释变量 x_1 之间的相关性。如果 Z 和 x_1 之间的相关性较弱,就会带来弱工具变量(weak instrumental variable)问题。此时的工具变量估计结果很可能有偏,并带来较大的估计量方差。在使用 2SLS 时,研究者可以根据第一阶段回归的 F 统计量判断二者的关系。一般而言,如果 F 统计量大于经验值 10,则不存在弱工具变量问题。

二是对工具变量的外生性进行检验,即检验工具变量 Z 与误差项 ε 是否存在相关性。严格来说,工具变量的外生性是无法直接用统计方法验证的。然而,当研究者同时拥有多个工具变量时,可以通过过度识别检验(overidentification test)在一定程度上检查工具变量是否有内生性问题。其原理是,如果多个工具变量都是外生的,那么使用每个工具变量得到的估计值应非常接近,如果不同工具变量的估计结果存在较大差异,则说明至少有一个工具变量是内生的。

三是检验工具变量的估计结果和 OLS 估计结果是否存在显著的系统差异。如前所述,一个好的工具变量可以有效减少模型分析的估计偏差,但其估计量方差通常比 OLS 大。与之相反,OLS 的估计偏差虽然较大,但其估计方差则较小。鉴于较大的估计偏差和估计方差都是我们不希望看到的,研究者需要对这两种估计方法进行比较。为此,豪斯曼(Jerry A. Hausman)提出了一种专门的检验方法,其原理是检验 2SLS 和 OLS 的估计结果是否存在显著差异。如果二者差异显著,则采用偏差较小的 2SLS 估计值;如果二者差异不显著,则采用估计方差较小的 OLS 估计值。

第二节　寻找工具变量的常见途径

本节我们将通过分析一些经典文献选取工具变量的经验,对工具变量的来源进行分类总结。由于合格的工具变量非常难寻,梳理这些工具变量比一般性的文献综述更重要。这是因为,前人对某一类工具变量的使用将在很大程度上为我们今后寻找工具变量带来启发和灵感;严密的逻辑和丰富的想象力是寻找到良好工具变量的必要条件。

一、来自“分析上层”的工具变量

同侪效应是经济学和社会学中一个非常热门的研究问题。其基本假说是,个人的经济社会地位通常会受到所在集体特征要素的影响。如一个人的成绩、收入、社会地位等会受到他所在学校、班级、邻里特征的影响。但由于很多无法观测的个人因素会同时和个人地位及我们关心的集体要素相关(如个体总可以根据自己的某个特质和偏好来选择学校、班级和邻居),要验证这个假说,我们就必须解决个人异质性导致的内生性问题。在这种情况下,研究者常常会使用省、市、县等地区层面的集聚数据(aggregation data)作为学校、班级和邻里等层面解释变量的工具变量。[①]

举例来说,埃文斯、奥茨和施瓦布在探讨学校中的贫困生比例对学生怀孕或辍学行为的因果效应时[②],采用大都会地区的失业率、家庭收入中位数和贫困率作为学校中贫困学生比例的工具变量。其理由是:以大都会为单位的失业率和贫困率必然和辖区内学校的贫困生比例有关,但又不会直接影响学生的怀孕或辍学等行为。与之类似,邦托利拉、米凯拉奇和苏亚雷斯在分析“使

---

① David Card and Alan Krueger, “School Resources and Student Outcomes: An Overview of the Literature and New Evidence from North and South Carolina,” *The Journal of Economic Perspectives*, Vol. 10, No. 4, 1996, pp. 31-50.

② William N. Evans, Wallace E. Oates and Robert M. Schwab, “Measuring Peer Group Effects: A Study of Teenage Behavior,” *The Journal of Political Economics*, Vol. 100, No. 5, 1992, pp. 966-991.

用社会关系”是否会影响个人收入时,使用了“联邦就业率”作为工具变量。[1]其原因在于,联邦就业率与个体收入没有直接关系,但就业率高时人们在联邦内使用关系求职的必要性就低。不过,使用集聚数据作为工具变量往往会引入噪声,甚至增加遗漏偏差,因为我们无法保证高级区划层面的特征是完全外生的。

二、来自“自然界”的工具变量

自然现象在一定地域范围内具有高度的随机、外生特性,因此可以被假设为与个人和群体的异质性无关。同时,它们又能够影响一些社会过程,因此在某些时候可以被作为绝佳的工具变量。一个经典的案例是,霍克斯比在研究学区内的学校竞争是否可以提高教学质量时,非常巧妙地采用了区域内河流数量作为该区域学校数量的工具变量。[2] 由于区域内学校数量可能是这个区域长期积累下来的某种特征的结果,因此直接分析将存在严重的内生性问题。而使用河流数量作为工具变量则很有说服力:河流数量越多,交通问题会促使更多学校的设立;但河流数量是天然形成的自然物象,毫无疑问和教学质量无直接关系。类似地,卡特勒和格莱泽把贯穿大都市的河流数量作为邻里区隔的工具变量,以分析区隔程度对于居住者的影响。[3] 其原理异曲同工:河流数量越多,邻里区隔程度必然越大,而河流数量肯定与作为社会结果的居住者的收入无关。

除了河流,研究者也曾充分发挥想象力将其他诸如地震、灾害、降雨量甚至化学污染等自然现象合理地作为工具变量使用。我们以“班级效应”和“社会资本”两个领域的研究案例为例。

在班级效应研究中,西波隆和罗索利亚为了分析意大利学生中班级性别构成对女生成绩的影响,以地震导致的男性免征兵政策来作为高中班级性别

---

① Samuel Bentolila, Claudio Michelacci and Javier Suarez, “Social Contacts and Occupational Choice,” *Economica*, Vol. 77, No. 305, 2010, pp. 20-45.

② Caroline Hoxby, “Does Competition Among Public Schools Benefit Students and Taxpayers?” *The American Economic Review*, Vol. 90, No. 5, 2000, pp. 1209-1238.

③ David M. Cutler and Edward L. Glaeser, “Are Ghettos Good or Bad?” *The Quarterly Journal of Economics*, Vol. 112, No. 3, 1997, pp. 827-872.

构成的工具变量。[1] 地震作为一种自然现象,显然是随机和外生的。阿萨杜拉和乔杜里利用村庄中家庭水井里测出砷污染的比例为工具变量,分析了孟加拉国农村八年级学生班级数学成绩对个体数学成绩的内生社会互动效应。[2] 其理由是,砷污染会影响儿童智力发育进而影响到学生的班级平均成绩,但和个人成绩无直接关系。

在社会资本的研究中,为了探究墨西哥移民的同乡数量对其移入美国后打工收入的影响,孟希使用墨西哥移民来源地区的降水量作为移民数量的工具变量,研究发现同乡的移民越多,他们在美国打工的收入会越高。[3] 使用该工具变量的理由是:降水量和社区的农业收入有关,并通过影响农业预期收入而影响到移民美国的决策;但墨西哥的降水量显然与美国的劳动力市场没有任何关联。与之类似,陈云松以中国农民工来源村庄的自然灾害强度作为本村外出打工者数量的工具变量,发现同村打工网的规模直接影响农民工在城市的收入。[4] 其原因在于:自然灾害越重,外出打工的村民就越多;在控制地区应对灾害的能力和来源省份之后,发生在村庄领域内的自然灾害可以被认为是外生的。

三、来自"生理现象"的工具变量

人的生老病死既是社会现象,也是自然现象。虽然出生日期、性别、死亡率等是有机体的自然历程,但它们既具有随机性,又往往与特定的经济社会过程相关。因此,无论在宏观还是微观社会科学层面,它们都曾被巧妙地作为工具变量运用在因果推断之中。

---

① Piero Cipollone and Alfonso Rosolia, "Social Interactions in High School: Lessons from an Earthquake," *The American Economic Review*, Vol. 97, No. 3, 2007, pp. 948-965.

② Mohammad Niaz Asadullah and Nazmul Chaudhury, "Social Interactions and Student Achievement in a Developing Country: An Instrumental Variables Approach," Policy Research Working Paper No. 4508, World Bank, 2008.

③ Kaivan Munshi, "Networks in the Modern Economy: Mexican Migrants in the U. S. Labor Market," *The Quarterly Journal of Economics*, Vol. 118, No. 2, 2003, pp. 549-599.

④ 陈云松:《农民工收入与村庄网络:基于多重模型识别策略的因果效应分析》,《社会》2012 年第 4 期,第 68—92 页。

在宏观研究中，阿西莫格鲁、约翰逊和鲁宾逊为了研究制度的好坏对一国的人均收入有无影响，非常巧妙地把欧洲殖民时代一个国家的自然死亡率作为该国当代制度的工具变量。[①] 由于制度往往是内生的（例如，好的制度也许总在人均收入高的国家或地区产生），研究者需要找到制度的工具变量，来排除难以测量的混淆因素的干扰。而欧洲殖民时代的死亡率之所以与当代制度的好坏相关，是因为如果这个地区当年的死亡率高，那么欧洲殖民者就相对不愿定居下来并在当地建立起更具掠夺性的“坏”制度。由于制度的“路径依赖”，欧洲殖民时代的制度显然与现在的制度关系密切。同时，100 年前的死亡率作为一种自然生理现象，又和目前的人均收入没有直接关系，进而保证了工具变量的外生性。

在微观层面的研究中，个人的出生时段经常被用作工具变量。例如在教育回报研究中，安格里斯特和克鲁格采用出生的季度作为教育年限的工具变量。[②] 其理由是：由于美国《义务教育法》规定不满 16 周岁者不得退学，因此，上半年出生的孩子在 16 岁前退学的可能性大于下半年出生的孩子，进而导致后者平均受教育的时间更长。

除了出生时间外，人类的生育结果也常常被作为工具变量。例如，安格里斯特和埃文斯在分析家庭中孩子数量是否影响母亲的就业时，由于生育孩子的数量是可以选择的，因此解释变量显然是内生的。为解决这个问题，他们将子女中“老大”和“老二”的性别组合情况作为工具变量。[③] 这实际上巧妙地利用了人类生育行为中偏好有儿有女的特征：若头两胎是双子或者双女，那么生育第三胎的可能性将大大增加，进而增加子女数；而子女性别却是完全随机的。类似地，莫兰和莫斯基翁在考察法国邻里中其他母亲的就业如何影响单个母亲的就业时，也运用邻里平均头两个子女的性别组合作为邻里中其他母

① Daron Acemoglu, Simon Johnson and James A. Robinson, “The Colonial Origins of Comparative Development: An Empirical Investigation,” *The American Economic Review*, Vol. 91, No. 5, 2001, pp. 1369–1401.

② Joshua D. Angrist and Alan B. Krueger, “Does Compulsory School Attendance Affect Schooling and Earnings?” *The Quarterly Journal of Economics*, Vol. 106, No. 4, 1991, pp. 979–1014.

③ Joshua D. Angrist and William N. Evans, “Children and Their Parents’ Labor Supply: Evidence from Exogenous Variation in Family Size,” *The American Economic Review*, Vol. 88, No. 3, 1998, pp. 450–477.

亲就业的工具变量。[1] 其理由是，邻里平均头两个子女的性别组合，会影响到邻里中其他母亲的平均就业情况，但与单个母亲的就业决定没有直接关系。还有前文提及的邦托利拉、米凯拉奇和苏亚雷斯的研究，他们在使用联邦就业率作为"使用社会关系"的工具变量的同时，还使用兄弟姐妹数目作为工具变量。[2] 他们的理由是，兄弟姐妹数是随机的自然现象，但兄弟姐妹越多，则社会关系越多，托人帮助求职的可能性也就越大。

四、来自"社会空间"的工具变量

社会空间的载体，如具象的城市、乡村，以及非具象的市场空间等也可以作为工具变量的另一大来源。这些空间要素，与人类的行为和社会结果息息相关，但往往又在特定分析层面上具有独立性、随机性。

以一项经典的教育回报研究为例。卡德在分析教育如何影响个人的收入和社会地位时，使用了研究对象的家到离其最近的大学的距离作为教育的工具变量。[3] 由于人们会自主地选择上大学还是不上大学，因此教育是内生的。但从家到大学的距离，作为城市空间的要素，显然与个体的社会经济结果没有直接关系，但却能直接影响其是否上大学的理性选择。在另一项制度分析的研究中，霍尔和琼斯则非常具有想象力地用各国家到赤道的距离作为工具变量。[4] 其理由是，到赤道的距离可以大致反映各国受西方制度的影响程度，而这个距离显然是外生的。

除了距离这样具体的社会空间要素，市场作为社会经济活动的空间往往与社会学家关心的现象紧密相关，却又不直接干扰个体的某些具体社会特征，

---

① Eric Maurin and Julie Moschion, "The Social Multiplier and Labor Market Participation of Mothers," *American Economic Journal: Applied Economics*, Vol. 1, No. 1, 2009, pp. 251-272.

② Samuel Bentolila, Claudio Michelacci and Javier Suarez, "Social Contacts and Occupational Choice," *Economica*, Vol. 77, No. 305, 2010, pp. 20-45.

③ David Card, "Using Geographic Variation in College Proximity to Estimate the Return to Schooling," NBER Working Paper No. 4483, 1993.

④ Robert E. Hall and Charles I. Jones, "Why Do Some Countries Produce So Much More Output per Worker than Others?" *The Quarterly Journal of Economics*, Vol. 114, No. 1, 1999, pp. 83-116.

故也可以当作工具变量。例如，有学者在研究中国家庭中男性和女性收入之比对家庭下一代男女出生的性别结构的影响时，极为巧妙地用茶叶价格作为家庭收入性别结构的工具变量。其内在机制是，茶叶的采摘往往需要身材矮小和相对细心的女工来完成，因此从业人员以女性为主。而茶叶价格提高就意味着女性在家庭中经济地位的提高，但显然与家庭生育的性别比例没有其他任何逻辑上的因果联系。

五、来自“实验”的工具变量

在某些情况下，自然的社会实验或者假想的虚拟实验也可以成为工具变量的绝佳来源。由于实验是一种外来的人为干预，它可以直接给我们关心的解释变量带来冲击，同时这种冲击又会严格置身模型之外。不必拘泥于严格的实验室干预，例如政策实施、改革创新这样的社会过程实际上为我们提供了天然的试验场，为我们寻找工具变量提供灵感。

许多研究基于外生性的政策干预来挖掘适当的工具变量，其中以安格里斯特做的越战老兵系列研究最为典型。在越南战争期间，美国政府采取基于生日的抽签形式来决定哪些青年需要服兵役。具体来说，抽签号小于一定“阈值”的人需要去参加体检服兵役，而大于阈值的人则可免于兵役。① 抽签号的产生如同彩票一样是完全随机的，但又直接影响到是否服兵役这个重要的社会过程。利用个人获得的抽签号作为工作变量，安格里斯特等人从20世纪80年代末开始，开展了一系列经典研究，分析服兵役是否对当年的参战者或当下

---

① 抽签方法如下：将一年中的每一天分别以几月几日的形式印在366张纸条上，每张纸条代表每个潜在的被征召者的生日。然后将纸条密封入塑料胶囊并将后者全部放入玻璃罐。抽签以电视和收音机直播形式进行。第一个摇出来的胶囊标上序号“1”，第二个摇出来的标上序号“2”，依此类推，直到366个胶囊全部被摇出来。抽签结束后，适龄的青年按照生日被摇出来的序号顺序到军方报到。比如，第一个摇出来的日期是9月14日，那么适龄的此生日的人就要去军方体检报到，然后是“2”号胶囊里出生日期的人，依此类推，直到军方按照兵力需求招满人员为止。招满时的最后一批抽签号，称作“阈值”。1969年的阈值是195。抽签号大于195的人就不需要服兵役。

退伍老兵的收入、后续教育以及健康等方面产生影响。[①] 此外,由于服兵役必然缩短教育年限,安格里斯特和克鲁格还尝试把抽签号作为教育的工具变量以分析教育回报。[②]

在同侪效应研究中,也可以基于自然实验选择工具变量。例如,布泽和卡乔拉在证明班级平均成绩对个体学业成绩的同侪效应时,采用了班级中曾经参与过"小班实验"的人数比例作为班级平均成绩的工具变量。[③] 其理由是:学校进行了小班实验,从各个班级随机抽人组成小班来提高学生的学习成绩。由于小班人选是随机抽取的,且这部分小班学生回到原班级后也必然会拉高原班级的整体成绩,因此该比例是既满足外生性又满足相关性的理想工具变量。

除此之外,还可以利用更宏观层次的自然实验,如历史过程或大规模的社会运动作为工具变量。例如,方颖和赵扬采用20世纪初中国不同城市基督教初级教会小学注册人数在当地人口中的比例作为工具变量,来估算产权保护制度对经济增长的贡献。[④] 其原因在于,教会注册比例在一定程度上可以代表该地区当时受西方影响的程度:入读教会小学的人口比例越大,代表该地区受西方的影响越大,进而也就越有可能在今天建立起较好的产权保护制度。而教会小学建立的初衷在于布道,这一变量与当年以及现在各地区的经济水平并不直接相关。在社会网分析中,章元和陆铭在分析农民工的社会资本和收

① 参见 Joshua D. Angrist, "Lifetime Earnings and the Vietnam Era Draft Lottery: Evidence from Social Security Administrative Records," *The American Economic Review*, Vol. 80, No. 3, 1990, pp. 313-336; Joshua D. Angrist, "The Effects of Veterans Benefits on Education and Earnings," *Industrial and Labor Relations Review*, Vol. 46, No. 4, 1993, pp. 637-652; Joshua D. Angrist, Guido W. Imbens and Donald B. Rubin, "Identification of Causal Effects Using Instrumental Variables," *Journal of the American Statistical Association*, Vol. 91, No. 434, 1996, pp. 444-455。

② 参见 Joshua D. Angrist and Alan B. Krueger, "Estimating the Payoff to Schooling Using the Vietnam-Era Draft Lottery," NBER Working Paper No. 4067, 1992。不过,这项研究引起了较大争议。因为抽签号大于阈值的人会钻政策的空子而采用接受教育来逃避战争,由此造成抽签号不再外生。

③ Michael Boozer and Stephen E. Cacciola, "Inside the 'Black Box' of Project Star: Estimation of Peer Effects Using Experimental Data," SSRN Working Paper No. 277009, 2001.

④ 方颖、赵扬:《寻找制度的工具变量:估计产权保护对中国经济增长的贡献》,《经济研究》2011年第5期,第138—148页。

入之间的关系时,用其祖辈的社会背景及是否来自革命老区作为工具变量。[①]其理由是,祖辈社会背景和是否来自革命老区会影响农民工的社会网络规模,但这些历史因素和今天农民工在异地的收入没有直接联系。类似地,何晓波利用"农业税费改革"和"村庄管理政策导向"作为"本地非农就业比例"的工具变量,估计了农村非农劳动力就业比例与农村劳动力向城市转移之间的对应关系。[②]

最后,虚拟实验是一种非常有趣的工具变量方法,其原理有点接近匹配方法。拜尔和罗斯在研究就业是否存在邻里同侪效应时,为解决研究对象个体异质性和自选择问题,用与研究对象具有相同个人特征的其他研究对象的平均邻里特征作为研究对象邻里特征的工具变量。[③] 他们的理由是,相似个体选择相似的邻里,那么基于类似者的平均邻里特征(即工具变量)应该与研究对象的邻里特征相关。同时,他们利用了控制变量是外生的这一标准假设:既然个体的可观测特征与未被观察因子无关,那么基于外生控制变量生成的工具变量也就必然与个人异质性无关。孔特雷拉斯等也采取了类似的方法,他们发现,邻里的非农就业对玻利维亚妇女获得非农工作具有正面影响。[④]

六、我们能找到完美的工具变量吗?

通过上述案例不难发现,找到好的工具变量非常难,它不仅需要合适的数据作为支撑,更需要研究者的精巧构思和奇思妙想。但是,工具变量难寻不应成为我们不去探索工具变量的理由。研究者的惯性在于,他们时常一门心思地将分析的注意力局限于模型之"内",而忽视了从模型外部寻找解释问题的利器。因此,我们需要变换思维的角度,多从前人巧妙使用工具变量的实例里

---

① 章元、陆铭:《社会网络是否有助于提高农民工的工资水平?》,《管理世界》2009 年第 3 期,第 45—54 页。

② 何晓波:《农村劳动力市场发展与乡城移民——基于中国家庭收入调查的数据分析》,《山东经济》2011 年第 2 期,第 124—131 页。

③ Patric Bayer and Stephen L. Ross, "Identifying Individual and Group Effects in the Presence of Sorting: A Neighborhood Effects Application," NBER Working Paper No. 12211, 2006.

④ Dante Contreras, Diana Kruger, Marcelo Ochoa and Daniela Zapata, "The Role of Social Networks in the Economic Opportunities of Bolivian Women," Research Network Working Paper, 2007.

获得启发,从模型之"外"捕捉社会现象之间广泛的潜在联系,这样就会发现工具变量虽然难寻,但绝非了无痕迹。

何为一个好的工具变量？事实上,工具变量的选取时常受到合法性质疑。其原因在于:一方面,如果工具变量与自变量的联系很弱,则会因为弱工具变量问题增加估计的偏差;另一方面,工具变量的外生性假定无法直接用统计方法来验证。这一尴尬直接导致的结果就是:不管熟悉还是不熟悉工具变量方法的读者,对于一篇工具变量分析的论文,第一反应总是质疑其合理性。而一旦这一关通不过,整个后续的分析在读者眼中就失去了说服力。

平心而论,和其他一些解决内生性问题的常用模型相比,工具变量分析其实承受了过多的质疑和压力。当固定效应模型假定干扰项不随时间变化,当倾向值匹配法假定一切偏差都来自可观察的变量,读者们往往会不假思索地接受这些武断的假定。原因何在？这是因为确保这些方法可以运行的假定往往被预设在数据分析之前,但工具变量的外生性假定哪怕已有充分的理论和实证支持,却因为直接进入了分析过程中而显得格外扎眼。

实际上,摩根对我们如何对待工具变量提出了一个非常中肯的意见:只要和其他方法估计量进行比较和相互补充,就可以更大胆、更冒险地去发现和使用工具变量,哪怕其外生性有明显瑕疵或无法完全消除质疑也是值得的。[①] 为此,他专门以自己用倾向值匹配方法进行教育回报研究的例子,说明了即使是有问题的工具变量,也会给倾向值匹配方法带来有益和重要的补充。在这个意义上,问题不在于有没有工具变量,而在于要善于把工具变量和其他方法相互结合、比较。

除此之外,在借鉴他人研究使用的工具变量时,我们也提醒研究者要充分注意工具变量在不同情况下的特殊性和普适性。其一,部分工具变量确实可以为我们的借鉴提供有益参考。例如,降雨量、自然灾害等作为外生工具变量,无论在哪个国家、哪个地区,都会对社会进程产生外生的影响。本节总结了五类获取工具变量的常见途径,只要读者用心分析比较,就能从前人的工具

① Stephen L. Morgan, "Should Sociologists Use Instrumental Variables?" Working Paper, Cornell University, 2002.

变量中得到启发。其二,一些工具变量有其特殊的适用范围和条件,借鉴时应格外谨慎。比如,美国的教育回报研究中将地理距离作为工具变量的方法,似乎并不适用于中国。在中国的教育回报和社会网研究中,“文化大革命”“上山下乡”等背景可以作为工具变量,这也无法推广到其他国家的研究中去。其三,即使被诟病过的弱工具变量,在不同的研究情境中也有可能是一个好的工具变量。例如,曾有美国学者把出生季度作为教育年份的工具变量,但后来的研究发现这是个弱工具变量,因为出生季度的不同所导致的教育年份差异是非常微弱的。不过,吴要武认为,美国数据中研究对象的高中毕业比例一般非常高,因此出生季度对教育年限的解释力较弱。但在发展中国家,由于高中毕业人群比例较低,情况就会大有不同。他利用 2005 年全国 1%人口抽样调查数据,有力地证明了在中国的教育回报研究中,出生季度是受教育年份的一个非常好的工具变量,其 F 统计量达到 30 多。[①]

最后,在结束本节之前,仍然有必要提醒读者:我们在使用工具变量时,必须始终保持审慎的头脑。计量经济学里那些大名鼎鼎的经典案例,不管是使用抽签服役、河流数量、殖民地死亡率还是出生季度作为工具变量的,在研究发表多年之后仍然不断受到挑战。发现和使用工具变量,既能展示研究者具有一定的社会科学想象力和思维力,但同时也会把研究最薄弱的环节(无法验证的外生性)直接展示给外界。因此,工具变量既是展示社会科学想象力的舞台,也是可以让一篇论文失去价值的“达摩克利斯之剑”。从这个角度来说,所有工具变量的使用者都应该小心谨慎,清楚地说明所需假定,以及一旦工具变量的外生性假定不能满足,估计量会发生偏移的方向和大小。

第三节　局部平均干预效应

我们知道,因果分析的核心目标是估计自变量对因变量的平均影响,即平均干预效应。但使用工具变量法进行因果推断时,研究者只能分析全部研究

① 吴要武:《寻找阿基米德的“杠杆”——“出生季度”是个弱工具变量吗?》,《经济学(季刊)》2010 年第 2 期,第 661—686 页。

对象的一部分,即那些受到工具变量外生冲击而改变自变量取值的研究对象,因此获得的是局部平均干预效应。本节将首先介绍局部平均干预效应的定义,以及局部平均干预效应可能带来的挑战和机遇;之后,我们将结合具体案例探讨研究者在解读工具变量分析结果时的一些注意事项和技巧。

一、局部平均干预效应的定义

为了便于理解,本节将通过一个案例来讲解什么是局部平均干预效应。回顾第二节介绍过的一个经典案例,安格里斯特曾以越南战争期间美国的征兵随机抽签为工具变量,分析参加越战对越战老兵收入、健康等方面的影响。在这一系列研究中,抽签号是否大于阈值是工具变量,最终是否应征入伍是自变量。尽管工具变量与自变量高度相关,但总有一些样本并不遵循抽签与应征入伍的规律。具体来说,根据这两个变量的关系,我们可以把研究对象分为四个类别:

◆ 总是接受者(always takers):无论抽签号是否大于阈值,都会参军;

◆ 从不接受者(never takers):无论抽签号是否大于阈值,都不参军;

◆ 遵从者(compliers):如果抽签号小于阈值则参军,否则不参军;

◆ 反抗者(defiers):如果抽签号小于阈值则不参军,否则参军。

在这种情况下,如果仍以抽签号作为工具变量来估计应征入伍的影响效应,事实上分析得到的仅仅是对第三类人,即“遵从者”的平均干预效应。对于前两类人,即“总是接受者”和“从不接受者”,除非我们假定应征入伍对他们的因果影响与“遵从者”相同,否则,以征兵抽签号为工具变量将无法获得这两类人的平均干预效应。这其实很好理解,无论是“总是接受者”还是“从不接受者”,他们的行为都不受抽签号的影响,因此,抽签这个外生冲击不会改变他们的自变量,进而也更不会对因变量有任何影响。而对于第四类“反抗者”,使用该工具变量估计的效应甚至会引入更多误差,尽管该部分样本通常情况下小到可以忽略不计。只有那些真正受到抽签影响的人,才有可能通过工具变量法进行分析。

如果我们把上述结论一般化,就可以进一步理解为什么弱工具变量可能带来问题:如果工具变量与自变量的相关性较低,实际上意味着"遵从者"的数量较少,进而估计的结果可能会有较大偏差。更进一步,在假定因果效应对样本中不同群体存在异质性的情况下,任何使用工具变量法的分析结果都是一个针对特定"遵从者"的局部平均干预效应,而不是因果分析通常所致力于获得的平均干预效应。

不止于此,局部平均干预效应还可能对传统过度识别检验的有效性提出挑战。如前所述,这个检验通过比较不同工具变量的估计结果是否存在显著差异来判别是否有不满足外生性假定的工具变量。但如果我们同时拥有多个工具变量,那么对每个工具变量来说,事实上估计的都是服从某一特定工具变量的"遵从者"的平均干预效应。如果不同工具变量的估计目标本身就不一样,那么估计结果上的差异就不能简单归因于工具变量无效。总之,局部平均干预效应的提出在很多方面对工具变量法构成了挑战。那么,在这一理论框架下,我们该如何看待或诠释工具变量的分析结果呢?

二、诠释工具变量分析结果

学术界对局部平均干预效应存在两种不同的观点。一种观点认为,工具变量只能估计局部平均干预效应,所以其结论只适用于样本中的一部分,这在很大程度上增加了结果诠释的难度,同时降低了工具变量分析的政策意义。[①]与之相对的另一种观点则认为,局部平均干预效应是工具变量的一种优势,因为基于这一框架的工具变量分析使得样本更具目标性,结论也更有说服力。[②]我们认为,在局部平均干预效应的理论框架下,工具变量的估计结果很可能因工具变量的选取而异,但细化的"局部效应"分析可以加深对社会机制的理论认识。下面,我们将通过一个案例进行说明。

陈云松曾使用2003年进行的"中国家庭收入调查"(编号为CHIP 2002)22个省份的农户调查数据分析了同村打工网规模对农民工收入的因果影响。其

① Angus Deaton, "Instruments, Randomization, and Learning about Development," *Journal of Economic Literature*, Vol. 48, No. 2, 2010, pp. 424-455.

② Stephen L. Morgan, "Should Sociologists Use Instrumental Variables?" Working Paper, Cornell University, 2002.

中，农民工来源村庄的自然灾害强度被作为打工网规模的工具变量来识别该模型。[①] 在分析时，作者把赫克曼二阶段模型和工具变量法结合，以最大限度地消除回归分析中的内生性偏差。表 8.1 展示了多元线性回归(OLS)模型、赫克曼二阶段(Heckit)模型和结合工具变量的赫克曼二阶段(IV-Heckit)模型的分析结果。之所以使用 Heckit 模型，是因为外出打工本身就是一个选择性的过程，故可能存在样本选择偏差。而进一步在赫克曼模型的基础上加入工具变量，能够同时解决样本选择问题和一般的内生性问题。

表 8.1 OLS、Heckit 和 IV-Heckit 模型估算结果(N=2361)

	模型		
	OLS	Heckit	IV- Heckit
同村打工网规模(ln)	0.125*** (0.035)	0.263*** (0.076)	0.628*** (0.232)
工具变量第一阶段回归 F 统计量			17.42
豪斯曼内生性检验			p= 0.007

注：*p<0.1，**p<0.05，***p<0.01。

不难发现，IV-Heckit 模型给出了一个比 Heckit 模型更大的网络效应估计值：后者是 0.263，而前者达 0.628。如何解释这一差异呢？一个现成的解释就是，遗漏变量和网络大小正相关，但与个人收入负相关。但这样的解释是“空对空”的揣测，没有社会学意义。而如果考虑到自然灾害促使农民做出外出打工决定的“压力”不是均质的，IV-Heckit 模型反映的更多是一部分“遵从者”的局部效应，那么就可以在局部平均干预效应的框架下给出比较合理和直观的解释。因此，我们提出一个进一步的诠释：由于能力、地缘、历史习俗等因素，不同情况下的村民，对自然灾害的敏感度可能是不一样的，因而也会做出不同的迁移决策。例如，能力弱的村民或者平均能力较弱的村庄，对自然灾害造成的损失更加担忧，也就更容易被自然灾害“推动”而外出打工。这样，“弱能力村庄”外出打工网的规模，就更容易被自然灾害所影响。

① 陈云松：《农民工收入与村庄网络：基于多重模型识别策略的因果效应分析》，《社会》2012 年第 4 期，第 68—92 页。

因此,当我们用自然灾害作为工具变量来估算同村打工网的工资效应时,IV-Heckit 模型的估计值所体现的就不是基于样本的总体平均效应,而是一个加权平均效应。这个加权平均值,就是前面的所谓局部平均干预效应。其中,来自“弱能力村庄”的农民工会具有更大的权重。通过进一步回顾既有的理论和实证研究可以发现,能力弱的农民工由于无力汲取打工目的地城市的网络资源,因此更依赖基于村庄的同乡网。也就是说,同村打工网的网络效应,在来自“弱能力村庄”的农民工群体中更强。既然 IV-Heckit 模型更多地反映了“弱能力村庄”中的网络效应,它给出的估计值自然就要比 Heckit 模型大。

除了劳动力市场研究,局部平均干预效应这一理论框架也被用来成功地诠释了一些经典的工具变量分析。比如,卡德在研究教育回报时使用了学生家庭到大学的距离作为教育的工具变量。[①] 但事实上,可能只有穷人的家庭在决定是否上大学时会把距离作为一个重要的考虑因素,对于家庭背景优越的人来说,距离或许并不能影响他们的教育决策。如果是这样的话,卡德研究中的工具变量估计量仅仅反映的是针对社会底层人群的教育回报率。而通常来自社会底层家庭的学生教育回报率比较高,因此 IV-Heckit 估计量比 OLS 估计量大。

第四节 工具变量的 Stata 命令

本节主要介绍使用 Stata 软件实施工具变量分析的方法。我们将首先介绍几个常用的命令,然后通过一个案例进行演示。

一、命令介绍

在 Stata 中,实施工具变量回归的基础命令是 ivregress[②]。该命令的语法结

---

① David Card, “Using Geographic Variation in College Proximity to Estimate the Return to Schooling,” NBER Working Paper No. 4483, 1993.

② 通常使用 ivregress 命令进行因变量为连续变量的工具变量回归。如果因变量为二分变量,需使用 ivprobit 命令。如果因变量为定序变量,需使用 cmp 命令。因篇幅所限,本书不介绍这些命令的使用方法。

构如下：

```
ivregress estimator depvar [varlist1] (varlist2=varlist_iv) [if] [in] [weight]
[, options]
```

其中，ivregress 是命令名，estimator 是工具变量回归的估计方法。若要使用本章介绍的两阶段最小二乘法进行估计，将 estimator 设为 2sls 即可。除了 2sls 之外，研究者还可以将 estimator 设定为 gmm 或 liml。gmm 表示采用广义矩估计法（generalized method of moments，GMM）进行估计，liml 表示采用有限信息最大似然法（limited-information maximum likelihood，LIML）进行估计。有研究认为，广义矩估计法相比两阶段最小二乘法的估计效率更高，而有限信息最大似然法能更好地应对弱工具变量的问题。不过，在大样本情况下，这三种估计法的结果相差不大。在设定估计方法之后，研究者还需在 ivregress 命令中指定分析的因变量和自变量。因变量即上述语法结构中的 depvar，自变量需要区分外生和内生。外生自变量直接列在因变量之后，即上述语法结构中的 varlist1；内生自变量需要列在括号中，即上述语法结构中的 varlist2。对于内生变量，研究者需要设定工具变量，即上述语法结构中的 varlist_iv。需要注意的是，工具变量的数量不得少于内生自变量的数量，否则模型无法识别。

ivregress 命令的常用选项如下：

◆ first：汇报第一阶段回归结果，默认只汇报第二阶段回归结果；

◆ vce(vcetype)：设定标准误的计算方法，设定方法同 regress 命令；

◆ level(#)：设定置信区间的置信水平，默认输出 95%水平下的置信区间；

◆ igmm：只有将估计方法设为 gmm 时才可使用，表示采用迭代 GMM 法进行估计，默认采用两步 GMM 法估计。

在执行 ivregress 命令之后，研究者可以通过几个“后估计命令”实施与工具变量相关的统计检验。具体来说，研究者可以使用 estat firststage 命令检验第一阶段回归中，工具变量对内生自变量的解释力，从而判断是否存在弱工具变量问题。此外，在有多个工具变量的情况下，研究者也可以使用 estat overid 命令实施过度识别检验，判断不同工具变量的估计结果是否有显著差异。最后,研究者还可以使用 estat endogenous 命令实施豪斯曼检验,检验工具变量的估计结果与普通线性回归估计结果之间是否存在显著差异。

除了 ivregress 命令之外,另一个实施工具变量回归的常用命令是 ivreg2。该命令是一个用户自编的命令,其部分功能需要使用命令 ranktest。可以使用如下命令安装 ivreg2 和 ranktest:

```
. ssc install ivreg2, replace
. ssc install ranktest, replace
```

ivreg2 的语法结构如下:

```
ivreg2 depvar [varlist1] (varlist2=varlist_iv) [weight] [if exp] [in range]
[, options]
```

与 ivregress 命令相同,使用 ivreg2 进行估计时,研究者同样需要指定模型分析的因变量(depvar)、外生自变量(varlist1)、内生自变量(varlist2)和工具变量(varlist_iv)。不过,具体的估计方法和检验则需通过选项来实现。该命令的常用选项如下:

◆ gmm2s:采用两步 GMM 法进行估计,默认采用两阶段最小二乘法;

◆ liml:采用 LIML 法进行估计,默认采用两阶段最小二乘法;

◆ first:汇报第一阶段回归结果,默认只汇报第二阶段回归结果;

◆ level(#):设定置信区间的置信水平,默认输出 95%水平下的置信区间;

◆ robust:采用异方差稳健标准误;

◆ cluster(varlist):采用聚类稳健标准误;

◆ orthog(varlist_ex):对指定的变量 varlist_ex 进行正交检验,varlist_ex 必须是工具变量 varlist_iv 的一个子集,检验原理是判断以 varlist_ex 作为工具变量的分析结果与以 varlist_iv 中的其他变量作为工具变量的分析结果是否存在显著差异;

◆ endog(varlist_en):对指定的变量 varlist_en 实施豪斯曼检验,判断针对这些变量的工具变量估计结果与线性回归结果是否相同;

◆ redundant(varlist_ex):对指定的变量 varlist_ex 进行冗余检验,varlist_ex

必须是工具变量 varlist_iv 的一个子集,其检验原理是,判断第一阶段回归中 varlist_ex 是否对内生自变量有独立的解释力。

通过上述介绍不难发现,ivreg2 不仅可以实现 ivregress 的全部功能,而且可以执行更加丰富和细致的统计检验。下面,我们将通过一个具体案例对这两个命令的使用方法进行介绍。

二、案例展示

本章将使用一个模拟数据 simulation. dta 进行演示。① 该数据共包含 10 000 名个案,13 个变量。这些变量的变量名和具体含义如下:

- id:个案识别号,从 1—10000;
- gender:性别,二分变量,男 = 1,女 = 0;
- age:年龄,连续变量;
- age2:年龄平方,连续变量;
- hukou:户口,二分变量,农村户口 = 0,城镇户口 = 1;
- feduy:父亲教育年限,连续变量;
- meduy:母亲教育年限,连续变量;
- sibling:兄弟姐妹数,连续变量;
- luck1:语文考试运气,连续变量;
- luck2:英语考试运气,连续变量;
- luck3:数学考试运气,连续变量;
- college:是否上大学,二分变量,没有上大学 = 0,上大学 = 1;
- lninc:收入对数,连续变量。

接下来,我们将以 lninc 为因变量,college 为自变量进行分析。分析时同时纳入了 gender、age、age2、hukou、feduy、meduy、sibling 这几个常见的控制变量。相关命令和统计分析结果如下:

---

① 具体的数据模拟过程见 simulation. do 这个命令文件。

```
. reg lninc college

      Source |       SS           df       MS      Number of obs   =    10,000
-------------+----------------------------------   F(1, 9998)      =   1249.62
       Model |  1768.49262         1  1768.49262   Prob > F        =    0.0000
    Residual |  14149.4062     9,998  1.41522366   R-squared       =    0.1111
-------------+----------------------------------   Adj R-squared   =    0.1110
       Total |  15917.8988     9,999  1.59194908   Root MSE        =    1.1896

------------------------------------------------------------------------------
       lninc | Coefficient  Std. err.      t    P>|t|     [95% conf. interval]
-------------+----------------------------------------------------------------
     college |   1.223779   .0346189    35.35   0.000     1.155919    1.291639
       _cons |   8.338612   .0128043   651.23   0.000     8.313513    8.363711
------------------------------------------------------------------------------

. reg lninc college gender age age2 hukou feduy meduy sibling, robust

Linear regression                               Number of obs     =     10,000
                                                F(8, 9991)        =     607.66
                                                Prob > F          =     0.0000
                                                R-squared         =     0.3171
                                                Root MSE          =     1.0431

------------------------------------------------------------------------------
             |               Robust
       lninc | Coefficient  std. err.      t    P>|t|     [95% conf. interval]
-------------+----------------------------------------------------------------
     college |   .9058374   .0314346    28.82   0.000     .8442193    .9674555
      gender |   .7710099   .0211603    36.44   0.000     .7295315    .8124883
         age |   .2730867    .011892    22.96   0.000     .2497761    .2963974
        age2 |  -.0041989   .0001894   -22.17   0.000    -.0045701   -.0038276
       hukou |   .3756471   .0354001    10.61   0.000     .3062559    .4450384
       feduy |   .0378026   .0027645    13.67   0.000     .0323837    .0432215
       meduy |    .022306   .0030646     7.28   0.000     .0162988    .0283132
     sibling |  -.1026486   .0088941   -11.54   0.000    -.1200828   -.0852143
       _cons |   3.688726   .1810034    20.38   0.000     3.333923    4.043529
------------------------------------------------------------------------------
```

可以发现，在不纳入任何控制变量的情况下，college 对 lninc 的回归系数为 1.224，在控制 gender、age、age2、hukou、feduy、meduy、sibling 以后，college 的回归系数有所减小，为 0.906。不过，考虑到上大学对收入的影响还受到研究对象能力的影响，而能力变量并未包含在数据中，所以，直接进行上述回归分析还是无法得到 college 对 lninc 的因果影响。实际上，我们在数据模拟时，构造了一个能力变量，该变量同时对 college 和 lninc 具有正向影响，因此，该变量应被纳入模型进行统计控制。然而，正如大多数关于教育回报率的研究无法测量研究对象的能力，我们在这里将能力变量隐藏起来了。那么，在没有能力变量的情况下,我们如何才能得到 college 对 lninc 的因果影响呢?

参考本章的介绍,考虑使用工具变量法。具体来说,数据中共包含三个工具变量,即 luck1、luck2 和 luck3,它们分别对应研究对象高考时参加语文考试、英语考试和数学考试的运气。[①] 在数据模拟时,我们将这三个变量都设置为服从标准正态分布的随机变量,且这三个变量都对 college 具有正向影响。但考虑到运气不会影响收入,我们在数据模拟时没有将这三个变量纳入 lninc 的方程中。从上述模拟过程不难发现,luck1、luck2 和 luck3 都与 college 相关,但与 lninc 无直接相关,因此,符合本章对工具变量的定义。不过,为了区分强工具和弱工具,我们在数据模拟时将 luck1 和 luck2 对 college 影响系数设置得比较大,而 luck3 对 college 的影响系数则设置得比较小。这一点可以从相关系数得到证明。执行以下命令:

```
. corr luck1 luck2 luck3 college
(obs=10,000)

             |    luck1    luck2    luck3  college
-------------+------------------------------------
       luck1 |   1.0000
       luck2 |  -0.0036   1.0000
       luck3 |   0.0031  -0.0087   1.0000
     college |   0.1841   0.1667   0.0232   1.0000
```

可以看出,luck1、luck2 与 college 的相关系数分别为 0.184 和 0.167,而 luck3 与 college 的相关系数仅为 0.023。所以,相较于 luck1 和 luck2,luck3 是一个弱工具。

接下来,我们将演示以 luck1、luck2 和 luck3 作为工具变量进行回归分析的结果,具体命令如下[②]:

```
. ivregress 2sls lninc gender age age2 hukou feduy meduy sibling (college=luck1),
vce(robust) first

First-stage regressions
-----------------------
```

① 需要注意的是,运气其实无法测量,这里完全出于演示的目的,构造出了三个运气变量。

② 在这些命令中,我们使用选项 vce(robust)以获取异方差稳健标准误,同时使用选项 first 以获取第一阶段回归结果。

```
                                                Number of obs =  10,000
                                                F(8, 9991)    =  169.85
                                                Prob > F      =  0.0000
                                                R-squared     =  0.1564
                                                Adj R-squared =  0.1557
                                                Root MSE      =  0.3158
```

college	Coefficient	Robust std. err.	t	P>|t|	[95% conf.	interval]
gender	-.0498054	.0064536	-7.72	0.000	-.0624558	-.037155
age	.0384085	.0030797	12.47	0.000	.0323716	.0444454
age2	-.0005812	.0000491	-11.84	0.000	-.0006774	-.000485
hukou	.1806179	.0143323	12.60	0.000	.1525238	.208712
feduy	.0086345	.0008356	10.33	0.000	.0069966	.0102725
meduy	.0099724	.0010186	9.79	0.000	.0079758	.0119689
sibling	-.0199209	.0023318	-8.54	0.000	-.0244917	-.0153501
luck1	.0612274	.003246	18.86	0.000	.0548645	.0675902
_cons	-.4910525	.0465114	-10.56	0.000	-.5822242	-.3998807

```
Instrumental variables 2SLS regression          Number of obs   =     10,000
                                                Wald chi2(8)    =    3992.49
                                                Prob > chi2     =     0.0000
                                                R-squared       =     0.3134
                                                Root MSE        =     1.0455
```

lninc	Coefficient	Robust std. err.	z	P>|z|	[95% conf.	interval]
college	.6662753	.1719651	3.87	0.000	.3292298	1.003321
gender	.7587879	.0229832	33.01	0.000	.7137416	.8038342
age	.2823288	.0135849	20.78	0.000	.255703	.3089547
age2	-.0043386	.0002139	-20.28	0.000	-.0047579	-.0039194
hukou	.4193268	.0465068	9.02	0.000	.3281751	.5104785
feduy	.0398998	.0031489	12.67	0.000	.033728	.0460716
meduy	.0247089	.0034991	7.06	0.000	.0178507	.0315671
sibling	-.1074756	.0096097	-11.18	0.000	-.1263102	-.0886409
_cons	3.570269	.1993796	17.91	0.000	3.179492	3.961046

```
Endogenous:  college
Exogenous:   gender age age2 hukou feduy meduy sibling luck1
```

分析结果显示,如果以 luck1 作为 college 的工具变量,那么在第一阶段回归中,luck1 对 college 的回归系数为 0.061,在 0.001 的水平下统计显著。在第二阶段回归中,通过工具变量法得到的 college 对 lninc 的回归系数为 0.666。虽然该系数依然在 0.001 的水平下统计显著,但与之前的线性回归相比,系数值有明显下降。我们在数据模拟时将 college 对 lninc 的真实影响设置为 0.6,

可以发现，以 luck1 作为工具变量的分析结果更加接近真实的因果效应。

如果我们以 luck2 作为 college 的工具变量，可以发现，分析结果与以 luck1 作为工具变量时大致相同：

```
. ivregress 2sls lninc gender age age2 hukou feduy meduy sibling (college=luck2),
vce(robust) first

First-stage regressions

                                           Number of obs = 10,000
                                           F(8, 9991)    = 167.65
                                           Prob > F      = 0.0000
                                           R-squared     = 0.1531
                                           Adj R-squared = 0.1524
                                           Root MSE      = 0.3164

             |              Robust
     college | Coefficient std. err.      t    P>|t|     [95% conf. interval]
-------------+----------------------------------------------------------------
      gender |  -.0517735   .006465    -8.01  0.000    -.0644462   -.0391008
         age |   .0392778   .0030852   12.73  0.000     .0332301    .0453255
        age2 |  -.0005956   .0000492  -12.12  0.000     -.000692   -.0004993
       hukou |   .1853484   .0143511   12.92  0.000     .1572173    .2134794
       feduy |   .0086325   .0008394   10.28  0.000     .0069871    .0102778
       meduy |   .0100091   .0010235    9.78  0.000     .0080029    .0120153
     sibling |  -.0193321   .0023129   -8.36  0.000    -.0238658   -.0147984
       luck2 |   .0575641   .0032359   17.79  0.000     .0512211     .063907
       _cons |  -.5049241   .0466455  -10.82  0.000    -.5963586   -.4134895

Instrumental variables 2SLS regression        Number of obs    =     10,000
                                              Wald chi2(8)     =    3990.24
                                              Prob > chi2      =     0.0000
                                              R-squared        =     0.3140
                                              Root MSE         =      1.045

             |              Robust
       lninc | Coefficient std. err.      z    P>|z|     [95% conf. interval]
-------------+----------------------------------------------------------------
     college |    .688817   .1785721    3.86  0.000     .3388222    1.038812
      gender |   .7599379   .0229423   33.12  0.000     .7149718    .8049041
         age |   .2814592   .0134274   20.96  0.000      .255142    .3077764
        age2 |  -.0043255   .0002117  -20.43  0.000    -.0047405   -.0039105
       hukou |   .4152167   .0476301    8.72  0.000     .3218635    .5085699
       feduy |   .0397025   .0031449   12.62  0.000     .0335386    .0458663
       meduy |   .0244828   .0035723    6.85  0.000     .0174811    .0314844
     sibling |  -.1070214   .0095726  -11.18  0.000    -.1257834   -.0882594
       _cons |   3.581415   .1972292   18.16  0.000     3.194853    3.967977

Endogenous: college
Exogenous:  gender age age2 hukou feduy meduy sibling luck2
```

在第一阶段回归中,luck2 对 college 的回归系数为 0.058,也在 0.001 的水平下统计显著。在第二阶段回归中,通过工具变量法得到的 college 对 lninc 的回归系数为 0.689,相比线性回归,这个估计值的偏差有比较明显的下降。

不过,如果我们以 luck3 作为 college 的工具变量,可以发现分析结果相比 luck1 和 luck2 会出现比较明显的变化:

```
. ivregress 2sls lninc gender age age2 hukou feduy meduy sibling (college=luck3),
vce(robust) first
First-stage regressions
───────────────────────

                                                 Number of obs  =  10,000
                                                 F(8, 9991)     =  128.67
                                                 Prob > F       =  0.0000
                                                 R-squared      =  0.1254
                                                 Adj R-squared  =  0.1247
                                                 Root MSE       =  0.3215

─────────────┬────────────────────────────────────────────────────────────────
             │               Robust
     college │ Coefficient  std. err.      t    P>|t|     [95% conf. interval]
─────────────┼────────────────────────────────────────────────────────────────
      gender │   -.0508021   .0065697    -7.73   0.000    -.0636801   -.0379241
         age │    .0386755   .0031176    12.41   0.000     .0325643    .0447867
        age2 │    -.000585   .0000497   -11.78   0.000    -.0006823   -.0004876
       hukou │    .1820838   .0146968    12.39   0.000      .153275    .2108926
       feduy │    .0087529   .0008561    10.22   0.000     .0070748    .0104309
       meduy │     .010016   .0010423     9.61   0.000     .0079729     .012059
     sibling │   -.0201732   .0023403    -8.62   0.000    -.0247607   -.0155857
       luck3 │    .0064889      .0032     2.03   0.043     .0002162    .0127616
       _cons │   -.4959444   .0471004   -10.53   0.000    -.5882707    -.403618
─────────────┴────────────────────────────────────────────────────────────────

Instrumental variables 2SLS regression          Number of obs   =     10,000
                                                Wald chi2(8)    =    3421.03
                                                Prob > chi2     =     0.0000
                                                R-squared       =     0.2088
                                                Root MSE        =     1.1223

─────────────┬────────────────────────────────────────────────────────────────
             │               Robust
       lninc │ Coefficient  std. err.      z    P>|z|     [95% conf. interval]
─────────────┼────────────────────────────────────────────────────────────────
     college │   -.3859112   1.723558    -0.22   0.823    -3.764023      2.9922
```

```
      gender    .7051075   .0909592     7.75   0.000     .5268307    .8833842
         age    .3229214    .067601     4.78   0.000     .1904259    .4554169
        age2   -.0049526   .0010237    -4.84   0.000    -.0069591   -.0029461
       hukou    .6111732   .3162383     1.93   0.053    -.0086425    1.230989
       feduy    .0491108   .0153072     3.21   0.001     .0191093    .0791123
       meduy    .0352626   .0176762     1.99   0.046     .0006179    .0699073
     sibling   -.1286765   .0363541    -3.54   0.000    -.1999293   -.0574237
       _cons    3.049993   .8717742     3.50   0.000     1.341346    4.758639

Endogenous: college
Exogenous:  gender age age2 hukou feduy meduy sibling luck3
```

一方面,在第一阶段回归中,luck3 对 college 的回归系数只有 0.006,且仅在 0.05 的水平下统计显著。另一方面,在第二阶段回归中,college 对 lninc 的回归系数为-0.386,且不具有统计显著性。导致这一结果的主要原因是 luck3 是 college 的一个弱工具变量,使用弱工具变量进行两阶段最小二乘分析很难得到有价值的分析结果。

除了将 luck1、luck2 和 luck3 分别作为工具变量进行回归分析之外,我们也可以同时使用这三个工具变量进行分析,具体命令和分析结果如下:

```
. ivregress 2sls lninc gender age age2 hukou feduy meduy sibling (college=luck1
luck2 luck3), vce(robust)

Instrumental variables 2SLS regression              Number of obs   =     10,000
                                                    Wald chi2(8)    =    4001.37
                                                    Prob > chi2     =     0.0000
                                                    R-squared       =     0.3135
                                                    Root MSE        =     1.0454

------------------------------------------------------------------------------
             |               Robust
       lninc | Coefficient  std. err.      z    P>|z|     [95% conf. interval]
-------------+----------------------------------------------------------------
     college |   .6703614    .120531     5.56   0.000     .4341249    .9065979
      gender |   .7589964   .0220328    34.45   0.000     .7158128    .8021799
         age |   .2821712   .0125903    22.41   0.000     .2574946    .3068478
        age2 |  -.0043363   .0001995   -21.73   0.000    -.0047273   -.0039452
       hukou |   .4185817   .0409591    10.22   0.000     .3383033    .4988601
       feduy |    .039864   .0029423    13.55   0.000     .0340972    .0456309
       meduy |   .0246679   .0032976     7.48   0.000     .0182047    .0311311
     sibling |  -.1073933    .009253   -11.61   0.000    -.1255289   -.0892577
       _cons |    3.57229   .1881435    18.99   0.000     3.203535    3.941044
------------------------------------------------------------------------------
Endogenous: college
Exogenous:  gender age age2 hukou feduy meduy sibling luck1 luck2 luck3
```

可以发现,同时使用三个工具变量得到的 college 对 lninc 的回归系数为 0.670,该系数在 0.001 的水平下统计显著。

上述 ivregress 命令使用的都是两阶段最小二乘法,接下来,我们将演示使用广义矩估计法(GMM)和有限信息最大似然法(LIML)进行分析。分析时同时使用了三个工具变量,具体命令和输出结果如下:

```
. ivregress gmm lninc gender age age2 hukou feduy meduy sibling (college=luck1
luck2 luck3), vce(robust)

Instrumental variables GMM regression              Number of obs   =     10,000
                                                   Wald chi2(8)    =    4001.06
                                                   Prob > chi2     =     0.0000
                                                   R-squared       =     0.3135
GMM weight matrix: Robust                          Root MSE        =     1.0454

------------------------------------------------------------------------------
             |               Robust
       lninc | Coefficient  std. err.      z    P>|z|     [95% conf. interval]
-------------+----------------------------------------------------------------
     college |   .6697812   .1205048     5.56   0.000     .4335963    .9059662
      gender |   .7590011   .0220292    34.45   0.000     .7158246    .8021777
         age |   .2821799    .012581    22.43   0.000     .2575215    .3068383
        age2 |  -.0043368   .0001994   -21.75   0.000    -.0047276    -.003946
       hukou |   .4185789   .0409599    10.22   0.000     .3382988    .4988589
       feduy |     .03991   .0029406    13.57   0.000     .0341465    .0456735
       meduy |   .0246561   .0032974     7.48   0.000     .0181933    .0311189
     sibling |  -.1071712   .0092456   -11.59   0.000    -.1252923     -.08905
       _cons |   3.571827   .1880171    19.00   0.000      3.20332    3.940334
------------------------------------------------------------------------------
Endogenous: college
Exogenous:  gender age age2 hukou feduy meduy sibling luck1 luck2 luck3

. ivregress liml lninc gender age age2 hukou feduy meduy sibling (college=luck1
luck2 luck3), vce(robust)

Instrumental variables LIML regression             Number of obs   =     10,000
                                                   Wald chi2(8)    =    4001.31
                                                   Prob > chi2     =     0.0000
                                                   R-squared       =     0.3135
                                                   Root MSE        =     1.0454

------------------------------------------------------------------------------
             |               Robust
       lninc | Coefficient  std. err.      z    P>|z|     [95% conf. interval]
-------------+----------------------------------------------------------------
     college |   .6702121   .1206029     5.56   0.000     .4338348    .9065893
      gender |   .7589887   .0220339    34.45   0.000     .7158031    .8021744
         age |    .282177   .0125913    22.41   0.000     .2574985    .3068555
        age2 |  -.0043363   .0001995   -21.73   0.000    -.0047274   -.0039452
       hukou |    .418609   .0409661    10.22   0.000      .338317     .498901
       feduy |   .0398653   .0029426    13.55   0.000      .034098    .0456326
       meduy |   .0246694   .0032979     7.48   0.000     .0182057    .0311331
     sibling |  -.1073963   .0092534   -11.61   0.000    -.1255327   -.0892598
       _cons |   3.572216    .188154    18.99   0.000     3.203441    3.940991
------------------------------------------------------------------------------
Endogenous: college
Exogenous:  gender age age2 hukou feduy meduy sibling luck1 luck2 luck3
```

可以发现,这两种方法的估计结果与两阶段最小二乘法非常接近。考虑到在实践中,两阶段最小二乘法更常用,因此,下面我们将统一使用该方法进行演示。

接下来,我们将演示如何对工具变量的有效性进行检验。首先是关于弱工具变量的检验,其方法是在 ivregress 命令之后,使用 estat firststage 命令检验第一阶段回归中工具变量对内生自变量的解释力。在具体使用时,我们建议增加 all 和 forcenonrobust 这两个选项,这样可以输出所有检验指标。输入以下命令:

```
. qui ivregress 2sls lninc gender age age2 hukou feduy meduy sibling (college=
luck1), vce(robust)
. estat firststage, all forcenonrobust
```

First-stage regression summary statistics

Variable	R-sq.	Adjusted R-sq.	Partial R-sq.	Robust F(1,9991)	Prob > F
college	**0.1564**	**0.1557**	**0.0359**	**355.785**	**0.0000**

Shea's partial R-squared

Variable	Shea's partial R-sq.	Shea's adj. partial R-sq.
college	**0.0359**	**0.0352**

Minimum eigenvalue statistic = **371.903**

Critical Values　　　　　　　　# of endogenous regressors: **1**
H0: Instruments are weak　　　# of excluded instruments: **1**

	5%	10%	20%	30%
2SLS relative bias		(not available)		
	10%	15%	20%	25%
2SLS size of nominal 5% Wald test	**16.38**	**8.96**	**6.66**	**5.53**
LIML size of nominal 5% Wald test	**16.38**	**8.96**	**6.66**	**5.53**

从以上输出结果可以发现,luck1 不是一个弱工具变量。首先,在第一阶段

回归中,F 统计量的值高达 355.785,远超过 10 的临界值。其次,我们知道,采用两阶段最小二乘法进行工具变量回归的缺陷是估计方差较大,这会导致统计检验的显著性水平发生扭曲(size distortion),且工具变量越弱,这种扭曲越严重。从输出结果可以发现,如果以 luck1 作为工具变量进行"名义显著性水平"(nominal size)为 5%的 Wald 检验,且要求"真实显著性水平"(true size)不超过 10%,那么对应的特征值应大于 16.38 这个临界值。考虑到软件输出的特征值统计量(eigenvalue statistic)为 371.903 大大超过了 16.38 这个临界值,因此,可以认为使用 luck1 作为工具变量进行两阶段最小二乘估计的显著性水平膨胀幅度很小,该工具变量不是一个弱工具变量。

对 luck2 进行分析可以得到相同的结论:

```
. qui ivregress 2sls lninc gender age age2 hukou feduy meduy sibling (college=
luck2), vce(robust)

. estat firststage, all forcenonrobust
```

First-stage regression summary statistics

Variable	R-sq.	Adjusted R-sq.	Partial R-sq.	Robust F(1,9991)	Prob > F
college	**0.1531**	**0.1524**	**0.0321**	**316.46**	**0.0000**

Shea's partial R-squared

Variable	Shea's partial R-sq.	Shea's adj. partial R-sq.
college	**0.0321**	**0.0314**

Minimum eigenvalue statistic = **331.004**

```
Critical Values                        # of endogenous regressors:    1
H0: Instruments are weak               # of excluded instruments:     1
```

	5%	10%	20%	30%
2SLS relative bias	(not available)			
	10%	15%	20%	25%
2SLS size of nominal 5% Wald test	**16.38**	**8.96**	**6.66**	**5.53**
LIML size of nominal 5% Wald test	**16.38**	**8.96**	**6.66**	**5.53**

输出结果显示,以 luck2 作为工具变量的第一阶段回归的 F 值为 316.46,大大超过临界值 10。此外,特征值统计量为 331.004,也大大超过实际显著性水平为 10%的临界值 16.38。综上,luck2 不是一个弱工具变量。

不过,如果我们以 luck3 作为工具变量进行两阶段最小二乘回归就会得到完全不同的结论:

```
. qui ivregress 2sls lninc gender age age2 hukou feduy meduy sibling (college=
luck3), vce(robust)
. estat firststage, all forcenonrobust
```

First-stage regression summary statistics

Variable	R-sq.	Adjusted R-sq.	Partial R-sq.	Robust F(1,9991)	Prob > F
college	0.1254	0.1247	0.0004	4.11179	0.0426

Shea's partial R-squared

Variable	Shea's partial R-sq.	Shea's adj. partial R-sq.
college	0.0004	-0.0003

Minimum eigenvalue statistic = 4.03006

```
Critical Values                        # of endogenous regressors:    1
H0: Instruments are weak               # of excluded instruments:     1
```

	5%	10%	20%	30%
2SLS relative bias		(not available)		
	10%	15%	20%	25%
2SLS size of nominal 5% Wald test	16.38	8.96	6.66	5.53
LIML size of nominal 5% Wald test	16.38	8.96	6.66	5.53

从以上输出结果可知,以 luck3 作为工具变量时,第一阶段回归的 F 值很小,只有 4.11,小于临界值 10。此外,特征值统计量为 4.03,比实际显著性水平为 25%时的临界值 5.53 还要小。这意味着以 luck3 为工具变量进行名义显著性水平为 5%的 Wald 检验,真实显著性水平会超过 25%。综上,luck3 是一

个弱工具,用其进行两阶段最小二乘回归所得的结果不可信。

接下来,我们将演示如何在有多个工具变量的情况下实施过度识别检验。我们将 luck1、luck2 和 luck3 同时作为 college 的工具变量进行两阶段最小二乘回归。在 ivregress 命令之后,通过 estat overid 命令即可得到过度识别检验的结果。具体如下:

```
. qui ivregress 2sls lninc gender age age2 hukou feduy meduy sibling (college=
luck1 luck2 luck3), vce(robust)
. estat overid

  Test of overidentifying restrictions:

  Score chi2(2)            =  .439215  (p = 0.8028)
```

可以发现,该检验的卡方值为 0.439,p 值为 0.803,在 0.05 的显著性水平下并不显著。因此,可以认为使用 luck1、luck2 和 luck3 这三个工具变量分别进行两阶段最小二乘回归的结果没有显著差异。

现在,我们尝试将 age 和 age2 也作为工具变量纳入分析:

```
. qui ivregress 2sls lninc gender hukou feduy meduy sibling (college=luck1 luck2
luck3 age age2), robust first
. estat overid

  Test of overidentifying restrictions:

  Score chi2(4)            =  419.319  (p = 0.0000)
```

可以发现,此时的过度识别检验结果非常显著(卡方值为 419.319,p 值小于 0.001),这意味着不同工具变量的分析结果存在显著差异。因此,需要进一步查找有问题的工具变量。由于这是一个模拟数据,所以我们清楚地知道 age 和 age2 是不合适的工具变量。但在实际研究时,研究者并不知道哪些工具变量有问题,因此,需要结合理论和实际不断尝试才能知道。

接下来,我们将演示豪斯曼检验。该检验的功能是将工具变量分析结果与线性回归的结果进行比较,以判别二者是否存在显著差异。传统的豪斯曼检验需要在误差项为同方差的假定条件下才有效,Stata 自带的命令 estat endogenous 可以放松这一假定,执行更加稳健的豪斯曼检验:

```
. qui ivregress 2sls lninc gender age age2 hukou feduy meduy sibling (college=
luck1 luck2 luck3), vce(robust)
. estat endogenous

  Tests of endogeneity
  H0: Variables are exogenous

  Robust score chi2(1)              =    4.1346  (p = 0.0420)
  Robust regression F(1,9990)       =   4.13972  (p = 0.0419)
```

从以上输出结果可以发现,该检验的卡方统计量为4.135,p值为0.042,小于0.05的显著性水平,因此,可以认为工具变量的分析结果与线性回归的结果存在显著差异。在这种情况下,我们应当采用工具变量法的分析结果。此外,根据F统计量及其p值,我们也可以得到相同的结论。综上可知,college是一个内生自变量,我们应当使用工具变量法对之进行回归分析。

最后,我们将演示ivreg2命令的使用方法。在第一个命令中,我们同时使用luck1、luck2和luck3这三个工具变量,并使用选项robust获取稳健标准误:

```
. ivreg2 lninc gender age age2 hukou feduy meduy sibling (college=luck1 luck2
luck3), robust
IV (2SLS) estimation
--------------------

Estimates efficient for homoskedasticity only
Statistics robust to heteroskedasticity

                                                   Number of obs =      10000
                                                   F(  8,  9991) =     499.72
                                                   Prob > F      =     0.0000
Total (centered) SS     =  15917.89881             Centered R2   =     0.3135
Total (uncentered) SS   =    739442.52             Uncentered R2 =     0.9852
Residual SS             =  10927.87721             Root MSE      =      1.045

------------------------------------------------------------------------------
             |               Robust
       lninc | Coefficient  std. err.      z    P>|z|     [95% conf. interval]
-------------+----------------------------------------------------------------
     college |   .6703614    .120531     5.56   0.000     .4341249    .9065979
      gender |   .7589964   .0220328    34.45   0.000     .7158128    .8021799
         age |   .2821712   .0125903    22.41   0.000     .2574946    .3068478
        age2 |  -.0043363   .0001995   -21.73   0.000    -.0047273   -.0039452
       hukou |   .4185817   .0409591    10.22   0.000     .3383033    .4988601
       feduy |    .039864   .0029423    13.55   0.000     .0340972    .0456309
       meduy |   .0246679   .0032976     7.48   0.000     .0182047    .0311311
     sibling |  -.1073933    .009253   -11.61   0.000    -.1255289   -.0892577
       _cons |    3.57229   .1881435    18.99   0.000     3.203535    3.941044
------------------------------------------------------------------------------
```

```
Underidentification test (Kleibergen-Paap rk LM statistic):          565.798
                                              Chi-sq(3) P-val =      0.0000
------------------------------------------------------------------------------
Weak identification test (Cragg-Donald Wald F statistic):            245.411
                         (Kleibergen-Paap rk Wald F statistic):      224.013
Stock-Yogo weak ID test critical values:  5% maximal IV relative bias  13.91
                                         10% maximal IV relative bias   9.08
                                         20% maximal IV relative bias   6.46
                                         30% maximal IV relative bias   5.39
                                         10% maximal IV size           22.30
                                         15% maximal IV size           12.83
                                         20% maximal IV size            9.54
                                         25% maximal IV size            7.80
Source: Stock-Yogo (2005).  Reproduced by permission.
NB: Critical values are for Cragg-Donald F statistic and i.i.d. errors.
------------------------------------------------------------------------------
Hansen J statistic (overidentification test of all instruments):       0.439
                                              Chi-sq(2) P-val =       0.8028
------------------------------------------------------------------------------
Instrumented:         college
Included instruments: gender age age2 hukou feduy meduy sibling
Excluded instruments: luck1 luck2 luck3
------------------------------------------------------------------------------
```

可以发现,该命令报告的 college 的回归系数为 0.670,这与之前使用 ivregress 命令得到的结果完全相同。不过,相比 ivregress 命令,ivreg2 命令在输出回归结果的同时还自动汇报了三个统计检验的结果。

一是不可识别检验(underidentification test),该检验的功能是判断第一阶段回归中,纳入模型的工具变量对内生自变量是否具有显著影响。检验结果显示,Kleibergen-Paap rk LM 统计量的值为 565.798,其 p 值小于 0.001,因此,可以认为 luck1、luck2 和 luck3 这三个工具变量对 college 具有显著影响。

二是弱识别检验(weak identification test),该检验报告了 Cragg-Donald Wald F 统计量和 Kleibergen-Paap rk Wald F 统计量的值。对于 Cragg-Donald Wald F 统计量,软件还报告了相应的临界值。可以发现,Cragg-Donald Wald F 统计量的值为 245.411,大于与实际显著性水平为 10%对应的临界值 22.30,因此,可以认为纳入模型的三个变量合并在一起不是弱工具变量。

三是过度识别检验(overidentification test),与该检验对应的 Hansen J 统计量为 0.439,p 值为 0.803,大于 0.05。因此,可以认为以 luck1、luck2 和 luck3 作为工具变量分别进行回归分析的结果没有显著差异。该检验与在 ivregress 命令之后使用 estat overid 命令的效果是等价的。

接下来在第二个命令中,我们以 luck1、luck2、luck3、age 和 age2 这五个变量作为工具变量进行回归分析,同时使用选项 orthog(age age2)检验 age 和 age2 是否与其他三个变量作为工具变量的回归结果不同:

```
. ivreg2 lninc gender hukou feduy meduy sibling (college=luck1 luck2 luck3 age
age2), robust orthog(age age2)
IV (2SLS) estimation
______________________________

Estimates efficient for homoskedasticity only
Statistics robust to heteroskedasticity

                                                   Number of obs =     10000
                                                   F(  6,  9993) =    513.72
                                                   Prob > F      =    0.0000
Total (centered) SS     =  15917.89881             Centered R2   =    0.2389
Total (uncentered) SS   =    739442.52             Uncentered R2 =    0.9836
Residual SS             =  12115.73885             Root MSE      =     1.101

------------------------------------------------------------------------------
             |               Robust
       lninc | Coefficient  std. err.      z    P>|z|     [95% conf. interval]
-------------+----------------------------------------------------------------
     college |   1.770388   .1193018    14.84   0.000     1.536561    2.004215
      gender |   .8226807   .0229812    35.80   0.000     .7776384    .8677229
       hukou |   .2611968   .0432643     6.04   0.000     .1764003    .3459932
       feduy |   .0301675   .0030575     9.87   0.000      .024175      .03616
       meduy |   .0122471   .0034466     3.55   0.000     .0054918    .0190024
     sibling |  -.0879799   .0087492   -10.06   0.000    -.1051279   -.0708318
       _cons |   7.782271   .0347036   224.25   0.000     7.714253    7.850288
------------------------------------------------------------------------------
Underidentification test (Kleibergen-Paap rk LM statistic):            669.151
                                                   Chi-sq(5) P-val =    0.0000
------------------------------------------------------------------------------
Weak identification test (Cragg-Donald Wald F statistic):              174.450
                         (Kleibergen-Paap rk Wald F statistic):        161.738
Stock-Yogo weak ID test critical values:  5% maximal IV relative bias    18.37
                                         10% maximal IV relative bias    10.83
                                         20% maximal IV relative bias     6.77
                                         30% maximal IV relative bias     5.25
                                         10% maximal IV size             26.87
                                         15% maximal IV size             15.09
                                         20% maximal IV size             10.98
                                         25% maximal IV size              8.84
Source: Stock-Yogo (2005).  Reproduced by permission.
NB: Critical values are for Cragg-Donald F statistic and i.i.d. errors.
------------------------------------------------------------------------------
Hansen J statistic (overidentification test of all instruments):       419.319
                                                   Chi-sq(4) P-val =    0 0000
```

```
-orthog- option:
Hansen J statistic (eqn. excluding suspect orthog. conditions):          0.868
                                             Chi-sq(2) P-val =    0.6478
C statistic (exogeneity/orthogonality of suspect instruments):         418.451
                                             Chi-sq(2) P-val =    0.0000
Instruments tested:   age age2
------------------------------------------------------------------------------
Instrumented:         college
Included instruments: gender hukou feduy meduy sibling
Excluded instruments: luck1 luck2 luck3 age age2
------------------------------------------------------------------------------
```

从输出结果可以发现，当采用五个工具变量时，college 的回归系数上升到了 1.770，不过从过度识别检验的结果看，不同工具变量的分析结果存在显著差异，因此，至少有一个工具变量是无效的。因为我们使用了选项 orthog(age age2)，软件还汇报了排除这两个变量以后，即仅以 luck1、luck2 和 luck3 作为工具变量回归的 Hansen J 统计量。可以发现，该统计量的值为 0.868，p 值为 0.648，在 0.05 的水平下不显著。这意味着以 luck1、luck2 和 luck3 分别作为工具变量回归的结果无显著差异，所以导致过度识别检验显著的很可能是 age 和 age2 这两个变量。对这两个变量的外生性进行专门检验的 C 统计量为 418.451，其 p 值很小，在 0.001 的水平下统计显著。这就进一步证实了我们的猜测。因此，我们不应将 age 和 age2 作为工具变量。真正符合要求的工具变量只有 luck1、luck2 和 luck3。

现在我们来看第三个命令，该命令以 luck1、luck2 和 luck3 作为 college 的工具变量，同时使用选项 redundant(luck3) 检验在这三个工具变量中，luck3 是不是冗余的：

```
. ivreg2 lninc gender age age2 hukou feduy meduy sibling (college=luck1 luck2
luck3), robust redundant(luck3)
IV (2SLS) estimation
--------------------

Estimates efficient for homoskedasticity only
Statistics robust to heteroskedasticity

                                                   Number of obs =     10000
                                                   F(  8,  9991) =    499.72
                                                   Prob > F      =    0.0000
Total (centered) SS     =  15917.89881             Centered R2   =    0.3135
Total (uncentered) SS   =    739442.52             Uncentered R2 =    0.9852
Residual SS             =  10927.87721             Root MSE      =     1.045
```

```
             |               Robust
       lninc | Coefficient  std. err.      z    P>|z|     [95% conf. interval]
-------------+----------------------------------------------------------------
     college |   .6703614    .120531     5.56   0.000     .4341249    .9065979
      gender |   .7589964   .0220328    34.45   0.000     .7158128    .8021799
         age |   .2821712   .0125903    22.41   0.000     .2574946    .3068478
        age2 |  -.0043363   .0001995   -21.73   0.000    -.0047273   -.0039452
       hukou |   .4185817   .0409591    10.22   0.000     .3383033    .4988601
       feduy |    .039864   .0029423    13.55   0.000     .0340972    .0456309
       meduy |   .0246679   .0032976     7.48   0.000     .0182047    .0311311
     sibling |  -.1073933    .009253   -11.61   0.000    -.1255289   -.0892577
       _cons |    3.57229   .1881435    18.99   0.000     3.203535    3.941044
------------------------------------------------------------------------------
Underidentification test (Kleibergen-Paap rk LM statistic):            565.798
                                                   Chi-sq(3) P-val =    0.0000
-redundant- option:
IV redundancy test (LM test of redundancy of specified instruments):     4.936
                                                   Chi-sq(1) P-val =    0.0263
Instruments tested:   luck3
------------------------------------------------------------------------------
Weak identification test (Cragg-Donald Wald F statistic):              245.411
                         (Kleibergen-Paap rk Wald F statistic):        224.013
Stock-Yogo weak ID test critical values:  5% maximal IV relative bias    13.91
                                         10% maximal IV relative bias     9.08
                                         20% maximal IV relative bias     6.46
                                         30% maximal IV relative bias     5.39
                                         10% maximal IV size             22.30
                                         15% maximal IV size             12.83
                                         20% maximal IV size              9.54
                                         25% maximal IV size              7.80
Source: Stock-Yogo (2005).  Reproduced by permission.
NB: Critical values are for Cragg-Donald F statistic and i.i.d. errors.
------------------------------------------------------------------------------
Hansen J statistic (overidentification test of all instruments):         0.439
                                                   Chi-sq(2) P-val =    0.8028
------------------------------------------------------------------------------
Instrumented:         college
Included instruments: gender age age2 hukou feduy meduy sibling
Excluded instruments: luck1 luck2 luck3
------------------------------------------------------------------------------
```

可以发现,在使用该选项之后,Stata 会执行一个冗余检验,该检验的原理是在第一阶段回归中,检验控制 luck1 和 luck2 之后,luck3 对 college 是否有显著的解释力。分析结果显示,冗余检验的 LM 统计量的值为 4.936,p 值为 0.026,小于 0.05,因此在 0.05 的水平下可以认为 luck3 对 college 有显著的解释力,应将之也作为工具变量组合的一部分进行分析。

最后,我们将演示使用 ivreg2 命令执行稳健的豪斯曼检验,具体方法是在命令中使用 endog(college)选项:

```
. ivreg2 lninc gender age age2 hukou feduy meduy sibling (college=luck1 luck2
luck3), robust endog(college)

IV (2SLS) estimation

Estimates efficient for homoskedasticity only
Statistics robust to heteroskedasticity

                                                   Number of obs =      10000
                                                   F(  8,  9991) =     499.72
                                                   Prob > F      =     0.0000
Total (centered) SS     =  15917.89881             Centered R2   =     0.3135
Total (uncentered) SS   =    739442.52             Uncentered R2 =     0.9852
Residual SS             =  10927.87721             Root MSE      =      1.045

------------------------------------------------------------------------------
             |               Robust
       lninc | Coefficient  std. err.      z    P>|z|     [95% conf. interval]
-------------+----------------------------------------------------------------
     college |   .6703614    .120531     5.56   0.000     .4341249    .9065979
      gender |   .7589964   .0220328    34.45   0.000     .7158128    .8021799
         age |   .2821712   .0125903    22.41   0.000     .2574946    .3068478
        age2 |  -.0043363   .0001995   -21.73   0.000    -.0047273   -.0039452
       hukou |   .4185817   .0409591    10.22   0.000     .3383033    .4988601
       feduy |    .039864   .0029423    13.55   0.000     .0340972    .0456309
       meduy |   .0246679   .0032976     7.48   0.000     .0182047    .0311311
     sibling |  -.1073933    .009253   -11.61   0.000    -.1255289   -.0892577
       _cons |    3.57229   .1881435    18.99   0.000     3.203535    3.941044
------------------------------------------------------------------------------
Underidentification test (Kleibergen-Paap rk LM statistic):            565.798
                                                   Chi-sq(3) P-val =    0.0000
------------------------------------------------------------------------------
Weak identification test (Cragg-Donald Wald F statistic):              245.411
                         (Kleibergen-Paap rk Wald F statistic):        224.013
Stock-Yogo weak ID test critical values:  5% maximal IV relative bias    13.91
                                         10% maximal IV relative bias     9.08
                                         20% maximal IV relative bias     6.46
                                         30% maximal IV relative bias     5.39
                                         10% maximal IV size             22.30
                                         15% maximal IV size             12.83
                                         20% maximal IV size              9.54
                                         25% maximal IV size              7.80
Source: Stock-Yogo (2005).  Reproduced by permission.
NB: Critical values are for Cragg-Donald F statistic and i.i.d. errors.
------------------------------------------------------------------------------
Hansen J statistic (overidentification test of all instruments):         0.439
                                                   Chi-sq(2) P-val =    0.8028
-endog- option:
Endogeneity test of endogenous regressors:                               4.154
                                                   Chi-sq(1) P-val =    0.0415
Regressors tested:    college
------------------------------------------------------------------------------
Instrumented:         college
Included instruments: gender age age2 hukou feduy meduy sibling
Excluded instruments: luck1 luck2 luck3
------------------------------------------------------------------------------
```

可以发现,使用该选项之后,Stata 将执行一个内生性检验(endogeneity test)。该检验的卡方统计量为 4.154,p 值为 0.042,小于 0.05 的显著性水平。因此,可以认为工具变量的分析结果与线性回归的分析结果存在显著差异,或者说 college 是一个内生变量。该检验与在 ivregress 命令之后使用 estat endogenous 的效果是等价的。

练习

1. 什么是工具变量?好的工具变量需要满足哪些条件?
2. 简述两阶段最小二乘法的原理。在实施两阶段最小二乘法之后,通常要执行哪些检验?
3. 请举例说明寻找工具变量的几个常见途径。
4. 什么是局部平均干预效应?它对我们诠释工具变量的分析结果有什么影响?
5. 使用 Stata 软件打开数据 education.dta,该数据共包含 2034 名个案,10 个变量。各变量的变量名与具体说明如下:

◆ lninc:收入对数,连续变量;
◆ gender:性别,二分变量,男性=1,女性=0;
◆ age:年龄,连续变量;
◆ expr:工龄,连续变量;
◆ education:受教育年限,连续变量;
◆ city:是否居住在大城市,二分变量,是=1,否=0;
◆ hukou:户口类型,二分变量,农业户口=1,非农户口=0;
◆ ability:语言能力,连续变量;
◆ faedu:父亲受教育年限,连续变量;
◆ moedu:母亲受教育年限,连续变量;

请按照要求完成以下分析工作:

(1) 以 lninc 为因变量,ability 为自变量,gender、age、expr、education、city 和 hukou 为控制变量,进行多元线性回归分析,使用异方差稳健标准误。

(2) 考虑到 ability 可能存在内生性问题,以 moedu 和 faedu 作为 ability 的工具变量,采用 2SLS 法进行分析,使用异方差稳健标准误,同时汇报第一阶段回归的结果。

(3) 保持(2)的变量设置不变,使用 GMM 法和 LIML 法进行估计,比较不同方法的估计结果。

(4) 对(2)的分析结果进行过度识别检验,并解释。

(5) 对(2)的分析结果进行弱工具变量检验,并解释。

(6) 仅以 moedu 作为 ability 的工具变量,使用 2SLS 法进行估计,使用异方差稳健标准误。此时存在弱工具变量问题吗?

(7) 比较(6)与(1)的结果是否存在显著差异,据此判断 ability 是否是一个内生变量。

(8) 使用 ivreg2 命令复现(6),同时对 ability 进行内生性检验。

第九章

断点回归

本章重点和教学目标：

1. 掌握断点回归设计的基本原理与因果识别条件；
2. 能正确使用局部线性回归法和多项式回归法求解断点回归；
3. 掌握针对断点回归的几种常见的稳健性检验方法；
4. 能正确使用 Stata 软件实施断点回归并进行稳健性检验。

断点回归(regression discontinuity design, RDD)是近 20 年来方兴未艾的一种因果推断方法。1960 年,教育心理学家西斯尔思韦特和坎贝尔首次使用该方法研究了奖学金对学生成绩的影响。[①] 但在该文发表后的近 40 年内,这种方法始终处于默默无闻的状态。直到 1999 年,经济学领域的顶级期刊《经济学季刊》连续发表了两篇使用断点回归的实证研究论文[②],该方法才重新焕发生机。根据坎宁安的统计,2019 年发表的与断点回归有关的学术论文超过

---

① Donald L. Thistlethwaite and Donald T. Campbell, "Regression-Discontinuity Analysis: An Alternative to the Ex Post Facto Experiment," *Journal of Educational Psychology*, Vol. 51, No. 6, 1960, pp. 309-317.

② Joshua D. Angrist and Victor Lavy, "Using Maimonides' Rule to Estimate the Effect of Class Size on Scholastic Achievement," *The Quarterly Journal of Economics*, Vol. 114, No. 2, 1999, pp. 533-575; Sandra E. Black. "Do Better Schools Matter? Parental Valuation of Elementary Education," *The Quarterly Journal of Economics*, Vol. 114, No. 2, 1999, pp. 577-599.

5600篇,而在2000年以前,这个数字从未超过100。[①] 20世纪初,断点回归的应用研究仍局限于经济学等少数学科,而时至今日,断点回归已发展为政治学、社会学、人口学、公共卫生等领域的学者进行政策评估和因果推断的一种常规工具。[②] 本章将详细介绍断点回归的基本原理和估计方法,讨论在实践中应用该方法的注意事项。最后,本章将结合案例演示在Stata软件中实现断点回归的命令。

第一节　基本原理

根据断点处干预变量的跳跃幅度,断点回归可分为精确断点回归(sharp regression discontinuity)和模糊断点回归(fuzzy regression discontinuity)两种类型,本节将主要介绍这两种断点回归的原理和因果识别条件。

一、精确断点回归

为了帮助读者更好地理解精确断点回归,我们将从1960年西斯尔思韦特和坎贝尔的那项开创性研究说起。西斯尔思韦特和坎贝尔想要研究奖学金对学生未来学习成绩的影响,但众所周知,奖学金是根据学生的学业表现评定的,所以一般来说,获得奖学金的学生的成绩会比没有获得奖学金的学生更加优秀,这导致研究者无法直接比较奖学金获得者与未获得者在未来学习成绩上的差异来得到奖学金对学习成绩的因果影响。针对这个问题,西斯尔思韦特和坎贝尔巧妙运用了奖学金的一项制度规定,他们发现,根据这项规定,只有当学生的成绩超过某一分值(如80分)的时候才有获得奖学金的机会,而这一规定为评估奖学金的因果影响提供了一个绝佳机会。为简单起见,我们假设所有成绩高于等于80分的学生都能获得奖学金,而低于80分的学生都没有获得奖学金。这样,是否获得奖学金这个二分干预变量就在80分处出现了一个断点。而且,因为断点位置与奖学金获取之间的关系是确定的,故这种断点

① Scott Cunningham, *Causal Inference: The Mixtape*, Yale University Press, 2021, p.151.

② 赵西亮:《基本有用的计量经济学》,北京大学出版社2017年版,186页。

被称作精确断点。

因此,精确断点回归设计通常包含一个二分干预变量 D_i(如是否获得奖学金)和一个配置变量[①] X_i(如评定奖学金时所依据的学习成绩)。而且,D_i 的取值完全由 X_i 是否超过临界值 x_0(如 80 分)决定。用数学公式表示为:如果 $X_i < x_0$,那么 $P(D_i=1)=0$;如果 $X_i \geqslant x_0$,那么 $P(D_i=1)=1$。这种函数关系表明,D_i 取值为 1 的概率在 $X_i=x_0$ 处从 0 跳跃至 1,这个跳跃为我们估计 D_i 的因果影响提供了可能。

在奖学金的例子中,虽然总体来说,获得奖学金的学生和没有获得奖学金的学生不具有可比性,但在 $X_i=x_0$ 附近,二者却比较相似。具体来说,假设奖学金的评定完全以成绩是否超过 80 分为标准,那么按照这个规定,考了 81 分的学生将获得奖学金,而考了 79 分的学生则无法获得奖学金。但 81 分与 79 分之间的差异如此之小,以至于我们有理由认为这种成绩上的细微差异完全是由随机因素(如运气)决定的。因此,直接对 80 分上下的个案进行比较即可得到奖学金对未来学习成绩的因果影响。

综上所述,精确断点回归近似于在断点处进行了一次局部随机对照试验,因此,其估计结果具有与随机对照试验类似的效度。这是该方法得到众多研究者青睐的重要原因。但是,与标准的随机对照试验不同,精确断点回归只能估计断点处的因果效应,因此,除非干预效应不随配置变量发生变化,否则,通过该方法得到的只是一个局部平均干预效应。

应用精确断点回归进行因果推断的一个关键假定是连续性假定。该假定要求潜在结果 Y_i^0 与 Y_i^1 是配置变量 X_i 的连续函数,特别是在 $X_i=x_0$ 处,Y_i^0 和 Y_i^1 与 X_i 的函数关系不能存在跳跃。因为如果存在跳跃,那么将很难分离 D_i 在 $X_i=x_0$ 处对 Y_i 的净影响。在奖学金的例子中,如果 80 分是一个很特殊的分数,以至于在没有奖学金制度的情况下,考分略低于 80 分的学生与略高于 80 分的学生在下一次考试中的成绩也会呈现出明显差异,那么我们就无法将这两组人的成绩差异完全视作奖学金的影响。在实际研究中,连续性假定无

---

① 配置变量也被译为参考变量或驱动变量,在英文文献中该变量通常被称作 assignment variable、forcing variable 或 running variable。

法进行直接检验，只能通过理论论证。例如，在奖学金的例子中，研究者需要说明 80 分这个临界值除了作为奖学金的评定标准之外，没有其他特殊之处。为了验证这一点，研究者可以检验除 D_i 之外其他对 Y_i 有影响的协变量在 $X_i = x_0$ 处的连续性，如果所有协变量在 $X_i = x_0$ 均不存在跳跃，那么连续性假定将会得到强有力的支持。

最后，在实践中应用精确断点回归的另一个关键假定是局部随机化假定。如前所述，精确断点回归近似于在断点附近对 D_i 进行了一次随机分配，但这种近似的效果需要足够好，才能保证估计到的结果具有因果解释的效力。通常来说，分析使用的样本与临界点越接近，局部随机化假定越容易得到满足。在上面这个例子中，如果将样本限定在超过临界点 1 分和低于临界点 1 分的学生，那么局部随机化假定将得到很好的满足，因为在百分制的考试中，1 分的差距很小，可以认为成绩相差 0—2 分的考生的水平没有太大区别。但是，将样本仅限于临界点上下 1 分也会损失很多样本，导致估计精度下降或估计方差上升。在实践中，为了平衡估计偏差与方差之间的矛盾，学者们提出了多种样本范围的筛选方法。在断点回归的专业术语中，这个范围通常被称作带宽。我们将在本章第二节详细介绍最优带宽的选择问题。在这里，读者需要注意的一点是，在应用断点回归进行因果推断时，最好尝试多种带宽，以评估研究结论的稳健性。

局部随机化假定除了受带宽影响之外，还受其他因素影响。特别是，如果研究对象能操控配置变量的取值，那么局部随机化假定将遭到破坏。在奖学金的例子中，如果考分略低于 80 分的学生通过找老师或其他方式修改成绩，分数达到了 80 分的奖学金评定标准，那么奖学金在临界点附近的分配过程就不随机了，这会导致精确断点回归的结果出现偏差。针对这个问题，麦克拉里提出了一种检验方法。[①] 他认为，如果研究对象能操控配置变量的取值，那么配置变量的分布将很可能在断点处出现不连续的现象，因此，可以通过检验配置

① Justin McCrary, "Manipulation of the Running Variable in the Regression Discontinuity Design: A Density Test," *Journal of Econometrics*, Vol. 142, No. 2, 2008, pp. 698-714.

变量在断点处的连续性来检验这个问题。我们将在本章第二节详细介绍麦克拉里的检验方法,并在本章第三节演示在 Stata 中实现该检验的命令。

二、模糊断点回归

上文所述的精确断点回归要求干预变量的概率在断点处从 0 跳跃至 1。与之相近的另一种情况是,干预变量的概率在断点处从 a 跳跃至 b,例如从 0.2 跳跃至 0.8。在这种情况下,二分干预变量 D_i 将不再是配置变量 X_i 的确定性函数,但仍在很大程度上受配置变量 X_i 是否超过临界值 x_0 的影响,因此,D_i 取值为 1 的概率在 $X_i=x_0$ 处仍会出现断点,这个断点通常被称作模糊断点。

还以奖学金的例子来说,假设奖学金的评定除了参考学生成绩(是否超过 80 分)之外,还会考虑学生在社团活动、学科竞赛等方面的表现。根据这个规定,一些成绩没有达到 80 分的学生可能因为其他方面的加分拿到了奖学金,而一些成绩超过 80 分的学生也可能因为其他方面表现平平而失去奖学金。在这种情况下,学生能否得到奖学金将不完全由其成绩是否超过 80 分决定,但毋庸置疑的是,成绩超过 80 分仍是影响奖学金评定的一个重要因素,因此,奖学金的获取概率将在考试成绩等于 80 分处出现一个模糊断点。

与精确断点相比,模糊断点在实践中更加常见,因为在现实世界中,大多数结果都是由多个因素共同决定的。但是,模糊断点的这一模糊性特点却给我们估计因果效应带来了困难。举例来说,如果奖学金的评定不完全由成绩是否超过 80 分决定,那么在 80 分这一临界点附近的奖学金分配结果就不再满足局部随机化假定。因为在这种情况下,除了考试的运气这一随机因素会影响奖学金的评定结果之外,是否有丰富的社团活动经历和学科竞赛获奖也会产生重要影响。众所周知,社团参与和竞赛获奖不是随机分配的,而是与学生的能力高度相关,而能力又是影响下一次考试成绩的重要因素,因此,直接对断点附近的研究对象进行比较无法得到奖学金对未来学习成绩的因果影响。

模糊断点的因果识别问题可以从因果图得到更加清晰的展示。图 9.1(a)

描绘的是精确断点的因果图。从该图可以发现，二分干预变量 D_i 完全由配置变量 X_i 决定，虽然 X_i 与影响 Y_i 的未观测因素 U_i 相关，但因为 D_i 与 Y_i 之间只存在一条后门路径 $D_i \leftarrow X_i \leftarrow U_i \rightarrow Y_i$，且这条后门路径中的变量 X_i 可观测，因此，只要对 X_i 实施统计控制，即可得到 D_i 对 Y_i 的因果影响。

但是，从图 9.1(b) 可以发现，在模糊断点情况下，二分干预变量 D_i 同时受配置变量 X_i 和不可观测变量 E_i 的影响。因此，D_i 和 Y_i 之间存在两条后门路径：$D_i \leftarrow X_i \leftarrow U_i \rightarrow Y_i$ 和 $D_i \leftarrow E_i \rightarrow Y_i$。控制 X_i 只能切断第一条后门路径，无法切断第二条路径，因此，仅通过控制 X_i 无法得到 D_i 对 Y_i 的因果影响。

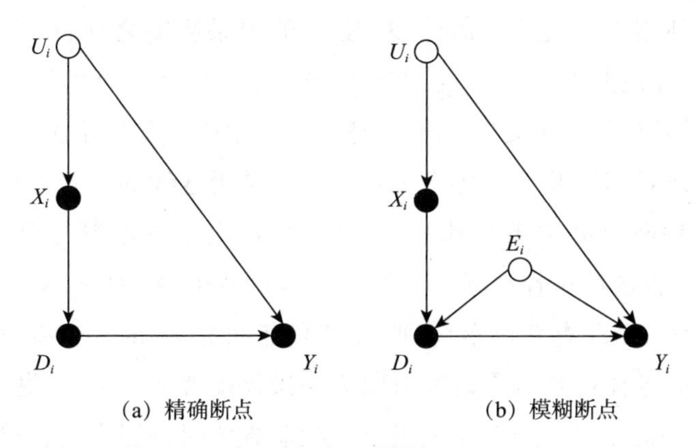

图 9.1　断点回归的因果图

不过，如果对图 9.1(b) 稍作变化，就可以通过工具变量法估计 D_i 对 Y_i 的因果影响。具体来说，根据如下方式定义二分变量 Z_i：如果 $X_i \geqslant x_0$，那么 $Z_i = 1$；如果 $X_i < x_0$，那么 $Z_i = 0$。由上述定义可知，Z_i 是标识 X_i 是否越过临界点的一个标识变量。根据模糊断点的定义，一旦 X_i 越过临界点，D_i 取值为 1 的概率将发生跳跃，因此，Z_i 对 D_i 有显著影响，且因为 Z_i 完全由 X_i 决定，所以，我们可以将 Z_i 置于 X_i 与 D_i 之间。这就得到了更新后的因果图（见图 9.2）。

由图 9.2 可知，Z_i 是估计 D_i 对 Y_i 因果影响的一个工具变量。一方面，Z_i 对 D_i 有因果影响；另一方面，在控制 X_i 之后，Z_i 与 Y_i 之间无任何路径相连。因此，Z_i 满足工具变量法的两个基本条件，可以使用该方法进行估计。

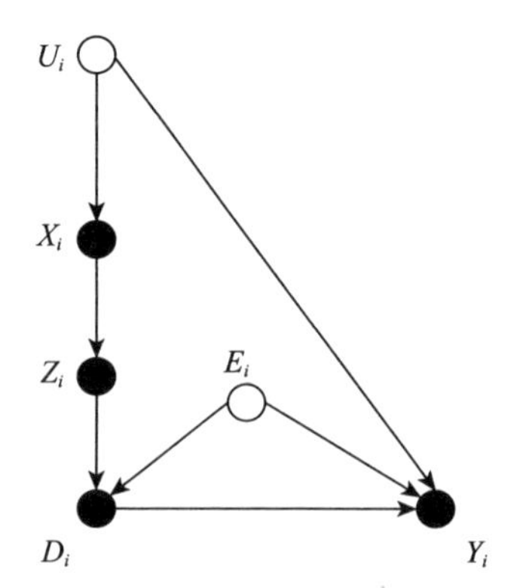

图 9.2 更新后模糊断点的因果图

不过,在使用工具变量法估计 D_i 对 Y_i 的因果影响之前,研究者必须明确该方法得以成立的几个前提假定。首先,与精确断点回归相同,使用模糊断点设计也必须满足连续性假定。如前所述,这个假定无法进行直接检验,只能进行理论说明,或者用检验相关协变量在断点处是否连续的方式进行间接证明。

其次,模糊断点必须满足独立性假定,即假定断点位置与潜在结果 Y_i^0 与 Y_i^1 无关。这个假定意味着在图 9.2 所示的因果图中,Z_i 对 Y_i 无直接的因果影响,因为如果 Z_i 对 Y_i 有直接影响,那么 Z_i 将不再是 D_i 的一个有效工具。在实践中,独立性假定往往意味着研究对象无法操控配置变量在 x_0 附近的取值,因此,可以通过上文介绍的麦克拉里提出的检验方法对该假定进行检验。

最后,使用工具变量法进行估计还必须满足单调性假定,这个假定要求断点对所有个体的影响具有相同的方向。在奖学金的例子中,单调性假定意味着超过 80 分会提高所有学生获得奖学金的概率,不存在成绩超过 80 分而奖学金获得概率下降的情况。这个假定在大多数情况下是能够得到满足的,因此,对模糊断点回归来说,最重要的假定是连续性假定和独立性假定。

第二节 估计方法

断点回归的估计方法主要有两种:一是局部线性回归(local linear regression),二是多项式回归(polynomial regression)。本节将详细介绍这两种方法的原理以及对其分析结果进行稳健性检验的方法。

一、局部线性回归

局部线性回归是目前分析断点回归的主流方法。首先,我们来看精确断点情况下该方法的应用。在精确断点情况下,根据连续性假定,潜在结果 Y_i^0 与 Y_i^1 都是配置变量 X_i 的连续函数。如果假定 $E(Y_i^0 \mid X_i)=f(X_i)$,$E(Y_i^1 \mid X_i)=g(X_i)$,那么根据精确断点的定义,D_i 在 $X_i=x_0$ 这个断点处对 Y_i 的影响为

$$\tau_{x_0}^{\mathrm{SRD}} = g(x_0) - f(x_0) \tag{9.1}$$

由公式(9.1)可知,想要估计 $\tau_{x_0}^{\mathrm{SRD}}$,必须求得 $g(x_0)$ 和 $f(x_0)$。但问题是,我们并不知道 $f(X_i)$ 和 $g(X_i)$ 的函数表达式。针对这个问题,一个常见的解决办法是用线性函数对 $f(X_i)$ 和 $g(X_i)$ 进行近似。具体来说,我们假定:

$$f(X_i) = \beta_0^0 + \beta_1^0(X_i - x_0) \tag{9.2}$$

$$g(X_i) = \beta_0^1 + \beta_1^1(X_i - x_0) \tag{9.3}$$

由方程(9.2)和方程(9.3)可知,$g(x_0)=\beta_0^1$, $f(x_0)=\beta_0^0$,因此,$\tau_{x_0}^{\mathrm{SRD}}$ 即上述两个线性函数的截距之差。为了能够直接得到 $\tau_{x_0}^{\mathrm{SRD}}$ 的估计值并对之进行统计检验,我们可以拟合如下线性回归方程:

$$Y_i = \beta_0^0 + \beta_1^0(X_i - x_0) + \delta D_i + \delta_1 D_i(X_i - x_0) + \varepsilon_i \tag{9.4}$$

可以证明,方程(9.4)中 D_i 的系数 δ 即 β_0^1 与 β_0^0 之差。因此,研究者只需按照方程(9.4)拟合线性回归,即可通过 D_i 的系数 δ 得到 $\tau_{x_0}^{\mathrm{SRD}}$ 的估计值,并能按照线性回归的通常做法对之进行假设检验。

使用上述方法估计 $\tau_{x_0}^{\mathrm{SRD}}$ 的前提条件是 $f(X_i)$ 和 $g(X_i)$ 是 X_i 的线性函数。如果 $f(X_i)$ 和 $g(X_i)$ 与 X_i 的函数关系不是线性的,那么通过方程(9.4)很可能得到误导性的结论。图 9.3 给出了一个案例。从该图可以发现,断点出现在 $X_i=0$ 的位置。在断点两侧,Y_i 与 X_i 的函数关系是连续的,因此,$g(x_0)=f(x_0)$,这意味着 D_i 在断点处对 Y_i 没有因果影响。但是,如果我们使用线性函数拟合断点左右两侧 Y_i 与 X_i 的函数关系,则会发现跳跃,因此误以为 D_i 对 Y_i 有因果影响。

由图 9.3 可知,导致这个错误结论的主要原因是我们误用线性函数拟合 Y_i 与 X_i 之间的函数关系。针对这个问题,通常的处理办法是采用局部线性回归

法，即将分析所用的样本限定在断点左右两侧的局部范围之内。例如，仅对 $x_0 - h \leqslant X_i \leqslant x_0 + h$ 之内的子样本拟合方程(9.4)，这里的 h 为带宽。实践证明，当 h 足够小的时候，使用线性函数能很好地近似 Y_i 与 X_i 之间的函数关系，此时通过方程(9.4)可以得到 δ 或 $\tau_{x_0}^{\mathrm{SRD}}$ 的一个近似无偏的估计值。但是当 h 取值较小时，分析所用的样本量会有较大损失，这会导致估计方差增大。

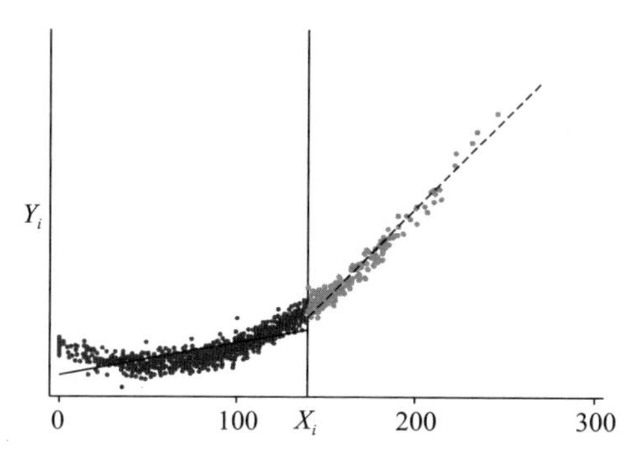

图 9.3　通过线性函数拟合 Y_i 与 X_i 之间的函数关系可能产生误导

综上所述，在应用局部线性回归法时，估计偏差与方差是一个难以兼顾的问题。使用较小的 h 虽能降低偏差，但会增加方差；而使用较大的 h 则会导致完全相反的结果。针对这个问题，近年来学者们提出了多种最优带宽的选择方法。例如，卡洛尼科等学者开发的 Stata 命令 rdbwselect 提供了 10 种最优带宽的选择方法。[①] 我们建议研究者综合使用多种方法确定最优带宽。除此之外，也可以尝试其他带宽选择，如使用最优带宽的一半或两倍最优带宽重复分析过程，这样可以更好地评估研究结论在不同带宽选择下的稳健性。

在应用局部线性回归法时，研究者可以使用普通最小二乘法估计方程式(9.4)，也可以使用加权最小二乘法进行估计。加权最小二乘法可以通过核函数为那些靠近临界点的样本分配更大的权重，从而增加它们对分析结果的影响。从理论上说，断点回归主要分析 D_i 在断点处对 Y_i 的因果影响，因此，采用加权最小二乘法的效果应好于普通最小二乘法。但一些研究发现，是否加

① Sebastian Calonico, Matias D. Cattaneo, Max H. Farrell and Rocío Titiunik, "Rdrobust: Software for Regression-discontinuity Designs," *The Stata Journal*, Vol. 17, No. 2, 2017, pp. 372-404.

权对分析结果的影响不大。[1] 我们建议研究者同时使用两种估计方法,并检验研究结论的稳健性。

上文介绍的局部线性回归法仅适用于精确断点。在模糊断点的情况下,D_i 不仅受到 X_i 的影响,而且受其他因素影响,这有可能导致方程(9.4)中的误差项 ε_i 与 D_i 相关,进而导致 δ 的估计值有偏。为了解决 D_i 的内生性问题,我们可以用 Z_i 作为 D_i 的工具变量,并通过两阶段最小二乘法进行估计。

具体来说,第一阶段的回归方程为

$$D_i = \alpha_0 + \alpha_1(X_i - x_0) + \gamma Z_i + \gamma_1 Z_i(X_i - x_0) + \varepsilon_i \tag{9.5}$$

第二阶段的回归方程为

$$Y_i = \beta_0 + \beta_1(X_i - x_0) + \delta D_i + \delta_1 Z_i(X_i - x_0) + \xi_i \tag{9.6}$$

按照两阶段最小二乘法的常规做法,研究者可以用方程(9.5)的拟合值 $\hat{D}_i$ 替换方程(9.6)中的 D_i,这样就可以得到 δ 的一致估计。研究发现,上述两阶段最小二乘的估计结果也可以通过两次局部线性回归得到。具体来说,首先按照上文介绍的方法对 Y_i 进行局部线性回归,得到 Y_i 在断点处的跳跃值 $\tau_{x_0}^{Y}$。然后以 D_i 为因变量,按照类似的方法进行局部线性回归,得到 D_i 取值为 1 的概率在断点处的跳跃值 $\tau_{x_0}^{D}$。最后,将两次局部线性回归的估计结果相除,即可得到模糊断点情况下 D_i 在断点处对 Y_i 的因果影响。用公式表示为

$$\tau_{x_0}^{\mathrm{FRD}} = \frac{\tau_{x_0}^{Y}}{\tau_{x_0}^{D}} \tag{9.7}$$

在使用公式(9.7)计算 $\tau_{x_0}^{\mathrm{FRD}}$ 的时候,分母 $\tau_{x_0}^{D}$ 不能为 0,否则,该公式将没有定义。由此可见,D_i 取值为 1 的概率在断点处发生跳跃是应用该方法的一个必要条件。如果 D_i 取值为 1 的概率在断点处从 0 跳跃至 1,那么 $\tau_{x_0}^{D}$ 将等于 1,在这种情况下,模糊断点就变成了精确断点,公式(9.7)也将变为公式(9.1)。由此可见,精确断点是模糊断点在 $\tau_{x_0}^{D}=1$ 情况下的一个特例。

二、多项式回归

上文介绍的局部线性回归法需要在断点左右两侧的小范围内有足够多的

---

① Guido W. Imbens and Thomas Lemieux, "Regression Discontinuity Designs: A Guide to Practice," *Journal of Econometrics*, Vol. 142, No. 2, 2008, pp. 615-635.

样本才能够执行。如果断点附近的样本太少,就有必要选择更大的带宽,甚至使用全部样本进行分析。但是,如果分析使用的带宽较大,通过线性函数近似 $f(X_i)$ 和 $g(X_i)$ 的偏差也会增大,此时,有必要通过多项式函数来捕捉 $f(X_i)$ 和 $g(X_i)$ 与 X_i 之间的非线性关系,这就是断点回归的多项式回归法。

具体来说,在精确断点的情况下,可以针对全部样本拟合如下回归方程:

$$Y_i = \beta_0^0 + \beta_1^0(X_i - x_0) + \beta_2^0(X_i - x_0)^2 + \cdots + \beta_p^0(X_i - x_0)^p + \delta D_i + \delta_1 D_i(X_i - x_0) + \delta_2 D_i(X_i - x_0)^2 + \cdots + \delta_p D_i(X_i - x_0)^p + \varepsilon_i \quad (9.8)$$

可以证明,方程(9.8)中 D_i 的系数 δ 即精确断点情况下 D_i 在 $X_i=x_0$ 处对 Y_i 的因果影响。研究者可以使用普通最小二乘法估计方程式(9.8),也可以使用加权最小二乘法进行估计。但无论采用何种方法,研究者都必须先设定 p,即设定方程中 (X_i-x_0) 的阶数。在实际研究时,这是一个非常棘手的问题。因为研究者通常并不知道 Y_i 与 X_i 之间确切的函数关系,所以,p 很容易出现误设。而一旦出现误设,无论是将 p 设定得过高还是过低,对 δ 的估计都会出现偏差。

针对这个问题,通常的解决办法是采用局部多项式回归(local polynomial regression),即在 $x_0 - h \leqslant X_i \leqslant x_0 + h$ 这个局部范围内拟合方程(9.8)。一般来说,h 设置得越窄,p 值越小。所以,在样本量足够的情况下,使用较小的 h 可以缩小 p 的可选范围。尽管如此,在实际研究时,研究者仍然难以确定 p 的具体数值,因此,有必要进行多次尝试,并通过 AIC 和 BIC 等模型拟合指标选择对数据拟合最好的模型,然后使用该模型分析断点处 D_i 对 Y_i 的因果影响。

上文介绍的局部多项式回归法仅适用于精确断点。在模糊断点的情况下,方程(9.8)中的 D_i 存在内生性问题,因此,无法通过线性回归得到其回归系数的无偏估计值。但是,我们可以通过工具变量法解决这个问题。具体来说,我们可以用 Z_i 作为 D_i 的工具变量,并通过两阶段最小二乘法进行估计。

其中,第一阶段的回归方程为

$$D_i = \alpha_0 + \alpha_1(X_i - x_0) + \alpha_2(X_i - x_0)^2 + \cdots + \alpha_p(X_i - x_0)^p + \gamma Z_i + \gamma_1 Z_i(X_i - x_0) + \gamma_2 Z_i(X_i - x_0)^2 + \cdots + \gamma_p Z_i(X_i - x_0)^p + \varepsilon_i \quad (9.9)$$

第二阶段的回归方程为

$$Y_i = \beta_0 + \beta_1(X_i - x_0) + \beta_2(X_i - x_0)^2 + \cdots + \beta_p(X_i - x_0)^p + \delta D_i + \delta_1 Z_i(X_i - x_0) + \delta_2 Z_i(X_i - x_0)^2 + \cdots + \delta_p Z_i(X_i - x_0)^p + \xi_i \quad (9.10)$$

研究者可以按照两阶段最小二乘的通常做法得到方程(9.10)中 δ 的一致估计,这就是模糊断点情况下 D_i 在断点处对 Y_i 的因果影响。

三、稳健性检验

在通过局部线性回归法或多项式回归法对精确断点和模糊断点进行分析之后,还必须进行稳健性检验。具体来说,常见的检验方法包括:

第一,对协变量在断点处的连续性进行检验。如前所述,无论是精确断点还是模糊断点都必须做连续性假定,该假定认为,潜在结果 Y_i^0 和 Y_i^1 与 X_i 的函数关系在断点处不能存在跳跃。如果连续性假定成立,那么一个合理推论就是影响 Y_i^0 和 Y_i^1 的协变量在断点处不存在跳跃。因此,可以以协变量作为“伪结果”进行断点回归分析,如果对所有协变量的分析结果都不显著,那么就有较大的把握认为因变量在断点处的跳跃是干预变量 D_i 的跳跃所致。

第二,对配置变量 X_i 在断点处分布的连续性进行检验。麦克拉里认为,配置变量在断点处的分布应当是连续的,否则,就存在研究对象操控配置变量取值的情况。这种情况将违背精确断点的局部随机化假定和模糊断点的独立性假定,导致分析结果不可信。对此,麦克拉里提出了一种检验配置变量 X_i 在断点处连续性的方法,该检验的结果不显著说明配置变量在断点处的分布不存在跳跃,据此可以认为断点回归的分析结果是可信的。

第三,对“伪断点”位置的干预效应进行“安慰剂检验”。根据断点回归设计的原理,断点处干预变量的取值发生跳跃是导致因变量的取值在断点处发生跳跃的唯一原因。由此可以推论出,在干预变量取值没有发生跳跃的位置(即伪断点处),因变量的取值不应该发生跳跃。根据上述推理,我们可以设计一些伪断点,并在伪断点处进行完全相同的断点回归分析,如果在伪断点处发现了非常显著的干预效应,则说明断点回归设计有问题。

第四,对模型参数的敏感性进行检验。具体来说,如果使用局部线性回归法进行分析,那么研究者需要同时报告多种带宽条件下的估计结果。如果使用多项式回归法进行分析,那么研究者同样需要设定不同的带宽,并在每种带宽条件下确定最合适的 p 值。总而言之,研究者需要展示不同参数条件下的估计结果,如果这些结果非常接近,那么就会在很大程度上提升结论的可信性。

第三节　断点回归的 Stata 命令

本节主要介绍使用 Stata 软件实施断点回归的方法。我们将首先介绍几个常用的命令,然后通过案例进行演示。

一、命令介绍

如前所述,精确断点在本质上就是对方程(9.4)或方程(9.8)的一个线性回归,因此可以通过 Stata 软件中的 regress 命令求解。对模糊断点来说,研究者可以使用工具变量法求解,这可以通过 Stata 软件中的 ivregress 命令实现。[①] 不过,使用这两个命令分析断点回归比较烦琐,且在功能上受到一些限制,如使用这两个命令无法选择最优带宽,也无法实施麦克拉里提出的连续性检验等。针对这些问题,一些学者开发了专门针对断点回归的 Stata 命令。我们推荐读者使用卡洛尼科等学者于 2017 年开发的 rdrobust 软件包。这是一个用户自编的软件包,使用前需要先安装,具体命令如下:

```
. ssc install rdrobust, replace
```

rdrobust 软件包中有三个核心命令。其中,rdplot 命令用来绘制断点回归的图形,rdbwselect 命令用来计算最优带宽,rdrobust 命令则是用来实施参数估计和相应的统计推断。下面,我们将逐一介绍这三个命令的用法。

首先,rdplot 命令的语法结构如下:

```
rdplot depvar indepvar [if] [in] [,options]
```

其中,rdplot 是命令名,depvar 是因变量的变量名,indepvar 是配置变量的变量名。if 和 in 的用法与其他命令相同,此处不再重复。

该命令的常用选项包括:

---

① regress 和 ivregress 的用法在本书之前的章节介绍过,此处不再重复。

◆ c(#):设置断点位置,默认为 c(0),即断点发生在 $X_i=0$ 处。

◆ p(#):设置用多项式拟合断点左右两侧 Y_i 与 X_i 之间函数关系时的阶数,默认是 p(4),即用四次多项式进行拟合。

◆ kernel(kernelfn):设置核函数类型,默认是 kernel(uniform),即采用矩形核,这等价于使用 OLS 法拟合 Y_i 与 X_i 之间的多项式函数关系。如果要采用 WLS 法拟合,可以使用 kernel(triangular)或 kernel(epanechnikov),它们分别对应的是三角核与 Epanechnikov 核函数。

◆ h(##):设置断点左右两侧分别用于拟合多项式函数的带宽,默认使用所有样本进行拟合。

◆ covs(covars):设置在拟合多项式函数时纳入的协变量。

◆ nbins(##):设置断点左右两侧划分的区间数,如果不设置,将采用命令自带的自动化算法确定区间数。

◆ ci(cilevel):若要在图形中显示置信区间,可通过该选项设置置信度。

◆ shade:为置信区间添加阴影。

其次,rdbwselect 命令的语法结构如下:

```
rdbwselect depvar indepvar [if] [in] [,options]
```

与 rdplot 命令相同,rdbwselect 命令中的 depvar 和 indepvar 分别为因变量和配置变量的变量名。该命令的常用选项包括:

◆ c(#):设置断点位置,默认为 c(0),即断点发生在 $X_i=0$ 处。

◆ p(#):设置多项式函数的阶数,默认是 p(1),即采用局部线性回归。

◆ q(#):设置偏差校正的多项式函数的阶数,默认是 q(2)①。

◆ deriv(#):#可取 0 或 1,默认为 deriv(0),表示进行断点回归分析,若设置为 deriv(1),则进行拐点回归分析(regression kink design)②。

◆ fuzzy(fuzzyvar [sharpbw]):若为模糊断点,需设置干预变量 D_i 的变量

① 偏差校正的技术细节请参考 Sebastian Calonico, Matias D. Cattaneo and Rocío Titiunik, "Robust Data-Driven Inference in the Regression-Discontinuity Design," *The Stata Journal*, Vol. 14, No. 4, 2014, pp. 909-946。

② 拐点回归是断点回归的一种拓展,详见 David Card, David S. Lee, Zhuan Pei and Andrea Weber, "Inference on Causal Effects in a Generalized Regression Kink Design," *Econometrica*, Vol. 83, No. 6, 2015, pp. 2453-2483。

名 fuzzyvar,可选项 sharpbw 表示分析时对 D_i 采用与 Y_i 相同的带宽。

◆ covs(covars):设置在分析时纳入的协变量。

◆ kernel(kernelfn):设置核函数类型,与 rdplot 相同,有三种核函数可供选择,此处默认是三角核,即 kernel(triangular)。

◆ bwselect(bwmethod):设置最优带宽的计算方法,共有 10 种,默认为 bwselect(mserd)。

◆ all:同时使用 10 种方法计算最优带宽。

◆ vce(vcetype):设置标准误的计算方法,共有 7 种,默认是 vce(nn 3)。

最后,rdrobust 命令的语法结构与前两个命令类似,具体如下:

```
rdrobust depvar indepvar [if] [in] [, options]
```

该命令的常用选项与 rdbwselect 基本相同,此处仅介绍与 rdbwselect 不同的几个选项:

◆ h(##):手动设置带宽,若不设置,将通过 rdbwselect 计算最优带宽。

◆ b(##):手动设置偏差调整的带宽,若不设置,将通过 rdbwselect 计算偏差调整的最优带宽。

◆ all:同时报告三种估计结果。一是不进行偏差校正的传统估计值和标准误,二是仅对标准误进行偏差校正的结果,三是同时对估计值和标准误进行偏差校正后的结果。

在进行断点回归分析之后,通常要对分析结果的稳健性进行检验。其中大部分检验可以通过上文介绍的 rdrobust 软件包实现,但是,对 X_i 在断点处的连续性检验却需要使用额外的命令。我们建议读者使用 2018 年开发的 rddensity 命令。[①] 该命令是一个用户自编的命令,使用前需要先通过如下命令安装:

```
. ssc install rddensity, replace
```

rddensity 命令的语法结构如下:

```
rddensity var [if] [in] [, options]
```

① Matias D. Cattaneo, Michael Jansson and Xinwei Ma, "Manipulation Testing Based on Density Discontinuity," *The Stata Journal*, Vol. 18, No. 1, 2018, pp. 234-261.

其中，rddensity 是命令名，var 是配置变量的变量名。使用该命令时，研究中通常只需通过选项 c(#) 设置断点位置，即可得到断点处 X_i 是否连续的一个稳健性检验结果。下面，我们将通过案例演示该命令的用法。

二、案例展示

1. 精确断点

本章将使用 rdrobust 软件包自带的 rdrobust_senate. dta 数据演示精确断点的分析过程。该数据曾被多项研究使用，是一个非常经典的研究案例。[①] 在进入具体分析之前，有必要先介绍一下这个数据所涉及的研究背景。

在美国，执政党在下一次选举中是否更可能胜出是一个备受关注的问题。众所周知，执政党之所以执政很可能是因为它的执政理念更得人心，或在竞选中投入更大，因此，学界对执政本身是否对选举结果具有影响的争议很大。为了回答这个问题，一个有效办法是使用断点回归。具体来说，根据美国的选举制度，如果上一次选举中民主党的选票超过共和党，那么民主党将成为执政党，否则共和党将成为执政党。这样，在两党上一次竞选的得票份额之差等于 0 处会形成一个精确断点。利用这个精确断点，就可以评估执政对选举结果的因果影响。

rdrobust_senate. dta 包含美国多个州在多个年份的竞选数据。其中，vote 是民主党在选举中的得票份额，即研究的因变量。margin 是上一次选举中民主党的得票份额与共和党之差，即配置变量。此外，该数据还包含 4 个对选举结果可能有影响的协变量。其中，class 是一个三分变量，用来表示选举当年参议院席位所属的类型；termshouse 是民主党候选人在众议院任职的任期；termssenate 是该候选人在参议院任职的任期；population 是州的人口数。

首先，我们使用 use 命令打开该数据，然后对 vote 在 margin 等于 0 处是否存在跳跃进行图形分析。具体如下：

---

① 该数据的详细介绍请参考 Sebastian Calonico, Matias D. Cattaneo, Max H. Farrell and Rocío Titiunik, "Rdrobust: Software for Regression-discontinuity Designs," *The Stata Journal*, Vol. 17, No. 2, 2017, pp. 372-404。

```
. use "C:\Users\XuQi\Desktop\rdrobust_senate.dta", clear
. rdplot vote margin
```

RD Plot with evenly spaced mimicking variance number of bins using spacings estimators.

Cutoff c = 0	Left of **c**	Right of **c**
Number of obs	595	702
Eff. Number of obs	595	702
Order poly. fit (p)	4	4
BW poly. fit (h)	100.000	100.000
Number of bins scale	1.000	1.000

Number of obs = 1297
Kernel = Uniform

Outcome: vote. Running variable: margin.

	Left of **c**	Right of **c**
Bins selected	15	35
Average bin length	6.667	2.857
Median bin length	6.667	2.857
IMSE-optimal bins	8	9
Mimicking Var. bins	15	35
Rel. to IMSE-optimal:		
Implied scale	1.875	3.889
WIMSE var. weight	0.132	0.017
WIMSE bias weight	0.868	0.983

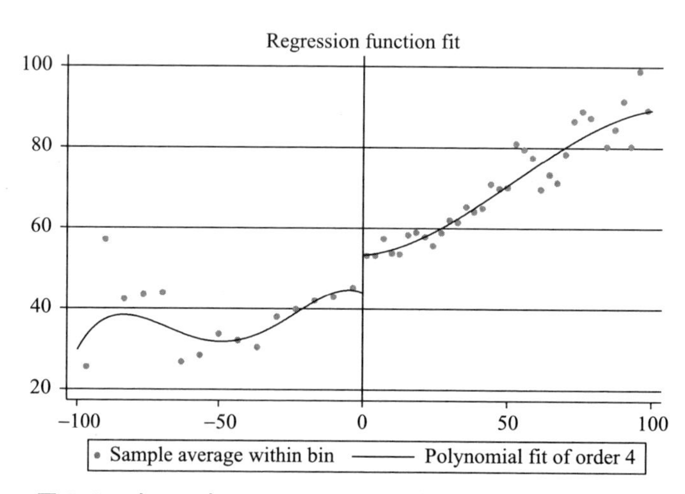

图 9.4　对 vote 在 margin=0 处是否存在跳跃进行图形分析

rdplot 命令的输出结果共分两部分:一是显示绘图所用的参数估计值,二是图形。我们主要看图形。从图 9.4 可以发现,vote 的值总体而言随 margin 呈上升趋势，在 margin 等于 0 处，vote 的值出现了一个较为明显的跳跃，这就为执政会提升下一次竞选中的得票率提供了视觉上的证据。

接下来，我们将尝试通过局部线性回归法估计断点处的效应值，并对之进行统计检验。不过，在进行参数估计和假设检验之前，需要先获得最优带宽，这可以通过 rdbwselect 命令实现，具体如下：

```
. rdbwselect vote margin, all

Bandwidth estimators for sharp RD local polynomial regression.

      Cutoff c = | Left of c  Right of c            Number of obs =       1297
-----------------+------------------------          Kernel        = Triangular
   Number of obs |       595         702            VCE method    =         NN
   Min of margin |  -100.000       0.036
   Max of margin |    -0.079     100.000
   Order est. (p)|         1           1
   Order bias (q)|         2           2

Outcome: vote. Running variable: margin.
------------------------------------------------------------------------------
                |          BW est. (h)           |          BW bias (b)
         Method | Left of c           Right of c | Left of c          Right of c
----------------+--------------------------------+-----------------------------
          mserd |    17.754               17.754 |    28.028              28.028
         msetwo |    16.170               18.126 |    27.104              29.344
         msesum |    18.365               18.365 |    31.319              31.319
       msecomb1 |    17.754               17.754 |    28.028              28.028
       msecomb2 |    17.754               18.126 |    28.028              29.344
----------------+--------------------------------+-----------------------------
          cerrd |    12.407               12.407 |    28.028              28.028
         certwo |    11.299               12.667 |    27.104              29.344
         cersum |    12.834               12.834 |    31.319              31.319
       cercomb1 |    12.407               12.407 |    28.028              28.028
       cercomb2 |    12.407               12.667 |    28.028              29.344
------------------------------------------------------------------------------
```

上述命令使用了选项 all，这意味着同时使用 10 种方法计算最优带宽，并输出所有计算结果。可以发现，使用前 5 种方法得到的最优带宽比较接近（在 18 左右），后 5 种方法得到的最优带宽也比较接近（在 12 左右）。[①] 除此之外，Stata 还输出了使用不同方法得到的偏差校正的最优带宽，可以发现，这些带宽

① 前 5 种方法都是以最小化均方误差（mean square error，MSE）为目标的最优带宽计算方法，而后 5 种方法则是以最小化覆盖误差率（coverage error rate，CER）为目标的计算方法。因此，通常前 5 种方法和后 5 种方法内部的计算结果比较接近，但这两类方法之间存在较大差异。

的估计值比较接近，大致在 28 左右。

接下来，我们将演示通过 rdrobust 命令进行参数估计和统计推断的方法：

```
. rdrobust vote margin

Sharp RD estimates using local polynomial regression.

      Cutoff c = 0 | Left of c  Right of c            Number of obs =       1297
-------------------+----------------------            BW type       =      mserd
     Number of obs |       595         702            Kernel        = Triangular
Eff. Number of obs |       360         323            VCE method    =         NN
    Order est. (p) |         1           1
    Order bias (q) |         2           2
       BW est. (h) |    17.754      17.754
      BW bias (b)  |    28.028      28.028
         rho (h/b) |     0.633       0.633

Outcome: vote. Running variable: margin.
--------------------------------------------------------------------------------
            Method |   Coef.    Std. Err.     z      P>|z|    [95% Conf. Interval]
-------------------+------------------------------------------------------------
      Conventional |  7.4141     1.4587    5.0826    0.000     4.5551     10.2732
            Robust |     -          -      4.3110    0.000     4.0937     10.9193
--------------------------------------------------------------------------------
```

从以上输出结果可以发现，使用默认的最优带宽计算方法可以得到断点处的效应估计值为 7.414，偏差校正以后的 Z 值为 4.311，p 值小于 0.001，因此，可以认为执政本身对下一次选举的得票率有非常显著的积极影响。

不过，上述结论是否成立需要进行稳健性检验。第一，从最优带宽的计算结果可以发现，使用前 5 种方法和后 5 种方法得到的最优带宽差异较大。rdrobust 命令默认使用的是 mserd 法，下面，我们将换用 cerrd 法重新估计：

```
. rdrobust vote margin, bwselect(cerrd)  //改变最优带宽的计算方法

Sharp RD estimates using local polynomial regression.

      Cutoff c = 0 | Left of c  Right of c            Number of obs =       1297
-------------------+----------------------            BW type       =      cerrd
     Number of obs |       595         702            Kernel        = Triangular
Eff. Number of obs |       284         248            VCE method    =         NN
    Order est. (p) |         1           1
    Order bias (q) |         2           2
       BW est. (h) |    12.407      12.407
      BW bias (b)  |    28.028      28.028
         rho (h/b) |     0.443       0.443
```

```
Outcome: vote. Running variable: margin.
```

Method	Coef.	Std. Err.	z	P>|z|	[95% Conf.	Interval]
Conventional	7.6316	1.6801	4.5424	0.000	4.3387	10.9244
Robust	-	-	4.1735	0.000	4.07422	11.2892

输出结果显示,使用 cerrd 法得到的效应估计值为 7.632,与之前通过 mserd 法得到的估计值非常接近,且统计检验结果也非常显著。因此,研究结论是稳健的。

第二,上述命令在估计时使用的是三角核,我们可以换用矩形核重新进行分析。具体命令如下:

```
. rdrobust vote margin, kernel(uniform)  //使用矩形核

Sharp RD estimates using local polynomial regression.
```

Cutoff c = 0	Left of c	Right of c
Number of obs	595	702
Eff. Number of obs	271	235
Order est. (p)	1	1
Order bias (q)	2	2
BW est. (h)	11.597	11.597
BW bias (b)	22.944	22.944
rho (h/b)	0.505	0.505

```
Number of obs   =      1297
BW type         =     mserd
Kernel          =   Uniform
VCE method      =        NN

Outcome: vote. Running variable: margin.
```

Method	Coef.	Std. Err.	z	P>|z|	[95% Conf.	Interval]
Conventional	7.2025	1.6129	4.4656	0.000	4.04127	10.3637
Robust	-	-	4.0999	0.000	3.96341	11.2235

从输出结果可以发现,使用矩形核得到的估计值与三角核非常接近,因此,上述研究结论是稳健的。

如前所述,矩形核等价于不加权的 OLS 法。因此,我们可以使用 regress 命令再现上述 rdrobust 的分析结果。具体来说,可以先生成一个标识是不是执政党的虚拟变量 d,然后使用与上述 rdrobust 命令相同的带宽进行线性回归分析。相关的命令和输出结果如下:

```
. gen d=1 if margin>=0 & margin<.
(640 missing values generated)
```

```
. replace d=0 if margin<0
(640 real changes made)

. reg vote c.margin##d if margin<=11.597 & margin>=-11.597

      Source |       SS           df       MS      Number of obs   =       506
-------------+----------------------------------   F(3, 502)       =     46.12
       Model |  12291.5156         3  4097.17187   Prob > F        =    0.0000
    Residual |  44599.4682       502  88.8435621   R-squared       =    0.2161
-------------+----------------------------------   Adj R-squared   =    0.2114
       Total |  56890.9838       505  112.655413   Root MSE        =    9.4257

------------------------------------------------------------------------------
        vote | Coefficient  Std. err.      t    P>|t|     [95% conf. interval]
-------------+----------------------------------------------------------------
      margin |    .239721   .1801027     1.33   0.184     -.114127     .593569
         1.d |   7.202475    1.63353     4.41   0.000     3.993076    10.41187
             |
 d#c.margin |
          1  |  -.0122117   .2557008    -0.05   0.962    -.5145873    .4901639
             |
       _cons |   45.59707   1.140196    39.99   0.000     43.35693    47.83722
------------------------------------------------------------------------------
```

可以发现，通过 regress 命令得到的 d 的回归系数为 7.2025，与上述 rdrobust 命令的估计值完全一致。

第三，上述分析没有纳入协变量，接下来我们将展示有协变量情况下的分析结果：

```
. tab class, gen(class)

     Senate |
      class |      Freq.     Percent        Cum.
------------+-----------------------------------
          1 |        455       32.73       32.73
          2 |        448       32.23       64.96
          3 |        487       35.04      100.00
------------+-----------------------------------
      Total |      1,390      100.00

. rdrobust vote margin, covs(class2 class3 termshouse termssenate population)
//纳入协变量

Covariate-adjusted Sharp RD estimates using local polynomial regression.

     Cutoff c = 0 | Left of c  Right of c            Number of obs =       1108
------------------+----------------------            BW type       =      mserd
    Number of obs |       491         617            Kernel        = Triangular
Eff. Number of obs |       314         283            VCE method    =         NN
    Order est. (p) |         1           1
    Order bias (q) |         2           2
       BW est. (h) |    18.016      18.016
      BW bias (b) |    28.999      28.999
        rho (h/b) |     0.621       0.621
```

```
Outcome: vote. Running variable: margin.
```

Method	Coef.	Std. Err.	z	P>|z|	[95% Conf. Interval]	
Conventional	6.8812	1.4072	4.8901	0.000	4.12322	9.63924
Robust	-	-	4.2193	0.000	3.75923	10.2815

```
Covariate-adjusted estimates. Additional covariates included: 5
```

可以发现,在通过 covs( )选项纳入协变量之后,效应估计值有所下降,但依然在 0.001 的水平下统计显著,因此,上述分析结果是稳健的。

第四,根据断点回归设计的要求,协变量在断点处应当是连续的。我们可以用协变量作为“伪结果”对之进行检验。以协变量 termshouse 为例,具体命令和结果如下:

```
. rdrobust termshouse margin     //检验协变量在断点处是否连续

Sharp RD estimates using local polynomial regression.
```

Cutoff c = 0	Left of c	Right of c
Number of obs	491	617
Eff. Number of obs	282	257
Order est. (p)	1	1
Order bias (q)	2	2
BW est. (h)	15.657	15.657
BW bias (b)	25.431	25.431
rho (h/b)	0.616	0.616

```
Number of obs =       1108
BW type       =      mserd
Kernel        = Triangular
VCE method    =         NN
```

```
Outcome: termshouse. Running variable: margin.
```

Method	Coef.	Std. Err.	z	P>|z|	[95% Conf. Interval]	
Conventional	-.17257	.42515	-0.4059	0.685	-1.00585	.660715
Robust	-	-	-0.5809	0.561	-1.26941	.689003

从以上输出结果可以发现,以该变量作为因变量的断点回归估计值很小,且统计检验结果不显著,因此,可以认为该变量在断点处是连续的。读者可以尝试按照类似的方法对其他协变量在断点处的连续性进行检验。

第五,根据断点回归的原理,因变量应当仅在断点处发生跳跃,在配置变量取其他值的“伪断点”处不发生跳跃。举例来说,我们可以取 margin = 25 为伪断点进行断点回归分析:

```
. rdrobust vote margin, c(25)    //伪断点检验
Mass points detected in the running variable.

Sharp RD estimates using local polynomial regression.

       Cutoff c = 25 | Left of c  Right of c            Number of obs =       1297
---------------------+-----------------------           BW type       =      mserd
       Number of obs |      1000         297            Kernel        = Triangular
  Eff. Number of obs |       251         135            VCE method    =         NN
      Order est. (p) |         1           1
      Order bias (q) |         2           2
         BW est. (h) |    17.640      17.640
         BW bias (b) |    33.326      33.326
           rho (h/b) |     0.529       0.529
         Unique obs  |      1000         260

Outcome: vote. Running variable: margin.
--------------------------------------------------------------------------------
            Method |   Coef.    Std. Err.    z     P>|z|     [95% Conf. Interval]
-------------------+------------------------------------------------------------
      Conventional | -.56145     2.1831   -0.2572  0.797   -4.84023      3.71733
            Robust |    -           -      0.0875  0.930   -4.57207      4.99919
--------------------------------------------------------------------------------
Estimates adjusted for mass points in the running variable.
```

从以上输出结果可以发现,在 margin = 25 处,效应估计值很小,且不显著,因此,可以认为 vote 在该处是连续的。读者可以按照类似的方法选择其他伪断点重复上述分析。

第六,根据断点回归的原理,配置变量在断点处的分布应当是连续的,我们可以使用 rddensity 命令对之进行检验:

```
. rddensity margin   //检验配置变量是否连续
Computing data-driven bandwidth selectors.

Point estimates and standard errors have been adjusted for repeated observations.
(Use option nomasspoints to suppress this adjustment.)

RD Manipulation test using local polynomial density estimation.

     c =      0.000 | Left of c  Right of c          Number of obs =        1390
--------------------+-----------------------         Model         = unrestricted
      Number of obs |       640         750          BW method     =         comb
 Eff. Number of obs |       408         460          Kernel        =   triangular
     Order est. (p) |         2           2          VCE method    =    jackknife
     Order bias (q) |         3           3
        BW est. (h) |    19.841      27.119
```

Running variable: margin.

Method	T	P>|T|
Robust	**-0.8753**	**0.3814**

P-values of binomial tests. (H0: prob = .5)

Window Length / 2	<c	>=c	P>|T|
0.430	**8**	**12**	**0.5034**
0.861	**17**	**25**	**0.2800**
1.291	**25**	**34**	**0.2976**
1.722	**45**	**47**	**0.9170**
2.152	**51**	**55**	**0.7709**
2.583	**66**	**65**	**1.0000**
3.013	**79**	**71**	**0.5678**
3.444	**94**	**86**	**0.6020**
3.874	**105**	**94**	**0.4785**
4.305	**115**	**107**	**0.6386**

从以上命令的输出结果可以发现，该检验的 t 值为-0.875，p 值为 0.381，在 0.05 的显著性水平下并不显著，因此，可以认为配置变量在断点处的分布是连续的。

到此为止，我们已经完成了所有常见的稳健性检验，这些检验结果一致认为分析结果是可信的。因此，可以认为执政对选举结果有显著的积极影响。

上述分析使用的是局部线性回归法，除此之外，我们也可以使用多项式回归法进行分析。通常来说，多项式回归法在断点左右样本量较少、局部线性回归的估计效率偏低时使用。就上面这个例子来说，局部线性回归的估计结果已经非常显著，因此，没有使用多项式回归的必要。不过，出于演示的目的，我们仍将以上述数据为例展示多项式回归的分析过程。

使用多项式回归需要首先生成配置变量的高次项。在这个例子中，我们生成了 margin 的二次项、三次项和四次项，具体如下：

```
. gen margin2=margin^2

. gen margin3=margin^3

. gen margin4=margin^4
```

接下来，就可以使用 regress 命令拟合方程(9.8)。不过，我们并不知道该

方程中 p 的确切取值,因此,需要多次尝试并比较模型的拟合结果。为了缩小 p 的取值范围,研究时通常会对带宽施加一定限制。例如,在这个例子中,我们将样本限定在 $-50 \leq \text{margin} \leq 50$ 的范围内。

```
. qui reg vote c.margin##d if margin<=50 & margin>=-50

. est store m1

. qui reg vote (c.margin c.margin2)##d if margin<=50 & margin>=-50

. est store m2

. qui reg vote (c.margin c.margin2 c.margin3)##d if margin<=50 & margin>=-50

. est store m3

. qui reg vote (c.margin c.margin2 c.margin3 c.margin4)##d if margin<=50 &
margin>=-50

. est store m4

. esttab① m1 m2 m3 m4, aic bic keep(1.d)
```

	(1) vote	(2) vote	(3) vote	(4) vote
1.d	5.729*** (5.37)	7.703*** (5.15)	8.189*** (4.21)	6.999** (2.91)
N	1127	1127	1127	1127
AIC	8576.9	8576.8	8578.3	8581.6
BIC	8597.1	8607.0	8618.6	8631.8

t statistics in parentheses
* p<0.05, ** p<0.01, *** p<0.001

分析结果显示,在所有四个模型中,d 的系数都显著为正,这说明无论采用何种模型,都可以得到执政对竞选得票率有积极影响的结论。从不同模型的拟合指标来看,模型 1(m1)的 BIC 最小,而模型 2(m2)的 AIC 最小,因此,这两个模型的分析结果更加可信。

需要注意的是,多项式回归法也可以通过 rdrobust 命令实现。例如,以下命令通过选项 h(50)将分析的带宽设置为 50,通过选项 p(2)将待估方程设置

① 该命令不是 Stata 的内置命令,需要先执行 ssc install estout 命令安装。

为二次函数，并通过选项 kernel(uniform)将核函数的类型设置为矩形核，这与上文通过 regress 命令估计模型 2 是完全一致的：

```
. rdrobust vote margin, h(50) p(2) kernel(uniform)//通过rdrobust实现多项式回归法

Sharp RD estimates using local polynomial regression.

      Cutoff c = 0 | Left of c  Right of c            Number of obs =       1297
-------------------+----------------------            BW type       =     Manual
     Number of obs |       595         702            Kernel        =    Uniform
Eff. Number of obs |       565         562            VCE method    =         NN
    Order est. (p) |         2           2
    Order bias (q) |         3           3
       BW est. (h) |    50.000      50.000
      BW bias (b) |    50.000      50.000
        rho (h/b) |     1.000       1.000

Outcome: vote. Running variable: margin.
--------------------------------------------------------------------------------
            Method |   Coef.    Std. Err.     z     P>|z|    [95% Conf. Interval]
-------------------+------------------------------------------------------------
      Conventional |  7.7031     1.3703    5.6215   0.000    5.01738      10.3889
            Robust |     -          -      4.6771   0.000    4.75704        11.62
--------------------------------------------------------------------------------
```

从分析结果也可以发现，rdrobust 命令得到的效应值为 7.703，与上文模型 2 中 d 的回归系数完全相同。

2. 模糊断点

上文演示了精确断点情况下的 Stata 操作步骤，接下来，我们将通过另一个案例演示模糊断点情况下的应用。2010 年，雷晓燕、谭力和赵耀辉在《经济学（季刊）》上发文研究了退休对健康的因果影响。① 众所周知，个体退出劳动力市场的决策具有选择性，因此很难通过常规方法分析退休与健康之间的因果关系。不过，根据中国的退休制度，很多女性在达到 50 岁的法定退休年龄后就会退休；对于男性来说，通常的法定退休年龄是 60 岁。所以，女性和男性的退休状态将分别在年满 50 岁和 60 岁时出现一个断点。不过，考虑到一些人会提前退休，或者在退休后再就业，所以这个断点是一个模糊断点。

① 雷晓燕、谭力、赵耀辉：《退休会影响健康吗？》，《经济学（季刊）》2010 年第 4 期，第 1539—1558 页。

我们根据雷晓燕等的研究生成了数据 retirement. dta[①]。为节省篇幅,该数据仅保留了男性样本。分析的因变量是 health,它是一个标识研究对象是否健康的二分变量(0 表示不健康,1 表示健康);二分干预变量是 retire(0 表示没有退休,1 表示退休);配置变量是 age。如前文所述,断点发生在 age=60 处。除此之外,数据还包含三个协变量:marry 是研究对象的婚姻状况,eduy 是研究对象的教育年限,prov 是研究对象所在省份的代码。

首先,我们可以使用 rdplot 命令对因变量 health 和二分干预变量 retire 在断点处的跳跃情况进行图形分析。具体如下:

```
. rdplot retire age, c(60)
Mass points detected in the running variable.

RD Plot with evenly spaced mimicking variance number of bins using polynomial
regression.

        Cutoff c = 60 | Left of c  Right of c        Number of obs  =      31641
----------------------+----------------------        Kernel         =    Uniform
        Number of obs |     17009       14632
   Eff. Number of obs |     17009       14632
  Order poly. fit (p) |         4           4
     BW poly. fit (h) |     5.000       5.000
 Number of bins scale |     1.000       1.000

Outcome: retire. Running variable: age.
---------------------------------------------
                      | Left of c  Right of c
----------------------+----------------------
        Bins selected |       308         323
   Average bin length |     0.016       0.015
    Median bin length |     0.016       0.015
----------------------+----------------------
    IMSE-optimal bins |        12          11
  Mimicking Var. bins |       308         323
----------------------+----------------------
Rel. to IMSE-optimal: |
        Implied scale |    25.667      29.364
    WIMSE var. weight |     0.000       0.000
   WIMSE bias weight  |     1.000       1.000
---------------------------------------------
```

① 部分变量的生成过程与分析方法与原文有细微差别,所以分析结果与原文并不完全一致。

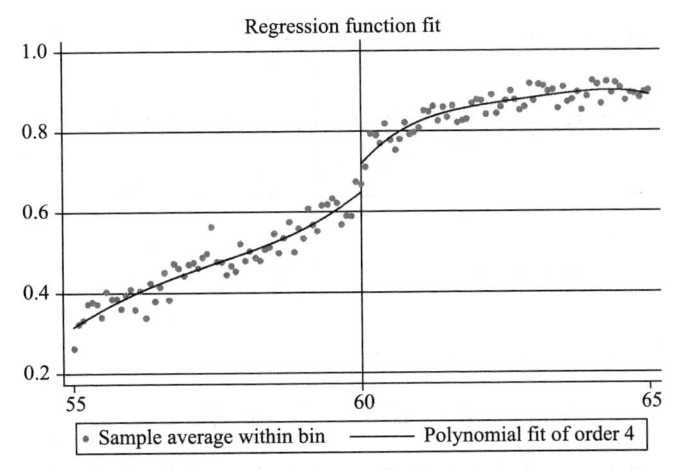

图 9.5　对 retire 在 age=60 处是否存在跳跃进行图形分析

```
. rdplot health age, c(60)
Mass points detected in the running variable.

RD Plot with evenly spaced mimicking variance number of bins using polynomial
regression.

         Cutoff c = 60 | Left of c  Right of c        Number of obs  =      31641
-----------------------+----------------------        Kernel         =    Uniform
         Number of obs |     17009       14632
    Eff. Number of obs |     17009       14632
   Order poly. fit (p) |         4           4
      BW poly. fit (h) |     5.000       5.000
  Number of bins scale |     1.000       1.000

Outcome: health. Running variable: age.
----------------------------------------------
                       | Left of c  Right of c
-----------------------+----------------------
         Bins selected |       290         321
    Average bin length |     0.017       0.016
     Median bin length |     0.017       0.016
-----------------------+----------------------
     IMSE-optimal bins |         5           4
   Mimicking Var. bins |       290         321
-----------------------+----------------------
Rel. to IMSE-optimal:  |
         Implied scale |    58.000      80.250
     WIMSE var. weight |     0.000       0.000
    WIMSE bias weight  |     1.000       1.000
----------------------------------------------
```

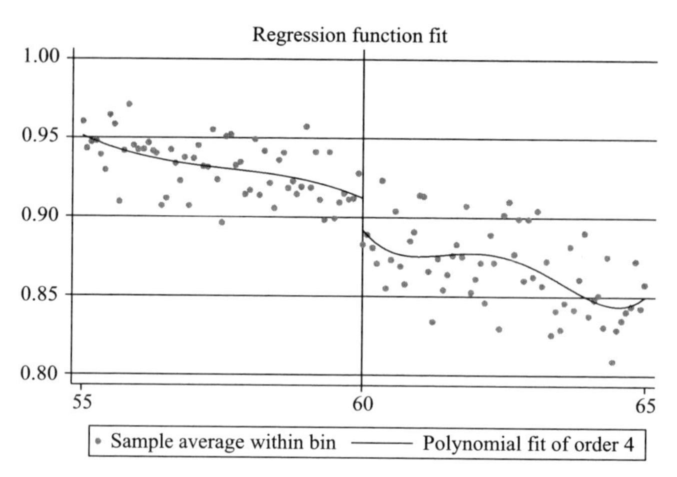

图 9.6　对 health 在 age=60 处是否存在跳跃进行图形分析

从图 9.5 可以发现,个体退休的概率随年龄呈明显的上升趋势,在 age=60 处,retire 的值向上出现了一个跳跃。因此,与前文的分析一致,受法定退休年龄的影响,中国男性在 60 岁时退休的可能性大幅上升。此外,从图 9.6 可以发现,个体的健康状况在 60 岁时出现了一个明显的向下的跳跃,因此,结合这两个图形可以认为,退休对中国男性的健康产生了负面影响。接下来,我们将尝试对这种负面影响的大小进行估计和统计检验。

与分析精确断点时相同,在参数估计前,需要先获得最优带宽。这可以通过以下 rdbwselect 命令实现。需要注意的是,在模糊断点情况下,研究者需要通过选项 fuzzy( )设置二分干预变量:

```
. rdbwselect health age, all c(60) fuzzy(retire)
Mass points detected in the running variable.

Bandwidth estimators for fuzzy RD local polynomial regression.

      Cutoff c = | Left of c  Right of c          Number of obs =      31641
-----------------+------------------------          Kernel        = Triangular
   Number of obs |     17009       14632          VCE method    =         NN
      Min of age |    55.000      60.000
      Max of age |    59.917      65.000
 Order est. (p)  |         1           1
 Order bias (q)  |         2           2
     Unique obs  |        60          61

Outcome: health. Running variable: age. Treatment Status: retire.
```

Method	BW est. (h) Left of c	Right of c	BW bias(b) Left of c	Right of c
mserd	**1.589**	**1.589**	**3.092**	**3.092**
msetwo	**1.613**	**1.441**	**2.521**	**2.464**
msesum	**1.438**	**1.438**	**2.279**	**2.279**
msecomb1	**1.438**	**1.438**	**2.279**	**2.279**
msecomb2	**1.589**	**1.441**	**2.521**	**2.464**
cerrd	**0.947**	**0.947**	**3.092**	**3.092**
certwo	**0.961**	**0.858**	**2.521**	**2.464**
cersum	**0.856**	**0.856**	**2.279**	**2.279**
cercomb1	**0.856**	**0.856**	**2.279**	**2.279**
cercomb2	**0.947**	**0.858**	**2.521**	**2.464**

Estimates adjusted for mass points in the running variable.

从分析结果看,前 5 种方法得到的最优带宽都在 1.5 左右,而通过后 5 种方法得到的最优带宽较窄,在 0.9 左右。

接下来,我们将使用 rdrobust 命令估计效应值:

```
. rdrobust health age, c(60) fuzzy(retire)
```

Mass points detected in the running variable.

Fuzzy RD estimates using local polynomial regression.

Cutoff c = 60	Left of c	Right of c
Number of obs	**17009**	**14632**
Eff. Number of obs	**4696**	**5116**
Order est. (p)	**1**	**1**
Order bias (q)	**2**	**2**
BW est. (h)	**1.589**	**1.589**
BW bias (b)	**3.092**	**3.092**
rho (h/b)	**0.514**	**0.514**
Unique obs	**60**	**61**

Number of obs	=	**31641**
BW type	=	**mserd**
Kernel	=	**Triangular**
VCE method	=	**NN**

First-stage estimates. Outcome: retire. Running variable: age.

Method	Coef.	Std. Err.	z	P>|z|	[95% Conf. Interval]	
Conventional	**.08847**	**.02108**	**4.1971**	**0.000**	**.047155**	**.129779**
Robust	**-**	**-**	**3.3356**	**0.001**	**.032345**	**.124509**

Treatment effect estimates. Outcome: health. Running variable: age. Treatment Status: retire.

Method	Coef.	Std. Err.	z	P>|z|	[95% Conf.	Interval]
Conventional	**-.32084**	**.16117**	**-1.9906**	**0.047**	**-.63673**	**-.004941**
Robust	-	-	**-1.9458**	**0.052**	**-.699906**	**.002536**

Estimates adjusted for mass points in the running variable.

分析结果显示,如果使用默认的最优带宽计算方法,retire 对 health 的因果影响为-0.321,其 p 值非常接近 0.05 的显著性水平,因此,有一定的证据表明,退休确实对中国男性的健康产生了负面影响。

接下来,我们将尝试使用矩形核重复上述分析:

```
. rdrobust health age, c(60) fuzzy(retire) kernel(uniform)
Mass points detected in the running variable.

Fuzzy RD estimates using local polynomial regression.
```

Cutoff c = 60	Left of c	Right of c
Number of obs	**17009**	**14632**
Eff. Number of obs	**3785**	**4243**
Order est. (p)	**1**	**1**
Order bias (q)	**2**	**2**
BW est. (h)	**1.252**	**1.252**
BW bias (b)	**2.969**	**2.969**
rho (h/b)	**0.422**	**0.422**
Unique obs	**60**	**61**

Number of obs	=	**31641**
BW type	=	**mserd**
Kernel	=	**Uniform**
VCE method	=	**NN**

First-stage estimates. Outcome: retire. Running variable: age.

Method	Coef.	Std. Err.	z	P>|z|	[95% Conf.	Interval]
Conventional	**.08996**	**.02108**	**4.2681**	**0.000**	**.048647**	**.131266**
Robust	-	-	**3.4258**	**0.001**	**.033683**	**.123756**

Treatment effect estimates. Outcome: health. Running variable: age. Treatment Status: retire.

Method	Coef.	Std. Err.	z	P>|z|	[95% Conf.	Interval]
Conventional	**-.29349**	**.15762**	**-1.8619**	**0.063**	**-.602423**	**.015451**
Robust	-	-	**-1.8177**	**0.069**	**-.647953**	**.024406**

Estimates adjusted for mass points in the running variable.

输出结果显示,采用矩形核得到的效应估计值为-0.293,与采用三角核时的结果相近。此外,通过两种方法得到的 p 值也比较接近,因此,总体来说分析结果是稳健的。

上述使用矩形核的分析结果也可以通过 ivregress 命令得到。具体来说，需要先生成一个标识年龄是否超过 60 岁的变量 z，然后以之作为工具变量进行两阶段最小二乘估计。需要注意的是，由于断点发生在 age = 60 处，所以，在使用 ivregress 命令之前，需要先对 retire 进行对中处理，这样才能保证估计到的 retire 的回归系数是断点处的因果效应：

```
. gen z=1 if age>=60 & age<.
(17,009 missing values generated)

. replace z=0 if age<60
(17,009 real changes made)

. replace age=age-60    //配置变量对中
(31,641 real changes made)

. ivregress 2sls health (retire=z) age c.age#z if age>=-1.252 & age<=1.252

Instrumental variables 2SLS regression          Number of obs     =      8,028
                                                Wald chi2(3)      =      31.59
                                                Prob > chi2       =     0.0000
                                                R-squared         =          .
                                                Root MSE          =     .31553

------------------------------------------------------------------------------
      health | Coefficient  Std. err.      z    P>|z|     [95% conf. interval]
-------------+----------------------------------------------------------------
      retire |  -.2934861   .1593392    -1.84   0.065    -.6057853    .0188131
         age |   .0119949   .0239413     0.50   0.616    -.0349293    .0589191
             |
     z#c.age |
          1  |   .0082678   .0184432     0.45   0.654    -.0278803    .0444159
             |
       _cons |   1.100541   .1106045     9.95   0.000     .8837602    1.317322
------------------------------------------------------------------------------
Endogenous: retire
Exogenous:  age 1.z#c.age z
```

从以上命令的输出结果可以发现，如果使用与 rdrobust 命令相同的带宽，那么通过 ivregress 命令得到的 retire 的回归系数与使用矩形核时 rdrobust 命令的估计值完全相同。不过，考虑到 rdrobust 使用起来更加灵活方便，我们更加推荐读者使用该命令。

接下来，我们将演示模糊断点情况下的多项式回归法。从上文的分析结果可以发现，通过局部线性回归法得到的效应估计值并不是很精确，其 p 值在有些情况下高于0.05的显著性水平。为了提高估计精度,可以使用更大的带宽并使用多项式回归法进行分析。

具体来说,我们首先生成 age 的二次项、三次项和四次项,然后通过多项式回归寻找对数据拟合最好的模型。在进行多项式回归的时候,我们将带宽设置为3,即选取年龄在57—63岁之间的样本:

```
. gen age2=age^2

. gen age3=age^3

. gen age4=age^4


. qui reg health c.age##z if age<=3 & age>=-3

. est store m1


. qui reg health (c.age c.age2)##z if age<=3 & age>=-3

. est store m2


. qui reg health (c.age c.age2 c.age3)##z if age<=3 & age>=-3

. est store m3


. qui reg health (c.age c.age2 c.age3 c.age4)##z if age<=3 & age>=-3

. est store m4


. esttab m1 m2 m3 m4, aic bic keep(1.z)
```

	(1) health	(2) health	(3) health	(4) health
1.z	-0.0328*** (-3.77)	-0.0258* (-1.97)	-0.0284 (-1.62)	-0.0401 (-1.80)
N	18405	18405	18405	18405
AIC	7330.6	7333.1	7336.8	7339.9
BIC	7361.9	7380.0	7399.3	7418.1

t statistics in parentheses
* p<0.05, ** p<0.01, *** p<0.001

输出结果显示,模型1(m1)的AIC和BIC是所有4个模型中最小的,这说明在带宽为3的情况下,使用线性函数就可以较好地近似health与age之间的函数关系。

根据模型筛选结果,我们将方程(9.9)和方程(9.10)中的p设定为1,然后通过ivregress命令进行两阶段最小二乘估计:

```
. ivregress 2sls health (retire=z) age c.age#z if age<=3 & age>=-3

Instrumental variables 2SLS regression            Number of obs   =     18,405
                                                  Wald chi2(3)    =     127.49
                                                  Prob > chi2     =     0.0000
                                                  R-squared       =          .
                                                  Root MSE        =     .30355

------------------------------------------------------------------------------
      health | Coefficient  Std. err.      z    P>|z|     [95% conf. interval]
-------------+----------------------------------------------------------------
      retire |  -.2343489   .0639179    -3.67   0.000    -.3596257   -.1090722
         age |   .0051383   .0065482     0.78   0.433    -.0076959    .0179725
             |
     z#c.age |
           1 |   .0033769   .0051373     0.66   0.511     -.006692    .0134458
             |
       _cons |    1.05926   .0446121    23.74   0.000     .9718218    1.146698
------------------------------------------------------------------------------
Endogenous: retire
Exogenous:  age 1.z#c.age z
```

分析结果显示,将带宽增加到3以后,retire的系数为-0.234,在0.001的水平下统计显著。因此,可以认为退休对中国男性的健康产生了非常显著的负面影响。

在进行模糊断点回归分析之后,也要对分析结果的稳健性进行检验。由于其检验方法与精确断点时相同,此处不再重复介绍。

练习

1. 举例说明精确断点回归与模糊断点回归的原理和因果识别条件。
2. 简述使用局部线性回归法求解精确断点和模糊断点的过程和注意事项。
3. 简述使用多项式回归法求解精确断点和模糊断点的过程和注意事项。
4. 求解断点回归后通常要做哪些稳健性检验?简述其原理与注意事项。

5. 使用 Stata 软件打开数据 grade. dta 进行断点回归分析。该数据(节选自安格里斯特和拉维的研究[①])包含来自 1002 个以色列的公立学校中共 2019 个五年级班级的平均考试成绩与班级规模的信息。根据以色列的相关规定,班级规模不得超过 40。因此,如果一个学校招收了 40 名学生,那么可以将这 40 名学生安排在一个班,但如果招收了 41 名学生,就必须分两个班。安格里斯特和拉维认为,这项特殊的法律规定使得以色列的班级规模在学校招生人数等于 40 的整数倍时(如 40、80 等)出现断点,但因为班级规模还受其他因素影响,因此,这个断点是一个模糊断点。利用模糊断点的相关分析方法,安格里斯特和拉维分析了班级规模对考试成绩的因果影响。数据 grade. dta 共包含 5 个变量。其中,avgmath 是每个班的数学平均成绩,它是研究的因变量;classize 是班级规模,它是研究的自变量;enrollment 是学校的招生规模,它是研究的配置变量;disadv 是班级中劣势学生占比,它是一个常见的协变量;最后,schlcode 是学校代码,通过它可以识别出同一个学校的班级。请使用该数据完成以下分析工作:

(1) 以 avgmath 为因变量,classize 为自变量,拟合一元线性回归;如果在模型中纳入 enrollment 和 disadv 这两个控制变量,classize 的回归系数会发生什么变化? 总结线性回归的主要结论,讨论使用线性回归来估计 classize 对 avgmath 的因果影响时会遇到的问题。

(2) 筛选出 20≤enrollment≤60 的班级,进行断点回归分析:

① 绘图查看 avgmath 和 classize 的值在 enrollment=40. 5 处是否发生跳跃,分析时纳入协变量 disadv;

② 计算最优带宽,分析时纳入协变量 disadv;

③ 使用 rdrobust 命令的默认带宽并通过局部线性回归法估计 classize 对 avgmath 的因果影响,分析时纳入协变量 disadv;

④ 将带宽设置为 20 并通过局部线性回归法估计 classize 对 avgmath 的因果影响,分析时纳入协变量 disadv;

---

① Joshua D. Angrist and Victor Lavy, "Using Maimonides' Rule to Estimate the Effect of Class Size on Scholastic Achievement," *Quarterly Journal of Economics*, Vol. 114, No. 2, 1999, pp. 533–575.

⑤ 将带宽设置为 20 并通过局部二次曲线回归法估计 classize 对 avgmath 的因果影响，分析时纳入协变量 disadv；

⑥ 检验协变量 disadv 在断点处是否连续；

⑦ 检验配置变量 enrollment 在断点处是否连续。

(3) 根据以下公式定义新变量 predclassize：

$$\text{predclassize}=\frac{\text{enrollment}}{\text{int}\left(\frac{\text{enrollment}-1}{40}\right)+1}$$

以 predclassize 作为 classize 的工具变量，使用全部样本进行两阶段最小二乘法分析。分析时纳入 enrollment 的一次项和二次项以及 disadv 作为控制变量。

面板数据

本章重点和教学目标：

1. 理解面板数据的特点及其在因果推断中的优势；
2. 理解混合回归模型、固定效应模型和随机效应模型的异同；
3. 理解长面板数据与短面板数据的差异，掌握常见的长面板分析方法；
4. 能正确使用差分 GMM、水平 GMM 和系统 GMM 求解动态面板模型；
5. 能正确使用 Stata 软件分析各种面板数据并执行相关统计检验。

面板数据(panel data)是一种特殊的数据，它兼具横截面数据(cross-sectional data)和时间序列数据(time-series data)的特点，具体是指在多个时点对同一组研究对象进行追踪调查形成的数据。因此，面板数据也被称作追踪数据(longitudinal data)，或者横截面时间序列数据(cross-sectional time-series data)。

面板数据往往具有两个属性即个案数 n 和时点数 T，根据这两个值的相对大小可将其分为“短面板”(short panel)和“长面板”(long panel)两种类型。如果个案数 n 较大而时点数 T 较小，则为短面板数据。这是面板数据中最常见的一种类型。如北京大学社会科学调查中心开展的中国家庭追踪调查(CFPS)项目从 2010 年开始每年在全国调查 1 万多个家庭，截至 2020 年总共调查了六期。相比之下，长面板的个案数 n 较小而时点数 T 较大。如江苏 13 个地级市在过去 50 年的社会经济数据就是一个长面板数据。不同类型的面板数据适用于不同的分析方法。

除此之外，面板数据还可以分为“动态面板”(dynamic panel)和“静态面板”(static panel)。具体来说，如果一个面板模型的自变量中包含因变量的滞后值，则称为动态面板；反之，则称为静态面板。与静态面板相比，动态面板可以更好地展示因变量随时间的动态变化，但其分析方法也相对复杂。

尽管面板数据的获取难度相对较大，但与横截面数据相比，面板数据兼具个体和时间两个维度的信息，因而在因果推断方面具有独到的优势，这主要表现在以下两个方面：

第一，面板数据可以控制不随时间变化的非观测因素，更好地纠正遗漏变量偏差。虽然研究者可以使用工具变量、断点回归等方法尽可能减少横截面数据中的遗漏变量偏差，但好的工具变量和完美的断点回归设计通常是可遇而不可求的。考虑到一些遗漏变量偏差通常是由个体之间无法被观测的差异导致，如果这种差异不随时间变化，那么通过面板数据可以很好地解决这类问题。

第二，面板数据可以更好地研究社会现象随时间的动态变化。由于面板数据在横截面的基础上又增加了时间维度，因此可以更好地捕捉个体间差异和个体差异随时间的变化情况。举例来说，如果研究生育对收入的影响，横截面数据只能提供生孩子与不生孩子的个案在收入上的差异，而利用面板数据我们可以进一步研究个案在生孩子之后收入的变化轨迹，并将之与那些初始收入大致相同但没有生孩子的个案进行比较。显然，通过后一种方法可以更好地研究生育对收入的因果影响，以及这种影响随时间的动态变化。

本章第一节将围绕短面板数据，具体介绍混合回归、固定效应模型和随机效应模型三种方法，以及豪斯曼检验；第二节将进一步针对长面板数据讨论其特殊的模型设定和估计方法；第三节将介绍动态面板模型的几种形式；最后一节将结合 Stata 软件进行详细的面板数据分析演示。

第一节　短面板模型

在本节中,我们将讨论针对短面板数据的统计分析方法。即在分析过程中,我们假定个案数 n 趋于无穷大,而时点数 T 相对较小。针对这类面板数据,一般会采用三种分析策略:混合回归、固定效应模型和随机效应模型。

一、混合回归

混合回归(pooled regression)的基本思想是将面板数据当作横截面数据来处理,采用与横截面数据相同的回归分析方法。举例来说,如果我们有一个包含 n 名个案、T 个时期的面板数据,那么经过混合之后,总样本量就为 $n\times T$。我们可以对这 $n\times T$ 个混合样本构建如下回归模型,并通过普通最小二乘法求解:

$$Y_{it}=\beta_0+\boldsymbol{\beta X}_{it}+\varepsilon_{it} \tag{10.1}$$

其中,i 为个体的编号($i=1,2,\cdots,n$),t 为时期的编号($t=1,2,\cdots,T$)。要使方程(10.1)成立,需满足以下假定:(1)误差项 ε_{it} 与所有解释变量都不相关;(2)误差项 ε_{it} 相互独立,且服从一个均值为 0、方差为常数的分布,即满足独立同分布假定。然而,在面板数据中,同一个案在不同时点上的误差项通常存在序列相关(serial correlation),这使得独立同分布假定通常难以满足。为了解决这个问题,回归分析时通常采用针对每个观察个案的聚类稳健标准误(cluster-robust standard error),即假定同一个观察个案在不同时点上的误差项相关,但不同观察个案的误差项不相关。

然而,即使使用了聚类稳健标准误来解决误差项序列相关的问题,方程(10.1)也很难得到回归系数的无偏估计值。原因在于,方程(10.1)中的所有个体都共享一个相同的截距(β_0 没有下标 i),这意味着方程没有考虑到不同个体的异质性,而将所有个体的异质性全部归入了误差项 ε_{it}。这时,如果个体异质性与自变量相关,那么就会违反上述假定(1),导致回归系数的估计偏差。

为了更好地说明这个问题,我们为方程(10.1)中的截距项增加个体编号 i,将方程(10.1)改写为

$$Y_{it}=\beta_{0i}+\boldsymbol{\beta X}_{it}+\varepsilon_{it} \tag{10.2}$$

相比方程(10.1),方程(10.2)更加合理,因为它允许不同观察个案在因变量上有不同的水平。或者说,方程(10.2)允许个体层面异质性的存在。如果我们令 $\beta_{0i}=\beta_0+\mu_i$,那么方程(10.2)还可进一步改写为

$$Y_{it}=\beta_0+\boldsymbol{\beta}\boldsymbol{X}_{it}+\mu_i+\varepsilon_{it} \qquad (10.3)$$

在方程(10.3)中,β_0 可以理解为 β_{0i} 的均值,即 $\beta_0=E(\beta_{0i})$;μ_i 表示个体 i 的截距项 β_{0i} 与整体平均值 β_0 之间的差异,即 $\mu_i=\beta_{0i}-\beta_0=\beta_{0i}-E(\beta_{0i})$。由于 μ_i 仅有个体编号 i,而没有时间编号 t,因此,它可以被理解为不随时间变化的、对因变量 Y_{it} 有影响且无法被观测的个体因素的集合。与之相比,方程的误差项 ε_{it} 既有个体编号 i,也有时间编号 t,它表示的是随时间变化的、对因变量 Y_{it} 有影响且无法被观测的个体因素的集合。实际上,方程(10.1)中的误差项是 μ_i 和 ε_{it} 之和,因此,要使用混合回归来估计 $\boldsymbol{\beta}$,必须假定 μ_i 与模型中的所有自变量都不相关,且 ε_{it} 也与模型中的所有自变量都不相关。这是一个很强的假定。而根据如何处理 μ_i,可以把面板数据的分析分为固定效应模型和随机效应模型。

二、固定效应模型

固定效应模型(fixed effect model)的处理方法是将方程(10.3)中的 μ_i 视作模型待估参数的一部分,即模型的自变量。在这种情况下,μ_i 与 $\boldsymbol{X}_{it}$ 相关就不会影响我们估计 $\boldsymbol{\beta}$。换句话说,在这种情况下,只需保证 $\boldsymbol{X}_{it}$ 与 ε_{it} 不相关就可以得到 $\boldsymbol{\beta}$ 的一致估计。在实际分析时,我们可以通过三种方法求解固定效应模型。

第一种方法是最小二乘虚拟变量法(least squares dummy variable, LSDV)。该方法需要首先为每个观测个案 i 生成一个虚拟变量,如果有 n 个观察个案,就会生成 n 个虚拟变量,然后将其中 $n-1$ 个纳入模型即可。这种方法非常简单直接,不仅可以得到方程(10.3)中 $\boldsymbol{\beta}$ 的估计值,而且可以根据 $n-1$ 个虚拟变量的回归系数得到 μ_i 的估计值。不过,考虑到短面板数据中 n 通常很大,求解 $n-1$ 个虚拟变量的回归系数会大大增加计算量;不仅如此,大多数情况下我们只需要估计 $\boldsymbol{\beta}$,而并不关注 μ_i。因此,这种估计方法可能会大大增加不必要的计算成本。

既然如此，有没有方法能跳过 μ_i 直接求解 $\boldsymbol{\beta}$ 吗？答案是肯定的。这就涉及固定效应模型的另外两种求解方法：均值差分法（mean difference）和一阶差分法（first difference）。

均值差分法的执行过程如下。

首先，将方程（10.3）的左右两边对时间取均值，得到：

$$\bar{Y}_i = \beta_0 + \boldsymbol{\beta}\bar{\boldsymbol{X}}_i + \mu_i + \bar{\varepsilon}_i \tag{10.4}$$

然后，将方程（10.3）的左右两边与方程（10.4）对应相减，得到：

$$Y_{it} - \bar{Y}_i = \boldsymbol{\beta}(\boldsymbol{X}_{it} - \bar{\boldsymbol{X}}_i) + (\varepsilon_{it} - \bar{\varepsilon}_i) \tag{10.5}$$

可以发现，通过均值差分方法，方程中那些无法被观测的不随时间变化的个体因素 μ_i 就能被消掉。因此，方程（10.5）可以跳过 μ_i 直接得到 $\boldsymbol{\beta}$ 的固定效应估计值。此外，从均值差分法的求解过程还可以得到固定效应估计量的两个重要特征：第一，在均值差分过程中，我们将自变量和因变量的组均值从原始值中去掉了，仅使用了 $\boldsymbol{X}_{it}$ 和 Y_{it} 的组内离差信息求解 $\boldsymbol{\beta}$。因此，固定效应估计量的本质是研究自变量随时间的变化与因变量随时间的变化之间的关系，故也被称作“组内估计量”（within estimator）。第二，使用均值差分法求解要求模型的自变量必须随时间发生变化，否则，该自变量的组内离差必然为0，在均值差分时将随着 μ_i 一同被消掉。由此可知，通过固定效应模型只能求解随时间变化的自变量对因变量的影响，那些不随时间变化的自变量（诸如性别、民族等）对因变量的影响是无法通过固定效应模型得到的。

除了均值差分之外，另一种能跳过 μ_i 直接求解 $\boldsymbol{\beta}$ 的方法是一阶差分法。其原理是，首先，对方程（10.3）的左右两边取一阶滞后：

$$Y_{it-1} = \beta_0 + \boldsymbol{\beta}\boldsymbol{X}_{it-1} + \mu_i + \varepsilon_{it-1} \tag{10.6}$$

然后，将方程（10.3）的左右两边与方程（10.6）对应相减，得到：

$$Y_{it} - Y_{it-1} = \boldsymbol{\beta}(\boldsymbol{X}_{it} - \boldsymbol{X}_{it-1}) + (\varepsilon_{it} - \varepsilon_{it-1}) \tag{10.7}$$

可以发现，在进行一阶差分之后，那些无法被观测的不随时间变化的个体因素 μ_i 也被消掉了。因此，对方程（10.7）进行回归分析也可以跳过 μ_i 直接得到 $\boldsymbol{\beta}$ 的固定效应估计值。

综上，既然均值差分法和一阶差分法都可以跳过 μ_i 直接求解 $\boldsymbol{\beta}$，那么在实际研究时我们该如何选择呢？这取决于不同的情况。当数据仅有两期，即 $T=2$ 时，一阶差分法与均值差分法的估计结果完全相同，此时使用任意一种方法都是可以的。但是，当数据超过两期，即 $T>2$ 时，二者的估计结果会有差异。研究发现，如果 ε_{it} 服从独立同分布假定，均值差分法相比一阶差分法的估计精度更高，因此在实践中，均值差分法通常更受青睐。

但在多期动态面板分析时，通常采用一阶差分法。我们可以从两种方法的基本假定中找到依据。从方程(10.5)可知，均值差分法获得 $\boldsymbol{\beta}$ 无偏估计值的假定条件是自变量 $\boldsymbol{X}_{it}$ 与误差项 $\varepsilon_{it}-\bar{\varepsilon}_i$ 不相关。由于 $\bar{\varepsilon}_i$ 是 ε_{it} 的平均值，这意味着 $\boldsymbol{X}_{it}$ 与 $\varepsilon_{i1},\varepsilon_{i2},\cdots,\varepsilon_{it}$ 都不能有相关，这是一个较强的假定。而根据方程(10.7)，一阶差分法求解时只需假定 $\boldsymbol{X}_{it}$ 与 ε_{it} 和 ε_{it-1} 不相关即可，这个假定要弱一些。在静态面板分析中，一阶差分法和均值差分法背后的假定差异不大，但在动态面板分析中，二者的差异会很明显。本章第三节在介绍动态面板模型的分析方法时会对此进行更加详细的介绍。

上文介绍的固定效应模型仅允许不同观察个案有自身的常数项 β_{0i}，即控制了个体层面不随时间变化的影响因素，因此也被称为“个体固定效应”模型。而考虑到面板数据同时还包含时间维度的信息，因此，可以进一步在个体固定效应模型的基础上纳入“时间固定效应”，以解决不随个体而变但随时间变化的遗漏变量问题。

在纳入时间固定效应之后，方程的表达式将变为

$$Y_{it}=\beta_0+\boldsymbol{\beta}\boldsymbol{X}_{it}+\lambda_t+\mu_i+\varepsilon_{it} \tag{10.8}$$

方程(10.8)由于同时纳入了个体固定效应和时间固定效应，因此，也被称作双向固定效应模型。在短面板数据中，由于 n 较大，T 较小，求解该模型的通常做法是：对于个体固定效应，采用均值差分法或一阶差分法消除 μ_i 以后再求解；对于时间固定效应，则采用 LSDV 法，即首先生成 T 个时期虚拟变量，然后将其中 $T-1$ 个时期虚拟变量纳入回归方程，得到 λ_t 的具体估计值。

三、随机效应模型

不同于固定效应模型将 μ_i 视作模型待估参数的一部分，对于方程(10.3)，

如果将 μ_i 视作模型误差项的一部分，就是所谓随机效应模型（random effect model）。与固定效应模型相比，随机效应模型有两个优势。第一，它同时考虑了“组内估计量”和“组间估计量”，因此可以估计不随时间变化的自变量对因变量的影响。第二，由于 μ_i 不再是模型参数，待估参数的减少大大节省了自由度，进而带来更高的估计精度。

不过，将 μ_i 视作模型误差项也会导致一些新的问题。首先，随机效应模型比固定效应模型有着更强的假设条件。由于 μ_i 是模型误差项的一部分，得到 $\boldsymbol{\beta}$ 的无偏估计就必须同时满足 μ_i 与 $\boldsymbol{X}_{it}$ 不相关和 ε_{it} 与 $\boldsymbol{X}_{it}$ 不相关两个条件，显然，这比固定效应模型更加苛刻。其次，将 μ_i 作为模型误差项也会导致同一个体在不同时点的误差项存在自相关。具体来说，在随机效应模型中，误差项包含 μ_i 和 ε_{it} 两个部分，我们可以将这个复合误差项记为 v_{it}，即

$$v_{it} = \mu_i + \varepsilon_{it} \tag{10.9}$$

同时假定 μ_i 和 ε_{it} 相互独立，且各自服从相同的分布，即假定：

$$\mathrm{Var}(\mu_i) = \sigma_\mu^2$$

$$\mathrm{Var}(\varepsilon_{it}) = \sigma_\varepsilon^2$$

$$\mathrm{Cov}(\mu_i, \varepsilon_{it}) = 0$$

由此，可以计算同一个体 i 在任意两个时点 t 和 s 上的误差项 v_{it} 和 v_{is} 间的相关系数，具体如下：

$$\mathrm{Cov}(v_{it}, v_{is}) = \mathrm{Var}(\mu_i) = \sigma_\mu^2$$

$$\mathrm{Var}(v_{it}) = \mathrm{Var}(v_{is}) = \sigma_\mu^2 + \sigma_\varepsilon^2$$

$$\rho_{ts} = \rho = \frac{\mathrm{Cov}(v_{it}, v_{is})}{\sqrt{\mathrm{Var}(v_{it})\mathrm{Var}(v_{is})}} = \frac{\sigma_\mu^2}{\sigma_\mu^2 + \sigma_\varepsilon^2} \tag{10.10}$$

公式（10.10）中的 ρ 被称作组内相关系数（intra-class correlation），可以用来衡量自相关的强弱。由于 μ_i 的存在，ρ 通常会大于 0，直接对方程（10.3）进行混合线性回归无法得到最有效的估计。为了提高估计效率，可以使用广义最小二乘法（generalized least squares, GLS），具体步骤如下：

第一步，进行混合线性回归，得到模型误差项；

第二步，分解误差项的方差成分，求得 σ_μ^2 和 σ_ε^2 的样本估计值；

第三步,进行如下线性变换:

$$y_{it}-\hat{\theta}_i\bar{y}_i=(\boldsymbol{X}_{it}-\hat{\theta}_i\overline{\boldsymbol{X}}_i)\beta+(\mu_i-\hat{\theta}_i\mu_i)+(\varepsilon_{it}-\hat{\theta}_i\bar{\varepsilon}_i) \tag{10.11}$$

$$\hat{\theta}_i=1-\sqrt{\frac{\hat{\sigma}_\varepsilon^2}{T_i\hat{\sigma}_\mu^2+\hat{\sigma}_\varepsilon^2}} \tag{10.12}$$

可以证明,经过上述变换以后的模型误差项$(\mu_i-\hat{\theta}_i\mu_i)+(\varepsilon_{it}-\hat{\theta}_i\bar{\varepsilon}_i)$满足独立同分布假定。如果方程(10.3)中的$\mu_i$和$\varepsilon_{it}$都与$\boldsymbol{X}_{it}$不相关,那么,对变换后的方程使用普通最小二乘法可以得到回归系数一致且最有效的估计值。

根据上述求解过程,我们还可以进一步厘清混合模型、固定效应模型、随机效应模型三者的内在联系。首先,当$\theta=0$时,方程(10.11)将退化为混合线性回归的估计方程公式(10.3),此时,其估计结果也将与混合线性回归一致。其次,当$\theta=1$时,方程(10.11)将与均值差分后的固定效应模型估计方程公式(10.5)一致,此时,其估计结果将等同于固定效应估计值。最后,由于θ的值通常介于0和1之间,这也意味着随机效应模型的估计结果也通常介于混合线性回归和固定效应模型之间。由$\hat{\theta}_i$的计算公式(10.12)可知,当$\hat{\sigma}_\mu^2$较大、$\hat{\sigma}_\varepsilon^2$较小、$T_i$较大时,$\hat{\theta}_i$较趋近1,相应的随机效应估计结果将更接近固定效应模型;反之,当$\hat{\sigma}_\mu^2$较小、$\hat{\sigma}_\varepsilon^2$较大、$T_i$较小时,$\hat{\theta}_i$较趋近0,随机效应模型的估计结果将与混合线性回归更接近。

那么,我们应该如何理解随机效应模型的估计值呢?要回答这个问题,需要区分两种估计量。第一种是“组内估计量”,即利用同一名个案在不同时点上的信息进行估计量的计算。如研究同一个人的婚姻状态从未婚变为已婚时收入的变化,以此获得婚姻对收入的影响。通过前面的介绍可知,组内估计量实际上就是固定效应模型的估计量,我们将之记为$\hat{\beta}^{\mathrm{FE}}$。

第二种是“组间估计量”,该估计量在计算时仅考虑不同个案在自变量和因变量上的差异,而不考虑时间信息。例如,我们可以比较一个结婚的人和一个未婚的人在收入上的差异,进而评估婚姻对收入的影响。组间估计量可以通过对方程(10.4)进行线性回归得到。如前所述,方程(10.4)是对不同时点上的自变量和因变量取组均值以后的回归方程。通过取组均值,我们消除了所有时间维度的变异性(组内差异),剩下的就只是个体维度的变异性(组间差异)。我们将组间估计的回归系数记为$\hat{\beta}^{BE}$。

可以证明,随机效应模型的估计值$\hat{\beta}^{RE}$是组内估计值$\hat{\beta}^{FE}$和组间估计值$\hat{\beta}^{BE}$的加权平均结果,用公式表示为

$$\hat{\beta}^{RE} = (1 - \omega)\hat{\beta}^{BE} + \omega\hat{\beta}^{FE} \tag{10.13}$$

其权重ω的计算公式为

$$\omega = \frac{\hat{SE}(\hat{\beta}^{BE})^2}{\hat{SE}(\hat{\beta}^{BE})^2 + \hat{SE}(\hat{\beta}^{FE})^2} \tag{10.14}$$

由于ω的值通常位于0和1之间,所以$\hat{\beta}^{RE}$的值通常介于$\hat{\beta}^{BE}$和$\hat{\beta}^{FE}$之间。不仅如此,由于在求解$\hat{\beta}^{RE}$时将同时使用组间和组内两部分信息,因此,其估计效率通常高于单纯使用组内信息$\hat{\beta}^{FE}$和组间信息$\hat{\beta}^{BE}$。但是,相比组内估计量来说,组间估计量更可能受遗漏变量偏差的影响。[①] 而随机效应模型在估计的时候混合了组间估计量和组内估计量,因此在一定程度上会引入组间估计量的偏差。

四、豪斯曼检验

综上所述,固定效应模型的估计偏差较小,但估计方差较大;与之相反,随机效应模型的估计偏差较大,但估计方差较小。由于较大的估计偏差和估计方差都是我们不希望看到的,那么在实际研究时我们通常需要进行取舍。取舍的标准就是进行豪斯曼检验(Hausman test)。其基本原理是:比较$\hat{\beta}^{RE}$和$\hat{\beta}^{FE}$是否存在显著的系统差异。如果二者差异显著,说明随机效应模型存在不可忽视的估计偏差,此时应采用固定效应模型估计值,即$\hat{\beta}^{FE}$;反之,如果二者的差异在统计上不显著,说明随机效应模型的估计偏差很小,考虑到其估计方差比固定效应模型小,此时应采用随机效应模型估计值,即$\hat{\beta}^{RE}$。

需要注意的是,标准的豪斯曼检验结果也不总是可靠的。其原因是,豪斯

① 如一个在婚的人与一个未婚的人在收入上存在差异既可能缘于二者婚姻状况不一样,也可能缘于二者在其他特征上不一样。而比较同一个人从未婚变为已婚后收入的变化可以在很大程度上消除那些不随时间变化的个体特征的影响。所以,组内估计量相比组间估计量更接近因果效应。

曼检验的前提条件是随机效应模型对误差项自相关模式的设定是完全正确的,但这个假定有时并不成立。如前所述,随机效应模型假定个体 i 在任意两个时点 t 和 s 上的误差项的相关系数 ρ_{ts} 是一个常数,即 $\rho_{ts}=\rho$。如果该假定成立,那么两个时间间隔较近的误差项(如时点 1 和时点 2)的相关性将和两个时间间隔较远的误差项(如时点 1 和时点 10)的相关性相等,这在面板数据中通常是不成立的。相比之下,一个更现实的情况是误差项自相关随时间间隔的扩大而减小。如果真是如此,那么随机效应模型就不是最有效的,传统的豪斯曼检验结果也不再可靠。

针对这个问题,有学者提出了一种更加稳健的豪斯曼检验,其原理是拟合回归方程(10.15),检验该方程中的 $\boldsymbol{\beta}'$ 与 0 相比有无显著差异:

$$y_{it}-\hat{\theta}_i\bar{y}_i=\boldsymbol{\beta}(\boldsymbol{X}_{it}-\hat{\theta}_i\bar{\boldsymbol{X}}_i)+\boldsymbol{\beta}'(\boldsymbol{X}_{it}-\bar{\boldsymbol{X}}_i)+(\mu_i-\hat{\theta}_i\mu_i)+(\varepsilon_{it}-\hat{\theta}_i\bar{\varepsilon}_i) \tag{10.15}$$

如果 $\boldsymbol{\beta}'$ 与 0 无显著差异,方程(10.15)将简化为方程(10.11),这说明,使用随机效应模型进行估计是可靠的。反之,如果 $\boldsymbol{\beta}'$ 与 0 存在显著差异,这说明随机效应模型存在遗漏变量问题,固定效应模型更加可靠。在进行上述检验时,考虑到随机效应模型对自相关的设定可能存在偏差,这会导致 $(\mu_i-\hat{\theta}_i\mu_i)+(\varepsilon_{it}-\hat{\theta}_i\bar{\varepsilon}_i)$ 不再服从独立同分布假定,因此,可使用聚类稳健标准误以获取正确的检验结果。

第二节　长面板模型

本节将介绍针对长面板数据的统计分析方法。长面板数据的特征在于时期 T 较大,而个案数 n 较小。这一特点导致长面板模型在设定方式上与短面板模型存在一些差异。同时,由于长面板数据中的 T 较大,我们可以更好地应对误差项的自相关和异方差问题,进而获得更有效率的估计值。

一、长面板的模型设定

总的来说,长面板模型延续了短面板的很多特征,但在处理时间项的时候与短面板模型略有区别。具体来说,在同时纳入个体维度的固定效应时,考虑到长面板数据的 n 较小,研究者可以直接使用 LSDV 法直接纳入 $n-1$ 个个体层面的虚拟变量。但是,在纳入时间维度的固定效应时,考虑到长面板的 T 比较大,纳入 $T-1$ 个时间虚拟变量会损失较多的自由度,因此,通常采用的方法是在模型中加入时间趋势项或其平方项来控制时间效应。

综上,对长面板数据来说,通常使用的模型表达式如下:

$$Y_{it} = \boldsymbol{\beta}_0 + \boldsymbol{\beta X}_{it} + \boldsymbol{\lambda} t + \boldsymbol{\mu}_i + \boldsymbol{\varepsilon}_{it} \tag{10.16}$$

在方程(10.16)中,Y_{it} 是模型的因变量,β_0 是方程截距,$\boldsymbol{X}_{it}$ 代表一组随时间变化的自变量,$\boldsymbol{\beta}$ 是其回归系数。λt 代表线性的时间趋势,如果时间趋势不是线性的,那么可以在模型中加入 t^2、t^3 等。$\boldsymbol{\mu}_i$ 代表个体层面的固定效应,在分析时通常使用 LSDV 法纳入 $n-1$ 个个体层面的虚拟变量来实现。

二、估计方法

尽管长面板模型与短面板模型在模型设定方面是比较一致的,但二者在估计方法上却存在很大差异。导致这种差异的主要原因是:在短面板模型中,我们通常依赖一个较强的假定,即误差项 ε_{it} 相互独立,且服从方差相同的分布,进而相关的估计方法也要围绕这一强假定展开。但在长面板模型中,由于时期 T 较大,事实上可以为我们提供比较充分的信息来帮助判定 ε_{it} 是否存在异方差和自相关,进而放松短面板模型中关于 ε_{it} 的假定。

具体来说,ε_{it} 的异方差或自相关可能存在以下三种情况:

◆ 组间异方差:记个体 i 的误差项 ε_{it} 的方差为 $\sigma_i^2 = \mathrm{Var}(\varepsilon_{it})$,如果存在两个不同个体的误差项方差 $\sigma_i^2 \neq \sigma_j^2 (i \neq j)$,则称存在组间异方差;

◆ 组内自相关:对同一个体 i 在任意时点 t 和 s 上的误差项 ε_{is} 和 ε_{it},如果存在 $\mathrm{Cov}(\varepsilon_{is}, \varepsilon_{it}) \neq 0 (s \neq t)$,则称存在组内自相关;

◆ 组间同期相关:对同一时点 t 上任意两个个体 i 和 j 的误差项 ε_{it} 和 ε_{jt},如果存在 $\mathrm{Cov}(\varepsilon_{it}, \varepsilon_{jt}) \neq 0 (i \neq j)$,则称存在组间同期相关。

如果方程(10.16)中的误差项 ε_{it} 存在上述三个问题中的任意一个,就违反了独立同分布假定,那么直接使用普通最小二乘法得到的估计值就是有偏的,研究结论也将变得不再可靠。为了避免这些问题,需要首先对组间异方差、组内自相关和组间同期相关进行检验。[①] 如果检验结果显示 ε_{it} 存在以上三个问题中的任意一个,就需要通过一些方法进行处理。下面,我们将简要介绍三种常见的处理方法。

1. 面板校正标准误

面板校正标准误(panel-corrected standard error, PCSE)可以同时解决组间异方差和组间同期相关问题。如果方程(10.16)设定正确,但 ε_{it} 不满足独立同分布假定,此时,模型的估计值依然可用,但标准误的计算结果有误。因此,最简单的处理方法是使用面板校正标准误的方法维持估计值不变,同时使用正确的标准误计算公式。

2. 面板校正标准误+FGLS

但如果 ε_{it} 除了存在组间异方差和组间同期相关外,还存在组内自相关问题,则可在使用面板校正标准误的同时,结合“可行的广义最小二乘法”(feasible generalized least squares, FGLS)进行估计。在具体分析时,我们需要首先假定 ε_{it} 的组内自相关模式。其中,最常见的模式是一阶自回归(first order autoregression),即假定:

$$\varepsilon_{it}=\rho_i\varepsilon_{i(t-1)}+\nu_i \tag{10.17}$$

通过公式(10.17),我们可以计算出同一个体 i 在任意时点 t 和 s 上的误差项的相关系数,进而将之作为一个已知信息对原模型进行广义差分变换,最后对变换后的模型进行 FGLS 估计。这样,通过 FGLS 法校正组内自相关,同时使用面板校正标准误校正组间异方差和组间同期相关,就可同时处理三个问题。

3. 全面 FGLS

最后,对三种问题同时使用 FGLS 估计,即全面 FGLS 法,也可以同时解决

---

① 具体检验方法可参见陈强编著:《高级计量经济学及 Stata 应用(第二版)》,高等教育出版社 2014 年版,第 279—281 页。

三个问题。具体来说,研究者可以对误差项 ε_{it} 的组间异方差、组内自相关和组间同期相关的模式进行设定,然后进行广义差分变换,再对变换后的模型进行 FGLS 估计。与前面两种方法相比,这种方法的估计效率最高。不过,这种方法的有效性取决于研究者对组间异方差、组内自相关和组间同期相关的设定是否准确。

全面 FGLS 法只有在相关设定完全正确的情况下,才能得到可靠的估计值。相比之下,虽然面板校正标准误的效率较低,但它不需要研究者对异方差和自相关的模式进行任何设定,因此更为稳健。通常情况下,如果研究者对组间异方差和组间同期相关的模式有较为准确的认识,可以考虑使用全面 FGLS 法,否则建议采用较为稳健的面板校正标准误。此外,我们也建议研究者同时使用多种方法,并比较各种方法的分析结果是否一致。

第三节　动态面板模型

与横截面数据相比,面板数据由于引入时间序列而可以观察因变量随时间的动态变化。理论上可以认为,因为惯性或制度依赖,过去的社会现象会对现在和未来的社会现象造成影响。因此在建立模型时,可以将因变量的滞后值纳入模型作为自变量的一部分,这类面板模型就是“动态面板”模型。本节将简要介绍动态面板模型的设定及常见的估计方法。

一、差分 GMM

考虑纳入了因变量滞后项的模型:

$$y_{it} = \theta_1 y_{i(t-1)} + \theta_2 y_{i(t-2)} + \cdots + \theta_p y_{i(t-p)} + \mu_i + \varepsilon_{it} \tag{10.18}$$

其中,模型自变量为 y_{it} 的 p 阶滞后项,同时包含 i 个个体效应 μ_i。由于 $y_{i(t-1)}, y_{i(t-2)}, \cdots, y_{i(t-p)}$ 都包含 μ_i,该模型的所有自变量都与 μ_i 相关。但如果 ε_{it} 无自相关的话,依然可以假定 $y_{i(t-1)}, y_{i(t-1)}, \cdots, y_{i(t-p)}$ 与 ε_{it} 不相关。

可以考虑用固定效应模型的估计方法消除 μ_i 的影响。例如,使用均值差分变换消除模型中的个体效应 μ_i。但是,由于因变量滞后值的均值差分 $y_{i(t-p)} - \bar{y}_i$

一定与 $\varepsilon_{it}-\bar{\varepsilon}_i$ 相关，均值差分变换依然无法得到 θ 的一致估计值。

为解决上述问题，可以改用一阶差分来消除 μ_i。对方程(10.18)进行一阶差分，可以得到：

$$\Delta y_{it}=\theta_1\Delta y_{i(t-1)}+\theta_2\Delta y_{i(t-2)}+\cdots+\theta_2\Delta y_{i(t-p)}+\Delta\varepsilon_{it} \tag{10.19}$$

从方程(10.19)可以发现，一阶差分消掉了个体效应 μ_i。如果假定 ε_{it} 无自相关，那么 $\Delta y_{i(t-2)},\cdots,\Delta y_{i(t-p)}$ 与 $\Delta\varepsilon_{it}$ 也不相关。尽管如此，$\Delta y_{i(t-1)}$ 与 $\Delta\varepsilon_{it}$ 依旧相关，其原因在于 $\Delta y_{i(t-1)}$ 中包含 $y_{i(t-1)}$，因此必然包含 $\varepsilon_{i(t-1)}$，而 $\varepsilon_{i(t-1)}$ 也是 $\Delta\varepsilon_{it}$ 的组成部分。这时，可考虑采用工具变量法解决这一问题。

安德森和萧政指出，可使用 $y_{i(t-2)}$ 作为 $\Delta y_{i(t-1)}$ 的工具变量来估计 θ_1。① 其原因在于：如果 ε_{it} 无自相关，那么 $y_{i(t-2)}$ 与 $\Delta\varepsilon_{it}$ 也不相关，但它通常会与 $\Delta y_{i(t-1)}$ 相关。通过此方法计算的估计量也被称作"Anderson-Hsiao 估计量"。

沿着 Anderson-Hsiao 估计量的理论逻辑，阿雷拉诺和邦德进一步指出，除了 $y_{i(t-2)}$ 以外，$y_{i(t-3)}$、$y_{i(t-4)}$ 等也是 $\Delta y_{i(t-1)}$ 的有效工具变量。因此，可利用上述所有工具变量，通过"广义矩估计法"(GMM)得到所有回归系数的一致估计。利用该方法得到的估计量被称作 Arellano-Bond 估计量。② 与 Anderson-Hsiao 估计量相比，Arellano-Bond 估计量由于使用了更多的工具变量，所以估计效率更高。此外，因为 Arellano-Bond 估计量需要先对模型做一阶差分，再使用 GMM 法进行估计，所以该方法也被称作差分 GMM 法。

在使用差分 GMM 法时，待估方程中除了包含因变量的滞后项之外，也可以包含其他解释变量。如果在方程(10.18)中进一步纳入自变量，那么模型表达式将变为

$$y_{it}=\theta_1 y_{i(t-1)}+\theta_2 y_{i(t-2)}+\cdots+\theta_p y_{i(t-p)}+\boldsymbol{\beta X}_{it}+\mu_i+\varepsilon_{it} \tag{10.20}$$

根据差分 GMM 的分析思路，我们需要先对方程(10.20)做一阶差分，以消

① T. W. Anderson and Cheng Hsiao, "Estimation of Dynamic Models with Error Components," *Journal of the American Statistical Association*, Vol. 76, No. 375, 1981, pp. 598-606.

② Manuel Arellano and Stephen Bond, "Some Tests of Specification for Panel Data: Monte Carlo Evidence and an Application to Employment Equations," *The Review of Economic Studies*, Vol. 58, No. 2, 1991, pp. 277-297.

除个体效应 $\boldsymbol{\mu}_i$。但由于一阶差分同时消掉了不随时间变化的自变量，所以，使用该方法只能估计随时间变化的变量 $\boldsymbol{X}_{it}$ 对因变量的影响。此外，在估计 $\boldsymbol{\beta}$ 时，我们需要根据 $\boldsymbol{X}_{it}$ 的类型采取不同的估计策略，主要分为以下三种情况：

第一，$\boldsymbol{X}_{it}$ 是严格外生变量。这类变量与所有各期的 ε_{it} 都不相关，因此在估计时无须特别处理。第二，$\boldsymbol{X}_{it}$ 是前定解释变量，即与 $\varepsilon_{i(t-1)}$，$\varepsilon_{i(t-2)}$，…相关，但与 ε_{it}，$\varepsilon_{i(t+1)}$，…不相关。对这些变量做一阶差分以后，ΔX_{it} 与 $\Delta\varepsilon_{it}$ 会相关，因此无法得到回归系数的一致估计，故需要使用 $X_{i(t-1)}$，$X_{i(t-2)}$，…作为工具变量来估计。第三，$\boldsymbol{X}_{it}$ 是同期内生解释变量，即与 ε_{it}，$\varepsilon_{i(t-1)}$，…相关，但与 $\varepsilon_{i(t+1)}$，$\varepsilon_{i(t+2)}$，…不相关。对这些变量一阶差分以后，ΔX_{it} 与 $\Delta\varepsilon_{it}$ 也会相关，但可使用 $X_{i(t-2)}$，$X_{i(t-3)}$，…作为工具变量来估计。

差分 GMM 是求解动态面板模型的一种经典方法，然而，在实际应用中，该估计量也存在一些局限性。首先，该估计量假定模型误差项 ε_{it} 无自相关，因此使用该方法前需要检验 ε_{it} 的自相关性。如果检验不通过，那么该估计方法将失效。其次，Arellano-Bond 估计量使用了多个工具变量，随着时期数 T 的增加，工具变量也会相应增多，进而容易导致"弱工具变量"问题。常用的解决办法是限制工具变量的数量，如仅使用前 q 阶滞后作为工具变量，但现有文献对应取多少阶滞后作为工具变量并无明确说法。因此，我们建议研究者进行多次尝试，比较不同工具变量个数下的估计结果，如果结果差异很大，则选择工具变量较少的模型。最后，由于 Arellano-Bond 估计量在计算时需要做一阶差分，这会导致两个问题：一是不随时间变化的变量会自动消掉，无法估计其对因变量的影响。二是如果 y_{it} 具有很强的"持续性"，即一阶自回归系数接近 1，此时 $y_{i(t-2)}$，$y_{i(t-3)}$，…与 $\Delta y_{i(t-1)}$ 几乎不相关，因此不再是 $\Delta y_{i(t-1)}$ 的有效工具。

二、水平 GMM 和系统 GMM

针对差分 GMM 的上述缺陷，一些学者提出了针对动态面板模型的其他估计方法，其中较重要的是水平 GMM 法和系统 GMM 法。

水平GMM法由阿雷拉诺和博韦尔提出。[①] 他们认为,差分GMM法的很多缺陷缘于该方法在求解时要先作一阶差分,如果可以跳过差分直接对水平方程(10.20)进行工具变量估计,就可以避免很多问题。具体来说,他们认为估计时可以使用$\Delta y_{i(t-1)}$,$\Delta y_{i(t-2)}$,…作为$y_{i(t-1)}$的工具变量。同理,也可为其他滞后因变量找到相应的工具变量。在找到这些工具变量之后,就可以采用常规的GMM法进行估计。由于这种估计方法只使用了水平方程(10.20),没有做一阶差分,故被称作水平GMM法。

与差分GMM法相比,水平GMM法不需要做一阶差分,所以可以估计不随时间变化的自变量对因变量的影响。此外,当因变量有较强的持续性时,使用该方法也能收到很好的效果。但是,由于水平GMM并没有消除掉个体效应,相比差分GMM,该方法需要在满足ε_{it}无自相关的基础上,通常还依赖一个更强的假定:$\Delta y_{i(t-1)}$,$\Delta y_{i(t-2)}$,…与个体效应μ_i不能存在相关。这使得水平GMM法往往有着更为严苛的使用条件。

如果进一步将差分方程与水平方程整合为一个方程系统进行估计,就是所谓系统GMM法。[②] 系统GMM方法由布伦德尔和邦德提出,相比差分GMM,系统GMM的估计效率更高,并且可以估计非时变自变量对因变量的影响。但与水平GMM一样,系统GMM也需要既满足误差项ε_{it}无自相关,又满足$\Delta y_{i(t-1)}$,$\Delta y_{i(t-2)}$,…与个体效应μ_i不相关。此外,系统GMM也可能存在弱工具变量问题,使用时需要对工具变量的有效性进行检验。

第四节　面板数据的Stata命令

本节主要介绍使用Stata软件分析面板数据的方法。我们将首先介绍几个常用的命令,然后通过案例进行演示。

---

① Manuel Arellano and Olympia Bover, "Another Look at the Instrumental Variable Estimation of Error-Components Models," *Journal of Econometrics*, Vol. 68, No. 1, 1995, pp. 29-51.

② Richard Blundell and Stephen Bond, "Initial Conditions and Moment Restrictions in Dynamic Panel Data Models," *Journal of Econometrics*, Vol. 87, No. 1, 1998, pp. 115-143.

一、命令介绍

在 Stata 软件中进行面板数据分析的命令大多以“xt”开头,这里的“x”是英文单词 cross-sectional 的缩写,“t”是 time series 的缩写。将 x 与 t 相连,表示面板数据兼具横截面数据和时间序列数据的特征。

在正式分析面板数据之前,需要首先使用 xtset 命令设定数据格式,该命令的语法结构如下:

```
xtset panelvar timevar
```

其中,xtset 是命令名,panelvar 是区分不同个案的标识变量,timevar 是区分不同时点的时间变量。timevar 也可以省略,即使用 xtset panelvar。

在将数据设置好以后,就可以进行后续分析。通常在进行模型分析之前,需要对数据和相关变量进行统计描述。常用的命令包括 xtdescribe、xtsum 和 xtline,这三个命令的用法我们将在下文结合案例进行演示。

接下来,我们将重点介绍与面板模型相关的命令。

第一个是 xtreg,该命令是专门针对短面板模型的命令,其语法结构如下:

```
xtreg depvar [indepvars] [if] [in] [weight], [options]
```

其中,xtreg 是命令名,depvar 是分析的因变量,indepvars 是自变量。该命令结合不同的估计选项可以实现不同的估计方法。具体来说:

◆ 与混合线性回归对应的选项是 pa。在估计时,考虑到误差项 ε_{it} 可能存在自相关,可使用选项 corr( )设置误差项的自相关模式。此外,还可以使用选项 vce(robust) 计算聚类稳健标准误,以防自相关模式误设。

◆ 与固定效应模型对应的选项是 fe。如果使用该选项,那么 Stata 将按照方程(10.5)对所有变量进行均值差分变换,然后求解方程。使用该命令时,考虑到误差项 ε_{it} 可能存在自相关,最好通过选项 vce(robust)获取聚类稳健标准误。

◆ 与随机效应模型对应的选项是 re。如果使用该选项,那么 Stata 将按照方程(10.11)对所有变量进行线性变换,然后计算随机效应估计值。研究者可通过选项 theta 获取方程(10.11)中 $\hat{\theta}_i$ 的估计值。此外,建议使用选项 vce(robust)

获取聚类稳健标准误。

◆ 在估计随机效应模型时,如果假定随机效应 μ_i 和误差项 ε_{it} 均服从正态分布,那么可通过选项 mle 获取更有效率的最大似然估计值。此时,最好结合选项 vce(bootstrap)以通过自助法(bootstrap)计算稳健标准误。

◆ 研究者还可以通过选项 be 获得组间估计量。在估计时,最好结合选项 vce(bootstrap)获取稳健标准误。

研究者可以使用豪斯曼检验对固定效应模型和随机效应模型的差异进行检验。在检验之前,需首先使用 xtreg 命令获取这两种估计量,并通过 est store 命令将之保存下来。如果记固定效应的估计结果为 e_fe,随机效应的估计结果为 e_re,那么通过以下命令即可执行豪斯曼检验:

```
hausman e_fe e_re, sigmamore
```

若该检验结果统计显著,则应当使用估计偏差较小的固定效应模型;若检验结果不显著,则应当使用估计方差较小的随机效应模型。

通过上述命令实施的豪斯曼检验需假定随机效应模型的误差项服从独立同分布假定,若该假定不满足,则检验失效。此时,可使用外部命令 xtoverid 执行更加稳健的豪斯曼检验。使用该命令前需要先安装,具体方法如下:

```
. ssc install xtoverid, replace
```

安装好以后,即可在使用 xtreg 命令估计随机效应模型之后,通过 xtoverid 命令进行稳健的豪斯曼检验。

如果分析的是长面板数据,需要首先对误差项 ε_{it} 是否存在组间异方差、组内自相关和组间同期相关进行检验。检验组间异方差的命令是 xttest3,检验组内自相关的命令是 xtserial,检验组间同期相关的命令是 xttest2。这三个命令都是用户自编的命令,使用前需要先安装,具体方法如下:

```
. ssc install xttest3, replace
. net install st0039. pkg, from(http://www. stata-journal. com/software/sj3-2)
replace
. ssc install xttest2, replace
```

安装好以后，即可执行相关检验，其具体使用方法将在下文结合案例进行演示。如果检验结果显示长面板模型的误差项 ε_{it} 存在组间异方差、组内自相关或组间同期相关，那么就需要通过一些方法进行校正。

方法一是使用 xtpcse 命令，其语法结构如下：

```
xtpcse depvar [indepvars] [if] [in] [weight] [, options]
```

其中，xtpcse 是命令名，depvar 是分析的因变量，indepvars 是自变量。该命令默认模型误差项既存在组间异方差，也存在组间同期相关，并通过面板校正标准误进行校正。如果模型误差项只存在组间异方差，不存在组间同期相关，那么可使用选项 hetonly；如果模型误差项既不存在组间异方差，也不存在组间同期相关，那么应使用选项 independent。如果模型误差项在组间异方差和组间同期相关之外还存在组内自相关，那么需通过选项 corr( )设定组内自相关的模式，并结合 FGLS 法解决组内自相关问题，corr( )的常用设定方法包括：

◆ corr(independent)：不存在组内自相关。

◆ corr(ar1)：组内自相关模式为方程(10.17)所示的一阶自回归，且 ρ_i 对不同个体 i 是一个常数，即 $\rho_i=\rho$。

◆ corr(psar1)：组内自相关模式为方程(10.17)所示的一阶自回归，且 ρ_i 因个体而异，即对每个个体 i，估计一个单独的 ρ_i。建议在 T 比 n 大很多的情况下使用 corr(psar1)，否则无法得到 ρ_i 的稳定估计值。

方法二是使用命令 xtgls 进行全面 FGLS 估计，该命令的语法结构如下：

```
xtgls depvar [indepvars] [if] [in] [weight] [, options]
```

其中，xtgls 是命令名，depvar 是分析的因变量，indepvars 是自变量。该命令的常用选项包括：

◆ panels(iid)：ε_{it} 既不存在组间异方差，也不存在组间同期相关；

◆ panels(het)：ε_{it} 存在组间异方差，但不存在组间同期相关；

◆ panels(cor)：ε_{it} 既存在组间异方差，也存在组间同期相关；

◆ corr(independent)：ε_{it} 不存在组内自相关；

◆ corr(ar1)：设定组内自相关的模式为一阶自回归，且 $\rho_i=\rho$；

◆ corr(psar1)：设定组内自相关的模式为一阶自回归，且 $\rho_i\neq\rho$；

◆ igls：采用迭代 FGLS 进行估计。

对于动态面板模型，常用的命令包括 xtabond 和 xtdpdsys。使用 xtabond 命令可通过差分 GMM 法获得 Arellano-Bond 估计量，使用 xtdpdsys 命令则可以通过水平 GMM 法或系统 GMM 法求解动态面板模型。这两个命令拥有相同的语法结构和选项，具体如下：

```
xtabond depvar [indepvars] [if] [in] [, options]
xtdpdsys depvar [indepvars] [if] [in] [, options]
```

其中，xtabond 和 xtdpdsys 是命令名，depvar 是分析的因变量，indepvars 是自变量。这两个命令的常用选项包括：

◆ lags(p)：将因变量的滞后 p 期作为自变量纳入模型；

◆ pre(varlist)：指定前定解释变量；

◆ endogenous(varlist)：指定同期内生解释变量；

◆ inst(varlist)：指定额外工具变量；

◆ twostep：采用 GMM 法估计，默认采用两阶段最小二乘法；

◆ maxldep(q1)：最多使用因变量的 $q1+1$ 阶滞后做工具变量；

◆ maxlags(q2)：最多使用前定解释变量和同期内生解释变量的 $q2$ 阶滞后做工具变量；

◆ vce(robust)：使用稳健标准误，该标准误允许 ε_{it} 存在异方差；

◆ artests(k)：检验误差项是否存在 k 阶自相关。

在使用 xtabond 或 xtdpdsys 之后，通常要做两个检验。一是检验误差项 ε_{it} 是否存在自相关，这可以在执行 xtabond 或 xtdpdsys 命令以后通过 estat abond 命令实现。二是通过过度识别检验验证工具变量的有效性，这可以在执行 xtabond 或 xtdpdsys 命令以后通过 estat sargan 命令实现。

二、案例展示

1. 短面板模型

本部分将通过数据 wagepan.dta 演示短面板模型的分析方法。该数据包含 545 名全职工作的男性，调查年份为 1980—1987 年，每年进行一次，共 8 次。

因此总样本量为4360(545×8)人。数据共包含10个变量,其定义如下:

- nr:个案识别号;
- year:调查年份;
- black:是否为黑人,二分变量,黑人=1,其他=0;
- hisp:是否为西班牙裔,二分变量,西班牙裔=1,其他族裔=0;
- married:是否在婚,二分变量,在婚=1,其他=0;
- educ:教育年限;
- exper:工龄;
- exper2:工龄平方;
- union:是否为工会会员,二分变量,是=1,否=0;
- lwage:月工资对数。

首先,使用use命令读入该数据,然后通过xtset命令将该数据设置为面板格式,具体命令和输出结果如下:

```
. use "C:\Users\XuQi\Desktop\wagepan.dta", clear
. xtset nr year

Panel variable: nr (strongly balanced)
 Time variable: year, 1980 to 1987
         Delta: 1 unit
```

上述xtset命令的输出结果显示,这是一个严格平衡的(strongly balanced)面板数据。这里,平衡面板(balanced panel)指的是所有个案的观察期数都相同的面板数据,即$T_i=T$。在平衡面板数据中,如果各期之间的时间间隔相同,则被称作严格平衡面板。wagepan.dta是一个严格平衡的面板数据,因为所有545名个案都经历了8次调查,且每次调查的间隔(delta)都为1。[1]

接下来,我们将使用命令xtdescribe描述该数据的缺失值分布情况:

---

① 如果有个案在部分时点的调查数据缺失,则为非平衡面板(unbalanced panel)。对非平衡面板数据进行分析要分两种情况:如果数据缺失是随机的,那么对非平衡面板数据的分析方法与平衡面板相同;如果数据缺失是非随机的,则需要通过一些方法校正样本选择偏差,本书因篇幅所限,没有介绍这些方法。

```
. xtdescribe

      nr:  13, 17, ..., 12548                                n =        545
    year:  1980, 1981, ..., 1987                             T =          8
           Delta(year) = 1 unit
           Span(year)  = 8 periods
           (nr*year uniquely identifies each observation)

Distribution of T_i:   min      5%      25%       50%       75%     95%     max
                         8       8        8         8         8       8       8

     Freq.  Percent    Cum. |  Pattern
 ---------------------------+----------
       545   100.00  100.00 |  11111111
 ---------------------------+----------
       545   100.00         |  XXXXXXXX
```

输出结果显示,该面板数据的个案数为545(n),时期数为8(T)。所有545名个案均遵循相同的数据模式(Pattern):11111111。这里的每个1表示在某一期调查中有观测值,总共8个1表示在所有8个调查时点上都有观测值。这一输出结果再次证明,wagepan.dta是一个平衡面板数据。

现在,我们将使用命令xtsum描述数据中的变量。该命令将报告各变量的均值、标准差、最小值、最大值和样本量。需要注意的是,软件除了汇报各变量在全部数据(overall)中的情况以外,还会分组间(between)和组内(within)两种情况进行描述。这里的组间指的是对不同观察期取均值以后的结果,而组内指的是对变量的原始值进行均值差分以后的结果。

```
. xtsum lwage black hisp educ year married exper exper2 union

Variable         |      Mean   Std. dev.       Min        Max |    Observations
-----------------+--------------------------------------------+----------------
lwage    overall |  1.649147    .5326094  -3.579079    4.05186 |     N =    4360
         between |              .3907468   .3333435   3.174173 |     n =     545
         within  |              .3622636  -2.467201   3.204687 |     T =       8
                 |                                            |
black    overall |  .1155963    .3197769          0          1 |     N =    4360
         between |               .320034          0          1 |     n =     545
         within  |                     0   .1155963   .1155963 |     T =       8
                 |                                            |
hisp     overall |  .1559633    .3628622          0          1 |     N =    4360
         between |              .3631539          0          1 |     n =     545
         within  |                     0   .1559633   .1559633 |     T =       8
```

```
educ     overall |  11.76697   1.746181          3         16 |     N =    4360
         between |             1.747585          3         16 |     n =     545
         within  |                    0   11.76697   11.76697 |     T =       8
                 |                                            |
year     overall |    1983.5   2.291551       1980       1987 |     N =    4360
         between |                    0     1983.5     1983.5 |     n =     545
         within  |             2.291551       1980       1987 |     T =       8
                 |                                            |
married  overall |  .4389908   .4963208          0          1 |     N =    4360
         between |             .3766116          0          1 |     n =     545
         within  |             .3236137  -.4360092   1.313991 |     T =       8
                 |                                            |
exper    overall |  6.514679   2.825873          0         18 |     N =    4360
         between |             1.654918        3.5       14.5 |     n =     545
         within  |             2.291551   3.014679   10.01468 |     T =       8
                 |                                            |
exper2   overall |  50.42477   40.78199          0        324 |     N =    4360
         between |             26.35134       17.5      215.5 |     n =     545
         within  |              31.1431  -44.07523   158.9248 |     T =       8
                 |                                            |
union    overall |  .2440367   .4295639          0          1 |     N =    4360
         between |             .3294467          0          1 |     n =     545
         within  |             .2759787  -.6309633   1.119037 |     T =       8
```

输出结果显示，lwage、married、exper、exper2 和 union 的组间标准差和组内标准差均大于 0，因此，这些变量既有组间差异，也有组内差异。组内差异大于 0 意味着这些变量的值会随时间发生变化，因此是时变变量（time-varying variable）。相比之下，black、hisp 和 educ 的组间标准差大于 0，组内标准差等于 0，因此，这些变量只有组间差异，没有组内差异。组内差异为 0 意味着这些变量的值不随时间变化，因此是非时变变量（time-constant variable）。最后，year 的组间标准差为 0，组内标准差大于 0，因此，该变量只有组内差异，没有组间差异。在面板数据中，通常只有时间变量或与时间同步发生变化的变量（如研究对象年龄）才具有组间差异为 0 而组内差异大于 0 的特征。在面板数据分析时，区分组间差异和组内差异很重要，因为有些估计量只使用组内差异（如固定效应模型估计量），使用这些估计量无法分析非时变变量对因变量的影响。

接下来，我们将使用 xtline 命令展示个案的观察值随时间的变化。例如，通过以下命令，可以得到 nr<100 的个案的 lwage 的值在不同调查时点上的变动趋势图。数据中满足这一要求的个案共有 4 个，分别为 nr 等于 13、17、18 和

45 的个案。图 10.1 为相应的输出结果。

```
. xtline lwage if nr<100
```

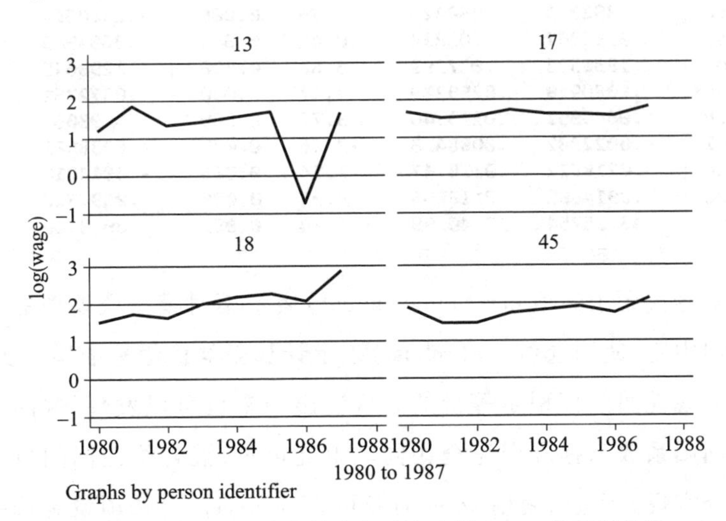

图 10.1　用 xtline 命令输出部分个案的 lwage 的时间趋势

现在,我们将尝试对该数据进行模型分析。首先进行混合线性回归。模型的因变量是 lwage,自变量包括 black、hisp、union、married、exper、exper2、year 和 educ。相关命令和输出结果如下:

```
. xtreg lwage black hisp union married exper exper2 year educ, pa
 corr(independent) vce(robust)

Iteration 1:  Tolerance = 1.346e-10

GEE population-averaged model                     Number of obs     =     4,360
Group variable: nr                                Number of groups  =       545
Family: Gaussian                                  Obs per group:
Link:   Identity                                               min  =         8
Correlation: independent                                       avg  =       8.0
                                                               max  =         8
                                                  Wald chi2(8)      =    621.34
Scale parameter = .2300891                        Prob > chi2       =    0.0000

Pearson chi2(4360)     =   1003.19                Deviance          =   1003.19
Dispersion (Pearson) = .2300891                   Dispersion        = .2300891

                                   (Std. err. adjusted for clustering on nr)
```

lwage	Coefficient	Robust std. err.	z	P>|z|	[95% conf.	interval]
black	-.1392244	.050428	-2.76	0.006	-.2380614	-.0403874
hisp	.0158267	.03894	0.41	0.684	-.0604943	.0921478
union	.1830538	.027393	6.68	0.000	.1293645	.2367431
married	.1080949	.0259289	4.17	0.000	.0572751	.1589147
exper	.0645952	.0173346	3.73	0.000	.03062	.0985703
exper2	-.0022382	.0008428	-2.66	0.008	-.0038901	-.0005863
year	.0218522	.0118747	1.84	0.066	-.0014218	.0451263
educ	.0914692	.0110806	8.25	0.000	.0697516	.1131868
_cons	-43.15754	23.40199	-1.84	0.065	-89.0246	2.709523

以上命令使用了选项 corr(independent)表示不对模型误差项的自相关模式进行任何限定,使用选项 vce(robust)表示计算聚类稳健标准误。实际上,该模型与以下线性回归模型是等价的。从输出结果也可以发现,这两个命令计算得到的回归系数和标准误完全相同。由此可见,混合线性回归也可以通过 regress 命令实现。不过,使用 xtreg 命令可以通过 corr( )选项设定误差项的自相关模式,从而得到更有效率的系数估计值。

```
. regress lwage black hisp union married exper exper2 year educ, vce(cluster nr)

Linear regression                               Number of obs     =      4,360
                                                F(8, 544)         =      77.52
                                                Prob > F          =     0.0000
                                                R-squared         =     0.1887
                                                Root MSE          =     .48017

                                  (Std. err. adjusted for 545 clusters in nr)
```

lwage	Coefficient	Robust std. err.	t	P>|t|	[95% conf.	interval]
black	-.1392244	.0504743	-2.76	0.006	-.2383728	-.040076
hisp	.0158267	.0389758	0.41	0.685	-.0607348	.0923882
union	.1830538	.0274182	6.68	0.000	.1291954	.2369122
married	.1080949	.0259528	4.17	0.000	.057115	.1590748
exper	.0645952	.0173505	3.72	0.000	.030513	.0986774
exper2	-.0022382	.0008436	-2.65	0.008	-.0038953	-.0005811
year	.0218522	.0118857	1.84	0.067	-.0014952	.0451996
educ	.0914692	.0110908	8.25	0.000	.0696832	.1132552
_cons	-43.15754	23.4235	-1.84	0.066	-89.16912	2.854039

接下来,我们演示固定效应模型的求解方法。如前所述,固定效应模型

可通过三种方法求解。一是 LSDV 法，该方法等价于在线性回归模型中纳入 $n-1$ 个与观察个案对应的虚拟变量，因此，可通过 regress 命令实现。不过，考虑到这里演示用的数据共包含 545 名个案，直接使用 regress 命令会输出每个虚拟变量的回归系数，其输出篇幅过长，因此，我们在 regress 命令前使用前缀 qui 表示只计算不输出，然后通过 estimates table 命令输出指定变量的估计值。此外，考虑到固定效应模型只能计算非时变变量对因变量的影响，因此，我们在模型中只纳入了 union、married、exper 和 exper2。具体如下：

```
. qui regress lwage union married exper exper2 i.nr, vce(cluster nr)

. estimates table, keep(union married exper exper2) b se

------------------------------
    Variable |    Active
-------------+----------------
       union |  .08208713
             |  .02440148
     married |  .04530332
             |  .02245327
       exper |  .11684669
             |   .0114521
      exper2 | -.00430089
             |  .00073343
------------------------------
                Legend: b/se
```

二是均值差分法，该方法可通过以下 xtreg 命令实现：

```
. xtreg lwage union married exper exper2, fe vce(robust)

Fixed-effects (within) regression               Number of obs     =      4,360
Group variable: nr                              Number of groups  =        545

R-squared:                                      Obs per group:
     Within  = 0.1780                                         min =          8
     Between = 0.0005                                         avg =        8.0
     Overall = 0.0638                                         max =          8

                                                F(4, 544)         =     107.94
corr(u_i, Xb) = -0.1139                         Prob > F          =     0.0000

                                  (Std. err. adjusted for 545 clusters in nr)
```

lwage	Coefficient	Robust std. err.	t	P>|t|	[95% conf.	interval]
union	.0820871	.0228266	3.60	0.000	.037248	.1269262
married	.0453033	.0210041	2.16	0.031	.0040442	.0865625
exper	.1168467	.010713	10.91	0.000	.0958028	.1378906
exper2	-.0043009	.0006861	-6.27	0.000	-.0056486	-.0029532
_cons	1.06488	.0366294	29.07	0.000	.9929274	1.136832
sigma_u	.4000539					
sigma_e	.35125535					
rho	.5646785	(fraction of variance due to u_i)				

对比该命令的输出结果和上述 estimates table 给出的输出结果,可以发现,各变量的回归系数的估计值是完全一致的。考虑到 xtreg 命令在执行时更加简便,因此,我们建议使用该命令求解固定效应模型。

三是一阶差分法,在 Stata 中,一阶差分可通过在变量前加运算符"D."实现。因此,使用以下 regress 命令可以获得固定效应模型的一阶差分估计值。在一阶差分之后,模型的截距将被消掉,因此,使用了选项 noconstant 表示不包含模型截距。此外,使用选项 vce(cluster nr)表示计算聚类稳健标准误。

```
. regress D.(lwage union married exper exper2), vce(cluster nr) noconstant

Linear regression                               Number of obs     =      3,815
                                                F(4, 544)         =      93.68
                                                Prob > F          =     0.0000
                                                R-squared         =     0.0268
                                                Root MSE          =     .44304

                                     (Std. err. adjusted for 545 clusters in nr)
```

D.lwage	Coefficient	Robust std. err.	t	P>|t|	[95% conf.	interval]
union						
D1.	.0427878	.0220062	1.94	0.052	-.0004397	.0860153
married						
D1.	.0381377	.0242391	1.57	0.116	-.0094761	.0857515
exper						
D1.	.11575	.0143991	8.04	0.000	.0874654	.1440347
exper2						
D1.	-.0038824	.0009428	-4.12	0.000	-.0057343	-.0020304

输出结果显示,一阶差分法的求解结果与均值差分法略有差异,考虑到均值差分法的估计效率更高,因此,我们建议研究者使用均值差分法求解。

接下来,我们将演示随机效应模型的求解方法。由于随机效应模型同时使用了组内信息和组间信息,因此可以估计非时变变量对因变量的影响。所以,我们在模型中同时纳入了所有自变量。该命令使用了选项 theta,以输出方程(10.11)中 $\hat{\theta}_i$ 的估计值,从输出结果看,该估计值为 0.643。此外,命令使用了选项 vce(robust),表示使用聚类稳健标准误。具体如下:

```
. xtreg lwage black hisp union married exper exper2 year educ, re theta
vce(robust)

Random-effects GLS regression                   Number of obs     =      4,360
Group variable: nr                              Number of groups  =        545

R-squared:                                      Obs per group:
     Within  = 0.1774                                         min =          8
     Between = 0.1881                                         avg =        8.0
     Overall = 0.1829                                         max =          8

                                                Wald chi2(8)      =     573.35
corr(u_i, X) = 0 (assumed)                      Prob > chi2       =     0.0000
theta        = .64264094

                                   (Std. err. adjusted for 545 clusters in nr)
------------------------------------------------------------------------------
             |               Robust
       lwage | Coefficient  std. err.      z    P>|z|     [95% conf. interval]
-------------+----------------------------------------------------------------
       black |  -.1393043   .0508314    -2.74   0.006     -.238932   -.0396766
        hisp |   .0209246   .0397401     0.53   0.599    -.0569646    .0988137
       union |   .1080178   .0208882     5.17   0.000     .0670777     .148958
     married |   .0629524   .0189525     3.32   0.001     .0258062    .1000987
       exper |   .0942591   .0150814     6.25   0.000        .0647    .1238181
      exper2 |  -.0039663   .0006701    -5.92   0.000    -.0052797   -.0026529
        year |   .0172317   .0118578     1.45   0.146    -.0060091    .0404725
        educ |   .0924148   .0111504     8.29   0.000     .0705604    .1142691
       _cons |  -34.07261   23.37069    -1.46   0.145    -79.87831     11.7331
-------------+----------------------------------------------------------------
     sigma_u |  .32456727
     sigma_e |  .35125535
         rho |  .46057172   (fraction of variance due to u_i)
------------------------------------------------------------------------------
```

如果我们假定随机效应 μ_i 和误差项 ε_{it} 均服从正态分布,那么可通过选项 mle 获取更有效率的最大似然估计值,其命令和结果如下:

```
. xtreg lwage black hisp union married exper exper2 year educ, mle vce(bootstrap)
(running xtreg on estimation sample)

Bootstrap replications (50): .........10.........20.........30.........40.........50 done

Random-effects ML regression                    Number of obs     =      4,360
                                                Replications      =         50
Group variable: nr                              Number of groups  =        545

Random effects u_i ~ Gaussian                   Obs per group:
                                                              min =          8
                                                              avg =        8.0
                                                              max =          8

                                                Wald chi2(8)      =     640.04
Log likelihood = -2192.1739                     Prob > chi2       =     0.0000

                                   (Replications based on 545 clusters in nr)
------------------------------------------------------------------------------
             |   Observed   Bootstrap                         Normal-based
       lwage | coefficient  std. err.      z    P>|z|     [95% conf. interval]
-------------+----------------------------------------------------------------
       black |  -.1393088   .0453158    -3.07   0.002    -.2281262   -.0504914
        hisp |    .020958   .0452184     0.46   0.643    -.0676684    .1095845
       union |   .1074526   .0215128     4.99   0.000     .0652883    .1496169
     married |   .0625782   .0190134     3.29   0.001     .0253126    .0998438
       exper |   .0944108   .0153276     6.16   0.000     .0643693    .1244524
      exper2 |  -.0039745   .0006183    -6.43   0.000    -.0051864   -.0027626
        year |   .0172076    .012268     1.40   0.161    -.0068373    .0412526
        educ |   .0924264   .0108917     8.49   0.000     .0710789    .1137738
       _cons |  -34.02529   24.16764    -1.41   0.159      -81.393    13.34243
-------------+----------------------------------------------------------------
    /sigma_u |   .3293644   .0116605                      .3072852    .3530301
    /sigma_e |   .3512025   .0118234                      .3287769    .3751576
         rho |    .467945   .0256036                      .4181485    .5182488
------------------------------------------------------------------------------
LR test of sigma_u=0: chibar2(01) = 1582.70            Prob >= chibar2 = 0.000
```

从该命令的输出结果可以发现,它与上述使用 re 选项的随机效应模型的估计结果非常接近。

此外,我们也可以在 xtreg 命令中使用选项 be,以获取组间估计量。估计时同样使用选项 vce(bootstrap)获取稳健标准误,具体命令和结果如下:

```
. xtreg lwage black hisp union married exper exper2 year educ, be vce(bootstrap)
(running xtreg on estimation sample)
```

```
Bootstrap replications (50): .........10.........20.........30.........40.........50 done

Between regression (regression on group means)  Number of obs     =      4,360
Group variable: nr                              Number of groups  =        545

R-squared:                                      Obs per group:
     Within  = 0.0488                                         min =          8
     Between = 0.2192                                         avg =        8.0
     Overall = 0.1380                                         max =          8

                                                Wald chi(7)       =     323.29
sd(u_i + avg(e_i.)) = .3475147                  Prob > chi2       =     0.0000

                                     (Replications based on 545 clusters in nr)
```

lwage	Observed coefficient	Bootstrap std. err.	z	P>|z|	Normal-based [95% conf.	interval]
black	-.1388124	.0533949	-2.60	0.009	-.2434645	-.0341603
hisp	.0047758	.0383924	0.12	0.901	-.0704718	.0800234
union	.2706765	.0442327	6.12	0.000	.183982	.3573711
married	.1436637	.0371383	3.87	0.000	.0708739	.2164535
exper	-.0504371	.0455379	-1.11	0.268	-.1396898	.0388155
exper2	.0051245	.0027754	1.85	0.065	-.0003152	.0105642
year	0	(omitted)				
educ	.0946036	.0111675	8.47	0.000	.0727158	.1164914
_cons	.492309	.2263725	2.17	0.030	.0486271	.9359909

对比上述固定效应估计量、随机效应估计量和组间估计量，可以发现，随机效应估计量恰好位于固定效应估计量和组间估计量之间。如前所述，随机效应估计量是组间估计量和组内估计量（固定效应估计量）的加权平均结果，上述分析结果通过一个案例验证了这个结论。

接下来，将通过豪斯曼检验来比较固定效应和随机效应这两种估计方法，具体命令如下：

```
. qui xtreg lwage union married exper exper2, fe
. est store fe
. qui xtreg lwage black hisp union married exper exper2 year educ, re
. est store re
. hausman fe re, sigmamore
```

```
             ---- Coefficients ----
             |      (b)          (B)            (b-B)     sqrt(diag(V_b-V_B))
             |      fe           re          Difference       Std. err.
-------------+----------------------------------------------------------------
       union |   .0820871     .1080178      -.0259307        .0074844
     married |   .0453033     .0629524      -.0176491         .007462
       exper |   .1168467     .0942591       .0225876               .
      exper2 |  -.0043009    -.0039663      -.0003346        .0001159
------------------------------------------------------------------------------
                          b = Consistent under H0 and Ha; obtained from xtreg.
           B = Inconsistent under Ha, efficient under H0; obtained from xtreg.

Test of H0: Difference in coefficients not systematic

    chi2(4) = (b-B)'[(V_b-V_B)^(-1)](b-B)
            =  15.87
Prob > chi2 = 0.0032
(V_b-V_B is not positive definite)
```

检验结果显示,卡方统计量的值为15.87,p值为0.0032,小于0.05的显著性水平,这意味着,固定效应模型和随机效应模型的估计结果存在显著差异,因此,应采用估计偏差较小的固定效应模型的估计结果。

上述豪斯曼检验需假定随机效应模型的误差项服从独立同分布假定,我们可以放松这一假定,以实施更加稳健的检验,具体命令如下:

```
. qui xtreg lwage black hisp union married exper exper2 year educ, re vce
(robust)

. xtoverid

Test of overidentifying restrictions: fixed vs random effects
Cross-section time-series model: xtreg re  robust cluster(nr)
Sargan-Hansen statistic  28.711  Chi-sq(4)    P-value = 0.0000
```

可以发现,该检验的结果在0.001的水平下统计显著,因此,我们还是应当采用偏差较小的固定效应模型的估计结果。

2. 长面板模型

接下来,我们将使用数据mus08cigar.dta演示长面板模型的分析方法。该数据共包含美国10个州在1963—1992年间共30年的香烟消费数据。由于$n<T$,所以这是一个典型的长面板数据。该数据的变量包括:

◆ state:州的编号;

◆ year:年份;

◆ lnp:香烟销售价格对数;

◆ lnpmin:相邻州的最低香烟销售价格对数;

◆ lnc:人均香烟消费量对数;

◆ lny:人均可支配收入对数。

首先,使用 xtset 命令将其设置为面板数据,具体如下:

```
. use "C:\Users\XuQi\Desktop\mus08cigar.dta", clear

. xtset state year

Panel variable: state (strongly balanced)
 Time variable: year, 63 to 92
         Delta: 1 unit
```

接下来,拟合固定效应模型,模型因变量为 lnc,核心自变量为 lnp、lny 和 lnpmin。考虑到个案数较少,直接使用 LSDV 法纳入州的虚拟变量,但因为时期数较多,在模型中纳入时期的线性趋势。具体如下:

```
. reg lnc lnp lny lnpmin i.state year, vce(cluster state)

Linear regression                               Number of obs     =        300
                                                F(3, 9)           =          .
                                                Prob > F          =          .
                                                R-squared         =     0.7203
                                                Root MSE          =     .11203

                                   (Std. err. adjusted for 10 clusters in state)
```

lnc	Coefficient	Robust std. err.	t	P>|t|	[95% conf.	interval]
lnp	-1.027181	.4412156	-2.33	0.045	-2.02528	-.0290819
lny	.4975365	.4139086	1.20	0.260	-.4387899	1.433863
lnpmin	.5100582	.2627025	1.94	0.084	-.0842161	1.104332
state						
2	-.0773908	.0594636	-1.30	0.225	-.2119069	.0571252
3	.088557	.0090317	9.81	0.000	.0681259	.1089881
4	-.1809375	.1695839	-1.07	0.314	-.5645629	.202688
5	-.1066138	.2409767	-0.44	0.669	-.651741	.4385135
6	.2177434	.1063333	2.05	0.071	-.0227993	.458286
7	.115543	.1959351	0.59	0.570	-.327693	.5587791
8	.1068277	.124702	0.86	0.414	-.1752679	.3889233

```
           9 |   .0433207     .04618     0.94   0.373    -.0611458    .1477872
          10 |   -.133583   .0333562    -4.00   0.003    -.2090399   -.0581261
             |
        year |  -.0429824   .0305275    -1.41   0.193    -.1120405    .0260757
       _cons |   6.153657   2.152852     2.86   0.019     1.283567    11.02375
```

上述命令直接使用聚类稳健标准误，估计效率偏低。因此，考虑采用更有效率的估计方法。在选用具体方法之前，需要先对模型误差项的异方差和自相关情况进行检验。首先，使用命令 xttest3 检验组间异方差，具体如下：

```
. qui xtreg lnc lnp lny lnpmin year, fe vce(robust)

. xttest3

Modified Wald test for groupwise heteroskedasticity
in fixed effect regression model

H0: sigma(i)^2 = sigma^2 for all i

chi2 (10)  =      378.90
Prob>chi2 =       0.0000
```

检验结果显示，卡方统计量的值为 378.90，p 值小于 0.001，因此，检验结果显著，说明存在组间异方差。

接下来，使用命令 xtserial 检验组内自相关，具体如下：

```
. xi:xtserial lnc lnp lny lnpmin year i.state
i.state           _Istate_1-10        (naturally coded; _Istate_1 omitted)

Wooldridge test for autocorrelation in panel data
H0: no first-order autocorrelation
    F(  1,       9) =      89.304
           Prob > F =       0.0000
```

检验结果显示，F 统计量的值为 89.304，p 值小于 0.001，因此，检验结果显著，说明存在组内自相关。

最后，使用命令 xttest2 检验组间同期相关，具体如下：

```
. qui xtreg lnc lnp lny lnpmin year, fe vce(robust)

. xttest2

Correlation matrix of residuals:
```

```
        |     __e1       __e2       __e3       __e4       __e5       __e6       __e7       __e8       __e9      __e10
--------+----------------------------------------------------------------------------------------------------------------
   __e1 |  .2921489
   __e2 | -.0213432   .1777056
   __e3 |  .3780161  -.0190987   .5315973
   __e4 | -.1132695   .0807039  -.1682104   .2440957
   __e5 |  -.094377   .0466794  -.1377809   .0877548   .1035723
   __e6 |  .0053953   .0979055  -.0120405   .1042869   .0761779   .1662647
   __e7 | -.5039313   .2195519   -.686677   .3532443   .3409154   .2502154   1.573015
   __e8 |   .105558   .0783913   .1330914   .0172018  -.0239187   .0690433  -.1414606   .1194612
   __e9 |  .2069446   .0553588   .2848406  -.0674447  -.0578446   .0289819   -.334058   .1131528   .2109084
  __e10 |  .1678554   .0577682   .2299779   .0000346  -.0209553   .0422944  -.2226333   .0902976   .1584811   .1710032

            __e1      __e2      __e3      __e4      __e5      __e6      __e7      __e8      __e9     __e10
   __e1   1.0000
   __e2  -0.0937    1.0000
   __e3   0.9592   -0.0621    1.0000
   __e4  -0.4242    0.3875   -0.4670    1.0000
   __e5  -0.5426    0.3441   -0.5872    0.5519    1.0000
   __e6   0.0245    0.5696   -0.0405    0.5177    0.5805    1.0000
   __e7  -0.7434    0.4153   -0.7509    0.5701    0.8446    0.4893    1.0000
   __e8   0.5650    0.5380    0.5281    0.1007   -0.2150    0.4899   -0.3263    1.0000
   __e9   0.8337    0.2859    0.8507   -0.2972   -0.3914    0.1548   -0.5800    0.7129    1.0000
  __e10   0.7510    0.3314    0.7628    0.0002   -0.1575    0.2508   -0.4293    0.6318    0.8345    1.0000

Breusch-Pagan LM test of independence: chi2(45) =   376.963, Pr = 0.0000
Based on 30 complete observations over panel units
```

检验结果显示,卡方统计量的值为376.963,p值小于0.001,因此,检验结果显著,说明存在组间同期相关。

综上,模型的误差项同时存在组间异方差、组内自相关和组间同期相关三个问题。下面,将考虑对这三个问题进行处理。

先考虑使用面板校正标准误,具体命令如下:

```
. xtpcse lnc lnp lny lnpmin year i.state

Linear regression, correlated panels corrected standard errors (PCSEs)

Group variable:   state                       Number of obs     =       300
Time variable:    year                        Number of groups  =        10
Panels:           correlated (balanced)       Obs per group:
Autocorrelation:  no autocorrelation                        min =        30
                                                            avg =        30
                                                            max =        30
Estimated covariances      =        55        R-squared         =    0.7203
Estimated autocorrelations =         0        Wald chi2(13)     =   2147.36
Estimated coefficients     =        14        Prob > chi2       =    0.0000
```

lnc	Coefficient	Panel-corrected std. err.	z	P>|z|	[95% conf.	interval]
lnp	-1.027181	.1332425	-7.71	0.000	-1.288332	-.7660305
lny	.4975365	.1804528	2.76	0.006	.1438554	.8512176
lnpmin	.5100582	.1393134	3.66	0.000	.237009	.7831074
year	-.0429824	.014234	-3.02	0.003	-.0708806	-.0150843
state						
2	-.0773908	.0389125	-1.99	0.047	-.153658	-.0011237
3	.088557	.011143	7.95	0.000	.0667171	.1103968
4	-.1809375	.0829463	-2.18	0.029	-.3435093	-.0183657
5	-.1066138	.1018461	-1.05	0.295	-.3062284	.0930008
6	.2177434	.049543	4.40	0.000	.1206408	.3148459
7	.115543	.0980092	1.18	0.238	-.0765516	.3076376
8	.1068277	.0483694	2.21	0.027	.0120255	.20163
9	.0433207	.0202198	2.14	0.032	.0036907	.0829508
10	-.133583	.0221487	-6.03	0.000	-.1769937	-.0901722
_cons	6.153657	.7886145	7.80	0.000	4.608002	7.699313

在不加任何选项的情况下使用xtpcse命令可通过面板校正标准误校正组间异方差和组间同期相关,但不能校正组内自相关。为了同时校正这三个问题,可以通过corr()选项设置组内自相关的模式。如果将之设定为一阶自回归,且自回归的系数不随个案而异,那么可使用选项corr(ar1),具体如下:

```
. xtpcse lnc lnp lny lnpmin year i.state, corr(ar1)
note: estimates of rho outside [-1,1] bounded to be in the range [-1,1].

Prais-Winsten regression, correlated panels corrected standard errors (PCSEs)

Group variable:   state                     Number of obs     =        300
Time variable:    year                      Number of groups  =         10
Panels:           correlated (balanced)     Obs per group:
Autocorrelation:  common AR(1)                            min =         30
                                                          avg =         30
                                                          max =         30
Estimated covariances      =        55      R-squared         =     0.9824
Estimated autocorrelations =         1      Wald chi2(13)     =     504.30
Estimated coefficients     =        14      Prob > chi2       =     0.0000

------------------------------------------------------------------------------
             |           Panel-corrected
         lnc | Coefficient  std. err.      z    P>|z|     [95% conf. interval]
-------------+----------------------------------------------------------------
         lnp |  -.3440621   .0571589    -6.02   0.000    -.4560914   -.2320328
         lny |   .5661073   .1566725     3.61   0.000     .2590348    .8731798
      lnpmin |   .1000875   .0736082     1.36   0.174     -.044182    .2443569
        year |  -.0498643   .0121104    -4.12   0.000    -.0736003   -.0261283
             |
       state |
          2  |  -.0784486   .0519567    -1.51   0.131    -.1802818    .0233846
          3  |   .0954506   .0261747     3.65   0.000     .0441491     .146752
          4  |   -.207494   .0810219    -2.56   0.010     -.366294    -.048694
          5  |  -.1811666   .0977461    -1.85   0.064    -.3727454    .0104123
          6  |    .185644   .0554283     3.35   0.001     .0770065    .2942816
          7  |   .0701358    .120881     0.58   0.562    -.1667866    .3070582
          8  |   .0397148   .0507738     0.78   0.434    -.0598001    .1392297
          9  |   .0231754    .025083     0.92   0.356    -.0259863    .0723371
         10  |  -.1289763   .0387423    -3.33   0.001    -.2049099   -.0530428
             |
       _cons |   4.837936   .6044356     8.00   0.000     3.653264    6.022608
-------------+----------------------------------------------------------------
         rho |   .7936188
------------------------------------------------------------------------------
```

如果假定组内自相关的模式为一阶自回归，且自回归的系数因个案而异，那么可以使用选项 corr(psar1)，具体如下：

```
. xtpcse lnc lnp lny lnpmin year i.state, corr(psar1)
note: estimates of rho outside [-1,1] bounded to be in the range [-1,1].

Prais-Winsten regression, correlated panels corrected standard errors (PCSEs)

Group variable:   state                     Number of obs     =        300
Time variable:    year                      Number of groups  =         10
Panels:           correlated (balanced)     Obs per group:
Autocorrelation:  panel-specific AR(1)                    min =         30
```

```
                                                      avg =         30
                                                      max =         30
Estimated covariances      =        55     R-squared          =     0.9954
Estimated autocorrelations =        10     Wald chi2(12)      =     855.24
Estimated coefficients     =        13     Prob > chi2        =     0.0000
```

lnc	Coefficient	Panel-corrected std. err.	z	P>|z|	[95% conf.	interval]
lnp	-.2960784	.0539584	-5.49	0.000	-.401835	-.1903218
lny	.5326598	.1350574	3.94	0.000	.2679522	.7973674
lnpmin	.0507118	.0673426	0.75	0.451	-.0812772	.1827009
year	-.0488194	.0103959	-4.70	0.000	-.0691949	-.0284439
state						
2	-.0639957	.0802776	-0.80	0.425	-.2213369	.0933456
3	0	(omitted)				
4	-.187228	.0981734	-1.91	0.057	-.3796444	.0051885
5	-.163645	.1128024	-1.45	0.147	-.3847336	.0574436
6	.1980726	.0809248	2.45	0.014	.0394629	.3566822
7	.0796166	.1709107	0.47	0.641	-.2553622	.4145954
8	.0492827	.0817016	0.60	0.546	-.1108495	.2094149
9	.0263335	.0630703	0.42	0.676	-.097282	.149949
10	-.1229701	.065134	-1.89	0.059	-.2506303	.0046901
_cons	5.0428	.5477758	9.21	0.000	3.969179	6.116421
rhos =	.9414582	.66151	1	.7045066	.7351521 ...	.6905643

我们也可以通过全面 FGLS 法同时处理组间异方差、组内自相关和组间同期相关，并获取更有效率的系数估计值，具体命令和结果如下：

```
. xtgls lnc lnp lny lnpmin year i.state, panels(cor) corr(ar1)

Cross-sectional time-series FGLS regression

Coefficients:  generalized least squares
Panels:        heteroskedastic with cross-sectional correlation
Correlation:   common AR(1) coefficient for all panels  (0.7967)

Estimated covariances      =        55     Number of obs     =        300
Estimated autocorrelations =         1     Number of groups  =         10
Estimated coefficients     =        14     Time periods      =         30
                                           Wald chi2(13)     =     797.11
                                           Prob > chi2       =     0.0000
```

lnc	Coefficient	Std. err.	z	P>|z|	[95% conf.	interval]
lnp	-.3629823	.0239353	-15.17	0.000	-.4098947	-.3160699
lny	.5116673	.0733079	6.98	0.000	.3679865	.655348

```
     lnpmin |   .0258594   .0302743     0.85   0.393     -.033477    .0851959
       year |  -.0448556   .0057821    -7.76   0.000    -.0561884   -.0335228
            |
      state |
         2  |  -.0719573   .0471313    -1.53   0.127     -.164333    .0204185
         3  |   .0913241   .0260485     3.51   0.000       .04027    .1423782
         4  |  -.1844595    .056133    -3.29   0.001    -.2944782   -.0744407
         5  |  -.1466676   .0636223    -2.31   0.021     -.271365   -.0219701
         6  |    .198174   .0424493     4.67   0.000      .114975    .2813731
         7  |   .0861722   .1025173     0.84   0.401    -.1147579    .2871024
         8  |   .0548621   .0386937     1.42   0.156    -.0209761    .1307003
         9  |   .0227095   .0204346     1.11   0.266    -.0173416    .0627607
        10  |  -.1279293   .0359818    -3.56   0.000    -.1984523   -.0574063
            |
      _cons |   5.331351   .2815822    18.93   0.000      4.77946    5.883242
------------------------------------------------------------------------------
```

上述命令假定存在组间异方差和组间同期相关，同时假定组内自相关满足 $\rho_i=\rho$ 的一阶自回归。读者也可以尝试进行其他设定，并比较输出结果。

3. 动态面板模型

最后一部分，我们将通过数据 wagepan. dta 演示动态面板模型的分析方法。该数据我们已在前文做过介绍，此处不再重复。

首先，使用 xtset 命令将之设置为面板数据：

```
. use "C:\Users\XuQi\Desktop\wagepan.dta", clear

. xtset nr year

Panel variable: nr (strongly balanced)
 Time variable: year, 1980 to 1987
         Delta: 1 unit
```

接下来，拟合如下模型。模型因变量为 lwage，自变量为 union、married、exper 和 exper2，同时纳入 lwage 的一阶滞后作为自变量。Stata 软件可在变量前使用运算符“L.”纳入变量的一阶滞后：

```
. xtreg lwage L.lwage union married exper exper2, fe vce(robust)

Fixed-effects (within) regression               Number of obs     =      3,815
Group variable: nr                              Number of groups  =        545
R-squared:                                      Obs per group:
     Within  = 0.1440                                         min =          7
     Between = 0.0549                                         avg =        7.0
     Overall = 0.0899                                         max =          7
```

```
                                                F(5, 544)         =     67.60
corr(u_i, Xb) = 0.0078                          Prob > F          =    0.0000

                                 (Std. err. adjusted for 545 clusters in nr)
------------------------------------------------------------------------------
             |               Robust
       lwage | Coefficient  std. err.      t    P>|t|     [95% conf. interval]
-------------+----------------------------------------------------------------
       lwage |
         L1. |   .0541724   .0228125     2.37   0.018     .0093609    .0989838
             |
       union |   .0693037   .0232182     2.98   0.003     .0236954     .114912
     married |    .051994   .0210299     2.47   0.014     .0106842    .0933038
       exper |   .0944637   .0118633     7.96   0.000     .0711602    .1177671
      exper2 |  -.0029993   .0007305    -4.11   0.000    -.0044342   -.0015644
       _cons |   1.061613   .0529571    20.05   0.000     .9575876    1.165638
-------------+----------------------------------------------------------------
     sigma_u |  .39309736
     sigma_e |  .32555643
         rho |  .59315971   (fraction of variance due to u_i)
------------------------------------------------------------------------------
```

上述 xtreg 命令虽然通过选项 fe 纳入了个体层面的固定效应，但其估计值依然是有偏的，其原因在于自变量中包含了因变量的一阶滞后 L. lwage，它必然与均值差分后的模型误差项存在相关。因此，该模型存在内生性问题。

解决该内生性问题的方法之一是采用差分 GMM 法，这可以通过 xtabond 命令实现，具体如下：

```
. xtabond lwage union married exper exper2, lags(1) twostep vce(robust)

Arellano-Bond dynamic panel-data estimation     Number of obs     =      3,270
Group variable: nr                              Number of groups  =        545
Time variable: year
                                                Obs per group:
                                                              min =          6
                                                              avg =          6
                                                              max =          6

Number of instruments =     26                  Wald chi2(5)      =     358.64
                                                Prob > chi2       =     0.0000
Two-step results
                              (Std. err. adjusted for clustering on nr)
------------------------------------------------------------------------------
             |              WC-robust
       lwage | Coefficient  std. err.      z    P>|z|     [95% conf. interval]
-------------+----------------------------------------------------------------
       lwage |
         L1. |   .1328737   .0372796     3.56   0.000      .059807    .2059403
```

```
       union |   .0156335    .025376     0.62   0.538    -.0341025    .0653695
     married |   .0439858      .0227     1.94   0.053    -.0005054    .0884769
       exper |   .0601414   .0144121     4.17   0.000     .0318943    .0883886
      exper2 |  -.0010929   .0008963    -1.22   0.223    -.0028496    .0006638
       _cons |   1.096868   .0641509    17.10   0.000     .9711346    1.222602
--------------------------------------------------------------------------------
Instruments for differenced equation
        GMM-type: L(2/.).lwage
        Standard: D.union D.married D.exper D.exper2
Instruments for level equation
        Standard: _cons
```

上述命令中的选项 lags(1)表示纳入因变量的一阶滞后作为自变量，twostep 表示采用 GMM 法求解回归系数，vce(robust)表示使用异方差稳健标准误。

在使用差分 GMM 法求解动态面板模型时，研究者需要根据自变量的不同类型采用不同的求解方法。如果我们认为，在上述模型中，exper 和 exper2 是严格外生变量，married 是前定解释变量，union 是同期内生解释变量，那么可进行如下设置，软件会自动根据变量类型生成工具变量并求解：

```
. xtabond lwage exper exper2, lags(1) pre(married) endogenous(union) twostep
  vce(robust)

Arellano-Bond dynamic panel-data estimation     Number of obs      =     3,270
Group variable: nr                              Number of groups   =       545
Time variable: year
                                                Obs per group:
                                                             min =          6
                                                             avg =          6
                                                             max =          6

Number of instruments =     72                  Wald chi2(5)       =    326.26
                                                Prob > chi2        =    0.0000
Two-step results
                                      (Std. err. adjusted for clustering on nr)
--------------------------------------------------------------------------------
             |              WC-robust
       lwage | Coefficient  std. err.      z    P>|z|     [95% conf. interval]
-------------+------------------------------------------------------------------
       lwage |
         L1. |   .1103954   .0356815     3.09   0.002      .040461    .1803298
     married |    .050656   .0363232     1.39   0.163    -.0205361    .1218482
       union |   .1346116   .0865632     1.56   0.120    -.0350492    .3042723
       exper |   .0655848   .0143476     4.57   0.000     .0374641    .0937056
```

```
      exper2 |  -.0013896   .0008665    -1.60   0.109    -.0030879    .0003087
       _cons |   1.085348   .0655635    16.55   0.000     .9568455     1.21385
------------------------------------------------------------------------------
Instruments for differenced equation
        GMM-type: L(2/.).lwage L(1/.).married L(2/.).union
        Standard: D.exper D.exper2
Instruments for level equation
        Standard: _cons
```

在求解动态面板模型时,除了让软件自动生成工具变量之外,研究者也可以指定工具变量的滞后期数。在以下命令中,我们使用选项 maxldep(3)表示最多使用因变量的 4 阶滞后,即 L(2/4). lwage 作为工具变量;同时使用选项 maxlags(3)表示最多使用前定解释变量和同期内生解释变量的三阶滞后,即 L(1/3). married 和 L(2/3). union 作为各自的工具变量。

```
. xtabond lwage exper exper2, lags(1) pre(married) endogenous(union) maxldep(3)
maxlags(3) twostep vce(robust)

Arellano-Bond dynamic panel-data estimation     Number of obs     =      3,270
Group variable: nr                              Number of groups  =        545
Time variable: year
                                                Obs per group:
                                                              min =          6
                                                              avg =          6
                                                              max =          6

Number of instruments =     46                  Wald chi2(5)      =     341.01
                                                Prob > chi2       =     0.0000
Two-step results
                                      (Std. err. adjusted for clustering on nr)
------------------------------------------------------------------------------
             |              WC-robust
       lwage | Coefficient  std. err.      z    P>|z|     [95% conf. interval]
-------------+----------------------------------------------------------------
       lwage |
         L1. |    .126051   .0367537     3.43   0.001      .054015    .1980869
             |
     married |   .0817908   .0380035     2.15   0.031     .0073054    .1562762
       union |   .2055507   .0910115     2.26   0.024     .0271713      .38393
       exper |   .0617464   .0143044     4.32   0.000     .0337103    .0897825
      exper2 |  -.0012091   .0008825    -1.37   0.171    -.0029388    .0005205
       _cons |   1.042697   .0676055    15.42   0.000     .9101923    1.175201
------------------------------------------------------------------------------
Instruments for differenced equation
        GMM-type: L(2/4).lwage L(1/3).married L(2/3).union
        Standard: D.exper D.exper2
Instruments for level equation
        Standard: _cons
```

从以上命令的输出结果可以发现，限定工具变量的滞后期数以后，估计效率明显提升，很多变量的统计检验结果从之前的不显著变为显著。这反映出了使用 xtabond 命令求解动态面板模型时的一个常见问题，即滞后阶数较高的工具变量往往是弱工具变量。因此，研究者需进行多次尝试，限定工具变量的滞后阶数，以获得最优效率的系数估计值。

在求解动态面板模型之后，需检验模型误差项 ε_{it} 是否存在自相关。具体方法是，首先在 xtabond 命令中使用选项 artests( ) 计算一阶差分以后的模型误差项的自相关情况，然后通过命令 estat abond 输出检验结果。具体如下：

```
. qui xtabond lwage exper exper2, lags(1) pre(married) endogenous(union)
maxldep(3) maxlags(3) twostep vce(robust) artests(3)
. estat abond

Arellano-Bond test for zero autocorrelation in first-differenced errors
H0: No autocorrelation

Order          z    Prob > z
-----------------------------
    1   -6.4595      0.0000
    2    1.9256      0.0541
    3   -.6321       0.5273
-----------------------------
```

上述检验结果显示，一阶差分后的模型误差项 $\Delta\varepsilon_{it}$ 存在一阶自相关（Z 值为-6.460，p 值小于 0.001），但不存在二阶（Z 值为 1.926，p 值大于 0.05）和三阶自相关（Z 值为-0.632，p 值大于 0.05）。需要注意的是，使用差分 GMM 法求解动态面板模型的假定是，原始误差项 ε_{it} 不存在自相关，但即便在该假定成立的情况下，一阶差分后的模型误差项 $\Delta\varepsilon_{it}$ 依然会存在一阶自相关，但不应存在二阶及以上的自相关。[①] 因此，上述检验结果与 ε_{it} 无自相关的假定一致。

最后，使用差分 GMM 法求解动态面板模型时往往会用到多个工具变量，因此，可以通过过度识别检验来验证所有工具变量的估计结果是否一致。具体方法是，在执行 xtabond 命令以后运行 estat sargan 命令，具体如下：

```
. qui xtabond lwage exper exper2, lags(1) pre(married) endogenous(union)
 maxldep(3) maxlags(3) twostep
. estat sargan
Sargan test of overidentifying restrictions
H0: Overidentifying restrictions are valid
```

① 其原因在于，$\Delta\varepsilon_{it}$ 和 $\Delta\varepsilon_{it-1}$ 中都包含 ε_{it-1}，故即便 ε_{it} 无自相关，$\Delta\varepsilon_{it}$ 和 $\Delta\varepsilon_{it-1}$ 也会存在一阶自相关。但 $\Delta\varepsilon_{it}$ 和 $\Delta\varepsilon_{it-2}$，$\Delta\varepsilon_{it-3}$，…没有共同的项，因此在 ε_{it} 无自相关的情况下，不应存在自相关。

```
chi2(40)       =  49.41392
Prob > chi2    =    0.1462
```

检验结果显示,卡方统计量为 49.414,p 值大于 0.05,检验结果不显著。因此,使用不同工具变量所得的估计结果无显著差异。这在一定程度上说明,上述差分 GMM 的估计结果是可信的。

接下来,我们将演示 xtdpdsys 命令的使用方法。该命令可以结合差分方程和水平方程实现系统 GMM 估计。在以下 xtdpdsys 命令中,我们使用了与之前 xtabond 命令完全相同的模型设定。不过由于估计方法不同,其估计结果与 xtabond 命令存在一些差异。

```
. xtdpdsys lwage exper exper2, lags(1) pre(married) endogenous(union) maxldep(3)
maxlags(3) twostep vce(robust)

System dynamic panel-data estimation         Number of obs      =      3,815
Group variable: nr                           Number of groups   =        545
Time variable: year
                                             Obs per group:
                                                          min =          7
                                                          avg =          7
                                                          max =          7

Number of instruments =     65               Wald chi2(5)       =     348.35
                                             Prob > chi2        =     0.0000
Two-step results
```

lwage	Coefficient	WC-robust std. err.	z	P>|z|	[95% conf.	interval]
lwage						
L1.	.2324316	.0351004	6.62	0.000	.163636	.3012271
married	.1116266	.0284073	3.93	0.000	.0559494	.1673037
union	.1570422	.080435	1.95	0.051	-.0006074	.3146918
exper	.0492499	.0141985	3.47	0.001	.0214215	.0770784
exper2	-.0008968	.000909	-0.99	0.324	-.0026783	.0008848
_cons	.9225495	.0668613	13.80	0.000	.7915037	1.053595

```
Instruments for differenced equation
        GMM-type: L(2/4).lwage L(1/3).married L(2/3).union
        Standard: D.exper D.exper2
Instruments for level equation
        GMM-type: LD.lwage D.married LD.union
        Standard: _cons
```

在使用差分 GMM 法求解动态面板模型时，非时变变量在一阶差分过程中被消掉了，因此，模型仅能估计时变变量的影响。但系统 GMM 法在估计时结合了水平方程，所以可以估计非时变变量的回归系数。如下所示，我们在 xtdpdsys 命令中纳入了 black、hisp 和 educ 这三个非时变变量，模型可以计算出这三个变量的系数估计值，而这是无法通过 xtabond 命令得到的：

```
. xtdpdsys lwage exper exper2 black hisp educ, lags(1) pre(married)
endogenous(union) maxldep(3) maxlags(3) twostep vce(robust)
note: black omitted from div() because of collinearity.
note: hisp omitted from div() because of collinearity.
note: educ omitted from div() because of collinearity.

System dynamic panel-data estimation            Number of obs      =      3,815
Group variable: nr                              Number of groups   =        545
Time variable: year
                                                Obs per group:
                                                              min =          7
                                                              avg =          7
                                                              max =          7

Number of instruments =     65                  Wald chi2(8)       =     373.15
                                                Prob > chi2        =     0.0000
Two-step results
```

lwage	Coefficient	WC-robust std. err.	z	P>|z|	[95% conf.	interval]
lwage						
L1.	.2083363	.0340778	6.11	0.000	.141545	.2751276
married	.0591983	.0292133	2.03	0.043	.0019413	.1164553
union	.1148674	.0784187	1.46	0.143	-.0388306	.2685653
exper	.0606675	.0142461	4.26	0.000	.0327456	.0885894
exper2	-.0014246	.0008918	-1.60	0.110	-.0031725	.0003234
black	-.5825586	.3609002	-1.61	0.106	-1.28991	.1247929
hisp	-.1315547	.2713542	-0.48	0.628	-.6633991	.4002897
educ	.1357544	.0898773	1.51	0.131	-.0404018	.3119106
_cons	-.5557442	1.073011	-0.52	0.605	-2.658807	1.547318

```
Instruments for differenced equation
        GMM-type: L(2/4).lwage L(1/3).married L(2/3).union
        Standard: D.exper D.exper2
Instruments for level equation
        GMM-type: LD.lwage D.married LD.union
        Standard: _cons
```

使用系统 GMM 求解也需要假定误差项 ε_{it} 不存在自相关,对该假定的检验方法与 xtabond 命令相同,具体如下:

```
. qui xtdpdsys lwage exper exper2, lags(1) pre(married) endogenous(union)
maxldep(3) maxlags(3) twostep vce(robust) artests(3)
. estat abond

Arellano-Bond test for zero autocorrelation in first-differenced errors
H0: No autocorrelation

Order          z    Prob > z

    1   -6.9591     0.0000
    2   2.693       0.0071
    3   -.38028     0.7037
```

检验的结果显示,模型误差项不仅存在一阶自相关,而且存在二阶自相关。与之前对差分 GMM 法的检验相同,此处一阶自相关不为 0 是正常现象,而二阶及以上的自相关显著不为 0 则说明需要拒绝 ε_{it} 无自相关的假定。因此,上述系统 GMM 的求解结果很值得怀疑。

此外,在使用系统 GMM 法求解以后,也需要对工具变量的有效性进行过度识别检验,具体如下:

```
. qui xtdpdsys lwage exper exper2, lags(1) pre(married) endogenous(union)
maxldep(3) maxlags(3) twostep
. estat sargan
Sargan test of overidentifying restrictions
H0: Overidentifying restrictions are valid

        chi2(59)      =   89.6082
        Prob > chi2   =    0.0062
```

检验结果显示,卡方统计量的值为 89.61,其 p 值小于 0.01,因此,应拒绝所有工具变量的估计结果无显著差异的原假设。结合之前对误差项无自相关的检验结果,上述系统 GMM 法的估计结果并不可信。

在这种情况下,我们需要修改模型设置。一种常见的修改方法是将因变量更高阶的滞后值纳入模型作为自变量。例如,将因变量的一阶滞后和二阶滞后同时纳入模型,这可以通过选项 lags(2)实现。从以下两个检验的结果可以发现，在将因变量的二阶滞后也纳入模型以后，模型误差项的二阶及以上自相关均与0无显著差异，且过度识别检验也不再显著。因此，该模型是可信的。

```
. qui xtdpdsys lwage exper exper2, lags(2) pre(married) endogenous(union)
maxldep(3) maxlags(3) twostep vce(robust) artests(3)
. estat abond

Arellano-Bond test for zero autocorrelation in first-differenced errors
H0: No autocorrelation

Order          z   Prob > z

    1    -5.8335     0.0000
    2    -.33194     0.7399
    3     .81621     0.4144

. qui xtdpdsys lwage exper exper2, lags(2) pre(married) endogenous(union)
maxldep(3) maxlags(3) twostep
. estat sargan
Sargan test of overidentifying restrictions
H0: Overidentifying restrictions are valid

        chi2(53)     =  64.75773
        Prob > chi2  =    0.1291
```

现在，我们可以输出该模型的求解结果，具体如下：

```
. xtdpdsys lwage exper exper2, lags(2) pre(married) endogenous(union)
maxldep(3) maxlags(3) twostep

System dynamic panel-data estimation            Number of obs     =      3,270
Group variable: nr                              Number of groups  =        545
Time variable: year
                                                Obs per group:
                                                              min =          6
                                                              avg =          6
                                                              max =          6

Number of instruments =     60                  Wald chi2(6)      =     563.12
                                                Prob > chi2       =     0.0000
Two-step results

       lwage | Coefficient  Std. err.      z    P>|z|     [95% conf. interval]
-------------+----------------------------------------------------------------
       lwage |
         L1. |   .3269879   .0250511    13.05   0.000     .2778887    .3760872
         L2. |   .1285275   .0180407     7.12   0.000     .0931684    .1638866
```

```
     married |   .1461174   .0235017     6.22   0.000     .1000549    .1921799
       union |   .1628679    .068009     2.39   0.017     .0295727    .2961632
       exper |   .0392171   .0153995     2.55   0.011     .0090347    .0693996
      exper2 |  -.0008734   .0009354    -0.93   0.350    -.0027067    .0009599
       _cons |   .6147707   .0752732     8.17   0.000      .467238    .7623033
------------------------------------------------------------------------------
Warning: gmm two-step standard errors are biased; robust standard
         errors are recommended.
Instruments for differenced equation
        GMM-type: L(2/4).lwage L(1/3).married L(2/3).union
        Standard: D.exper D.exper2
Instruments for level equation
        GMM-type: LD.lwage D.married LD.union
        Standard: _cons
```

练习

1. 与横截面数据相比,面板数据有哪些特点?它在因果推断方面有哪些优势?
2. 针对短面板数据的常见分析方法有哪些?请简述各种方法的基本假定及各自的优缺点。
3. 长面板数据与短面板数据有什么不同?请简述长面板模型的基本设定和常见的求解方法。
4. 什么是动态面板?与静态面板相比,动态面板模型在求解时的主要难点是什么?请简述差分 GMM、水平 GMM 和系统 GMM 这三种求解方法的异同。
5. 数据 antisocial. dta 包含来自“美国青年追踪调查”(National Longitudinal Survey of Youth,NLSY)的 581 名少年儿童数据,变量如下:

◆ id:儿童的个案编号;
◆ occ:调查年份;
◆ anti:儿童反社会行为的测量指标,分值越高,反社会行为越严重;
◆ female:性别二分变量,取值为 1 为女孩;
◆ childage:初次调查时的儿童年龄;
◆ hispanic:二分变量,取值为 1 表示西班牙裔儿童;
◆ black:二分变量,取值为 1 表示黑人儿童;
◆ pov:二分变量,取值为 1 表示来自贫困家庭;
◆ momage:母亲年龄;

◆ momwork:二分变量,取值为 1 表示母亲有工作;

◆ married:二分变量,取值为 1 表示母亲在婚。

请根据要求完成以下数据分析任务:

(1) 将数据设置为面板数据,描述数据并指出哪些变量是时变变量,哪些是非时变变量。

(2) 使用 xtreg 命令拟合混合线性回归模型,因变量为 anti,自变量包括 female、childage、hispanic、black、pov、momage、momwork 和 married,使用聚类稳健标准误。

(3) 使用 xtreg 命令拟合固定效应模型,因变量和自变量同(2),使用均值差分法获取回归系数,并使用聚类稳健标准误。观察哪些变量被模型自动排除了,为什么?

(4) 使用 xtreg 命令拟合随机效应模型,因变量和自变量同(2),使用聚类稳健标准误。

(5) 使用 xtreg 命令获取组间估计量,因变量和自变量同(2),使用自助法(bootstrap)获取稳健标准误。

(6) 比较(3)、(4)和(5),从中可以得到什么结论? 为什么?

(7) 使用传统的豪斯曼检验判断应当使用随机效应模型还是固定效应模型。

(8) 传统的豪斯曼检验有何缺陷? 请通过更加稳健的方法比较随机效应模型和固定效应模型,并判断究竟应当采用哪个模型。

6. 数据 grunfeld. dta 包含 10 个企业 1935—1954 年的投资数据。主要变量如下:

◆ company:企业 id;

◆ year:年份;

◆ invest:企业当前年份总投资;

◆ mvalue:企业前一年市值;

◆ kstock:企业前一年厂房和设备的价值。

请根据要求完成以下数据分析任务:

(1) 将数据设置为面板数据,观察这是一个长面板还是短面板。

(2) 使用 LSDV 法拟合双向固定效应模型,因变量为 invest,自变量为 mvalue

和 kstock,使用聚类稳健标准误。

(3) 使用 LSDV 法纳入企业固定效应,同时纳入时间的线性趋势项,模型因变量和自变量同(2),使用聚类稳健标准误。

(4) 对第(3)步模型的误差项是否存在组内自相关、组间异方差和组间同期相关进行正式的统计检验。

(5) 使用“面板校正标准误+FGLS”法处理模型误差项的组内自相关、组间异方差和组间同期相关问题,同时使用 ar1 和 psar1 两种策略设定组内自相关模式。

(6) 使用“全面 FGLS”法处理模型误差项的组内自相关、组间异方差和组间同期相关问题,同时使用 ar1 和 psar1 两种策略设定组内自相关模式。

(7) 列出第(3)步、第(5)步和第(6)步的所有模型,比较各模型的估计效率,指出哪种估计方法最有效,为什么?

7. 数据 returns.dta 包含来自“美国收入动态追踪调查”(Panel Study of Income Dynamics,PSID)的 595 名成年人数据,变量如下:

- nr:个案编号;
- year:调查年份;
- lwage:收入对数;
- exp:工龄;
- exp2:工龄平方;
- wks:每年工作的周数;
- occ:二分变量,取值为 1 表示蓝领工人;
- ind:二分变量,取值为 1 表示在制造业工作;
- south:二分变量,取值为 1 表示居住在美国南部;
- smsa:二分变量,取值为 1 表示居住在标准的都市统计区;
- ms:二分变量,取值为 1 表示在婚;
- union:二分变量,取值为 1 表示是工会会员;
- fem:二分变量,取值为 1 表示是女性;
- ed:教育年限;
- blk:二分变量,取值为 1 表示黑人;

◆ t:调查年份,1975。

请根据要求完成以下数据分析任务:

(1) 将数据设置为面板数据。

(2) 使用 xtreg 命令拟合固定效应模型,模型因变量为 lwage,自变量包括 exp、exp2、wks、occ、ind、south、smsa、ms、fem、union、ed、blk,使用聚类稳健标准误。

(3) 在(2)的基础上将因变量的一阶滞后纳入模型作为自变量,拟合动态面板模型。该模型可以得到滞后因变量的一致估计吗?为什么?

(4) 针对(3)中的动态面板模型,使用 Arellano-Bond 估计量。估计时将 ms 设置为前定解释变量,将 union 和 occ 设置为同期内生变量,最多使用 4 期滞后做工具变量。

(5) 检验第(4)步模型的误差项是否存在自相关,同时进行过度识别检验,解释这两个检验的结果。

(6) 使用 xtdpdsys 命令获取系统 GMM 估计量,模型设定同(4)。检验模型的误差项是否存在自相关,同时进行过度识别检验,解释这两个检验的结果。

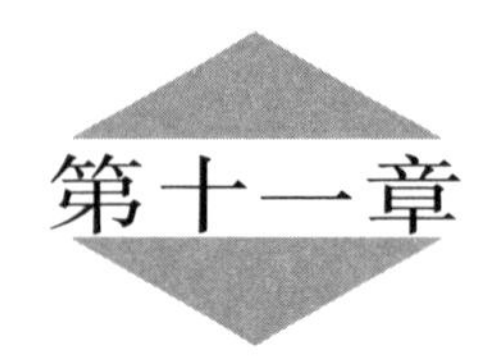

第十一章

双重差分

本章重点和教学目标:

1. 理解准实验设计以及针对准实验设计应用双重差分法的原理;
2. 理解平行趋势假定的内涵及其对于双重差分法的重要性;
3. 掌握在多期调查数据中进行双重差分估计的方法;
4. 能通过线性回归和倾向值匹配两种方法对协变量进行恰当的统计控制;
5. 掌握三重差分法的原理、实施步骤及其假定条件;
6. 能正确使用 Stata 软件实施双重差分及其拓展方法。

双重差分是一种非常流行的因果推断方法。1855 年,英国著名流行病学家斯诺(John Snow)率先使用这种方法分析了霍乱的病因。[①] 此后,该方法逐渐被社会科学家所采纳,并被广泛应用于对社会政策和经济政策的评估之中。本章将详细介绍双重差分法的基本原理和适用情境,讨论这种方法的最新发展,并结合案例演示在 Stata 软件中实现双重差分的命令。

---

① 乔舒亚·安格里斯特、约恩-斯特芬·皮施克:《精通计量:因果之道》(郎金焕译),上海:格致出版社 2021 年版,第 205—207 页。

第一节 基本原理

双重差分主要应用于对准实验[①]数据的分析。与标准随机对照试验不同，在准实验设计中，干预变量不是随机分配的，因此，干预组和控制组并不完全可比。但是，如果能够假定这两组人在干预变量不发生影响的情况下随时间的变动趋势相同，那么就可以通过双重差分法估计因果效应。本节将详细介绍准实验设计中使用双重差分法进行因果推断的原理以及这种方法得以成立的关键假定——平行趋势假定(parallel trends assumption)。

一、准实验

准实验顾名思义，就是对标准随机对照试验的近似。与标准随机对照试验相同，在准实验设计中也有干预组和控制组，但研究对象被分入干预组和控制组的过程并不随机，因此，研究者不能使用传统的针对随机对照试验的分析方法分析准实验数据。下面，我们将以 19 世纪中叶斯诺在伦敦对霍乱致病因素的分析为例，介绍准实验的原理以及针对准实验数据的因果推断方法。

19 世纪 50 年代，伦敦陷入了霍乱疫情的泥沼。在那些比较贫困和卫生环境比较差的地区，霍乱疫情也更加猖獗。起初，人们认为感染霍乱是因为吸入了被霍乱病菌污染的空气。但在经过大量调查走访之后，斯诺却对这一流传甚广的“瘴气理论”提出了质疑。他发现，将病人隔离这种理应有效的方法并不能阻断霍乱的传播。此外，那些在疫情期间进入伦敦的商船并没有暴发霍乱，但如果商船上的水手在伦敦补给了水和食物，则很可能感染霍乱。基于上述信息，斯诺认为，霍乱并不是通过空气传播的，而是一种消化道疾病，伦敦被严重污染的水源才是引发霍乱的源头。但如何才能证明这个观点呢？

在理想情况下，斯诺可以设计一个随机对照试验，将伦敦的平民随机分配

① 在一些文献中，准实验也被称作自然实验(natural experiment)。

到可以获得清洁水源的干预组和继续喝脏水的控制组。但是,随机对照试验的思想直到80多年后才被费希尔提出。而且,即便斯诺知道随机对照试验,也会因为伦理问题而无法进行这项实验。针对这个问题,斯诺采用了一个现在被称为准实验设计的方法来验证饮用水对霍乱的影响。

具体来说,斯诺花了大量的时间调查居民的取水方式。他发现,当时伦敦的饮用水主要是由两家供水公司提供的:一是兰贝思公司,二是索思沃克和沃克斯霍尔公司(简称索沃公司)。起初,这两家公司都在泰晤士河的下游取水,因此都受到了污染。但是在1849年,兰贝思公司将取水的源头转移到了泰晤士河的上游,而索沃公司则依然在下游取水。斯诺发现,霍乱在由索沃公司供水的地区尤为猖獗,该地区的死亡率比其他地区高了近8倍。但是,这还不足以证明被污染的水源是导致霍乱的真正原因。因为,如果索沃公司供水的地区更加贫穷,或卫生条件更差,那么"瘴气理论"依然可以被用来解释二者之间的差异。

为此,斯诺通过大量的调查工作来证明这两家供水公司的服务地区在各种特征上都没有明显差异。他写道:"两家公司的管道都通向所有街道,进入几乎所有的院落和小巷……无论贫富,无论房子大小,两家公司都等而视之地提供自来水服务;而接受不同公司服务的客户,他们在生活条件或职业方面也并无明显分别。"[①]这就好像在还没有随机对照试验这个概念的时候,供水公司就已经对伦敦居民进行了一次随机化试验。事实上,斯诺也意识到了这一点。他评价道:"再设计不出比这更好的试验,能让我们彻底检测供水对霍乱的影响了。""在这个试验中,一组人得到了干净的水,另一组得到了被污染的水。"[②]

现在,研究者通常将斯诺口中的"试验"称作准实验或自然实验,因为与那些在实验室完成的随机对照试验不同,这种实验通常是在自然情境下发生的,而且也没有进行随机分配。由于缺乏随机分配,准实验设计中的干预组和控制组通常并不可比。事实上,尽管斯诺花了大量的时间和笔墨来论证两

① 详见朱迪亚·珀尔、达纳·麦肯齐:《为什么:关于因果关系的新科学》(江生、于华译),中信出版社2019年版,第221页。

② 同上。

家供水公司服务对象的可比性，但数据显示，在 1849 年兰贝思公司将水源移到泰晤士河上游之前，这两家公司服务的地区在霍乱死亡率方面依然存在明显差异。因此，直接对 1849 年以后这两家公司的服务区进行比较是有问题的。针对这个问题，我们需要使用一种新的因果分析方法，就是双重差分法。

二、双重差分

我们可以使用斯诺的调查数据来演示双重差分法。如表 11.1 所示，在 1854 年，也就是兰贝思公司将水源地移到泰晤士河上游的 5 年后，索沃公司服务地区的霍乱死亡率为 14.7‰，这比兰贝思公司的服务地区高出了 12.8 个千分点。但凭此就足以证明被污染的水源是导致霍乱的主要原因吗？未必！因为从表 11.1 可以发现，在 1849 年兰贝思公司改变水源地之前，索沃公司服务地区的霍乱死亡率就比兰贝思公司高。所以，这里出现了一个使用准实验数据时经常遇到的情况：因为缺乏随机分配，干预组和控制组并不完全可比。

表 11.1　两家供水公司服务地区的霍乱死亡率　　单位：‰

供水公司	年份	
	1849	1854
兰贝思公司	8.5	1.9
索沃公司	13.5	14.7

针对这个问题，研究者可以改变思路，仅对兰贝思公司在改变水源地之前和之后的死亡率数据进行比较。在这个例子中，兰贝思公司服务地区的霍乱死亡率从 1849 年的 8.5‰降到了 1854 年的 1.9‰。这似乎可以证明，改变水源地起到了降低霍乱死亡率的效果。但问题是，即便兰贝思公司不改变水源地，霍乱的死亡率也会随时间变化。既然如此，研究者如何才能从霍乱死亡率随时间的变化趋势中剥离出兰贝思公司改变水源地带来的净影响呢？

对于这个问题，研究者需要做一个假定。如果能够假定兰贝思公司服务地区的霍乱死亡率在兰贝思公司不改变水源地的情况下会发生与索沃公司完全相同的变化，那么就可以通过索沃公司的时间趋势来校正兰贝思公司的结果。具体来说，从表 11.1 可以发现，索沃公司服务地区的霍乱死亡率在 1849—1854 年间上升了 1.2 个千分点，而兰贝思公司的服务地区在此期间下降了 6.6 个千分点。将这两个时间趋势相减，即可得到兰贝思公司改变水源地对霍乱死亡率的因果影响。

用公式表示为

$$\delta^{DD}=(1.9-8.5)-(14.7-13.5)=-7.8$$

在上述计算过程中，我们需要对两次差值的结果再作差，因此，这个估计量被称作双重差分估计量。通过双重差分法分析准实验数据的好处可以由表 11.2 得到证明。具体来说，我们可以将兰贝思公司和索沃公司的服务地区在 1849 年的霍乱死亡率分别记为 L 和 S。其后，因为兰贝思公司改变了水源地，这会导致在 1854 年，该公司服务地区的霍乱死亡率变化 D 个单位，这就是我们想要估计的因果效应。但是，因为兰贝思公司服务地区的霍乱死亡率在兰贝思公司不改变水源地的情况下也会随时间发生自然变化（T），所以，直接将该公司服务地区在 1854 年和 1849 年的霍乱死亡率相减只能得到 $T+D$。但是，将索沃公司的服务地区在这两年的霍乱死亡率相减可以得到 T。因此，将两次一重差分的结果再作差，即可得到因果效应 D。上述计算的巧妙之处在于，通过双重差分既消除了兰贝思公司和索沃公司之间不可观测的异质性（L 与 S 之间的差异）对分析结果的影响，也消除了无法测量的时间趋势（T）对分析结果的影响。因此，相比一重差分，通过双重差分法对准实验数据进行分析更加可靠。

表 11.2　双重差分法的计算原理

<table>
<tr><th>公司</th><th>时点/年</th><th>因变量</th><th>一重差分</th><th>双重差分</th></tr>
<tr><td rowspan="2">兰贝思公司</td><td>1849</td><td>$Y=L$</td><td rowspan="2">$T+D$</td><td rowspan="4">D</td></tr>
<tr><td>1854</td><td>$Y=L+T+D$</td></tr>
<tr><td rowspan="2">索沃公司</td><td>1849</td><td>$Y=S$</td><td rowspan="2">T</td></tr>
<tr><td>1854</td><td>$Y=S+T$</td></tr>
</table>

三、平行趋势假定

不过,上述双重差分法之所以有效是因为我们做了一个假定。具体来说,我们假定兰贝思公司在不改变水源地的情况下其服务地区的霍乱死亡率将与索沃公司发生完全相同的变化。这等价于认为,在这两家公司都不改变水源地的情况下,其服务地区的霍乱死亡率随时间的变动趋势是平行的,因此,这个假定也被称作平行趋势假定。(见图 11.1)

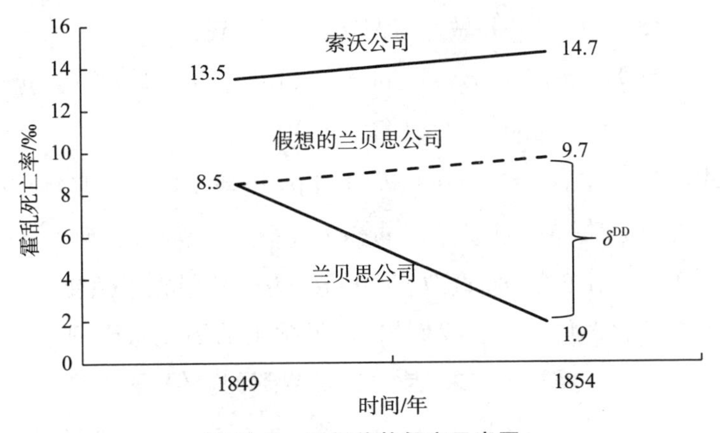

图 11.1　平行趋势假定示意图

平行趋势假定对应用双重差分法至关重要。可以证明,在该假定成立的情况下,通过双重法可以得到 ATT 的无偏估计。以下是证明过程。

记 $\overline{Y}_T^{post}$ 是干预组在干预后的因变量均值,$\overline{Y}_T^{pre}$ 是干预组在干预前的因变量均值,$\overline{Y}_U^{post}$ 是控制组在干预后的因变量均值,$\overline{Y}_U^{pre}$ 是控制组在干预前的因变量均值。根据双重差分法的原理,其估计量可以通过以下公式得到:

$$\hat{\delta}^{DD} = (\overline{Y}_T^{post} - \overline{Y}_T^{pre}) - (\overline{Y}_U^{post} - \overline{Y}_U^{pre}) \tag{11.1}$$

对公式(11.1)的等号两边取数学期望,可以得到:

$$E(\hat{\delta}^{DD}) = (E(Y_T \mid post) - E(Y_T \mid pre)) - (E(Y_U \mid post) - E(Y_U \mid pre)) \tag{11.2}$$

在公式(11.2)中,$E(Y_T \mid pre)$ 和 $E(Y_T \mid post)$ 是干预组在干预前与干预后因变量的期望值,相应地,$E(Y_U \mid pre)$ 和 $E(Y_U \mid post)$ 是控制组在干预前与干预

后因变量的期望值。如果用 Y_T^1 和 Y_T^0 表示干预组在干预前后的潜在结果，Y_U^0 表示控制组在没有受到干预变量影响时的潜在结果，那么可以得到以下表达式：

$$E(Y_T \mid \text{post}) = E(Y_T^1 \mid \text{post})$$

$$E(Y_T \mid \text{pre}) = E(Y_T^0 \mid \text{pre})$$

$$E(Y_U \mid \text{post}) = E(Y_U^0 \mid \text{post})$$

$$E(Y_U \mid \text{pre}) = E(Y_U^0 \mid \text{pre})$$

将之代入公式（11.2），并做适当调整，可以得到：

$$E(\hat{\delta}^{DD}) = E(Y_T^1 \mid \text{post}) - E(Y_T^0 \mid \text{post}) + (\mathrm{E}(\mathrm{Y}_\mathrm{T}^0 \mid post) - \mathrm{E}(\mathrm{Y}_\mathrm{T}^0 \mid pre)) - (E(Y_U^0 \mid \text{post}) - E(Y_U^0 \mid \text{pre})) \quad (11.3)$$

在公式（11.3）中，$E(Y_T^1 \mid \text{post}) - E(Y_T^0 \mid \text{post})$ 即 ATT。因此，通过 $\hat{\delta}^{DD}$ 估计 ATT 的偏差为 $(E(Y_T^0 \mid \text{post}) - E(Y_T^0 \mid \text{pre})) - (E(Y_U^0 \mid \text{post}) - E(Y_U^0 \mid \text{pre}))$。在这个偏差表达式中，$E(Y_T^0 \mid \text{post}) - E(Y_T^0 \mid \text{pre})$ 为干预组在干预变量不发生作用的情况下因变量的平均变化。我们知道，干预组的因变量受到了干预变量的影响，因此，这是一个反事实结果，是无法观测到的。但是，如果这个变化量与控制组完全相同，即如果 $E(Y_T^0 \mid \text{post}) - E(Y_T^0 \mid \text{pre}) = E(Y_U^0 \mid \text{post}) - E(Y_U^0 \mid \text{pre})$，那么估计偏差将变为 0。由此可见，假定干预组在干预变量不发生作用这个反事实情况下与控制组发生完全相同的变化（平行趋势假定）是应用双重差分法估计 ATT 的关键。既然如此，在什么情况下这个假定才能得到满足呢？

首先很明显的一点是，如果干预状态是随机分配的，那么平行趋势假定一定会得到满足。因为在随机分配的条件下，潜在结果 Y^0 独立于干预状态，因此，干预组 Y^0 的变动趋势一定与控制组平行。但如前所述，双重差分法通常应用于不满足随机分配的准实验设计中，在准实验条件下，平行趋势假定始终面临被违反的风险，这也是准实验设计在因果推断方面经常被人诟病的重要原因。

不过，既然平行趋势假定在随机分配条件下一定得到满足，由此可以得出的一个推论是，准实验设计中干预状态的分配过程越接近随机分配，该假定就越可能得到满足。因此，在使用双重差分法的时候，研究者必须尽可能全面地论证干预组和控制组在各个方面的可比性。事实上,在研究饮用水对霍乱的影响时,斯诺用了几乎一本书的篇幅来论证兰贝思公司和索沃公司所服务的地区在各个方面的相似性。虽然从这两个地区在1849年的霍乱死亡率数据来看,二者并非完全可比,但斯诺的论证过程无疑增加了平行趋势假定的可信度,进而为使用双重差分法估计水源地改变对霍乱死亡率的影响奠定了基础。

现在,我们有必要对双重差分法的原理和适用情境做一个简短的小结。通过斯诺对霍乱的研究案例,我们知道,在使用双重差分估计量的时候,研究者需要将研究对象分为两个组:一个是受到干预变量影响的组,即干预组;另一个是不受干预变量影响的组,即控制组。与此同时,研究者需要在干预前与干预后分别对干预组和控制组进行一次调查[①],然后才能通过公式(11.2)得到干预效应的双重差分估计值。通过双重差分法估计干预效应的关键假定是平行趋势假定,这个假定要求干预组在干预变量不发生影响这个反事实条件下的变动趋势与控制组保持同步。在准实验设计中,该假定是否成立需要进行严格的理论论证。总体来说,干预组和控制组越相似,平行趋势假定越可能得到满足。

第二节　方法拓展

第一节介绍了经典的双重差分估计量及其适用条件。在这一节,我们将介绍该方法的三个拓展:一是在多期调查数据中使用双重差分法,二是在应用双重差分法时纳入协变量,三是三重差分法(triple differences)。

一、多期双重差分

如前所述,在经典的准实验设计中,研究者仅在干预前和干预后对干预组和控制组各进行一次调查。但是,如果能在干预前和干预后对干预组和控制

① 这种调查既可以是追踪调查,也可以是多期横截面调查。相比来说,针对追踪调查数据应用双重差分的效果更好。其原因在于,在追踪调查数据中,样本是固定不变的,而在多期横截面调查中,样本结构(如性别构成、年龄构成等)在各期之间有可能发生变化。因此,在使用多期横截面数据进行分析的时候,研究者需要密切关注样本结构在各期调查数据间的可比性。

组进行多次调查,那么双重差分法将会发挥更大的用途。

具体来说,使用多期调查数据进行双重差分估计有两个明显的好处。

一是分析干预效应随时间的变动趋势。我们知道,对很多研究议题而言,政策效应不是一成不变的。有些政策只在短期内有效,长期来看其效果会消失;而有些政策在短期内没有效果,但经过一段时间后,其效果会逐渐显现出来。此外,在有些情况下,人们会对政策干预产生预期,进而提前采取行动,这会导致政策效应在政策实施前就已经显现出来。总而言之,要对一个政策进行全面评估,研究者需要区分政策干预的长期效应、短期效应、预期效应和滞后效应。但是,这只有在拥有政策出台前后多期调查数据的情况下才可能实现。

二是在一定程度上对平行趋势假定进行检验。如前所述,平行趋势假定是应用双重差分法进行因果推断的关键。但是,由于该假定涉及干预组在反事实状态下的时间趋势,直接对之进行检验是不可能的。不过,如果能调查到干预组和控制组在干预前多个时点的数据,则有可能对该假定进行间接检验。具体来说,如果我们发现,在干预发生之前,干预组和控制组随时间的变动趋势完全一致,那么就会有较大的把握认为,在干预状态维持不变的情况下,干预组和控制组仍将同步发生变化。虽然从逻辑上说,仅凭两组人在干预前的时间趋势并不足以推断他们在干预后的趋势,但是,如果两组人在干预前就不满足平行趋势假定,那么无疑会大大降低该假定成立的可信性。因此,对干预前两组人时间趋势的对比分析仍会提供平行趋势假定是否成立的重要线索。

综上所述,使用多期调查数据可以大大拓展经典双重差分法的应用前景。不过,在有多期调查数据的情况下,双重差分法的操作过程也将变得更加复杂。具体来说,记 Y_i 是研究的因变量,D_i 是标识研究对象是否在干预组的虚拟变量,$\boldsymbol{T}_i^k$ 是 k 个时间虚拟变量,$\boldsymbol{D}_i\boldsymbol{T}_i^k$ 是这 k 个时间虚拟变量与 D_i 的交互项。在生成上述变量之后,研究者可以使用线性回归法估计方程(11.4)。[①] 该方程

① 若调查数据仅有两期,估计方程将简化为 $Y_i=\beta_0+\beta_1 D_i+\beta_2 T_i+\beta_{DD} D_i T_i+\varepsilon_i$。其中,$D_i$ 是标识研究对象是否在干预组的虚拟变量,T_i 是标识干预前还是干预后的时期虚拟变量。可以证明,该方程中 D_iT_i 的回归系数 β_{DD} 即公式(11.1)所示的双重差分估计量。

中最重要的系数是$\boldsymbol{\beta}_{\mathrm{DD}}^{k}$,它刻画了干预组和控制组的因变量均值在时间趋势上的差异,对$\boldsymbol{\beta}_{\mathrm{DD}}^{k}$进行恰当的统计检验是在多期调查数据中应用双重差分法的关键。

$$Y_i = \beta_0 + \beta_1 D_i + \boldsymbol{\beta}_2^k \boldsymbol{T}_i^k + \boldsymbol{\beta}_{\mathrm{DD}}^k \boldsymbol{D}_i \boldsymbol{T}_i^k + \varepsilon_i \quad (11.4)$$

具体来说,假设政策干预发生在时点t,那么根据平行趋势假定,干预组和控制组在时点t之前的时间趋势应完全相同。表现在回归系数上,就是与时点t之前各期对应的$\boldsymbol{\beta}_{\mathrm{DD}}^{k}$应同时为0。因此,对这些回归系数是否为0进行联合检验可以在一定程度上检验平行趋势假定。此外,如果政策干预发生在时点t,那么与时点t之后各期对应的$\boldsymbol{\beta}_{\mathrm{DD}}^{k}$应与0存在显著差异。因此,对这些回归系数是否为0进行联合检验可以判断政策干预是否对因变量具有显著影响。最后,对不同时点上的$\boldsymbol{\beta}_{\mathrm{DD}}^{k}$进行对比分析还可以进一步区分政策干预的短期效应、长期效应、预期效应和滞后效应。举例来说,如果$\boldsymbol{\beta}_{\mathrm{DD}}^{k}$在时点$t$之后随时间不断下降,最后与0无明显差异,则说明该政策干预只存在短期效应,无长期效应。如果$\boldsymbol{\beta}_{\mathrm{DD}}^{k}$在时点$t$之后的几期与0无显著差异,但在过了一段时间后变得显著不等于0,则说明该政策干预存在滞后效应。最后,如果在时点t之前一期或若干期,$\boldsymbol{\beta}_{\mathrm{DD}}^{k}$已经变得显著不等于0,则说明该政策干预存在预期效应。

二、增加协变量

上文在介绍双重差分法的时候并没有考虑协变量。事实上,如果平行趋势假定得到满足,使用双重差分法并没有纳入协变量的必要。不过,出于两方面的考虑,很多研究在使用双重差分法的时候还是会纳入协变量。首先,在模型中纳入那些对因变量有影响的协变量可以显著提高双重差分估计量的精度。其次,如果干预组和控制组的差异过大,平行趋势假定不能得到满足,那么将那些可能导致该假定不满足的协变量纳入会大大提高估计结果的可信性。

具体来说,研究者可以通过两种方式纳入协变量。一是回归法,这可以通过拟合回归方程(11.5)实现。可以发现,方程(11.5)只不过是在方程(11.4)的基础上增加了协变量$\boldsymbol{X}_i$。因此,其分析步骤与之前并没有太大区别。

$$Y_i = \beta_0 + \beta_1 D_i + \boldsymbol{\beta}_2^k \boldsymbol{T}_i^k + \boldsymbol{\beta}_{\mathrm{DD}}^k \boldsymbol{D}_i \boldsymbol{T}_i^k + \boldsymbol{\gamma} \boldsymbol{X}_i + \varepsilon_i \quad (11.5)$$

二是倾向值匹配法。[①] 其分析步骤为：第一，基于协变量 $\boldsymbol{X}_i$ 建立倾向值预测模型，预测倾向值得分；第二，基于倾向值得分将干预组中的每名个案按照一定方式与控制组个案匹配起来；第三，计算干预组中每名个案在干预前后因变量的变化；第四，计算与干预组中每名个案对应的控制组中的匹配样本在干预前后因变量的变化；第五，将第三步与第四步的结果作差，得到干预组中每名个案的因果效应估计值；第六，对第五步结果求平均，得到 ATT 的估计值。

一般来说，无论使用哪种方法纳入协变量，都可以在很大程度上消除因协变量 $\boldsymbol{X}_i$ 导致的干预组和控制组之间的不可比性。因此，我们建议研究者在使用双重差分法的时候纳入协变量，以提高分析结果的可信度。

三、三重差分

如果在纳入协变量之后，平行趋势假定仍然不能得到满足，那么一个可行的应对方案是使用三重差分法。通俗来讲，三重差分法是对双重差分法的一个直接拓展。下面，我们将通过一个例子来讲解该方法的原理。

假定 A 市从 2021 年起给 80 岁及以上的高龄老人每月发放 500 元的高龄补助，研究者想了解这项政策对高龄老人幸福感的影响。考虑到高龄补助的分配过程不随机，因此这是一个准实验设计，拟采用双重差分法进行估计。

一种可行的估计方案是以 A 市的低龄老人（65—79 岁）作为参照组，使用双重差分估计量。但是，考虑到高龄老人的幸福感随时间的变动趋势可能与低龄老人不同，因此，该估计量可能有偏。另一种估计方案是以没有执行这项政策的 B 市高龄老人为参照组，使用双重差分估计量。但考虑到 A 市和 B 市存在差异，这两个城市的高龄老人的幸福感随时间的变动趋势可能不完全相同，因此，该估计量可能也有偏。那该怎么办呢？

在这种情况下，研究者可以把这两个方案结合起来。具体来说，假设 Y_i 是老年人的幸福感，E_i 是标记是不是高龄老人的虚拟变量（高龄老人取值为 1，低龄老人取值为 0），T_i 是标记在干预前还是干预后的时间虚拟变量（2021 年以

---

① James J. Heckman, Hidehiko Ichimura and Petra E. Todd, "Matching as an Econometric Evaluation Estimator: Evidence from Evaluating a Job Training Programme," *The Review of Economic Studies*, Vol. 64, No. 4, 1997, pp. 605-654.

后取值为1,2021年以前取值为0),A_i 是标记是否在A市的城市虚拟变量(A市取值为1,B市取值为0),研究者可以拟合以下线性回归方程:

$$Y_i = \beta_0 + \beta_1 E_i + \beta_2 T_i + \beta_3 A_i + \beta_4 E_i T_i + \beta_5 A_i T_i + \beta_6 E_i A_i + \beta_{DDD} E_i A_i T_i + \varepsilon_i \tag{11.6}$$

方程(11.6)中三维交互项 $E_i A_i T_i$ 的回归系数 β_{DDD} 即三重差分估计量。[①]可以证明,β_{DDD} 的样本估计值为

$$\hat{\beta}_{DDD} = [(\overline{Y}_{AE1} - \overline{Y}_{AE0}) - (\overline{Y}_{AN1} - \overline{Y}_{AN0})] - [(\overline{Y}_{BE1} - \overline{Y}_{BE0}) - (\overline{Y}_{BN1} - \overline{Y}_{BN0})] \tag{11.7}$$

在公式(11.7)中,下标A表示A市,B表示B市;E表示高龄老人,N表示低龄老人;1表示2021年之后,0表示2021年之前。根据上述符号标记,$\overline{Y}_{AE1}$ 表示A市高龄老人在2021年之后的幸福感均值,其他依此类推。

可以发现,公式(11.7)的前半部分就是以A市低龄老人作为控制组时的双重差分估计量。不过如前所述,这个估计量有偏,其偏差等于A市的高龄老人与低龄老人在幸福感变动趋势上的差异。如果能够假定这个差异在A市和B市相同,那么就可以用B市的高龄老人与低龄老人在幸福感变动趋势上的差异来对之进行校正,这就是公式(11.7)中后半部分的内容。

由此可见,使用三重差分估计量的好处是,可以在一定程度上对传统的双重差分估计量进行非平行趋势校正。但是,这种校正是否有效取决于另一个平行趋势假定。在上面这个例子中,我们需要假定A市高龄老人与低龄老人在幸福感变动趋势上的差异与B市相同,否则,三重差分估计量依然是有偏的。

第三节　双重差分的 Stata 命令

本节主要介绍使用Stata软件实施双重差分的方法。我们将首先介绍几个常用的命令,然后通过案例进行演示。

① 方程(11.6)也可以纳入协变量,或推广到多期数据。

一、命令介绍

在 Stata 软件中，双重差分法可以通过线性回归命令 regress 实现，也可以通过外部命令 diff 实现。考虑到 regress 命令的用法已在第四章介绍过，本节主要介绍 diff 命令的使用方法。用户可以通过以下方法安装该命令：

```
. ssc install diff, replace
```

diff 命令的语法结构为：

```
diff ovar [if] [in] [weight], treat() period() [options]
```

其中，diff 是命令名，ovar 是因变量的变量名，必选项 treat( ) 用来设置二分干预变量，period( ) 用来设置时期虚拟变量。

需要注意的是，使用 diff 命令只能分析两期调查数据，若调查数据包含多期，只能通过 regress 命令手动实现。此外，使用 diff 命令既可以通过回归法获得双重差分估计量，也可以通过倾向值匹配法进行估计。

若使用回归法，该命令的常用选项包括：

- ◆ cov( )：设置回归方程中的协变量；
- ◆ report：报告控制变量的回归系数；
- ◆ test：检验干预前控制变量在干预组与控制组是否相等；
- ◆ robust：报告稳健标准误；
- ◆ cluster( )：报告聚类稳健标准误；
- ◆ bs：使用自助法（bootstrap）计算标准误；
- ◆ reps( )：使用自助法时自助样本数量；
- ◆ qdid( )：分位数双重差分法，即检验因变量在分位数上的差异；
- ◆ ddd( )：采用三重差分法时设置额外的分组变量。

若使用倾向值匹配法，该命令的常用选项包括：

- ◆ id( )：设置个案 id；
- ◆ cov( )：设置用于估计倾向值的协变量；
- ◆ logit：采用 logit 模型预测倾向值，默认是 probit 模型；

◆ report:汇报倾向值得分估计结果;

◆ kernel:采用核匹配法对干预组和控制组个案进行匹配;

◆ ktype( ):设置核函数类型;

◆ bw(#):设置核函数的带宽;

◆ support:基于共同取值范围进行核匹配;

◆ test:检验匹配后各协变量在干预组与控制组是否平衡。

下面,我们将通过案例演示 diff 命令的使用方法。

二、案例展示

本章演示用的数据来自任胜钢等学者 2019 年发表的一项关于中国二氧化硫排污权交易试点政策的评估研究。[1] 2007 年,中国开始实行二氧化硫排放权交易试点政策,先后批复了江苏、天津、浙江、河北、山西等 11 个排放权交易试点省份,但还有很多省份没有作为试点地区。任胜钢等学者收集了 554 家上市企业在实施试点政策前后多年的全要素增长率,并使用双重差分法、三重差分法等估计了排污权对上市企业全要素生产率的影响。数据 so2. dta 包含了他们进行这项研究所使用的主要变量。其中,company 为企业代码。year 为观测年份。lntfp 为全要素生产率的对数值,它是研究的因变量。so2 是标识该企业是否排放二氧化硫的虚拟变量(so2 = 1 表示排放二氧化硫,so2 = 0 表示不排放二氧化硫)。treat 是标识是否为试点地区的虚拟变量(treat = 1 表示是试点地区,treat = 0 表示不是试点地区)。该数据中的其他变量是研究可能用到的协变量。

首先,使用 use 命令打开该数据。从对变量 year 的统计描述可以发现,该数据的起止年份为 2004 年和 2015 年。如前所述,二氧化硫排放权的交易试点政策是于 2007 年实施的,因此,以 2007 年为分界点,可以生成一个标识政策实施前后的二分虚拟变量 time,具体命令和输出结果如下:

---

① 任胜钢、郑晶晶、刘东华、陈晓红:《排污权交易机制是否提高了企业全要素生产率——来自中国上市公司的证据》,《中国工业经济》2019 年第 5 期,第 5—23 页。

```
. use "C:\Users\XuQi\Desktop\so2.dta", clear

. tab year

       year |      Freq.     Percent        Cum.
------------+-----------------------------------
       2004 |        554        8.33        8.33
       2005 |        554        8.33       16.67
       2006 |        554        8.33       25.00
       2007 |        554        8.33       33.33
       2008 |        554        8.33       41.67
       2009 |        554        8.33       50.00
       2010 |        554        8.33       58.33
       2011 |        554        8.33       66.67
       2012 |        554        8.33       75.00
       2013 |        554        8.33       83.33
       2014 |        554        8.33       91.67
       2015 |        554        8.33      100.00
------------+-----------------------------------
      Total |      6,648      100.00

. gen time=1 if year>2007
(2,216 missing values generated)

. replace time=0 if year<=2007
(2,216 real changes made)
```

在使用双重差分法之前,我们可以先比较一下政策实施以后,试点地区的企业与非试点地区的企业在全要素生产率上的差异。这可以通过以下命令实现。在该命令中,我们将样本限定为政策实施以后排放二氧化硫的企业,此外,考虑到同一个地区的企业可能存在自相关,我们使用聚类稳健标准误。

```
. reg lntfp treat if time==1 & so2==1, vce(cluster area)

Linear regression                               Number of obs     =      2,320
                                                F(1, 30)          =       0.58
                                                Prob > F          =     0.4525
                                                R-squared         =     0.0018
                                                Root MSE          =     1.0221

                                  (Std. err. adjusted for 31 clusters in area)
------------------------------------------------------------------------------
             |               Robust
       lntfp | Coefficient  std. err.      t    P>|t|     [95% conf. interval]
-------------+----------------------------------------------------------------
       treat |   .0888057   .1166604     0.76   0.452    -.1494467     .327058
       _cons |   6.307181   .1065014    59.22   0.000     6.089676    6.524686
------------------------------------------------------------------------------
```

分析结果显示,在政策实施后,试点地区的二氧化硫排放企业与非试点地区的企业在全要素增长率上并无显著差异。不过,考虑到政策试点并不是随机分配的,直接比较两类企业存在较大偏差。因此,考虑使用双重差分法。

我们先演示使用 regress 命令实现双重差分的方法,具体如下:

```
. reg lntfp treat##time if so2==1, vce(cluster area)

Linear regression                               Number of obs     =      3,480
                                                F(3, 30)          =      34.18
                                                Prob > F          =     0.0000
                                                R-squared         =     0.0274
                                                Root MSE          =     .97167

                                  (Std. err. adjusted for 31 clusters in area)
```

lntfp	Coefficient	Robust std. err.	t	P>|t|	[95% conf.	interval]
1.treat	-.1634398	.0997303	-1.64	0.112	-.3671161	.0402366
1.time	.2265127	.0537277	4.22	0.000	.1167861	.3362394
treat#time						
1 1	.2522454	.0749276	3.37	0.002	.0992228	.4052681
_cons	6.080668	.0886817	68.57	0.000	5.899556	6.26178

根据之前的介绍,输出结果中 treat 和 time 的交互项的回归系数即双重差分估计量。分析结果显示,该系数的估计值为 0.252,在 0.01 的水平下统计显著,因此,通过双重差分法,我们验证了排污权交易试点政策对排污企业的全要素增长率有显著的积极影响。接下来,我们可以在回归方程中纳入协变量,以分析上述研究结论的稳健性:

```
. reg lntfp treat##time zcsy lf age owner sczy lnaj lnlabor lnzlb if so2==1,
vce(cluster area) // 加入协变量

Linear regression                               Number of obs     =      3,479
                                                F(11, 30)         =      49.21
                                                Prob > F          =     0.0000
                                                R-squared         =     0.2511
                                                Root MSE          =     .85347

                                  (Std. err. adjusted for 31 clusters in area)
```

lntfp	Coefficient	Robust std. err.	t	P>|t|	[95% conf.	interval]
1.treat	-.1989419	.1019939	-1.95	0.061	-.4072411	.0093573

```
    1.time     .112871   .0446667     2.53   0.017     .0216494    .2040925

treat#time
       1 1    .2687978   .0693089     3.88   0.001     .1272502    .4103454

      zcsy    .0140037   .0022578     6.20   0.000     .0093927    .0186146
        lf   -.011272    .0108661    -1.04   0.308    -.0334636    .0109195
       age    .0028508   .0043906     0.65   0.521    -.0061161    .0118177
     owner    .0346404   .0844039     0.41   0.684    -.1377354    .2070162
      sczy    .0209755    .003483     6.02   0.000     .0138623    .0280888
      lnaj    .0768758   .0273546     2.81   0.009     .0210103    .1327413
   lnlabor    .1811897   .0295844     6.12   0.000     .1207703    .2416091
     lnzlb    .0886227   .0173527     5.11   0.000     .0531836    .1240617
     _cons    3.896457   .2478425    15.72   0.000     3.390295    4.402619
```

从以上输出结果可以发现，在纳入协变量以后，双重差分估计值为 0.269，依然在 0.01 的水平下统计显著。由此可见，纳入协变量对双重差分估计结果的影响并不大。

上述 regress 命令的输出结果也可以通过 diff 命令得到，具体如下：

```
. diff lntfp if so2==1, t(treat) p(time) cluster(area)

DIFFERENCE-IN-DIFFERENCES ESTIMATION RESULTS
Number of observations in the DIFF-IN-DIFF: 3480
            Before          After
   Control: 716             1432         2148
   Treated: 444             888          1332
            1160            2320
```

Outcome var.	lntfp	S. Err.	|t|	P>|t|
Before				
Control	6.081			
Treated	5.917			
Diff (T-C)	-0.163	0.100	-1.64	0.112
After				
Control	6.307			
Treated	6.396			
Diff (T-C)	0.089	0.117	0.76	0.453
Diff-in-Diff	0.252	0.075	3.37	0.002***

```
R-square:    0.03
* Means and Standard Errors are estimated by linear regression
**Clustered Std. Errors
**Inference: *** p<0.01; ** p<0.05; * p<0.1

. diff lntfp if so2==1, t(treat) p(time) cluster(area) cov(zcsy lf age owner sczy
lnaj lnlabor lnzlb)

DIFFERENCE-IN-DIFFERENCES WITH COVARIATES
```

```
DIFFERENCE-IN-DIFFERENCES ESTIMATION RESULTS
Number of observations in the DIFF-IN-DIFF: 3479
            Before          After
   Control: 715             1432          2147
   Treated: 444             888           1332
            1159            2320
```

Outcome var.	lntfp	S. Err.	|t|	P>|t|
Before				
Control	3.896			
Treated	3.698			
Diff (T-C)	**-0.199**	**0.102**	**-1.95**	**0.061***
After				
Control	4.009			
Treated	4.079			
Diff (T-C)	**0.070**	**0.094**	**0.74**	**0.464**
Diff-in-Diff	**0.269**	**0.069**	**3.88**	**0.001*****

```
R-square:    0.25
* Means and Standard Errors are estimated by linear regression
**Clustered Std. Errors
**Inference: *** p<0.01; ** p<0.05; * p<0.1
```

分析结果显示，在不纳入协变量的情况下，diff命令得到的双重差分估计值为0.252，纳入协变量以后，该估计值为0.269。这与之前通过regress命令得到的结果完全相同，因此，这两个命令是完全等价的。不过，使用diff命令可以实现更多功能。

首先，使用diff命令可以检验政策实施前各协变量在试点企业和非试点企业之间是否存在显著差异。具体如下：

```
. diff lntfp if so2==1, t(treat) p(time) cluster(area) cov(zcsy lf age owner sczy
lnaj lnlabor lnzlb) test  //检验干预前协变量在干预组与控制组是否有显著差异
TWO-SAMPLE T TEST

Number of observations (baseline): 1160
            Before          After
   Control: 716             -             716
   Treated: 444             -             444
            1160            -

t-test at period = 0:
```

Variable(s)	Mean Control	Mean Treated	Diff.	|t|	Pr(|T|>|t|)
lntfp	6.081	5.917	-0.163	1.64	0.1117
zcsy	**7.229**	**7.204**	**-0.025**	**0.02**	**0.9858**

lf	2.079	3.398	1.319	1.19	0.2416
age	11.511	11.365	-0.146	0.20	0.8407
owner	0.615	0.586	-0.029	0.43	0.6737
sczy	1.236	0.449	-0.788	2.06	0.0484**
lnaj	7.552	8.114	0.562	1.43	0.1619
lnlabor	7.761	7.868	0.106	0.73	0.4736
lnzlb	0.466	0.517	0.050	0.46	0.6483

*** p<0.01; ** p<0.05; * p<0.1

分析结果显示，政策实施以前，协变量 sczy 在试点企业和非试点企业之间存在显著差异，但两类企业在其他协变量上的差异并不显著。由此可见，这两类企业总体来说还是比较相似的，这就为论证平行趋势假定奠定了基础。

其次，使用 diff 命令还可以通过倾向值匹配法实现对协变量的统计控制。具体来说，我们可以使用与之前相同的协变量，并通过 logit 模型预测倾向值，然后使用核匹配法在共同取值范围内实施匹配：

```
. diff lntfp if so2==1, t(treat) p(time) cluster(area) cov(zcsy lf age owner sczy
lnaj lnlabor lnzlb) kernel id(company) logit support
```

```
KERNEL PROPENSITY SCORE MATCHING DIFFERENCE-IN-DIFFERENCES
    Estimation on common support
    Matching iterations...

DIFFERENCE-IN-DIFFERENCES ESTIMATION RESULTS
Number of observations in the DIFF-IN-DIFF: 3192
            Before         After
   Control: 656            1288         1944
   Treated: 424            824          1248
            1080           2112
```

Outcome var.	lntfp	S. Err.	|t|	P>|t|
Before				
Control	6.081			
Treated	5.920			
Diff (T-C)	-0.161	0.083	-1.95	0.061*
After				
Control	6.274			
Treated	6.404			
Diff (T-C)	0.129	0.103	1.25	0.220
Diff-in-Diff	0.290	0.078	3.71	0.001***

```
R-square:    0.03
* Means and Standard Errors are estimated by linear regression
**Clustered Std. Errors
**Inference: *** p<0.01; ** p<0.05; * p<0.1
```

分析结果显示,进行上述倾向值匹配之后的双重差分估计值为0.290,这与之前通过线性回归得到的分析结果非常接近。因此,无论使用哪种统计控制方法,研究结论都不变。

在实施倾向值匹配双重差分之后,通常要对匹配样本的平衡性进行检验,这可以通过以下命令实现:

```
. diff lntfp if so2==1, t(treat)  (time) cluster(area) cov(zcsy lf age owner sczy
lnaj lnlabor lnzlb) kernel id(company) logit support test //检验匹配后协变量在干
预组和控制组是否有显著差异
    Matching iterations...

TWO-SAMPLE T TEST
    Test on common support

Number of observations (baseline): 1160
            Before          After
   Control: 716             -            716
   Treated: 444             -            444
            1160            -

t-test at period = 0:
```

Weighted Variable(s)	Mean Control	Mean Treated	Diff.	|t|	Pr(|T|>|t|)
lntfp	6.081	5.920	-0.161	1.95	0.0605*
zcsy	**7.148**	**7.197**	**0.049**	**0.04**	**0.9720**
lf	**2.524**	**2.705**	**0.181**	**0.25**	**0.8078**
age	**11.617**	**11.333**	**-0.285**	**0.33**	**0.7409**
owner	**0.597**	**0.587**	**-0.010**	**0.16**	**0.8717**
sczy	**0.433**	**0.435**	**0.002**	**0.02**	**0.9809**
lnaj	**8.182**	**8.127**	**-0.055**	**0.17**	**0.8681**
lnlabor	**7.821**	**7.866**	**0.045**	**0.32**	**0.7507**
lnzlb	**0.547**	**0.509**	**-0.038**	**0.33**	**0.7405**

```
*** p<0.01; ** p<0.05; * p<0.1
Attention: option kernel weighs variables in cov(varlist)
Means and t-test are estimated by linear regression
```

分析结果显示,在实施倾向值匹配之后,所有协变量在试点企业和非试点企业之间均不存在显著差异[①],因此,匹配后的数据平衡性很好,基于倾向值匹配的分析结果是可信的。

最后,使用diff命令还可以非常方便地获得三重差分估计量。在上述双重差分估计中,我们需要假定在没有政策试点的情况下,试点地区的排污企业与

① 需要注意的是,lntfp是研究的因变量,不是协变量。因此,在评估协变量的平衡性的时候,无须考虑该变量的统计检验结果。

非试点地区的排污企业的全要素生产率会同步发生变化，这个假定可能成立，也可能不成立。如果假定不成立，那么一种可能的分析方法是，使用试点地区的非排污企业和非试点地区的非排污企业在全要素生产率变动趋势上的差异对之前双重差分的估计偏差进行校正。这就是三重差分法。具体来说，我们可以将 so2 作为额外的分组变量纳入分析过程，这可以通过 diff 命令的 ddd( ) 选项实现：

```
. diff lntfp, t(treat) p(time) cluster(area) cov(zcsy lf age owner sczy lnaj
lnlabor lnzlb) ddd(so2)

TRIPLE DIFFERENCE-IN-DIFFERENCES WITH COVARIATES

TRIPLE DIFFERENCE (DDD) ESTIMATION RESULTS
Notation of DDD:
   Control (A)     treat = 0 and so2 = 1
   Control (B)     treat = 0 and so2 = 0
   Treated (A)     treat = 1 and so2 = 1
   Treated (B)     treat = 1 and so2 = 0

Number of observations in the DDD: 6645
              Before       After
   Control (A):715         1432        2147
   Control (B):659         1319        1978
   Treated (A):444         888         1332
   Treated (B):396         792         1188
              2214         4431
```

Outcome var.	lntfp	S. Err.	|t|	P>|t|
Before				
Control (A)	3.987			
Control (B)	3.807			
Treated (A)	3.809			
Treated (B)	3.830			
Diff (T-C)	**-0.201**	**0.124**	**1.62**	**0.115**
After				
Control (A)	4.092			
Control (B)	4.272			
Treated (A)	4.178			
Treated (B)	4.087			
Diff (T-C)	**0.272**	**0.125**	**2.18**	**0.037****
DDD	**0.473**	**0.105**	**4.48**	**0.000*****

```
R-square:    0.28
* Means and Standard Errors are estimated by linear regression
**Clustered Std. Errors
**Inference: *** p<0.01; ** p<0.05; * p<0.1
```

分析结果显示，三重差分估计值为0.473，在0.001的水平下统计显著。因此，与之前双重差分法的研究结论相同，通过三重差分法也发现，排污权交易试点对排污企业的全要素生产率具有显著的积极影响。

上述三重差分法也可以通过regress命令实现，具体如下：

```
. reg lntfp treat##time##so2 zcsy lf age owner sczy lnaj lnlabor lnzlb, vce(cluster
area)

Linear regression                               Number of obs     =      6,645
                                                F(15, 30)         =     100.09
                                                Prob > F          =     0.0000
                                                R-squared         =     0.2836
                                                Root MSE          =     .85096

                                     (Std. err. adjusted for 31 clusters in area)
```

lntfp	Coefficient	Robust std. err.	t	P>|t|	[95% conf.	interval]
1.treat	.0227465	.1024759	0.22	0.826	-.1865372	.2320303
1.time	.4652871	.0566712	8.21	0.000	.3495491	.5810252
treat#time						
1 1	-.2082028	.076687	-2.71	0.011	-.3648187	-.051587
1.so2	.1803518	.0950319	1.90	0.067	-.0137293	.3744329
treat#so2						
1 1	-.2010362	.1237354	-1.62	0.115	-.4537376	.0516651
time#so2						
1 1	-.360426	.061117	-5.90	0.000	-.4852436	-.2356084
treat#time#so2						
1 1 1	.4726	.1054661	4.48	0.000	.2572095	.6879905
zcsy	.0152224	.0018709	8.14	0.000	.0114015	.0190433
lf	-.0095792	.0085473	-1.12	0.271	-.027035	.0078767
age	.0060498	.0037545	1.61	0.118	-.0016179	.0137174
owner	-.0121611	.0502389	-0.24	0.810	-.1147627	.0904404
sczy	.0287401	.0051478	5.58	0.000	.0182269	.0392534
lnaj	.0433441	.0220366	1.97	0.059	-.0016606	.0883488
lnlabor	.1989679	.0210119	9.47	0.000	.1560559	.2418799
lnzlb	.0764826	.0125055	6.12	0.000	.050943	.1020222
_cons	3.806953	.1991366	19.12	0.000	3.400262	4.213644

在上述输出结果中，treat、time和so2的三维交互项的系数即三重差分估计量，可以发现，其估计值为0.473，这与上文通过diff命令得到的结果完全相

同。因此,通过这两个命令进行三重差分估计是完全等价的。

接下来,我们将演示如何在多期调查数据中应用双重差分法。如前所述,使用多期调查数据不仅可以更好地分析政策干预的短期效应、长期效应、预期效应和滞后效应,而且可以在一定程度上对平行趋势假定进行检验。这可以通过在回归方程中纳入干预变量与时间变量的交互项实现,具体如下:

```
. reg lntfp treat##i.year if so2==1, vce(cluster area)

Linear regression                               Number of obs     =      3,480
                                                F(21, 30)         =          .
                                                Prob > F          =          .
                                                R-squared         =     0.0493
                                                Root MSE          =     .96342

                                    (Std. err. adjusted for 31 clusters in area)
------------------------------------------------------------------------------
             |               Robust
       lntfp | Coefficient  std. err.      t    P>|t|     [95% conf. interval]
-------------+----------------------------------------------------------------
     1.treat |  -.1840304   .1127734    -1.63   0.113    -.4143443    .0462835
             |
        year |
       2005  |   .0090056    .046054     0.20   0.846    -.0850492    .1030604
       2006  |   .0954318   .0521879     1.83   0.077    -.0111502    .2020137
       2007  |   .3337292   .0633192     5.27   0.000     .2044142    .4630443
       2008  |   .0808051   .1140292     0.71   0.484    -.1520735    .3136838
       2009  |   .2589026   .0939196     2.76   0.010     .0670933     .450712
       2010  |   .3172287   .0699272     4.54   0.000     .1744183     .460039
       2011  |   .3409849   .1061847     3.21   0.003     .1241268    .5578429
       2012  |   .3716956   .0671542     5.53   0.000     .2345484    .5088428
       2013  |    .425858    .077219     5.51   0.000     .2681557    .5835602
       2014  |   .4943078   .0723734     6.83   0.000     .3465016    .6421141
       2015  |   .3986523   .0917391     4.35   0.000     .2112961    .5860084
             |
  treat#year |
     1 2005  |  -.0104657   .0604552    -0.17   0.864    -.1339317    .1130003
     1 2006  |   .0563132   .0814006     0.69   0.494     -.109929    .2225553
     1 2007  |   .0365152   .0811367     0.45   0.656     -.129188    .2022184
     1 2008  |   .1327992   .1455011     0.91   0.369    -.1643537     .429952
     1 2009  |   .1604434   .1288306     1.25   0.223    -.1026637    .4235506
     1 2010  |   .2613511   .1296397     2.02   0.053    -.0034085    .5261107
     1 2011  |   .3565759   .1398286     2.55   0.016     .0710079    .6421439
     1 2012  |   .2988896   .1183659     2.53   0.017     .0571542     .540625
     1 2013  |   .3188529   .1341609     2.38   0.024     .0448598    .5928459
     1 2014  |   .3198456   .1130307     2.83   0.008      .089006    .5506851
     1 2015  |    .333931    .131772     2.53   0.017     .0648167    .6030454
             |
       _cons |   5.971126   .0935335    63.84   0.000     5.780106    6.162147
------------------------------------------------------------------------------
```

分析结果显示，treat 与 year 的交互项的系数在 2005 年、2006 年和 2007 年这三年很小，且在统计上都不显著。因此，可以认为在政策试点之前，试点企业和非试点企业满足平行趋势假定。需要注意的是，在政策试点前满足平行趋势假定不足以证明在政策试点后仍将满足该假定，但毫无疑问的是，上述分析结果为政策试点后两类企业继续满足平行趋势假定奠定了基础。

此外，从分析结果还可以发现，treat 与 year 的交互项的系数从 2008 年起开始上升，但在 2008 年和 2009 年并不显著。这说明，排污权交易试点政策的效应存在一定的滞后性。不过，在 2010 年该政策的效应表现出一定的显著性后就一直稳定存在，因此，可以认为该政策的效应是长期的。

最后，我们可以继续在上述回归方程中纳入协变量。可以发现，纳入协变量以后，研究结论基本不变。因此，上述结论是比较稳健的。

```
. reg lntfp treat##i.year zcsy lf age owner sczy lnaj lnlabor lnzlb if so2==1,
vce(cluster area) //加入协变量

Linear regression                               Number of obs     =      3,479
                                                F(29, 30)         =          .
                                                Prob > F          =          .
                                                R-squared         =     0.2657
                                                Root MSE          =     .84755

                                  (Std. err. adjusted for 31 clusters in area)
```

lntfp	Coefficient	Robust std. err.	t	P>|t|	[95% conf.	interval]
1.treat	-.2282414	.1150343	-1.98	0.056	-.4631729	.0066901
year						
2005	.0891487	.0572108	1.56	0.130	-.0276912	.2059887
2006	.0992199	.0591842	1.68	0.104	-.0216504	.2200901
2007	.2416198	.0655007	3.69	0.001	.1078495	.3753901
2008	.0506266	.0950662	0.53	0.598	-.1435245	.2447777
2009	.2488978	.0919622	2.71	0.011	.061086	.4367097
2010	.1908061	.0755103	2.53	0.017	.0365934	.3450188
2011	.2501845	.0871373	2.87	0.007	.0722264	.4281426
2012	.3104828	.0611604	5.08	0.000	.1855765	.4353891
2013	.3174777	.0693984	4.57	0.000	.1757473	.4592082
2014	.4230261	.0745342	5.68	0.000	.270807	.5752452
2015	.3615054	.0815603	4.43	0.000	.1949371	.5280738
treat#year						
1 2005	-.007383	.0703811	-0.10	0.917	-.1511205	.1363544
1 2006	.0697575	.0800641	0.87	0.391	-.0937553	.2332703

```
 1 2007 |   .0636727   .0875883     0.73   0.473    -.1152065     .242552
 1 2008 |   .1466794   .1257514     1.17   0.253    -.1101392     .403498
 1 2009 |   .1424666   .1212662     1.17   0.249     -.105192    .3901252
 1 2010 |   .3531054   .1043513     3.38   0.002     .1399917    .5662191
 1 2011 |   .3358427   .1217471     2.76   0.010     .0872019    .5844835
 1 2012 |   .3117943   .0975774     3.20   0.003     .1125146     .511074
 1 2013 |   .4075408    .122991     3.31   0.002     .1563597    .6587219
 1 2014 |   .3032603   .0994332     3.05   0.005     .1001906      .50633
 1 2015 |   .3873069    .125767     3.08   0.004     .1304565    .6441573
        |
   zcsy |   .0141708   .0023013     6.16   0.000     .0094709    .0188707
     lf |  -.0129489   .0110561    -1.17   0.251    -.0355284    .0096305
    age |  -.0038743   .0049712    -0.78   0.442    -.0140269    .0062782
  owner |   .0340992   .0840435     0.41   0.688    -.1375406     .205739
   sczy |   .0218173   .0038772     5.63   0.000     .0138989    .0297356
   lnaj |   .0783234   .0275275     2.85   0.008     .0221049     .134542
lnlabor |   .1761974   .0293381     6.01   0.000     .1162809    .2361139
  lnzlb |   .0794305   .0180055     4.41   0.000     .0426584    .1162027
  _cons |   3.899891   .2711109    14.38   0.000     3.346208    4.453573
```

练习

1. 什么是准实验设计？它与随机对照试验相比有哪些异同？请举例说明。
2. 什么是双重差分法？请举例说明其操作步骤。
3. 什么是平行趋势假定？在实际研究时如何对该假定进行论证？
4. 使用多期调查数据进行双重差分估计有哪些好处？请举例说明。
5. 请简述两种应用双重差分法时纳入协变量的方法。
6. 什么是三重差分法？请举例说明其原理及研究假定。
7. 使用 Stata 软件打开数据 ada.dta，进行双重差分及其拓展分析。《美国残疾人法案》(*Americans with Disabilities Act*, ADA) 于 1990 年 7 月通过，并于 1992 年 7 月正式生效。美国政府颁布该法案的初衷是保护残疾人在求职、解聘和薪水等方面不受歧视，但一些学者担忧，该法案会导致企业雇佣残疾人的成本上升，进而对残疾人就业产生负面影响。为了评估 ADA 对残疾人就业的因果影响，阿西莫格鲁和安格里斯特分析了该法案生效前后美国残疾人就业率的变化。① 数据 ada.dta 包含了他们进行这项研究使用的主要

① Daron Acemoglu and Joshua D. Angrist, "Consequences of Employment Protection? The Case of the Americans with Disabilities Act," *The Journal of Political Economy*, Vol. 109, No. 5, 2001, pp. 915-957.

变量。其中,year 是调查年份;disabled 是标识研究对象是不是残疾人的虚拟变量;wkswork 是研究对象在过去一年的就业周数,是研究的因变量;age_G、edu_G、race_G、region 是四个控制变量,分别测量研究对象的年龄组、教育分组、种族类型和所属地区。请使用该数据完成以下分析工作:

(1) 以 1992 年为界,生成标识 ADA 生效前后的虚拟变量 post。

(2) 以非残疾人作为参照组,使用 regress 命令进行两期双重差分估计。

(3) 在(2)的基础上纳入 age_G、edu_G、race_G 和 region 这四个协变量,分析研究结论与(2)相比是否发生变化。

(4) 使用 diff 命令再现(2)和(3)的分析结果。

(5) 使用 diff 命令检验 age_G、edu_G、race_G 和 region 这四个协变量在残疾人与非残疾人之间是否存在显著差异。

(6) 利用多期调查数据进行双重差分估计,检验平行趋势假定是否得到满足,分析 ADA 对美国残疾人就业的影响是一种短期效应还是长期效应,讨论该法案是否存在预期效应和滞后效应。

第十二章

合成控制

本章重点和教学目标：

1. 理解比较个案研究法的原理及其方法论缺陷；
2. 掌握合成控制法的原理和分析步骤；
3. 能正确使用安慰剂检验法进行统计推断；
4. 掌握针对多名干预组个案的合成控制法；
5. 掌握偏差校正合成控制法的原理及其分析步骤；
6. 能正确使用 Stata 软件实施合成控制及其拓展方法。

合成控制法是近年来非常流行的一种因果推断方法，它在评估经济改革、政治事件、社会政策的宏观后果方面有非常广泛的应用。2003 年，阿巴迪和加德亚萨瓦尔第一次提出了合成控制的思想，并使用该方法评估了恐怖主义冲突对西班牙巴斯克地区经济发展的影响。[①] 2010 年，阿巴迪、戴蒙德和海因米

① Alberto Abadie and Javier Gardeazabal, "The Economic Costs of Conflict: A Case Study of the Basque Country," *The American Economic Review*, Vol. 93, No. 1, 2003, pp. 113-132.

勒再次使用该方法评估了香烟税对美国加利福尼亚州香烟消费的影响。[①] 在该文发表的同时，海因米勒、阿巴迪和戴蒙德还发布了实施合成控制法的 Stata 命令和 R 命令，这极大地推动了该方法在政策评估领域的应用。虽然与线性回归、倾向值匹配、工具变量等相对成熟的因果推断方法相比，合成控制法仅是一名后起之秀，但近年来这种方法的快速发展大有后来者居上的趋势。在 2017 年发表的一篇广为引用的研究综述中，阿西和因本斯甚至认为，合成控制法是 2002 年以来最重要的政策评估模型。[②] 本章将详细介绍合成控制法的原理，讨论这种方法的最新发展，并结合案例演示在 Stata 软件中实现合成控制的命令。

第一节　基本原理

合成控制法的前身是比较个案研究法（comparative case study）。这种方法往往仅关注一个受到政策干预影响的城市、地区或国家。为了评估政策干预的因果影响，研究者需要为这名干预组个案寻找一名或多名与之相似的控制组个案，但是，控制组个案的选择往往基于研究者的主观判断，因此，其研究结论也往往会遭到质疑。为了克服传统比较个案研究法的缺陷，阿巴迪和加德亚萨瓦尔提出了一种通过加权将多名控制组个案合成，以提高干预组个案与控制组"个案"可比性的分析方法，这就是合成控制法。本节将从比较个案研究法开始，介绍合成控制法的原理、优势，以及在实践中应用该方法的分析步骤及注意事项。

一、比较个案研究

在很多时候，研究者仅关注一个城市、国家或地区。但是，要分析某个重

---

① Alberto Abadie, Alexis Diamond and Jens Hainmueller, "Synthetic Control Methods for Comparative Case Studies: Estimating the Effect of California's Tobacco Control Program," *Journal of the American Statistical Association*, Vol. 105, No. 490, 2010, pp. 493-505.

② Susan Athey and Guido W. Imbens, "The State of Applied Econometrics: Causality and Policy Evaluation," *The Journal of Economic Perspectives*, Vol. 31, No. 2, 2017, pp. 3-32.

大的政治、经济和社会事件对一个城市、国家或地区的因果影响,研究者必须将他所关注的对象与其他对象进行比较,这就是比较个案研究法。

举例来说,韦伯对资本主义起源的经典研究就使用了这种方法。在《新教伦理与资本主义精神》一书中,韦伯对欧洲不同教派所属地区的资本主义发展状况进行了深入的比较研究。基于此,他得出结论:在新教伦理基础上孕育出来的资本主义精神是促使资本主义这种经济制度在新教地区蓬勃发展的重要原因。[①] 为了进一步验证上述观点,韦伯又将欧洲与中国、印度等世界其他地区的宗教信仰和资本主义的发展过程进行了比较研究。以中国为例,他认为,中国的儒教与道教缺乏资本主义精神的基本要义,因此,中国无法发展出像欧洲那样的资本主义制度。[②] 虽然从很多方面来讲,韦伯的这些研究都称得上经典,但是从研究方法本身来说,它却并非无懈可击。举例来说,中国和欧洲在除宗教信仰以外的很多特征上也存在非常明显的差异,因此,韦伯并没有充分的证据表明缺乏新教伦理是导致中国无法发展出资本主义制度的真正原因。除此之外,韦伯对欧洲不同教派地区的比较研究也存在类似的问题,只是相比来说,同处欧洲的不同教区更加相似,因此,对不同教区进行比较研究更有说服力。

上文所述的比较个案研究法及其方法论缺陷也时常出现在定量取向的实证研究中。举例来说,卡德与克鲁格曾对美国宾夕法尼亚州和新泽西州进行比较研究,分析提高最低工资对快餐店就业的因果影响。[③] 1992 年,美国新泽西州通过一项法律,将最低工资从每小时 4. 25 美元提高至每小时 5. 05 美元,但相邻的宾夕法尼亚州的最低工资却保持不变。卡德与克鲁格搜集了这两个州的快餐店在新法实施前后雇佣人数的变化,他们发现,提高最低工资并未像理论预期的那样减少低技能工人的就业。这项研究发表后引起了很大争议,

---

① 马克斯·韦伯:《新教伦理与资本主义精神》(康乐、简惠美译),广西师范大学出版社 2007 年版,第 9—22 页。

② 马克斯·韦伯:《中国的宗教:儒教与道教》(康乐、简惠美译),上海三联书店 2020 年版,第 310—337 页。

③ David Card and Alan B. Krueger, "Minimum Wages and Employment: A Case Study of the Fast-Food Industry in New Jersey and Pennsylvania," *The American Economic Review*, Vol. 84, No. 4, 1994, pp. 772-793.

引发争议的一个重要原因是这两位学者使用的方法。虽然两位学者反复强调,新泽西州和宾夕法尼亚州在很多方面非常相似,但二者依然存在很多未知的差异。为了降低这种差异对分析结果的影响,卡德与克鲁格使用了双重差分法,但正如本书第十一章所言,应用这种方法必须满足平行趋势假定,而这个假定是无法得到直接检验的。总而言之,在定量取向的比较个案研究中,研究者也会面临干预组个案和控制组个案不可比的问题。为了缓解这个问题对分析结果的影响,阿巴迪等学者提出了一种基于合成控制的因果推断方法。下面,我们将以他们2010年发表的一项关于香烟税的研究为例,介绍该方法的原理。

二、合成控制

1988年11月,美国加利福尼亚州通过了当代美国最大规模的控烟法,该法案将加州的香烟消费税每包提高了25美分。但提高香烟消费税是否能显著降低香烟的消费量却存在很大争议。一方面,根据经典的微观经济学理论,提高香烟消费税会提高香烟的消费价格,在价格上涨的情况下,对香烟的消费量势必会有所减少。但另一方面,一些学者却质疑了这一观点。质疑的理由是,香烟作为一种成瘾物质,其消费价格弹性很低,因此,即便在销售价格有所提升的情况下,烟民的香烟消费量依然不会有非常明显的下降。

为了对这项法案的真实效果进行科学评估,阿巴迪等学者采集了美国39个州在1970—2000年的香烟消费量数据。其中,加州受到了政策干预的影响,是该研究中唯一的干预组个案,其他38个州则是潜在的控制组个案。不过,这38个州或多或少都与加州存在一些差异,因此严格来说,没有一个州是完美的控制组个案。虽然研究者可以根据个人经验,在这38个州中挑选一个或多个与加州比较相似的州进行比较研究,但这种方法高度依赖研究者的主观判断,因此并不严谨。针对这个问题,阿巴迪等学者认为,虽然单独来看,每个州都不足以作为加州的比较对象,但如果为每个州赋予一定的权重,然后对所有州进行加权平均就可以合成一个“加州”。这类似于构造一个平行世界:在真实的世界中,我们可以观察到真实的加州在控烟法实施前后香烟消费量的变化;而在那个合成的虚拟世界中,我们可以看到合成的“加州”在没有实施控烟法

在纳入 $\boldsymbol{\lambda}_t$ 之后，我们无法求解该方程中的所有未知参数。这该怎么办呢？

阿巴迪等学者认为，我们设定方程(12.5)的目的不是求解模型参数，而是获取 Y_{1t}^0 在 T_0 以后的估计值 $\hat{Y}_{1t}^0$。为此，我们只需假定存在如方程(12.5)所示的模型，然后设定一个权重向量 $\boldsymbol{W}$，其构成元素为

$$\boldsymbol{W} = (w_2, w_3, \cdots, w_{N+1}) \tag{12.6}$$

如果用每名控制组个案的权重 w_i 乘以 Y_{it}^0，然后再对加权后的 Y_{it}^0 求和，那么根据方程(12.5)可知，加权平均后的 Y_{it}^0 为

$$\sum_{i=2}^{N+1} w_i Y_{it}^0 = \delta_t + \boldsymbol{\theta}_t \sum_{i=2}^{N+1} w_i \boldsymbol{Z}_i + \boldsymbol{\lambda}_t \sum_{i=2}^{N+1} w_i \boldsymbol{\mu}_i + \sum_{i=2}^{N+1} w_i \boldsymbol{\varepsilon}_{it} \tag{12.7}$$

如果存在这样一个权重向量 $\boldsymbol{W}$，使得：

$$\begin{cases} \sum_{i=2}^{N+1} w_i Y_{i1}^0 = Y_{11}^0 \\ \sum_{i=2}^{N+1} w_i Y_{i2}^0 = Y_{12}^0 \\ \vdots \\ \sum_{i=2}^{N+1} w_i Y_{iT_0}^0 = Y_{1T_0}^0 \\ \sum_{i=2}^{N+1} w_i \boldsymbol{Z}_i = \boldsymbol{Z}_1 \end{cases} \tag{12.8}$$

那么可以证明，在 T_0 较大的情况下($T_0 \to \infty$)，干预组个案在 T_0 以后的反事实结果 Y_{1t}^0 可以用 N 名控制组个案的加权平均值(合成控制个案)进行估计。用公式表示为

$$\hat{Y}_{1t}^0 = \sum_{i=2}^{N+1} w_i Y_{it}^0 \qquad t = T_0+1, T_0+2, \cdots, T \tag{12.9}$$

将公式(12.9)代入公式(12.4)，即可得到 α_{1t} 的渐近无偏估计量：

$$\hat{\alpha}_{1t} = Y_{1t}^1 - \sum_{i=2}^{N+1} w_i Y_{it}^0 \qquad t = T_0+1, T_0+2, \cdots, T \tag{12.10}$$

使用上述合成控制法的关键是获得权重向量 $\boldsymbol{W}$，以使得方程组(12.8)中的各个等式成立。从直观上讲，方程组(12.8)成立意味着，通过权重向量 $\boldsymbol{W}$ 对 N 名控制组个案加权平均以后得到的合成控制个案可以完美再现干预组个

案在干预发生前的时间趋势。由方程(12.5)可知,Y_{it}^0 的时间趋势同时受到多种可观测因素和不可观察因素的影响。因此,如果干预组个案与合成控制个案的 Y_{it}^0 长期保持一致,那么一个较为合理的推论就是,二者在所有对 Y_{it}^0 有影响的因素上都非常相似,进而我们可以认为,使用合成控制个案在 T_0 以后的发展趋势可以较为准确地预测干预组个案在 T_0 以后的反事实结果。

综上,我们简述了合成控制法的基本原理。可以发现,这种方法相比传统方法有以下三方面的优势。首先,这种方法在很大程度上避免了研究者人为挑选控制组个案时的随意性,通过对多名控制组个案进行加权平均,整个研究过程变得更加开放、客观和透明,研究者也能因此得到与干预组个案更加可比的控制组个案。其次,这种方法只需获得宏观层面的汇总数据,无须费时费力地搜集微观层面的个体数据。例如,上述阿巴迪等学者的研究使用的是美国州一级的香烟消费数据,这可以相对轻易地从地方政府的统计年鉴得到。相比之下,如果要使用双重差分、固定效应模型等其他因果推断方法,则需要获得个体层面的微观调查数据,因此,在数据的可得性方面,合成控制法也有明显的优势。最后,尽管合成控制法对数据的要求较低,但它的假定却比传统方法更弱,正如方程(12.5)所示,合成控制法可以在因变量的方程中纳入未观测到的时变变量,而这一点是无法通过固定效应模型和双重差分法做到的。正是在这个意义上,阿巴迪等学者认为,通过合成控制法可以得到比传统方法更加稳健的结论。

尽管存在上述优势,合成控制法在实践中仍然受到一些限制。首先,该方法要求政策干预前的观察期足够长,或者说 T_0 足够长。因为只有在干预组个案与合成控制个案的 Y_{it}^0 长期保持一致的情况下,我们才有较大的把握认为,二者在各种已知与未知的因素上都非常相似。进而,使用合成控制个案在 T_0 以后的发展趋势来预测干预组个案在 T_0 以后的反事实结果才有比较坚实的基础。其次,我们希望求得权重向量 $\boldsymbol{W}$ 以使得方程组(12.8)中的各个等式同时成立。但是在实际研究中,这是很难做到的。因此,在多数情况下,分析的目标是寻找权重向量 $\boldsymbol{W}$,以使得方程组(12.8)中各等式的左右两边尽可能相等。

具体来说,阿巴迪等学者建议通过以下方法求解权重向量。首先,记干预组个案在干预前的特征为 $\boldsymbol{X}_1$,它是一个 $M\times1$ 维向量,该向量既包括干预组个案在各个可观测到的协变量上的取值，也包括该个案在 T_0 以前的因变量观测值（或其线性组合）。同理，我们可以定义 $\boldsymbol{X}_0$ 为 N 名控制组个案在干预前的特征，它是一个 $M\times N$ 维的向量。合成控制的权重可以通过最小化以下距离公式得到：

$$\|\boldsymbol{X}_1-\boldsymbol{X}_0\boldsymbol{W}\|=\sqrt{(\boldsymbol{X}_1-\boldsymbol{X}_0\boldsymbol{W})'\boldsymbol{V}(\boldsymbol{X}_1-\boldsymbol{X}_0\boldsymbol{W})} \tag{12.11}$$

式（12.11）中的 $\boldsymbol{V}$ 是一个 $M\times M$ 维的对角矩阵，其对角线元素 v_m 反映了每个变量在定义距离时的相对重要性。在求解 $\boldsymbol{W}$ 的时候，$\boldsymbol{V}$ 的选择很重要。阿巴迪等学者建议使用能够使干预前均方预测误差（mean squared predicted error, MSPE）最小的 $\boldsymbol{V}$，即选择 $\boldsymbol{V}$ 使得表达式（12.12）最小：

$$\overleftarrow{\text{MSPE}}=\frac{\sum_{t=1}^{T_0}\left(Y_{1t}-\sum_{i=2}^{N+1}w_i(\boldsymbol{V})Y_{it}\right)^2}{T_0} \tag{12.12}$$

最后，阿巴迪等学者建议在求解 $\boldsymbol{W}$ 的过程中，对该向量中的元素施加两个约束条件：一是 w_i 必须全部大于 0；二是所有 w_i 之和等于 1。一些学者认为，约束条件一般不是一个必要的约束，因此可以放松。但允许 w_i 为负数会大大增加外推造成的预测风险，因此我们并不推荐。

三、安慰剂检验

综上，我们介绍了通过合成控制法计算因果效应值的方法。但估计得到的因果效应值是否具有统计显著性却依然存在疑问。由于在大多数情况下，进行合成控制的个案数较少，基于大样本的统计检验方法难以奏效，阿巴迪等学者提出了一种通过安慰剂检验（placebo test）进行统计推断的方法。

具体来说，我们可以在 N 名控制组个案中任意选取 1 名作为干预组个案，并按照与上文相同的合成控制法进行分析，这样可以得到 N 个安慰剂效应（placebo effect）的估计值 $\hat{\alpha}_{it}^{\text{PL}}(i=2,3,\cdots,N+1)$。从理论上说，这 N 个安慰剂效应应当与 0 没有显著差异。因此，可以将之作为 $\hat{\alpha}_{1t}$ 是否与 0 有显著差异的一个比较标准。具体来说，如果 $\hat{\alpha}_{1t}$ 与 0 没有显著差异，那么 $\hat{\alpha}_{1t}$ 应当与这 N 个安慰剂效应非常接近。反之，如果 $\hat{\alpha}_{1t}$ 与这 N 个安慰剂效应相比比较极端，那么我们就有比较充分的理由认为政策干预产生了较为显著的影响。

阿巴迪等学者认为,可以通过以下方法获得 $\hat{\alpha}_{1t}$ 与 0 是否有显著差异的双尾检验的 p 值:首先,对 $\hat{\alpha}_{1t}$ 和 $\hat{\alpha}_{it}^{PL}$ 取绝对值,然后按照从大到小的顺序对所有绝对值排序,如果 $|\hat{\alpha}_{1t}|$ 排在第 1 位,那么 p 值为 $\frac{1}{N+1}$;如果 $|\hat{\alpha}_{1t}|$ 排在第 2 位,那么 p 值为 $\frac{2}{N+1}$;依此类推。如果在不取绝对值的情况下直接对 $\hat{\alpha}_{1t}$ 和 $\hat{\alpha}_{it}^{PL}$ 按照从大到小和从小到大两个方向排序,那么得到的将是两个单尾检验的 p 值。

除了对各期的干预效应 $\hat{\alpha}_{1t}$ 进行单独检验之外,阿巴迪等学者认为,可以使用干预后均方预测误差作为检验指标,对所有期的政策效应进行联合检验。具体来说,干预后均方预测误差的计算公式为

$$\overrightarrow{\text{MSPE}} = \frac{\sum_{t=T_0+1}^{T}\left(Y_{1t} - \sum_{i=2}^{J+1} w_i Y_{it}\right)^2}{T - T_0} = \frac{\sum_{t=T_0+1}^{T}\hat{\alpha}_{1t}^2}{T - T_0} \tag{12.13}$$

同理,我们可以算出与每次安慰剂检验对应的干预后均方预测误差,若将之记为 $\overrightarrow{\text{MSPE}}_i^{PL}(i=2,3,\cdots,N+1)$,那么按照上文介绍的 p 值计算方法,我们可以非常轻易地算出针对 $\overrightarrow{\text{MSPE}}$ 的双尾检验 p 值。

需要注意的是,无论是对各期干预效应的检验,还是对干预后均方预测误差的检验,其结果都在很大程度上受到干预前均方预测误差的影响。一般来说,干预前均方预测误差越大,各期的干预效应和干预后均方预测误差也越大,反之亦然。考虑到我们在计算真实的因果效应和 N 个安慰剂效应时的干预前均方预测误差并不相等,现有研究提出了两种应对措施。

一是将干预前均方预测误差较大的安慰剂效应排除在外。具体来说,假设与真实因果效应对应的干预前均方预测误差为 $\overleftarrow{\text{MSPE}}$,与 N 个安慰剂效应对应的干预前均方预测误差为 $\overleftarrow{\text{MSPE}}_i^{PL}(i=2,3,\cdots,N+1)$,阿巴迪等学者认为,可以将比较范围限定在 $\overleftarrow{\text{MSPE}}_i^{PL} \leqslant k \times \overleftarrow{\text{MSPE}}$ 的情况下。这里的 k 是一个大于等于 1 的参数。k 的取值越接近 1,$\overleftarrow{\text{MSPE}}_i^{PL}$ 与 $\overleftarrow{\text{MSPE}}$ 越接近,$\hat{\alpha}_{1t}$ 和 $\hat{\alpha}_{it}^{PL}$ 也越可比。但 k 的取值越接近 1,被排除在外的 $\hat{\alpha}_{it}^{PL}$ 也越多,因此,在实际研究的时候需要

做一定的权衡取舍。我们建议尝试不同的 k,以判断分析结果的稳健性。

二是使用干预前均方预测误差对各期干预效应和干预后均方预测误差进行标准化。现有研究通常使用 $\frac{\hat{\alpha}_{1t}}{\sqrt{\overleftarrow{\text{MSPE}}}}$ 和 $\frac{\overrightarrow{\text{MSPE}}}{\overleftarrow{\text{MSPE}}}$ 对 $\hat{\alpha}_{1t}$ 和 $\overrightarrow{\text{MSPE}}$ 进行标准化。[①] 对于 $\hat{\alpha}_{it}^{PL}$ 和 $\overrightarrow{\text{MSPE}}_i^{PL}$,也可以使用与 $\hat{\alpha}_{1t}$ 和 $\overrightarrow{\text{MSPE}}$ 完全相同的方法进行标准化。最后对标准化后的结果排序,即可按照与之前类似的方法得到统计检验的 p 值。

除了上述安慰剂检验,阿巴迪等学者在 2015 年发表的一项研究中提出了一种新的检验方法。[②] 他们认为,可以在干预发生之前选择一个时点作为伪干预时点,然后按照完全相同的方法进行统计分析。如果用针对伪干预时点的合成控制法发现了显著的干预效应,那么在一定程度上说明该方法有问题。不过,这种检验方法只有在干预前的观测期足够长的情况下才可能实现。

第二节　方法拓展

上文介绍了阿巴迪等学者提出的合成控制法。近年来,一些学者在该方法的基础上做了多方面的拓展,本文将简要介绍其中的两个方面:一是将合成控制法应用于多名干预对象的情形,二是对传统方法的估计偏差进行校正。

一、多名干预组个案

上文介绍的合成控制法只包含一名干预组个案,但在有些情况下,干预组个案可能不止一个,而且对不同的干预组个案,政策干预发生的时点也很可能各不相同。举例来说,自然灾害可能在不同时点对多个国家和地区的经济发

① 也有学者提出了其他标准化方法。例如,本章第三节将要介绍的 allsynth 命令使用 $\sum_{i=T_0+1}^{t}\frac{\hat{\alpha}_{1i}^2}{\overleftarrow{\text{MSPE}}}$ 对 t 期以前的干预后均方预测误差进行标准化。

② Alberto Abadie, Alexis Diamond and Jens Hainmueller, "Comparative Politics and the Synthetic Control Method," *American Journal of Political Science*, Vol. 59, No. 2, 2015, pp. 495-510.

展产生重要影响。为了对这种影响进行科学评估，卡瓦洛等学者拓展了经典的合成控制法。① 下面，我们将对此进行简要介绍。

假设有 $N+J$ 名个案，为不失一般性，我们假设前 J 名个案受到了政策干预的影响，其他 N 名个案没有受到影响。为简单起见，我们假设这 J 名干预组个案均在时点 T_0 受到影响②，研究的目标是评估政策干预在 T_0 以后对所有干预组个案的平均影响。对于这个问题，研究者可以使用阿巴迪等学者提出的合成控制法对每名干预组个案进行分析，这样可以得到 J 个不同的效应估计值 $\hat{\alpha}_{jt}$。对这 J 个估计值取均值，即可得到政策干预在 T_0 以后的平均影响 $\overline{\alpha}_t$：

$$\overline{\alpha}_t = \frac{\sum_{j=1}^{J} \hat{\alpha}_{jt}}{J} \tag{12.14}$$

在得到平均干预效应 $\overline{\alpha}_t$ 以后，研究者还需对其统计显著性进行检验。参照阿巴迪等学者提出的安慰剂检验法，卡瓦洛等学者提出了以下方法。首先，针对每名干预组个案，计算与之对应的 N 个安慰剂效应。其次，在与每名干预组个案对应的 N 个安慰剂效应中随机抽出 1 个，然后对这 J 个随机抽出来的安慰剂效应取均值，即可得到一个平均安慰剂效应。重复这一操作，可以得到 N^J 个平均安慰剂效应。最后，记 $N_{\mathrm{PL}} = N^J$，平均安慰剂效应为 $\overline{\alpha}_t^{\mathrm{PL}(i)}$（$i = 1, 2, \cdots, N_{\mathrm{PL}}$），那么对 $|\overline{\alpha}_t|$ 和 $|\overline{\alpha}_t^{\mathrm{PL}(i)}|$ 按照从大到小的顺序排序，即可根据 $|\overline{\alpha}_t|$ 的序次得到 $\overline{\alpha}_t$ 是否为 0 的双尾检验 p 值。如果不取绝对值直接排序，得到的将是单尾检验的 p 值。

从原理上讲，上述检验方法既适用于针对各期平均干预效应的单独检验，也适用于以干预后均方预测误差为汇总指标的联合检验。此外，为了避免干预前均方预测误差不同造成的影响，研究者可以使用阿巴迪等学者提出的校正方法。例如，将比较范围限定在干预前均方预测误差比较接近的情况下，或者使用干预前均方预测误差对各期干预效应或干预后均方预测误差进行标准化。

---

① Eduardo Cavallo, Sebastian Galiani, Ilan Noy and Juan Pantano, "Catastrophic Natural Disasters and Economic Growth," *The Review of Economics and Statistics*, Vol. 95, No. 5, 2013, pp. 1549-1561.

② 下文介绍的方法可以很自然地拓展到政策干预时点不同的情形，只是公式和符号更加复杂。

二、偏差校正

前文曾经指出,使用合成控制法的关键在于获得权重 $\boldsymbol{W}$,根据阿巴迪等学者的方法,权重 $\boldsymbol{W}$ 是通过最小化表达式(12.11)得到的。一般而言,通过最小化该表达式获得的权重 $\boldsymbol{W}$ 可以使干预组个案与合成控制个案在干预前的一组变量 $\boldsymbol{X}$ 上的取值尽可能接近。但是,干预组个案与合成控制个案在 $\boldsymbol{X}$ 上取值相近并不代表用于合成控制的每名控制组个案均与干预组个案相近。

举例来说,假设向量 $\boldsymbol{X}$ 中仅包含一个变量 X。干预组个案在变量 X 上的取值为50,用于合成控制的两名控制组个案在 X 上的取值分别为0和100。虽然单独来看,这两名控制组个案在变量 X 上的取值均与干预组个案存在较大差异,但如果为这两名控制组个案分别赋予0.5的权重,那么由此产生的合成控制个案在 X 上的取值却与干预组个案完全相等(都等于50)。但我们可以认为该合成控制个案与干预组个案在 X 上完全可比吗？这个问题很难回答,但一般来说,人们倾向认为将与干预组个案较为相似的控制组个案进行合成更加可靠。

除了可能将那些与干预组个案相差较大的控制组个案合成为一个表面上与干预组个案相似的个案之外,合成控制法还会遇到最优权重不唯一的问题。举例来说,假设干预组个案在 X 上的取值为2,用于合成控制的三名控制组个案在 X 上的取值分别为1,4和5,那么为这三名控制组个案分别赋予权重 $\left[\frac{2}{3},\frac{1}{3},0\right]$ 或者权重 $\left[\frac{3}{4},0,\frac{1}{4}\right]$ 都能得到与2完全相等的加权平均结果。但很显然,使用不同的加权方案会得到不同的效应估计值。既然如此,研究者该如何在多种表面上看来都是最优的权重组合中进行取舍呢？

为了解决上述两个问题,阿巴迪和乌尔于2021年提出了一种估计权重的偏差校正法。[①] 这种方法通过最小化以下表达式得到权重的估计值：

---

① Alberto Abadie and Jérémy L'Hour, "A Penalized Synthetic Control Estimator for Disaggregated Data," *Journal of the American Statistical Association*, Vol. 116, No. 536, 2021, pp. 1817-1834.

$$\|\boldsymbol{X}_1 - \boldsymbol{X}_0\boldsymbol{W}\|^2 + \lambda \sum_{i=2}^{N+1} \boldsymbol{W}\|\boldsymbol{X}_1 - \boldsymbol{X}_i\|^2 \tag{12.15}$$

公式(12.15)中的$\|\boldsymbol{X}_1-\boldsymbol{X}_0\boldsymbol{W}\|$即为干预组个案与合成控制组个案在 $\boldsymbol{X}$ 上的距离,传统的合成控制法正是在最小化该距离的基础上估计 $\boldsymbol{W}$ 的。与传统方法相比,新方法增加了一个惩罚项 $\lambda \sum_{i=2}^{N+1} \boldsymbol{W}\|\boldsymbol{X}_1-\boldsymbol{X}_i\|^2$。其中,$\|\boldsymbol{X}_1-\boldsymbol{X}_i\|$是干预组个案与控制组个案 i 在 $\boldsymbol{X}$ 上的距离。纳入该惩罚项以后,估计结果将对那些与干预组个案在 $\boldsymbol{X}$ 上相差较大的控制组个案的权重进行惩罚,惩罚的力度取决于调节参数 λ。如果 λ 等于0,新方法的估计结果将与传统方法相同;如果 λ 大于0,新方法会为那些在 $\boldsymbol{X}$ 上与干预组个案相差较大的控制组个案赋予较小的权重。

阿巴迪和乌尔认为,使用该方法估计权重有两个好处:一是可以降低使用不匹配的控制组个案进行合成控制的风险,二是避免权重取值不唯一的问题。还以上文的例子来说,若对公式(12.15)进行最小化,权重组合$\left[\frac{2}{3}, \frac{1}{3}, 0\right]$会优于权重组合$\left[\frac{3}{4}, 0, \frac{1}{4}\right]$。其原因在于:前一组权重使用个案1与个案2进行合成,这两名个案在 X 上的取值与干预组个案比较接近;而后一组权重使用了个案3,该个案在 X 上的取值为5,与干预组个案相差较大。

从某种程度上说,阿巴迪和乌尔提出的上述方法是一种惩罚回归,该方法有助于将那些与干预组个案相距较远的控制组个案的权重赋值为0。除了上述方法之外,惩罚回归还包括其他类型,如岭回归、弹性网络回归等。不同方法的区别在于惩罚项的设置,在实际研究时,研究者可以使用阿巴迪和乌尔提出的惩罚项,也可以使用其他惩罚项。但无论使用什么方法进行偏差校正,调节参数 λ 的取值都将在很大程度上影响估计结果。对此,阿巴迪和乌尔提出了两种获取最优 λ 的方法:一是留一交叉验证法(leave-one-out cross-validation),二是干预前训练集/验证集二分校验法(pre-intervention holdout validation),感兴趣的读者可以参考阿巴迪和乌尔的原文以获取这两种方法的技术细节。

第三节　合成控制的 Stata 命令

本节主要介绍使用 Stata 软件实施合成控制的方法。我们将首先介绍几个常用的命令，然后通过案例进行演示。

一、命令介绍

在 Stata 软件中，实施合成控制的基础命令是 synth，它是一个用户自编的命令，使用前需要先安装，具体方法如下：

```
. ssc install synth, replace
```

synth 命令的语法结构如下：

```
synth depvar indepvars, trunit(#) trperiod(#) [options]
```

其中，synth 是命令名，depvar 是因变量的变量名，indepvars 是自变量的变量名[①]。自变量的变量名之后可以通过括号来设定取值时间。例如，x(1980) 表示变量 x 在 1980 年的取值，x(1980&1981) 表示变量 x 在 1980 年和 1981 年这两年的均值；x(1980 (1) 1988) 表示变量 x 在 1980—1988 年这 9 年的均值。如果变量名之后不接时间，表示根据选项 xperiod( ) 的设置计算均值。

该命令的常用选项包括：

◆ trunit(#)：设置干预组个案的编号，是一个必选项。

◆ trperiod(#)：设置干预发生的时间，是一个必选项。

◆ counit(numlist)：设置可用于合成控制的个案编号，如不设置，将使用所有控制组个案进行合成控制。

◆ xperiod(numlist)：设置自变量取均值的时间段。例如，xperiod(1980 (1) 1988) 表示对 indepvars 中所有未直接设置时间的变量均使用 1980—1988 年之间的均值来计算。如果不设置 xperiod(numlist)，模型将自动使用所有干预前的时期计算均值。

① 这里的自变量即表达式(12.11)中的变量 X。

◆ mspeperiod(numlist):设置计算干预前均方预测误差所考虑的时期,如不设置,将自动使用所有干预前的时期进行计算。

◆ nested:通过一种数据驱动的算法获取能够使干预前均方预测误差最小的 $\boldsymbol{V}$,设定该选项将大大增加计算时间。

◆ allopt:如果设置了选项 nested,可以进一步通过该选项获得更加稳健的估计结果,但这通常需要更长的计算时间。

◆ figure:绘图展示干预组个案与合成控制个案随时间的变动趋势。

◆ keep(filename):将计算结果保存在一个名为 filename 的数据文件中。

◆ replace:在使用 keep(filename)选项的时候,如果发现存储地址有一个同名的数据文件,则将之覆盖。

上述 synth 命令可以通过本章第一节介绍的方法获得权重 $\boldsymbol{W}$ 的估计值,但相应的效应估计值 $\hat{\alpha}_{1t}$ 和安慰剂检验都需要研究者手动计算。因此,在实际使用的时候不是很方便。针对 synth 命令的上述缺陷,有学者发布了命令 synth2,该命令可以调用 synth 命令实现相关计算,可以自动生成效应估计值,并能自动实现安慰剂检验。此外,使用 synth2 命令还能自动生成多种图形。因此,我们建议读者使用 synth2 命令进行常规的合成控制分析。

与 synth 相同,synth2 也是一个用户自编的命令。需要注意的是,在使用 synth2 命令之前,必须先安装好 synth 命令。此外,synth2 命令必须在 Stata 16.0 以上的版本中才能执行。其安装方法如下:

```
. ssc install synth2, all replace
```

synth2 的语法结构与 synth 基本相同,但是在选项方面有所拓展,接下来我们将介绍两个 synth2 命令所特有的选项。

◆ placebo([{unit|unit(numlist)} period(numlist) cutoff(#_c)]):该选项的功能是执行安慰剂检验。其中:

- unit:表示使用所有控制组个案进行安慰剂检验,如果不想使用所有控制组个案,可以通过 unit(numlist)指定进行安慰剂检验的控制组个案编号。

● cutoff(#_c):用来排除那些干预前均方预测误差较大的安慰剂效应,即将比较范围限定在 $\overleftarrow{\mathrm{MSPE}}_i^{\mathrm{PL}} \leqslant k \times \overleftarrow{\mathrm{MSPE}}$ 以内;这里的#_c 即 k,是一个大于等于 1 的参数。

● period(numlist):执行伪干预时点检验,numlist 即伪干预时点。

◆ loo:执行留一法稳健性检验(leave-one-out robustness test),即逐一删除权重不为 0 的控制组个案,以检验分析结果与保留该个案时是否发生明显变化。如果没有太大变化,说明结论较为稳健。

最后,在 Stata 中还可以通过 allsynth 命令实现合成控制法,该命令的好处有两个:一是可以对传统估计方法进行偏差校正,二是可以将合成控制法应用于多名干预组个案的情形。需要注意的是,在使用该命令之前,必须先安装好 synth、distinct 和 elasticregress 这三个命令。此外,allsynth 命令必须在 Stata 15.1 以上的版本中才能执行。allsynth 命令的安装方法如下:

```
. ssc install allsynth, all replace
. ssc install distinct, all replace
. ssc install elasticregress, all replace
```

allsynth 命令的语法结构与 synth 命令完全相同,且保留了 synth 命令的所有选项。不过,为了实现偏差校正等拓展功能,该命令增加了几个特殊选项,具体如下:

◆ pvalues:用于执行安慰剂检验。不过与 synth2 命令不同,allsynth 命令在执行安慰剂检验的时候通过干预前均方预测误差对各期干预效应和干预后均方预测误差进行标准化。

◆ bcorrect(nosave | merge [ridge | lasso | elastic | posonly figure]):采用偏差校正法估计权重向量。其中:

● nosave 和 merge 必选其一,nosave 表示不将偏差校正的结果合并到传统估计结果之中,merge 则与此相反。

● ridge | lasso | elastic | posonly 表示岭回归、套索回归、弹性网络回归和普通线性回归这四种偏差校正方法,不同方法的差异在于惩罚项的

设置。默认采用的是 posonly。

- figure:用图形展示偏差校正后的干预组个案及其合成控制个案随时间的变动趋势。

◆ gapfigure(classic | bcorrect [placebos lineback, save(file [,replace])]):绘制干预效应随时间的变动趋势。其中:

- classic 和 bcorrect 至少设定其中之一:classic 表示绘制通过传统方法估计得到的干预效应,bcorrect 表示绘制通过偏差校正法估计得到的干预效应,使用 bcorrect 必须设定 bcorrect()选项。
- placebos:如果使用了 pvalues 选项,可通过 placebos 展示安慰剂效应随时间的变动趋势。
- lineback:在干预前一期绘制一条竖直的虚线,默认在干预发生时点绘制一条竖直的虚线。
- save(file [, replace]):将图形保存到名为 file 的文件中,如果有同名文件,可以用选项 replace 替换。

◆ stacked(trunits(varname) trperiods(varname) , clear [avgweights(varname) balanced unique_w figure(classic | bcorrect [placebos lineback, save(file [, replace])] sampleavgs(real)):针对多名干预组个案实施合成控制法。其中:

- trunits(varname):设置干预变量,是一个必选项。
- trperiods(varname):设置干预发生的时点,是一个必选项。
- clear:清空所有同名文件,是一个必选项。
- avgweights(varname):设置计算平均干预效应时的加权变量,若不设置,则计算简单平均值。
- balanced:表示仅对所有干预组个案都适用的干预后时期计算平均干预效应。
- unique_w:仅对那些权重向量存在唯一解的干预组个案计算平均干预效应。
- figure(classic | bcorrect [placebos lineback, save(file [, replace])]:绘制干预效应随时间的变动趋势图,其子选项的用法与之前介绍的

gapfigure( )选项完全相同。

- sampleavgs(real):在安慰剂检验时,从所有平均安慰剂效应中随机抽取 real 个(默认为 100)计算 p 值。real 取值越大,计算出来的 p 值越精确,但设置较大的 real 会大大增加计算时间。

下面,我们将通过案例来演示 synth、synth2 和 allsynth 这三个命令的用法。

二、案例展示

本章演示用的数据来自阿巴迪、戴蒙德和海因米勒于 2010 年发表的一篇经典论文。[①] 在这篇文章中,作者使用合成控制法分析了 1989 年实施的控烟法对美国加利福尼亚州香烟消费量的影响。数据 smoking.dta 包含了他们进行这项研究所使用的主要变量。其中,state 是州的代码,它有 39 个取值,分别代表美国 39 个州,加州的代码是 3,它是这项研究中唯一的干预组个案。year 是年份变量,取值范围是 1970—2000。cigsale 是香烟消费量,它是研究的因变量。此外,数据还包含四个自变量:lnincome、beer、age15to24 和 retprice,分别表示各州的人均 GDP、人均啤酒消费量、15—24 岁年龄人口占比以及香烟的零售价格。

首先,使用 use 命令打开该数据。我们可以使用 line 命令绘制加州的香烟消费量随时间的变动趋势。(见图 12.1)作为比较,图中还绘制了亚拉巴马州的情况。

```
. use "C:\Users\XuQi\Desktop\smoking.dta", clear
(Tobacco Sales in 39 US States)

. twoway (line cigsale year if state==3, xline(1988, lpattern(shortdash)
lcolor(black))) || (line cigsale year if state==1, lpattern(dash)), legend
(label(1 "California") (label(2 "Alabama))
```

① Alberto Abadie, Alexis Diamond and Jens Hainmueller, "Synthetic Control Methods for Comparative Case Studies: Estimating the Effect of California's Tobacco Control Program," *Journal of the American Statistical Association*, Vol. 105, No. 490, 2010, pp. 493-505.

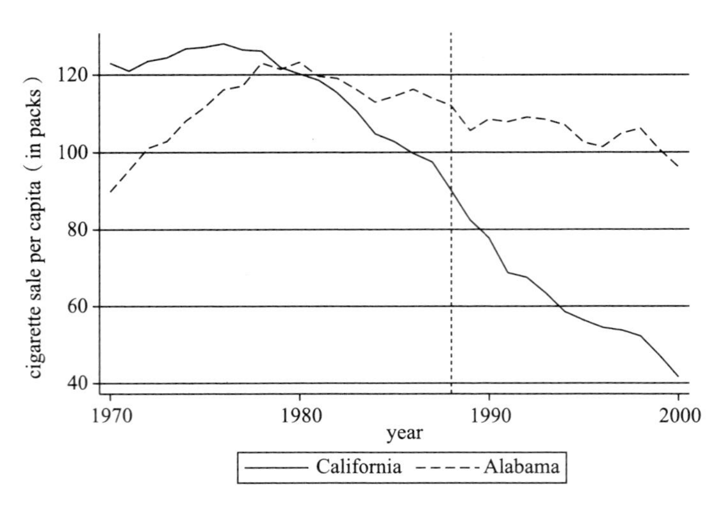

图 12.1 加州与亚拉巴马州的香烟消费量随时间的变动趋势

从图 12.1 可以发现,这两个州在 1989 年控烟法执行前的时间趋势并不一致。按照类似的方法,我们可以将数据中的每个州与加州进行两两比较,可以发现,没有一个州在控烟法执行前的时间趋势与加州完全相同,因此,数据中并不存在与加州完全可比的个案,这是比较个案研究法在实践中经常会遇到的问题。

对此,一个可能的解决方案是对数据中所有 38 个没有实施控烟法的州取平均值,并将之作为加州的比较对象。但是从图 12.2 可以发现,对各州取均值并不能很好地再现加州在控烟法执行前的香烟消费量数据。因此,这种方法也不可行。

```
. bysort year : egen mcigsale=mean(cigsale) if state!=3
(31 missing values generated)

. twoway (line cigsale year if state==3, xline(1988, lpattern(shortdash)
lcolor(black))) || (line mcigsale year, lpattern(dash)), legend(label(1
"California") label(2 "mean of the rest states"))
```

事实上,取均值类似于为每个州赋予相同的权重,在实践中,这种加权方法很难获得满意的结果。与之相比,一个更好的方法是通过合成控制法为每个潜在的控制组个案加权。下面,我们将演示合成控制法的操作步骤。

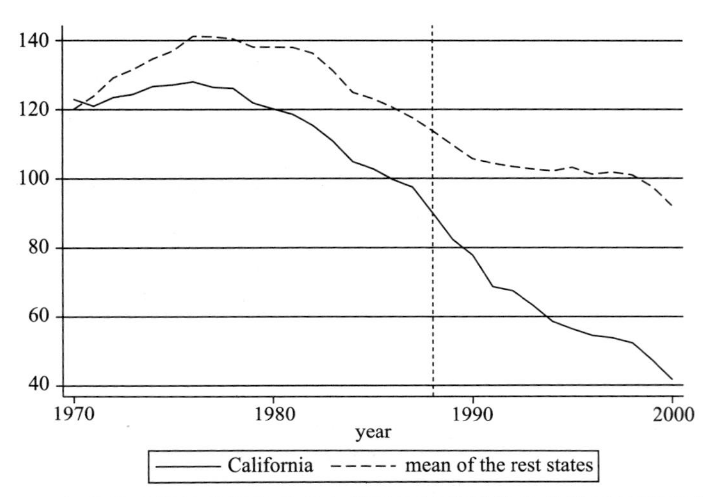

图 12.2　加州的香烟消费量和其他各州香烟消费量的均值随时间的变动趋势

在使用合成控制法之前,用户需要先通过 xtset 命令或 stset 命令将数据设置为面板数据,具体如下:

```
. xtset state year
       panel variable:  state (strongly balanced)
        time variable:  year, 1970 to 2000
                delta:  1 unit
```

在设置好数据以后,就可以使用 synth 命令得到合成控制权重。参照阿巴迪、戴蒙德和海因米勒的研究,我们使用 cigsale 在 1975 年、1980 年和 1988 年三个时点的观测值,beer 在 1984—1988 年的均值以及 lnincome、retprice 和 age15to24 这三个变量在 1980—1988 年的均值作为自变量进行合成控制。分析时通过 nested 选项获取能够使干预前均方预测误差最小的 $\boldsymbol{V}$,同时使用 figure 选项绘制干预组个案与合成控制个案随时间的变动趋势图。具体命令和输出结果如下:

```
. synth cigsale cigsale(1975) cigsale(1980) cigsale(1988) beer(1984(1)1988)
lnincome retprice age15to24, trunit(3) trperiod(1989) xperiod(1980(1)1988)
nested figure

------------------------------------------------------------------------------

Synthetic Control Method for Comparative Case Studies
------------------------------------------------------------------------------

First Step: Da a Setup
------------------------------------------------------------------------------
```

```
-------------------------------------------------------------------------------
Data Setup successful
-------------------------------------------------------------------------------
                Treated Unit: 
               Control Units: Alabama, Arkansas, Colorado, Connecticut, Delaware,
                              Georgia, Idaho, Illinois, Indiana, Iowa, Kansas,
                              Kentucky, Louisiana, Maine, Minnesota, Mississippi,
                              Missouri, Montana, Nebraska, Nevada, New Hampshire,
                              New Mexico, North Carolina, North Dakota, Ohio,
                              Oklahoma,  Pennsylvania,  Rhode  Island,  South
                              Carolina, South Dakota, Tennessee, Texas, Utah,
                              Vermont,  Virginia,  West  Virginia,  Wisconsin,
                              Wyoming
-------------------------------------------------------------------------------
          Dependent Variable: cigsale
  MSPE minimized for periods: 1970 1971 1972 1973 1974 1975 1976 1977 1978
                              1979 1980 1981 1982 1983 1984 1985 1986 1987
                              1988
Results obtained for periods: 1970 1971 1972 1973 1974 1975 1976 1977 1978
                              1979 1980 1981 1982 1983 1984 1985 1986 1987
                              1988 1989 1990 1991 1992 1993 1994 1995 1996
                              1997 1998 1999 2000
-------------------------------------------------------------------------------
                  Predictors: cigsale(1975)   cigsale(1980)   cigsale(1988)
                              beer(1984(1)1988) lnincome retprice age15to24
-------------------------------------------------------------------------------
Unless period is specified
predictors are averaged over: 1980 1981 1982 1983 1984 1985 1986 1987 1988
-------------------------------------------------------------------------------

Second Step: Run Optimization
-------------------------------------------------------------------------------
Nested optimization requested
Starting nested optimization module
Optimization done
-------------------------------------------------------------------------------
Optimization done
-------------------------------------------------------------------------------

Third Step: Obtain Results
-------------------------------------------------------------------------------
Loss: Root Mean Squared Prediction Error

---------------------
   RMSPE |  1.756494
---------------------

-------------------------------------------------------------------------------
Unit Weights:

--------------------------
       Co_No | Unit_Weight
--------------------------
     Alabama |           0
```

Arkansas	0
Colorado	.162
Connecticut	.068
Delaware	0
Georgia	0
Idaho	0
Illinois	0
Indiana	0
Iowa	0
Kansas	0
Kentucky	0
Louisiana	0
Maine	0
Minnesota	0
Mississippi	0
Missouri	0
Montana	.199
Nebraska	0
Nevada	.235
New Hampshire	0
New Mexico	0
North Carolina	0
North Dakota	0
Ohio	0
Oklahoma	0
Pennsylvania	0
Rhode Island	0
South Carolina	0
South Dakota	0
Tennessee	0
Texas	0
Utah	.335
Vermont	0
Virginia	0
West Virginia	0
Wisconsin	0
Wyoming	0

Predictor Balance:

	Treated	Synthetic
cigsale(1975)	127.1	126.9469
cigsale(1980)	120.2	120.3415
cigsale(1988)	90.1	91.556
beer(1984(1)1988)	24.28	24.18258
lnincome	10.07656	9.849172
retprice	89.42222	89.32609
age15to24	.1735324	.1733873

从输出结果可以发现,有5个州的合成控制权重大于0,按权重从大到小排序分别是:犹他州(0.335)、内华达州(0.235)、蒙大拿州(0.199)、科罗拉多州(0.162)和康涅狄格州(0.068)。将这5个州根据各自的权重进行加权平均得到的合成"加州"在各个自变量上均与真实的加州非常接近。而且从图12.3可以发现,合成"加州"与真实加州在1989年控烟法执行前的香烟消费数据也高度吻合,但是在1989年以后,真实加州的香烟消费量明显低于合成加州,这充分说明,控烟法对加州的香烟消费量产生了负面影响。

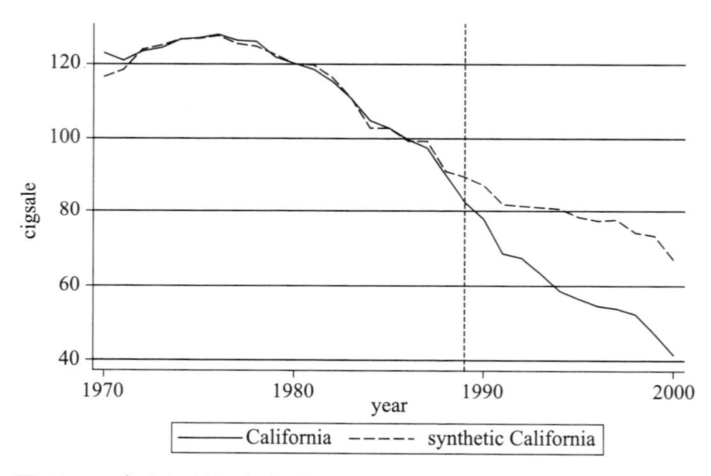

图12.3 真实加州与合成"加州"的香烟消费量随时间的变动趋势

上文演示了通过synth命令计算合成控制权重的方法,但该命令并不能直接输出各期的干预效应,而且在执行安慰剂检验方面也非常烦琐。若要实现这两项功能,一个更加方便的命令是synth2,其具体用法如下:

```
. synth2 cigsale cigsale(1975) cigsale(1980) cigsale(1988) beer(1984(1)1988)
lnincome retprice age15to24, trunit(3) trperiod(1989) xperiod(1980(1)1988)
nested
Fitting results in the pretreatment periods:
```

Treated Unit	: California	Treatment Time	: 1989
Number of Control Units =	38	Root Mean Squared Error =	1.75649
Number of Covariates =	7	R-squared =	0.97402

```
Covariate balance in the pretreatment periods:
```

Covariate	V.weight	Treated	Synthetic Control Value	Synthetic Control Bias	Average Control Value	Average Control Bias
cigsale(1975)	0.8523	127.1000	126.9469	-0.12%	136.9316	7.74%
cigsale(1980)	0.0224	120.2000	120.3415	0.12%	138.0895	14.88%
cigsale(1988)	0.0157	90.1000	91.5560	1.62%	113.8237	26.33%
beer(1984(1)1988)	0.0085	24.2800	24.1826	-0.40%	23.6553	-2.57%
lnincome	0.0002	10.0766	9.8492	-2.26%	9.8292	-2.45%
retprice	0.0870	89.4222	89.3261	-0.11%	87.2661	-2.41%
age15to24	0.0138	0.1735	0.1734	-0.08%	0.1725	-0.59%

Note: "V.weight" is the optimal covariate weight in the diagonal of V matrix.
"Synthetic Control" is the weighted average of donor units with optimal weights.
"Average Control" is the simple average of all control units with equal weights.

Optimal Unit Weights:

Unit	U.weight
Utah	0.3350
Nevada	0.2350
Montana	0.1990
Colorado	0.1620
Connecticut	0.0680

Note: The unit **Alabama Arkansas Delaware Georgia Idaho Illinois Indiana Iowa Kansas Kentucky Louisiana Maine Minnesota Mississippi Missouri Nebraska NewHampshire NewMexico NorthCarolina NorthDakota Ohio Oklahoma Pennsylvania RhodeIsland SouthCarolina SouthDakota Tennessee Texas Vermont Virginia WestVirginia Wisconsin Wyoming** in the donor pool get a weight of 0.

Prediction results in the posttreatment periods:

Time	Actual Outcome	Synthetic Outcome	Treatment Effect
1989	82.4000	89.8817	-7.4817
1990	77.8000	87.3906	-9.5906
1991	68.7000	82.0701	-13.3701
1992	67.5000	81.4910	-13.9910
1993	63.4000	81.0765	-17.6765
1994	58.6000	80.6098	-22.0098
1995	56.4000	78.3682	-21.9682
1996	54.5000	77.3579	-22.8579
1997	53.8000	77.5839	-23.7839
1998	52.3000	74.2538	-21.9538
1999	47.2000	73.4468	-26.2468
2000	41.6000	67.2422	-25.6422

```
Mean    60.3500    79.2310    -18.8810
Note: The average treatment effect over the posttreatment period is -18.8810.
Finished.
```

可以发现,synth2 命令的输出结果相比 synth 命令更加简洁,但信息却更加丰富。首先,该命令给出了各自变量在估算合成控制权重时的相对重要性(矩阵 $\boldsymbol{V}$ 的估计值),并汇报了干预组个案和控制组个案在所有自变量上的差异。可以发现,合成“加州”与真实加州在各个自变量上的差异很小,而对所有控制组个案取均值得到的平均控制个案却与真实加州存在较大差异。其次,该命令汇报了用于合成控制的各州的名单及其权重,这与之前通过 synth 命令得到的结果完全一致。最后,该命令给出了干预执行以后(1989 年及以后)真实加州与合成“加州”在各年份的香烟销售量,二者的差异即为 $\hat{\alpha}_{1t}$ 的估计值。

除此之外,上述 synth2 命令还会自动生成多个图形。其中,图 12.4 展示了合成“加州”与真实加州在各自变量上的差异及这种差异相比直接对所有控制组个案取均值的缩减程度。图 12.5 展示的是各自变量在估算合成控制权重时的相对重要性。图 12.6 展示的是各州的合成控制权重。图 12.7 展示的是真实加州与合成“加州”的香烟消费量随时间的变动趋势,这与之前通过 synth

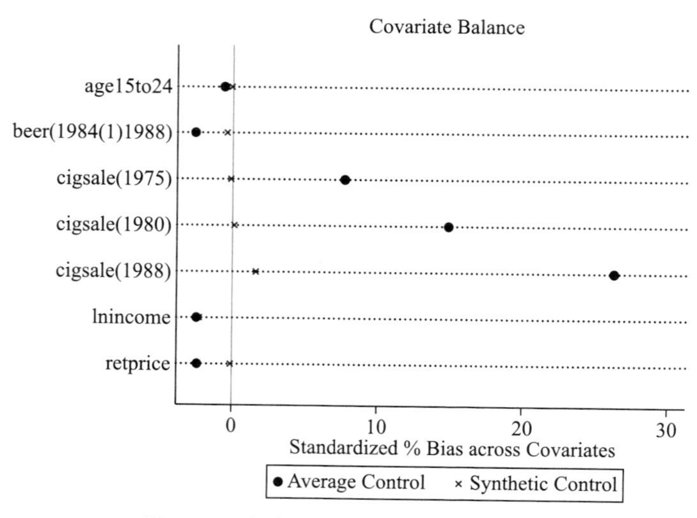

图 12.4　合成控制前后协变量的平衡性

命令得到的图 12.3 相同。[①] 最后,图 12.8 展示的是干预效应随时间的变动趋势。

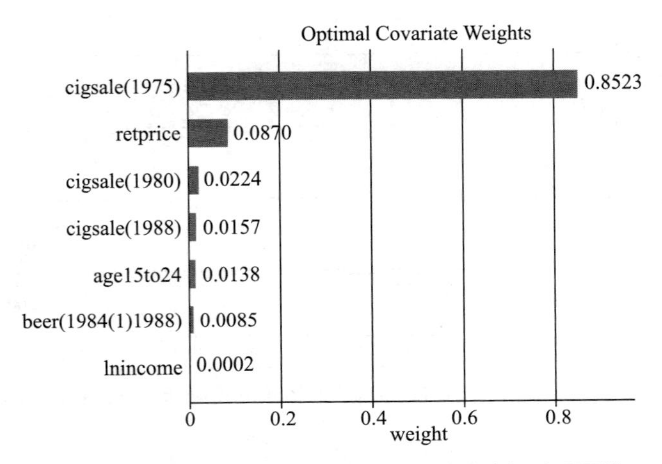

图 12.5 各自变量在估算合成控制权重时的相对重要性

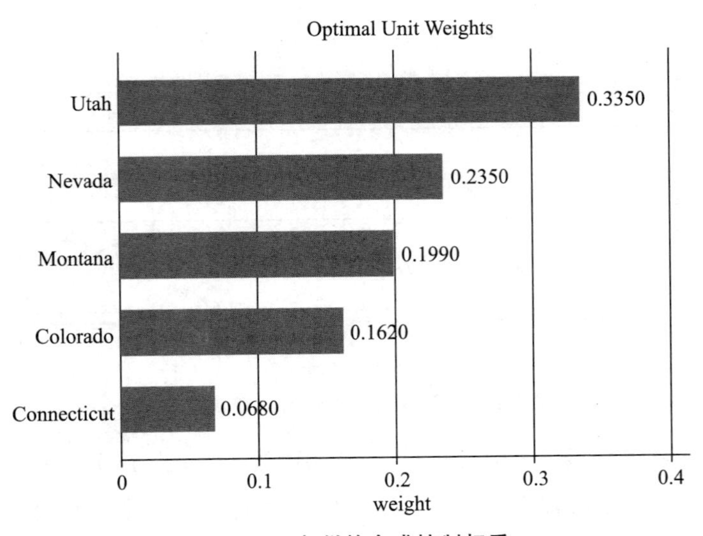

图 12.6 各州的合成控制权重

---

① 二者有一个小区别:在 synth 命令给出的图形中,竖直的虚线出现在 year = 1989 年处;而在 synth2 命令给出的图形中,竖直线出现在 year = 1988 年处。

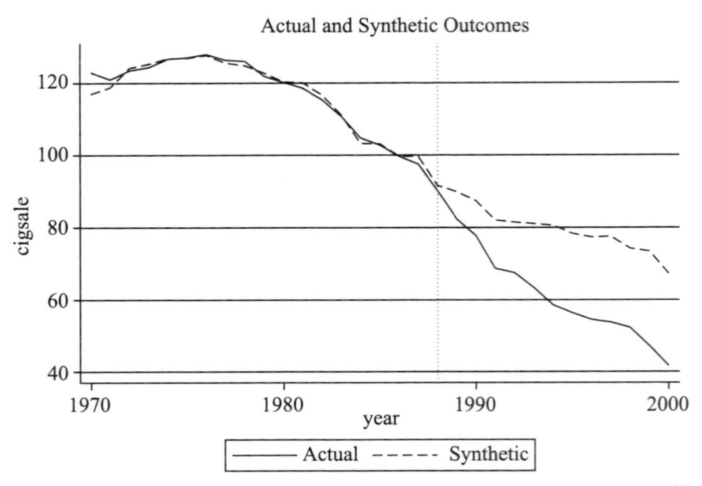

图 12.7 真实加州与合成“加州”的香烟消费量随时间的变动趋势

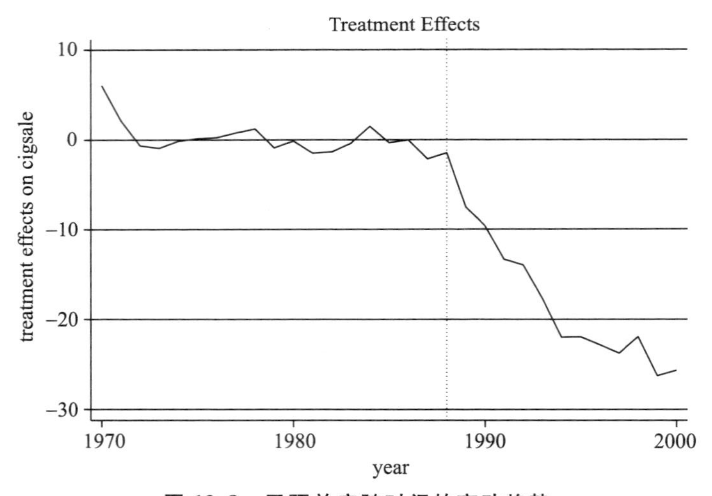

图 12.8 干预效应随时间的变动趋势

接下来,我们将演示安慰剂检验的实施方法。考虑到干预前均方预测误差对安慰剂检验结果有重要影响,我们参照阿巴迪、戴蒙德和海因米勒的研究,将比较的范围限制在 $\overleftarrow{\text{MSPE}}_i^{\text{PL}} \leqslant 2\ \overleftarrow{\text{MSPE}}$ 以内。这可以通过以下命令实现:

```
. synth2 cigsale cigsale(1975) cigsale(1980) cigsale(1988) beer(1984(1)1988)
lnincome retprice age15to24, trunit(3) trperiod(1989) xperiod(1980(1)1988)
```

```
nested placebo(unit cutoff(2)) sigf(6)①
```

(省略部分输出结果)

In-space placebo test results using fake treatment units:

Unit	Pre MSPE	Post MSPE	Post/Pre MSPE	Pre MSPE of Fake Unit/ Pre MSPE of Treated Unit
California	3.1385	394.6057	125.7315	1.0000
Alabama	4.4866	11.8215	2.6349	1.4295
Arkansas	4.5489	27.1172	5.9613	1.4494
Colorado	20.1202	64.6477	3.2131	6.4108
Connecticut	24.7935	64.3412	2.5951	7.8999
Delaware	60.8949	613.7822	10.0794	19.4027
Georgia	1.5266	119.9796	78.5916	0.4864
Idaho	5.5168	38.7863	7.0305	1.7578
Illinois	3.3826	20.2469	5.9856	1.0778
Indiana	14.2860	483.5229	33.8459	4.5519
Iowa	13.1473	22.8504	1.7380	4.1891
Kansas	13.8659	13.9222	1.0041	4.4180
Kentucky	432.1076	1479.6058	3.4242	137.6806
Louisiana	2.0242	92.7390	45.8151	0.6450
Maine	9.6540	149.5972	15.4959	3.0760
Minnesota	17.3584	16.5625	0.9541	5.5308
Mississippi	4.1186	30.3410	7.3668	1.3123
Missouri	1.1516	76.9955	66.8614	0.3669
Montana	5.2862	54.8978	10.3852	1.6843
Nebraska	3.8430	20.7162	5.3906	1.2245
Nevada	41.3819	84.0794	2.0318	13.1853
NewHampshire	3436.5977	134.9018	0.0393	1094.9884
NewMexico	5.0179	63.0000	12.5550	1.5988
NorthCarolina	81.3899	57.3684	0.7049	25.9329
NorthDakota	8.7058	91.8695	10.5527	2.7739
Ohio	3.0070	11.8692	3.9472	0.9581
Oklahoma	4.9063	253.8599	51.7416	1.5633
Pennsylvania	2.8010	6.9518	2.4819	0.8925
RhodeIsland	65.5660	180.4701	2.7525	20.8910
SouthCarolina	2.2915	42.9495	18.7427	0.7301
SouthDakota	8.4642	25.1291	2.9689	2.6969
Tennessee	5.2043	123.3097	23.6940	1.6582
Texas	4.6900	231.9461	49.4555	1.4944
Utah	593.7643	223.2758	0.3760	189.1886
Vermont	14.1665	138.2022	9.7556	4.5138
Virginia	5.2522	178.1813	33.9251	1.6735
WestVirginia	7.7211	260.9561	33.7977	2.4601
Wisconsin	5.4239	47.8065	8.8141	1.7282
Wyoming	90.8381	31.6591	0.3485	28.9434

① 为确保收敛,我们使用选项 sigf(6)将计算精度由 7 位有效数字改为 6 位。

```
Note: (1) Using all control units, the probability of obtaining a post/pre-
      treatment MSPE ratio as large as California's is 0.0256.
      (2)Excluding control units with pretreatment MSPE 2 times larger than
      the treated unit, the probability of obtaining a post/pretreatment MSPE
      ratio as large as California's is 0.0500.
      (3)The pointwise p-values below are computed by excluding control units
      with pretreatment MSPE 2 times larger than the treated unit.
      (4)There are total 19 units with pretreatment MSPE 2 times larger than
      the treated unit, including Colorado Connecticut Delaware Indiana Iowa
      Kansas Kentucky Maine Minnesota Nevada NewHampshire NorthCarolina
      NorthDakota RhodeIsland SouthDakota Utah Vermont WestVirginia Wyoming.

In-space placebo test results using fake treatment units (continued, cutoff = 2):
```

Time	Treatment Effect	p-value of Treatment Effect		
		Two-sided	Right-sided	Left-sided
1989	-7.5129	0.0500	1.0000	0.0500
1990	-9.6052	0.0500	1.0000	0.0500
1991	-13.5256	0.1500	0.9000	0.1500
1992	-14.0858	0.1000	0.9500	0.1000
1993	-17.7701	0.0500	1.0000	0.0500
1994	-22.0908	0.0500	1.0000	0.0500
1995	-21.9966	0.0500	1.0000	0.0500
1996	-22.8770	0.0500	1.0000	0.0500
1997	-23.7447	0.0500	1.0000	0.0500
1998	-21.9438	0.1000	0.9500	0.1000
1999	-26.2639	0.0500	1.0000	0.0500
2000	-25.6728	0.0500	1.0000	0.0500

```
Note: (1)The two-sided p-value of the treatment effect for a particular
      period is defined as the frequency that the absolute values of the
      placebo effects are greater than or equal to the absolute value of
      treatment effect.
      (2)The right-sided (left-sided) p-value of the treatment effect for a
      particular period is defined as the frequency that the placebo effects
      are greater (smaller) than or equal to the treatment effect.
      (3)If the estimated treatment effect is positive, then the right-sided
      p-value is recommended; whereas the left-sided p-value is recommended
      if the estimated treatment effect is negative.

Finished.
```

分析结果显示,Stata 将 38 个州逐一设置为干预组个案,并按照与之前完全相同的合成控制法进行分析。不过,将不同州设置为伪干预个案得到的干预前均方预测误差差异很大。例如,与加州这个真正的干预组个案对应的干预前均方预测误差为 3.1385,但很多州大大超过这一数值。为了使不同州的估计结果可以相互比较,我们将比较范围限定为干预前均方预测误差不超过加州2倍的州，这使得19个州的计算结果被排除在比较范围之外。如果将剩下的那些可以相互比较的州放在一起比较，可以发现，与加州对应的各期效应估计值显得非常极端，其双尾检验的 p 值几乎都在0.1以内，左侧单尾检验的 p 值也是如此。因此，可以认为上述分析结果在0.1的水平上是统计显著的。

执行上述命令之后，Stata还会自动生成多个图形，其中图12.9至图12.13是与安慰剂检验相对应的。图12.9描绘了真实干预效应与安慰剂效应随时间的变动趋势，可以发现，真实干预效应是所有效应估计值中最小的一个。图12.10描绘的是标准化干预后均方预测误差的排序，可以发现，与加州对应的标准化干预后均方预测误差是最大的，因此可以认为，加州的估计结果与其他伪干预个案相比是最极端的。图12.11至图12.13用图形展示了与各期干预效应对应的双尾检验 p 值和两侧单尾检验的 p 值。可以发现，双尾检验 p 值和左侧单尾检验 p 值大多在0.1以下。因此，可以在0.1的显著性水平上拒绝原假设，认为1989年实施的控烟法对加州的香烟消费量产生了显著的负面影响。

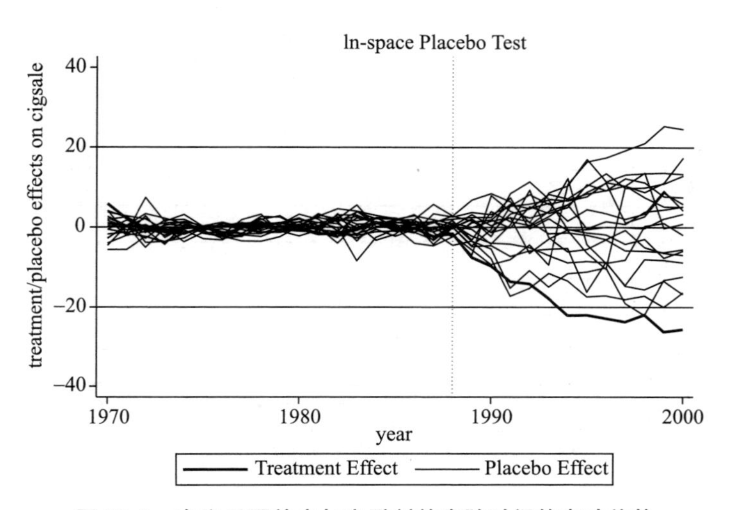

图12.9　真实干预效应与安慰剂效应随时间的变动趋势

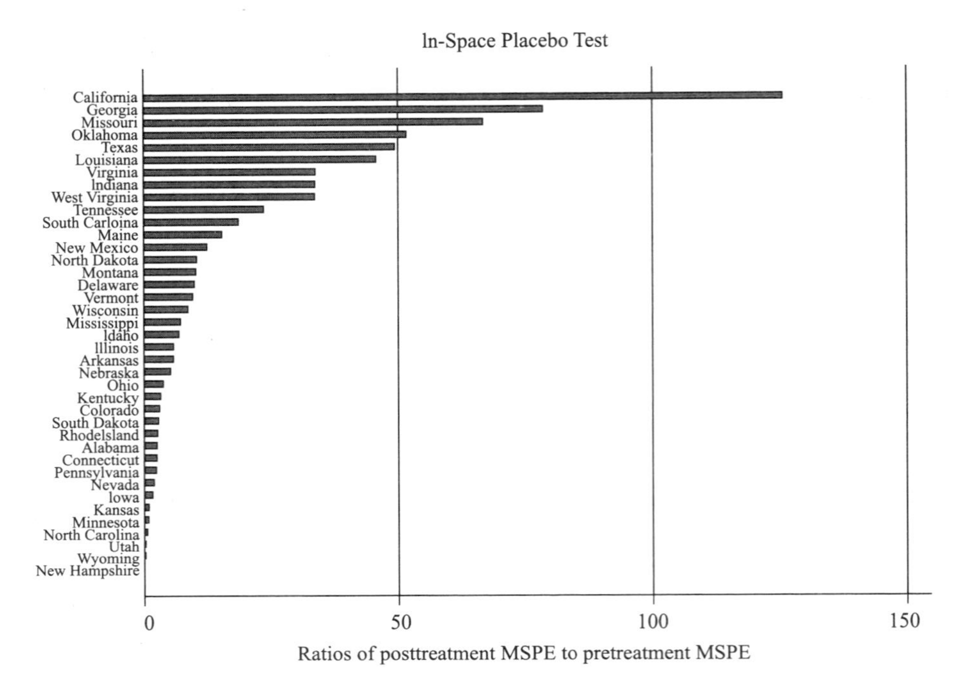

图 12.10 标准化干预后均方预测误差的排序图

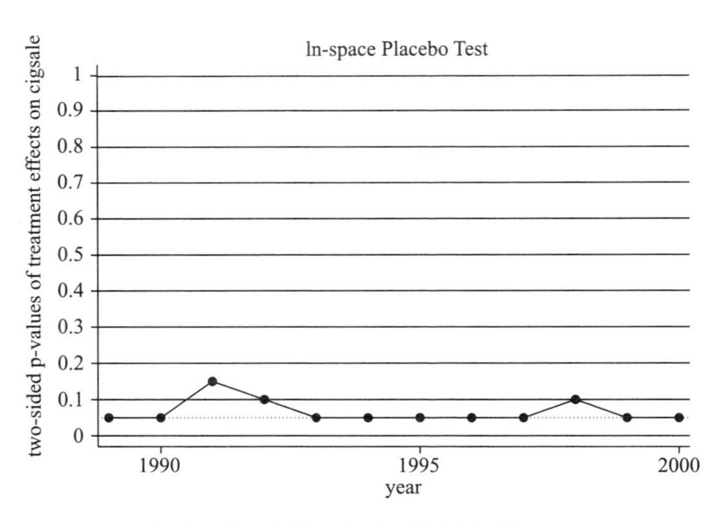

图 12.11 各期干预效应的双尾检验 p 值

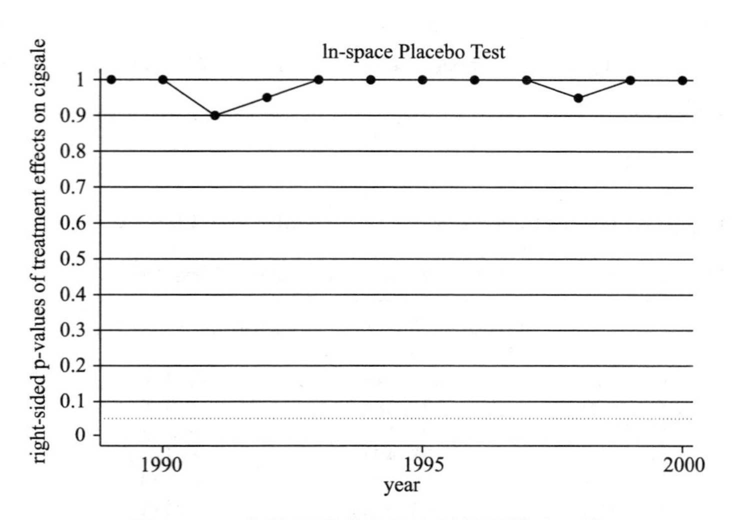

图 12.12　各期干预效应的右侧单尾检验 p 值

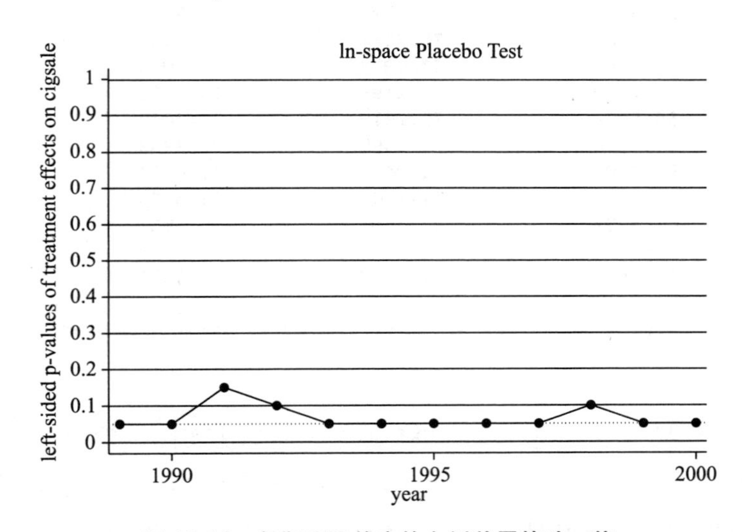

图 12.13　各期干预效应的左侧单尾检验 p 值

除了上述安慰剂检验,另一种常见的检验方法是伪干预时点检验。在这个例子中,我们可以指定 1985 年为控烟法生效的年份,并使用完全相同的方法进行合成控制分析。我们知道,控烟法实际上是在 1989 年才生效的,因此,在 1985—1988 年之间不应该出现明显的干预效应,如果出现,则在一定程度上说明分析过程存在问题。我们可以通过以下命令执行伪干预时点检验:

```
. synth2 cigsale cigsale(1975) cigsale(1980) cigsale(1988) beer(1984(1)1988)
lnincome retprice age15to24, trunit(3) trperiod(1989) xperiod(1980(1)1988)
nested placebo(period(1985))
```

(省略部分输出结果)

```
Implementing placebo test using fake treatment time 1985...
In-time placebo test results using fake treatment time 1985:
```

Time	Actual Outcome	Synthetic Outcome	Treatment Effect
1985	**102.8000**	**106.1262**	**-3.3262**
1986	**99.7000**	**103.2850**	**-3.5850**
1987	**97.5000**	**106.1524**	**-8.6524**
1988	**90.1000**	**98.4873**	**-8.3873**
1989	**82.4000**	**96.5237**	**-14.1237**
1990	**77.8000**	**91.9127**	**-14.1127**
1991	**68.7000**	**83.7156**	**-15.0156**
1992	**67.5000**	**81.4730**	**-13.9730**
1993	**63.4000**	**79.7911**	**-16.3911**
1994	**58.6000**	**77.9078**	**-19.3078**
1995	**56.4000**	**76.2193**	**-19.8193**
1996	**54.5000**	**75.2010**	**-20.7010**
1997	**53.8000**	**75.1958**	**-21.3958**
1998	**52.3000**	**71.9437**	**-19.6437**
1999	**47.2000**	**72.2260**	**-25.0260**
2000	**41.6000**	**67.1861**	**-25.5861**
Mean	**69.6437**	**85.2092**	**-15.5654**

```
Note: The average treatment effect over the posttreatment period is -15.5654.
Finished.
```

从输出结果可以发现,若以 1985 年作为控烟法实际生效的年份,那么在 1985—1988 这四年也能得到负的效应估计值,但是与 1989 年以后的效应估计值相比,这四年的估计值明显偏小。因此,可以认为合成控制法的分析结果是稳健的。在执行上述命令之后,Stata 会自动生成多个图形,其中图 12.14 和图 12.15 是与伪干预时点检验相对应的。这两个图形均表明,真实加州与“合成”加州在 1985—1988 这四年的差异并不大,所以,分析结果较为稳健。

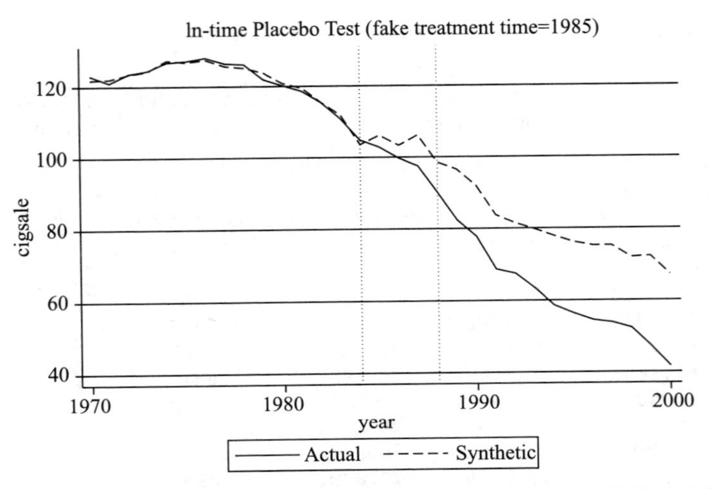

图 12.14 伪干预时点检验中真实加州与“合成”加州随时间的变动趋势

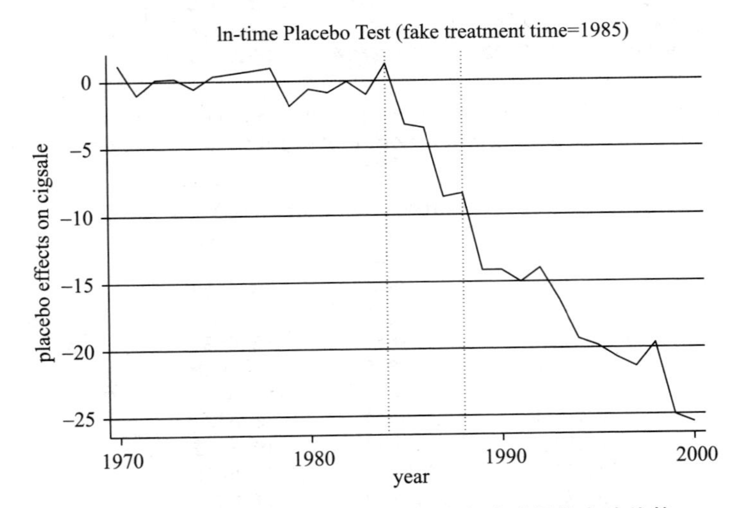

图 12.15 伪干预时点检验的干预效应随时间的变动趋势

使用 synth2 命令还可以通过留一法实施稳健性检验。该检验的原理是：逐一删除合成控制权重大于 0 的州，以检验分析结果在多大程度上受某个州的影响。我们可以通过以下命令实施该检验：

```
. synth2 cigsale cigsale(1975) cigsale(1980) cigsale(1988) beer(1984(1)1988)
lnincome retprice age15to24, trunit(3) trperiod(1989) xperiod(1980(1)1988)
nested loo
```

(省略部分输出结果)

```
Implementing leave-one-out robustness test that excludes one control unit
with a nonzero weight Utah...Nevada...Montana...Colorado...Connecticut...
Leave-one-out robustness test results in the posttreatment period:
```

Time	Outcome Actual	Outcome Synthetic	Synthetic Outcome (LOO) Min	Synthetic Outcome (LOO) Max
1989	82.4000	89.8817	88.3095	92.3509
1990	77.8000	87.3906	83.4275	89.2205
1991	68.7000	82.0701	80.7882	82.4889
1992	67.5000	81.4910	80.6920	81.8815
1993	63.4000	81.0765	79.7801	81.9412
1994	58.6000	80.6098	78.6141	83.1722
1995	56.4000	78.3682	76.0772	81.3044
1996	54.5000	77.3579	75.0801	80.4987
1997	53.8000	77.5839	71.7877	84.3153
1998	52.3000	74.2538	71.2588	78.9343
1999	47.2000	73.4468	71.6120	77.4336
2000	41.6000	67.2422	65.0850	69.8771

```
Note: The last two columns report the minimum and maximum synthetic outcomes
      when one control unit with a nonzero weight is excluded at a time.
```

Time	Treatment Effect	Treatment Effect (LOO) Min	Treatment Effect (LOO) Max
1989	-7.4817	-9.9509	-5.9095
1990	-9.5906	-11.4205	-5.6275
1991	-13.3701	-13.7889	-12.0882
1992	-13.9910	-14.3815	-13.1920
1993	-17.6765	-18.5412	-16.3801
1994	-22.0098	-24.5722	-20.0141
1995	-21.9682	-24.9044	-19.6772
1996	-22.8579	-25.9987	-20.5801
1997	-23.7839	-30.5153	-17.9877
1998	-21.9538	-26.6343	-18.9588
1999	-26.2468	-30.2336	-24.4120
2000	-25.6422	-28.2771	-23.4850

```
Note: The last two columns report the minimum and maximum treatment effects
      when one control unit with a nonzero weight is excluded at a time.

Finished.
```

分析结果显示,在将5个合成控制权重大于0的州逐一排除之后,分析结果并没有受到很大影响。具体来说,在删除某个州以后新合成的“加州”与保留所有个案时合成的“加州”没有太大区别，效应估计值也几乎完全一致。这可以从图 12.16 和图 12.17 得到更加直观的体现。因此，可以认为最初的合成控制结果即便在删除某名有影响力的个案以后也不会发生明显变化。

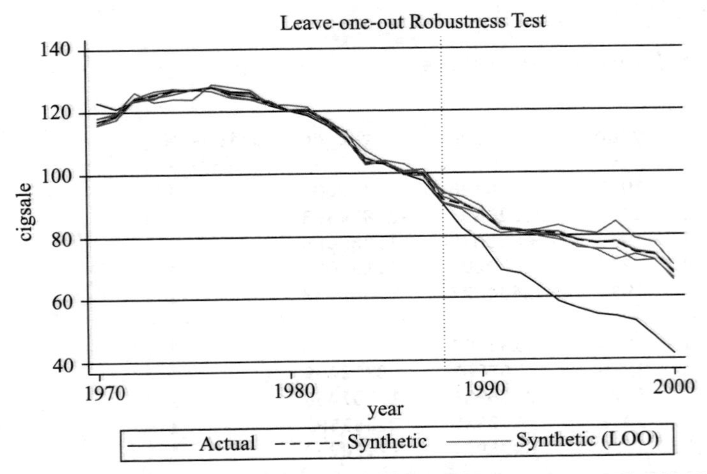

图 12.16 通过留一法新合成的“加州”与最初合成的“加州”很接近

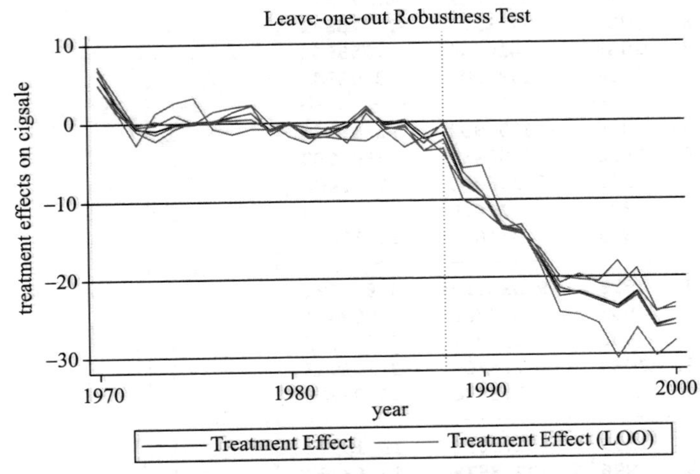

图 12.17 通过留一法得到的干预效应与原初的干预效应很接近

下面，我们将使用 allsynth 命令对传统的合成控制法进行偏差校正。相关命令和输出结果如下：

```
. allsynth cigsale cigsale(1975) cigsale(1980) cigsale(1988) beer(1984(1)1988)
lnincome retprice age15to24, trunit(3) trperiod(1989) xperiod(1980(1)1988)
bcorrect(merge) gapfigure(classic bcorrect) keep(smokingresults) nested replace
```

(省略部分输出结果)

Treated unit (state == 3) results:

	state	year	gap	gap_bc	unique_W
1.	3	1970	6.0186	-2.2605	1
2.	3	1971	2.220801	-2.874503	1
3.	3	1972	-.6653026	-1.909985	1
4.	3	1973	-.939297	-2.152015	1
5.	3	1974	-.1454027	-1.067813	1
6.	3	1975	.153099	0	1
7.	3	1976	.267801	.8210469	1
8.	3	1977	.7986006	1.337468	1
9.	3	1978	1.2558	2.237591	1
10.	3	1979	-.8998994	-2.50262	1
11.	3	1980	-.1415034	0	1
12.	3	1981	-1.4822	-3.477387	1
13.	3	1982	-1.3527	-2.726883	1
14.	3	1983	-.410696	-1.755542	1
15.	3	1984	1.537201	-.3493944	1
16.	3	1985	-.3251962	-1.18576	1
17.	3	1986	-.0290059	-.8304938	1
18.	3	1987	-2.138098	-1.82406	1
19.	3	1988	-1.456	0	1
20.	3	1989	-7.481697	-5.237414	1
21.	3	1990	-9.590598	-3.839991	1
22.	3	1991	-13.3701	-6.959421	1
23.	3	1992	-13.991	-6.257105	1
24.	3	1993	-17.6765	-9.143993	1
25.	3	1994	-22.0098	-13.93986	1
26.	3	1995	-21.9682	-13.18923	1
27.	3	1996	-22.8579	-14.53103	1
28.	3	1997	-23.7839	-14.64134	1
29.	3	1998	-21.9538	-12.27242	1
30.	3	1999	-26.2468	-18.39958	1
31.	3	2000	-25.6422	-18.8291	1

```
allsynth is a user-written command made freely-available to the research community.
Please cite the paper:

Wiltshire, Justin C., 2022. allsynth: (Stacked) Synthetic Control Bias-Correction
Utilities for Stata. Working paper.
```

上述输出结果中的 gap 展示的是真实加州与合成“加州”在历年香烟消费量上的差异，而 gap_bc 是通过偏差校正之后二者在历年香烟消费量上的差异。可以发现，1989 年以后，gap_bc 的值相比 gap 更加趋近 0。从图 12.18 也可以发现，基于传统方法得到的效应估计值整体位于偏差校正法的下方。由此可知，传统的合成控制法在一定程度上高估了控烟法的真实效果。

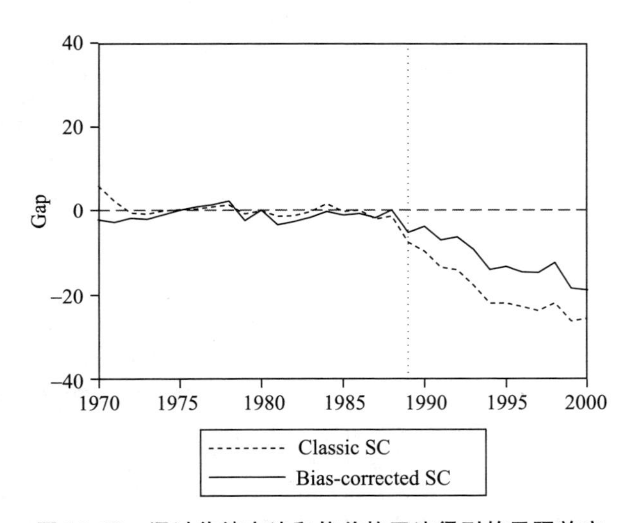

图 12.18　通过传统方法和偏差校正法得到的干预效应

接下来，我们将演示针对传统估计值和偏差校正估计值的安慰剂检验法，具体命令和输出结果如下：

```
. allsynth cigsale cigsale(1975) cigsale(1980) cigsale(1988) beer(1984(1)1988)
lnincome retprice age15to24, trunit(3) trperiod(1989) xperiod(1980(1)1988)
bcorrect(merge) gapfigure(bcorrect placebos) pvalues keep(smokingresults)
nested replace sigf(6)

(省略部分输出结果)
```

```
Treated unit (state == 3) results:

      state  year        gap     gap_bc      rmspe  r~e_rank  rmspe_bc  r~c_rank        p      p_bc   N unique_W
1179.     3  1970     5.8662  -2.320717          .         .         .         .        .         .  39        1
1180.     3  1971   2.119802  -2.923697          .         .         .         .        .         .  39        1
1181.     3  1972  -.7876026  -2.067084          .         .         .         .        .         .  39        1
1182.     3  1973  -1.125397  -2.342834          .         .         .         .        .         .  39        1
1183.     3  1974  -.2119028  -1.127654          .         .         .         .        .         .  39        1

1184.     3  1975    .135799          0          .         .         .         .        .         .  39        1
1185.     3  1976    .202601   .7979923          .         .         .         .        .         .  39        1
1186.     3  1977   .7440006   1.352029          .         .         .         .        .         .  39        1
1187.     3  1978     1.2371   2.322538          .         .         .         .        .         .  39        1
1188.     3  1979  -1.048499  -2.480246          .         .         .         .        .         .  39        1

1189.     3  1980  -.3076034          0          .         .         .         .        .         .  39        1
1190.     3  1981    -1.7136  -3.490409          .         .         .         .        .         .  39        1
1191.     3  1982  -1.538999  -2.681203          .         .         .         .        .         .  39        1
1192.     3  1983  -.6553961  -1.779878          .         .         .         .        .         .  39        1
1193.     3  1984   1.263101  -.3931724          .         .         .         .        .         .  39        1

1194.     3  1985  -.5135962  -1.176612          .         .         .         .        .         .  39        1
1195.     3  1986  -.2674058  -.8697026          .         .         .         .        .         .  39        1
1196.     3  1987  -2.279398  -1.823644          .         .         .         .        .         .  39        1
1197.     3  1988    -1.5795          0          .         .         .         .        .         .  39        1
1198.     3  1989  -7.512897  -5.159029   18.01472         1  7.532138         2  .025641  .0512821  39        1

1199.     3  1990  -9.605198  -3.814142   23.73033         1  5.824546         4  .025641  .1025641  39        1
1200.     3  1991   -13.5256  -7.042269   35.28299         1  8.561312         4  .025641  .1025641  39        1
1201.     3  1992   -14.0858  -6.298427   42.29351         1  9.227623         5  .025641  .1282051  39        1
1202.     3  1993   -17.7701  -9.202892   53.99165         1  12.17569         1  .025641   .025641  39        1
1203.     3  1994   -22.0908  -13.95112   70.95182         1  19.32654         1  .025641   .025641  39        1

1204.     3  1995   -21.9966  -13.15829   82.87688         1  23.56537         1  .025641   .025641  39        1
1205.     3  1996    -22.877  -14.48943    93.3968         1  28.04638         1  .025641   .025641  39        1
1206.     3  1997   -23.7447   -14.5317   103.0136         1  31.57018         1  .025641   .025641  39        1
1207.     3  1998   -21.9438  -12.22969   108.0809         1  32.64582         2  .025641  .0512821  39        1
1208.     3  1999   -26.2639  -18.36851   118.2696         1  38.35838         2  .025641  .0512821  39        1

1209.     3  2000   -25.6728  -18.78283   125.9436         1  43.48184         2  .025641  .0512821  39        1

allsynth is a user-written command made freely-available to the research community. Please cite the paper:
Wiltshire, Justin C., 2022. allsynth: (Stacked) Synthetic Control Bias-Correction Utilities for Stata. Working paper.
```

可以发现，通过传统方法得到的 p 值在所有年份都小于 0.05，因而是比较显著的。通过偏差校正法得到的 p 值相比传统方法要大一些，但是在大多数时点上依然小于 0.1，因此，基本可以认为是统计显著的。除此之外，上述命令还绘制了偏差校正效应及其安慰剂效应随时间的变动趋势图。从图 12.19 可以发现，偏差校正效应位于大多数安慰剂效应的下方，因此总体来说，该效应估计值与其他安慰剂效应相比比较极端，这与之前基于 p 值得到的结论完全一致。

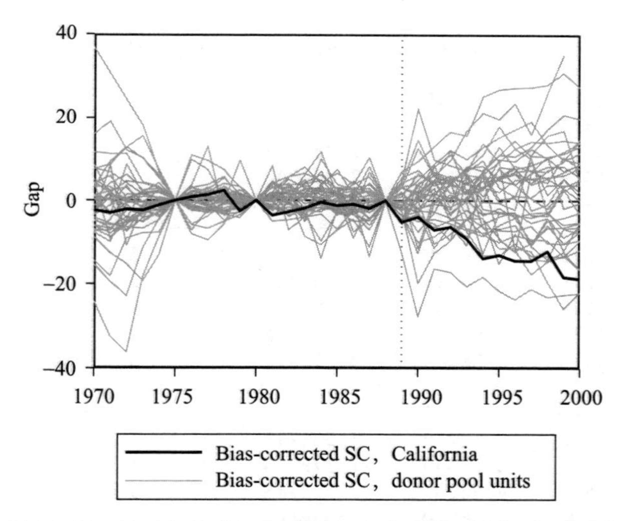

图 12.19　偏差校正效应及其安慰剂效应随时间的变动趋势

接下来，我们将演示针对多名干预组个案的合成控制法。出于演示的目的，我们在数据中人为添加了一个干预组个案——佐治亚州（state = = 7）。为简单起见，我们将佐治亚州的干预发生时间也设置为 1989 年，具体命令如下：

```
. gen treat=1 if state==3 | state==7
(1,147 missing values generated)

. replace treat=0 if treat==.
(1,147 real changes made)

. gen treatyear=1989 if state==3 | state==7
(1,147 missing values generated)
```

在生成 treat 和 treatyear 这两个变量之后，即可通过以下命令估计各期的平均干预效应，同时对估计结果进行偏差校正：

```
. allsynth cigsale cigsale(1975) cigsale(1980) cigsale(1988) beer(1984(1)
1988) lnincome retprice age15to24, xperiod(1980(1)1988) bcorrect(merge) keep
(smokingresults) nested replace stacked(trunits(treat) trperiods(treatyear),
clear figure(classic bcorrect))
```

(省略部分输出结果)

Treated unit (state == 3) results:

	state	year	gap	gap_bc	unique_W
1.	3	1970	5.7451	-2.171597	1
2.	3	1971	1.934501	-2.761184	1
3.	3	1972	-.9619026	-1.786898	1
4.	3	1973	-1.224697	-2.064048	1
5.	3	1974	-.4502027	-1.006077	1
6.	3	1975	-.161201	0	1
7.	3	1976	-.039899	.8127766	1
8.	3	1977	.4908006	1.304793	1
9.	3	1978	.9456001	2.21134	1
10.	3	1979	-1.181099	-2.500461	1
11.	3	1980	-.4232033	0	1
12.	3	1981	-1.7498	-3.508218	1
13.	3	1982	-1.623999	-2.779855	1
14.	3	1983	-.660396	-1.772241	1
15.	3	1984	1.309701	-.3564408	1
16.	3	1985	-.5578961	-1.160074	1
17.	3	1986	-.2452059	-.7952191	1
18.	3	1987	-2.356098	-1.738294	1
19.	3	1988	-1.67	0	1
20.	3	1989	-7.700597	-5.290646	1
21.	3	1990	-9.807198	-3.874971	1
22.	3	1991	-13.5539	-7.040526	1
23.	3	1992	-14.1842	-6.344555	1
24.	3	1993	-17.8654	-9.189892	1
25.	3	1994	-22.2014	-13.9884	1
26.	3	1995	-22.1698	-13.39375	1
27.	3	1996	-23.0526	-14.65891	1
28.	3	1997	-23.9836	-14.83706	1
29.	3	1998	-22.1611	-12.4482	1
30.	3	1999	-26.4393	-18.55172	1
31.	3	2000	-25.8159	-19.07238	1

(省略部分输出结果)

```
Treated unit (state == 7) results:
```

	state	year	gap	gap_bc	unique_W
1.	7	1970	.0550004	1.177898	1
2.	7	1971	-.2240046	.609875	1
3.	7	1972	-1.4858	-.2247388	1
4.	7	1973	1.625804	1.963361	1
5.	7	1974	1.819796	2.265991	1
6.	7	1975	-.1090994	0	1
7.	7	1976	-1.499297	-1.861507	1
8.	7	1977	-1.730498	-1.914631	1
9.	7	1978	-1.623195	-1.931541	1
10.	7	1979	.2295029	-.6798201	1
11.	7	1980	.8102027	0	1
12.	7	1981	-.4055081	-1.752914	1
13.	7	1982	-2.1228	-3.626619	1
14.	7	1983	-1.656295	-2.394499	1
15.	7	1984	-.1060961	-.9518459	1
16.	7	1985	1.037905	.448728	1
17.	7	1986	1.2636	.5947435	1
18.	7	1987	1.1076	1.032056	1
19.	7	1988	.0161957	0	1
20.	7	1989	-4.8898	-4.891725	1
21.	7	1990	-4.449598	-3.323005	1
22.	7	1991	-6.9525	-6.633399	1
23.	7	1992	-5.712204	-5.045339	1
24.	7	1993	-5.448804	-4.937579	1
25.	7	1994	-5.254498	-4.723249	1
26.	7	1995	-16.3076	-15.93086	1
27.	7	1996	-8.870302	-8.663605	1
28.	7	1997	-14.5049	-14.62926	1
29.	7	1998	-15.725	-15.22655	1
30.	7	1999	-13.8991	-13.34806	1
31.	7	2000	-17.3761	-17.44494	1

```
Stacking the estimates...
Calculating the estimated average treatment effect for treated units
```

	_tm	gap	gap_bc
1.	1970	2.90005	-.4968491
2.	1971	.8552484	-1.075654

```
 3. | 1972  -1.223851  -1.005819 |
 4. | 1973   .2005537  -.0503433 |
 5. | 1974   .6847965   .6299567 |
    |---------------------------|
 6. | 1975  -.1351502          0 |
 7. | 1976  -.7695982  -.5243652 |
 8. | 1977  -.6198487  -.3049191 |
 9. | 1978  -.3387972   .1398995 |
10. | 1979  -.4757982   -1.59014 |
    |---------------------------|
11. | 1980   .1934997          0 |
12. | 1981  -1.077654  -2.630566 |
13. | 1982    -1.8734  -3.203237 |
14. | 1983  -1.158346   -2.08337 |
15. | 1984   .6018027  -.6541433 |
    |---------------------------|
16. | 1985   .2400042  -.3556732 |
17. | 1986   .5091972  -.1002378 |
18. | 1987  -.6242487   -.353119 |
19. | 1988   -.826902          0 |
20. | 1989  -6.295198  -5.091186 |
    |---------------------------|
21. | 1990  -7.128398  -3.598988 |
22. | 1991   -10.2532  -6.836963 |
23. | 1992  -9.948202  -5.694947 |
24. | 1993   -11.6571  -7.063735 |
25. | 1994  -13.72795  -9.355825 |
    |---------------------------|
26. | 1995   -19.2387   -14.6623 |
27. | 1996  -15.96145  -11.66126 |
28. | 1997  -19.24425  -14.73316 |
29. | 1998  -18.94305  -13.83738 |
30. | 1999   -20.1692  -15.94989 |
    |---------------------------|
31. | 2000    -21.596  -18.25866 |
32. |    .          .          . |
    +---------------------------+

Estimated average treatment effects saved in smokingresults_ate.dta

________________________________

allsynth is a user-written command made freely-available to the research community.
Please cite the paper:

Wiltshire, Justin C., 2022. allsynth: (Stacked) Synthetic Control Bias-Correction
Utilities for Stata. Working paper.
```

从分析结果可以发现,Stata 分别以加州和佐治亚州作为干预组个案进行合成控制分析,得到加州和佐治亚州的干预效应及其偏差校正结果,然后将这两个州的分析结果取均值,即可得到平均干预效应及其偏差校正结果。对比传统方法和偏差校正法的分析结果可以发现,传统方法会在一定程度上高估效应值。这一点可以从图 12.20 得到非常直观的体现。

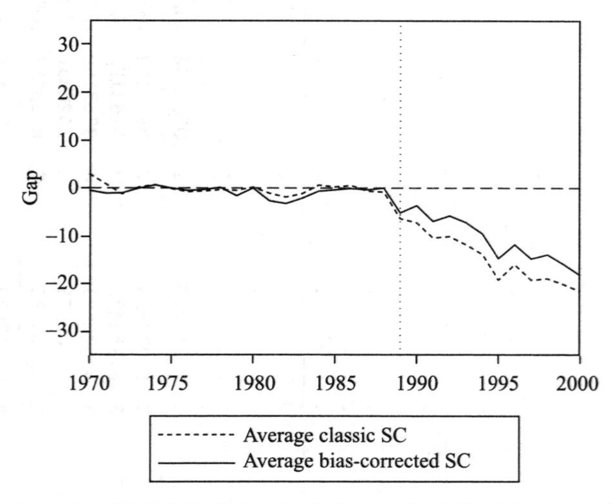

图 12.20　通过传统方法和偏差校正法得到的平均干预效应

最后,我们还可以使用 allsynth 命令对上述通过传统方法和偏差校正法得到的平均干预效应实施安慰剂检验,具体命令和输出结果如下:

```
. allsynth cigsale cigsale(1975) cigsale(1980) cigsale(1988) beer(1984(1)
1988) lnincome retprice age15to24, xperiod(1980(1)1988) bcorrect(merge) keep
(smokingresults) nested replace sigf(6) pvalues stacked(trunits(treat)
trperiods(treatyear), clear figure(bcorrect placebos))
```

(省略部分输出结果)

Treated unit (state == 3) results:

	state	year	gap	gap_bc	rmspe	r~e_rank	rmspe_bc	r~c_rank	p	p_bc	N	unique_W
1148.	3	1970	6.002	-2.271363	.	.	.	.	.	.	38	1
1149.	3	1971	2.247801	-2.876126	.	.	.	.	.	.	38	1
1150.	3	1972	-.6457025	-2.038375	.	.	.	.	.	.	38	1
1151.	3	1973	-.9550969	-2.328511	.	.	.	.	.	.	38	1
1152.	3	1974	-.0337028	-1.09714	.	.	.	.	.	.	38	1
1153.	3	1975	.324299	0	.	.	.	.	.	.	38	1
1154.	3	1976	.360601	.7621291	.	.	.	.	.	.	38	1
1155.	3	1977	.8438006	1.274908	.	.	.	.	.	.	38	1
1156.	3	1978	1.3306	2.293347	.	.	.	.	.	.	38	1
1157.	3	1979	-.9393994	-2.462758	.	.	.	.	.	.	38	1
1158.	3	1980	-.2313034	0	.	.	.	.	.	.	38	1
1159.	3	1981	-1.648	-3.523445	.	.	.	.	.	.	38	1
1160.	3	1982	-1.522299	-2.756085	.	.	.	.	.	.	38	1
1161.	3	1983	-.6249961	-1.799408	.	.	.	.	.	.	38	1
1162.	3	1984	1.210001	-.484748	.	.	.	.	.	.	38	1
1163.	3	1985	-.4828962	-1.165836	.	.	.	.	.	.	38	1
1164.	3	1986	-.2162058	-.8437151	.	.	.	.	.	.	38	1
1165.	3	1987	-2.180198	-1.726579	.	.	.	.	.	.	38	1
1166.	3	1988	-1.493	0	.	.	.	.	.	.	38	1
1167.	3	1989	-7.423497	-5.187696	17.38986	1	7.714916	1	.0263158	.0263158	38	1
1168.	3	1990	-9.520798	-3.809821	22.99689	1	5.937928	2	.0263158	.0526316	38	1
1169.	3	1991	-13.5104	-7.143966	34.53096	1	8.835471	3	.0263158	.0789474	38	1
1170.	3	1992	-14.095	-6.411434	41.57111	1	9.572601	4	.0263158	.1052632	38	1
1171.	3	1993	-17.7818	-9.293329	53.21228	2	12.60979	4	.0526316	.1052632	38	1
1172.	3	1994	-22.1301	-14.02913	70.10052	1	19.91171	2	.0263158	.0526316	38	1
1173.	3	1995	-22.0627	-13.40466	82.02927	1	24.42579	1	.0263158	.0263158	38	1
1174.	3	1996	-22.9211	-14.65077	92.49896	2	29.0641	1	.0526316	.0263158	38	1
1175.	3	1997	-23.8155	-14.7729	102.1077	1	32.78614	1	.0263158	.0263158	38	1
1176.	3	1998	-22.0184	-12.47156	107.1955	1	33.96638	1	.0263158	.0263158	38	1
1177.	3	1999	-26.2959	-18.55296	117.2868	1	39.84901	1	.0263158	.0263158	38	1
1178.	3	2000	-25.7174	-19.05677	124.905	1	45.20387	1	.0263158	.0263158	38	1

Treated unit (state == 7) results:

	state	year	gap	gap_bc	rmspe	r~e_rank	rmspe_bc	r~c_rank	p	p_bc	N	unique_W
1148.	7	1970	.2353008	.5263755	.	.	.	.	.	.	38	0
1149.	7	1971	.3153961	.4073054	.	.	.	.	.	.	38	0
1150.	7	1972	-1.0301	-.0910132	.	.	.	.	.	.	38	0
1151.	7	1973	2.265104	2.072585	.	.	.	.	.	.	38	0
1152.	7	1974	2.481397	2.452803	.	.	.	.	.	.	38	0
1153.	7	1975	.2196009	0	.	.	.	.	.	.	38	0
1154.	7	1976	-.7732972	-1.332986	.	.	.	.	.	.	38	0
1155.	7	1977	-1.130398	-1.393621	.	.	.	.	.	.	38	0
1156.	7	1978	-1.345695	-1.484658	.	.	.	.	.	.	38	0
1157.	7	1979	.2583037	-.5302888	.	.	.	.	.	.	38	0
1158.	7	1980	.550702	0	.	.	.	.	.	.	38	0
1159.	7	1981	-.4436077	-1.577765	.	.	.	.	.	.	38	0
1160.	7	1982	-2.2155	-3.39702	.	.	.	.	.	.	38	0
1161.	7	1983	-1.484495	-1.789591	.	.	.	.	.	.	38	0
1162.	7	1984	.0199043	-.6648526	.	.	.	.	.	.	38	0
1163.	7	1985	1.407505	.8136141	.	.	.	.	.	.	38	0
1164.	7	1986	1.642899	.9604984	.	.	.	.	.	.	38	0
1165.	7	1987	1.989101	1.599099	.	.	.	.	.	.	38	0
1166.	7	1988	.3824962	0	.	.	.	.	.	.	38	0
1167.	7	1989	-4.4807	-4.700035	.	37	.	37	.9736842	.9736842	38	0
1168.	7	1990	-4.533998	-3.095605	.	12	.	12	.3157895	.3157895	38	0
1169.	7	1991	-7.4566	-6.636958	.	20	.	20	.5263158	.5263158	38	0
1170.	7	1992	-6.300205	-4.966776	.	10	.	10	.2631579	.2631579	38	0
1171.	7	1993	-5.236604	-4.060648	.	30	.	30	.7894737	.7894737	38	0
1172.	7	1994	-5.099998	-3.542223	.	20	.	20	.5263158	.5263158	38	0
1173.	7	1995	-16.2	-14.98243	.	31	.	31	.8157895	.8157895	38	0
1174.	7	1996	-8.748701	-7.907448	.	10	.	10	.2631579	.2631579	38	0
1175.	7	1997	-14.5137	-13.81467	.	21	.	21	.5526316	.5526316	38	0
1176.	7	1998	-14.5559	-13.18258	.	18	.	18	.4736842	.4736842	38	0
1177.	7	1999	-12.4747	-11.25846	.	1	.	1	.0263158	.0263158	38	0
1178.	7	2000	-15.7794	-15.51651	.	38	.	38	1	1	38	0

（省略部分输出结果）

```
Randomly sampling 100 placebo average treatment effects. This could take a while...
(1,919 missing values generated)
(1,919 missing values generated)
```

	_place~D	_tm	gap	gap_bc	rmspe	r~e_rank	rmspe_bc	r~c_rank	p	p_bc	N
1.	0	1970	3.11865	-.8724936	.	.	.	.	.	.	101
2.	0	1971	1.281599	-1.234411	.	.	.	.	.	.	101
3.	0	1972	-.8379014	-1.064694	.	.	.	.	.	.	101
4.	0	1973	.6550037	-.1279631	.	.	.	.	.	.	101
5.	0	1974	1.223847	.6778314	.	.	.	.	.	.	101
6.	0	1975	.2719499	0	.	.	.	.	.	.	101
7.	0	1976	-.2063481	-.2854283	.	.	.	.	.	.	101
8.	0	1977	-.1432988	-.0593565	.	.	.	.	.	.	101
9.	0	1978	-.0075475	.4043443	.	.	.	.	.	.	101
10.	0	1979	-.3405478	-1.496524	.	.	.	.	.	.	101
11.	0	1980	.1596993	0	.	.	.	.	.	.	101
12.	0	1981	-1.045804	-2.550605	.	.	.	.	.	.	101
13.	0	1982	-1.8689	-3.076553	.	.	.	.	.	.	101
14.	0	1983	-1.054746	-1.7945	.	.	.	.	.	.	101
15.	0	1984	.6149529	-.5748003	.	.	.	.	.	.	101
16.	0	1985	.4623045	-.176111	.	.	.	.	.	.	101
17.	0	1986	.7133468	.0583917	.	.	.	.	.	.	101
18.	0	1987	-.0955484	-.0637404	.	.	.	.	.	.	101
19.	0	1988	-.5552518	0	.	.	.	.	.	.	101
20.	0	1989	-5.952098	-4.943865	31.46436	1	17.901	1	.009901	.009901	101
21.	0	1990	-7.027398	-3.452713	37.66213	1	13.31601	2	.009901	.019802	101
22.	0	1991	-10.4835	-6.890462	57.64453	1	20.46831	3	.009901	.029703	101
23.	0	1992	-10.1976	-5.689105	66.32291	1	21.27737	4	.009901	.039604	101
24.	0	1993	-11.5092	-6.676989	76.58709	1	23.55223	4	.009901	.039604	101
25.	0	1994	-13.61505	-8.785675	91.26142	1	29.04886	1	.009901	.009901	101

```
 26. |        0   1995   -19.13135   -14.19354   124.6619          1   45.97694          1   .009901   .009901     101 |
 27. |        0   1996    -15.8349   -11.27911    136.916          1   51.87654          1   .009901   .009901     101 |
 28. |        0   1997    -19.1646   -14.29379    157.947          1   62.73881          1   .009901   .009901     101 |
 29. |        0   1998   -18.28715   -12.82707   171.8533          1   68.51525          1   .009901   .009901     101 |
 30. |        0   1999    -19.3853   -14.90571   186.5714          1   77.07961          1   .009901   .009901     101 |
     |---------------------------------------------------------------------------------------------------------------|
 31. |        0   2000    -20.7484   -17.28664   202.8853          1    88.8946          1   .009901   .009901     101 |
     +---------------------------------------------------------------------------------------------------------------+

Sample distribution saved in smokingresults_ate_distn.dta


________________________________________

allsynth is a user-written command made freely-available to the research community. Please cite the paper:

Wiltshire, Justin C., 2022.  allsynth: (Stacked) Synthetic Control Bias-Correction Utilities for Stata. Working
paper.
```

分析结果显示，针对个案3（加州）的安慰剂检验结果比较显著，但针对个案7（佐治亚州）的安慰剂检验结果却并不显著。此外，将二者平均以后得到的平均干预效应是非常显著的，可以发现，无论使用传统方法还是偏差校正法，各期的 p 值均小于0.05。不过，这一结果主要是加州的效应估计值比较显著所致。上述命令还绘制了通过偏差校正法得到的平均干预效应及其安慰剂效应随时间的变动趋势图。从图12.21可以发现，通过偏差校正法得到的平均干预效应位于大多数安慰剂效应的下方，因此总体来说，该效应估计值与其他安慰剂效应相比比较极端，这与之前基于 p 值得到的结论完全一致。

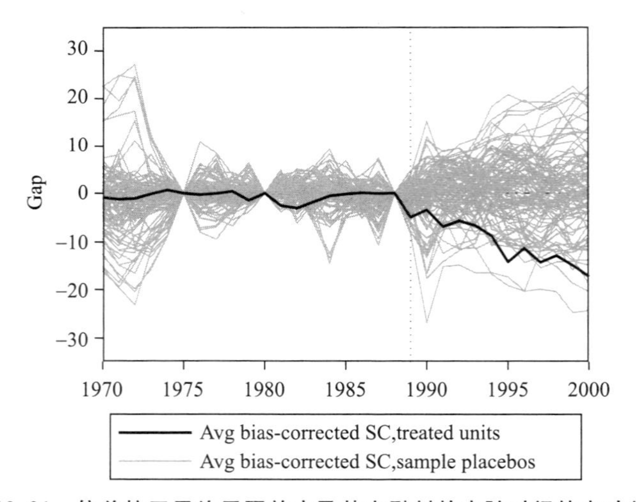

图12.21　偏差校正平均干预效应及其安慰剂效应随时间的变动趋势

练习

1. 简述比较个案研究法的缺陷与合成控制法的优势。
2. 简述合成控制法的实施步骤与注意事项。
3. 简述在有多个干预对象的情况下实施合成控制法的步骤。
4. 简述对传统的合成控制法进行偏差校正的方法。
5. 使用Stata软件打开数据euro.dta，进行合成控制及其拓展分析。

   1999年1月1日，欧元作为欧洲货币联盟国家的统一货币正式启动。此后，很多欧洲国家放弃了本国货币，加入了欧元结算体系。意大利是众多率先采用欧元进行结算的国家之一，切鲁利以每年的出口净增价值为因变量评估了这一政策转变对意大利经济的影响[①]。数据 euro. dta 包含了这项评估研究所使用的主要变量。其中，reporter 是国家代码，它有 19 个取值，分别代表 19 个不同的国家。意大利的代码为 11，它是唯一的干预组个案，其余 18 个国家在整个观察期内都没有更换本国货币，因此是潜在的控制组个案。year 是时间变量，它的取值范围是 1995—2011 年，参考切鲁利的研究，干预发生的时点是 2000 年。ddva1 是出口净增价值，它是研究的因变量。除此之外，数据中还包含 log_distw、sum_rgdpna、comlang 和 contig 这四个自变量。请使用该数据完成以下分析工作：

(1) 绘图展示意大利和中国的 ddva1 随时间的变动趋势，判断中国是不是一个与意大利可比的控制组个案。

(2) 绘图展示意大利的 ddva1 和其余 18 个国家 ddva1 的均值随时间的变动趋势，判断对各国取均值是否能构造一个合适的控制组个案。

(3) 使用 synth 命令进行合成控制分析，分析的因变量为 ddva1，自变量为 ddva1、log_distw、sum_rgdpna、comlang 和 contig 在 1995—1999 年的均值，绘图展示合成控制个案与干预组个案随时间的变动趋势。

(4) 使用 synth2 命令重复(3)的分析结果，计算各期干预效应。

(5) 使用 synth2 命令对(3)的分析结果进行安慰剂检验，检验时将比较范围限定在安慰剂效应的干预前均方预测误差不超过真实效应 2 倍的区间内，对安慰剂检验的结果进行解释。

(6) 采用留一法对(3)的合成控制结果进行稳健性检验，解释检验结果。

(7) 使用 allsynth 命令对(3)的合成控制结果进行偏差矫正，绘图展示传统效应估计值和偏差校正估计值之间的差异。

(8) 使用 allsynth 命令对(7)的偏差校正效应进行安慰剂检验，并对检验结果进行解释。

① Giovanni Cerulli, "Nonparametric Synthetic Control Using the Npsynth Command," *The Stata Journal*, Vol. 20, No. 4, 2020, pp. 844-865.

教师反馈及教辅申请表

北京大学出版社本着“教材优先、学术为本”的出版宗旨，竭诚为广大高等院校师生服务。

本书配有教学课件，获取方法：

第一步，扫描右侧二维码，或直接微信搜索公众号“北大出版社社科图书”，进行关注；

第二步，点击菜单栏“教辅资源”—“在线申请”，填写相关信息后点击提交。

如果您不使用微信，请填写完整以下表格后拍照发到 ss@pup. cn。我们会在 1—2 个工作日内将相关资料发送到您的邮箱。

书名		书号	978-7-301-	作者	
您的姓名				职称、职务	
学校及院系					
您所讲授的课程名称					
授课学生类型(可多选)	□ 本科一、二年级　□ 本科三、四年级 □ 高职、高专　□ 研究生 □ 其他________				
每学期学生人数	________人			学时	
手机号码(必填)				QQ	
电子邮箱(必填)					
您对本书的建议：					

我们的联系方式：

北京大学出版社社会科学编辑室

通信地址：北京市海淀区成府路 205 号，100871

电子邮箱：ss@pup. cn

电话：010-62753121 / 62765016

微信公众号：北大出版社社科图书(ss_book)

新浪微博：@未名社科-北大图书

网址：http：//www. pup. cn

这一反事实情况下香烟消费量的变化。将真实的加州与合成的"加州"在控烟法实施以后的香烟消费量进行比较,即可得到控烟法对加州香烟消费量的因果影响。下面,我们将对上述合成控制法的实施过程进行详细介绍。

假设有 $N+1$ 名个案,为不失一般性,我们假设只有第 1 名个案受到了政策干预的影响,因此,其他 N 名个案构成了潜在的控制组集合。记 Y_{it}^0 为没有政策干预情况下个案 i 在时点 t 的因变量取值,Y_{it}^1 为受到政策干预影响以后个案 i 在时点 t 的因变量取值,Y_{it} 为实际观测到的个案 i 在时点 t 的因变量取值。假设政策干预发生在时点 T_0。根据前文的假定,对于 N 个控制组个案,有

$$Y_{it} = Y_{it}^0 \qquad \begin{cases} i = 2, \cdots, N+1 \\ t = 1, 2, \cdots, T \end{cases} \tag{12.1}$$

对于受到政策干预影响的个案 1,其观测值 Y_{1t} 在时点 T_0 之前等于 Y_{1t}^0,而在 T_0 之后等于 Y_{1t}^1。具体来说,有以下等式:

$$Y_{1t} = Y_{1t}^0 \qquad t = 1, 2, \cdots, T_0 \tag{12.2}$$

$$Y_{1t} = Y_{1t}^1 \qquad t = T_0+1, T_0+2, \cdots, T \tag{12.3}$$

我们关心的是在 T_0 之后,政策干预对个案 1 的影响。换句话说,研究的目标是估计 α_{1t},其定义如下:

$$\alpha_{1t} = Y_{1t}^1 - Y_{1t}^0 \qquad t = T_0+1, T_0+2, \cdots, T \tag{12.4}$$

由公式(12.3)可知,公式(12.4)中的 Y_{1t}^1 是实际可观察到的,因此,估计 α_{1t} 的关键在于获得 T_0 之后,个案 1 在政策没有发生这一反事实条件下的估计值 $\hat{Y}_{1t}^0$。为此,阿巴迪等学者认为,可以对 Y_{it}^0 建模。假设 Y_{it}^0 由以下方程决定:

$$Y_{it}^0 = \delta_t + \boldsymbol{\theta}_t \boldsymbol{Z}_i + \boldsymbol{\mu}_i \boldsymbol{\lambda}_t + \varepsilon_{it} \tag{12.5}$$

方程(12.5)中的 δ_t 代表共同的时间趋势,我们可以将之简单理解为时间固定效应。$\boldsymbol{Z}_i$ 代表可观测到的协变量,它对 Y_{it}^0 的影响为 θ_t。$\boldsymbol{\lambda}_t$ 代表不可观测的时变变量,它对 Y_{it}^0 的影响为 $\boldsymbol{\mu}_i$。最后,ε_{it} 是模型的误差项。

如果我们将方程(12.5)中的 $\boldsymbol{\mu}_i \boldsymbol{\lambda}_t$ 简化为 $\boldsymbol{\mu}_i$,那么该方程就等价于第十章介绍的固定效应模型。如前所述,固定效应模型可以控制所有不随时间变化的个体特征对因变量的影响,但是对于不可观测的时变变量却无能为力。与之相比,方程(12.5)纳入了不可观测的时变变量 λ_t,因此更具一般性。但是,